Eckhard Rebhan
Heißer als das Sonnenfeuer

Eckhard Rebhan

Heißer als das Sonnenfeuer

Plasmaphysik und
Kernfusion

Mit 20 farbigen Abbildungen auf Tafeln
und 80 Abbildungen im Text.

Piper
München Zürich

ISBN 3-492-03109-9
© R. Piper GmbH & Co. KG, München 1992
Gesetzt aus der Baskerville Antiqua
Schutzumschlag: Federico Luci, unter Verwendung des Motivs
»Plasma im Garchinger Tokamak ASDEX mit zwei von rechts ein-
geschossenen gefrorenen Wasserstoffkügelchen, die kometenar-
tig verdampfen«.
Gesamtherstellung: Mohndruck, Gütersloh
Printed in Germany

Inhalt

8

Vorwort

Eine wirtschaftliche, sichere und umweltverträgliche Energieversorgung gehört zu den Kernproblemen der Menschheit. Kernfusion in Plasmen ist der Hauptenergielieferant unendlich vieler Prozesse im Weltall und steckt auch indirekt hinter fast allen Energiequellen, die wir gegenwärtig nutzen. Seit etwa fünfundvierzig Jahren bemühen sich Plasmaphysiker und Ingenieure mit zunehmender Intensität darum, diese Energiequelle auch direkt auf der Erde nutzbar zu machen. Sie könnte einen wesentlichen Beitrag zu den drängenden Energieproblemen der Menschheit liefern, besonders da die Sicherheits- und Umweltperspektiven eines Fusionsreaktors bei geeigneter Konstruktion deutlich günstiger als die von Kohlekraftwerken und Kernspaltungsreaktoren sind.

Es ist erstaunlich, daß dennoch die wenigsten wissen, was ein Plasma ist und womit sich Plasmaphysiker beschäftigen. Bis auf einige Bücher aus dem englischen Sprachraum, die sich – meist aus stark nationaler Perspektive – mit der historischen Entwicklung der Fusionsforschung befassen und deren physikalische Grundlagen nur am Rande streifen, ist mir keine allgemeinverständliche Darstellung dieses Gebiets bekannt. Als ich vom Piper-Verlag vor einiger Zeit gefragt wurde, ob ich Lust zum Schreiben eines Buches über die Fusionsforschung hätte, sah ich darum die Möglichkeit, hier eine offensichtliche Lücke zu schließen. Es muß nicht sein, daß nur ein kleiner Kreis von Eingeweihten den Materiezustand kennt, in dem sich etwa 99 Prozent der heute bekannten Materie unseres Universums befindet und der bei der Lösung der kommenden Energieprobleme der Menschheit wertvolle Hilfe leisten könnte.

Schon 1919 kam es zu den ersten Kernverschmelzungsreaktionen im Labor, seit 1945 forscht man am Fusionsreaktor, aber selbst 1991 gibt es ihn noch nicht. Dies ist ein

Hinweis auf die immensen Schwierigkeiten, die sich der kontrollierten Freisetzung von Energie durch Kernfusion entgegenstellen. Die großen Mühen auf dem Weg dahin sind in den Medien zum Teil mit Unverständnis registriert worden. Ein Ziel des Buches ist es daher, einerseits zu klären, warum die Kernfusion so ungleich schwerer kontrolliert realisierbar ist als explosiv in einer Bombe, andererseits aber auch die gewaltigen mittlerweile erzielten Fortschritte aufzuzeigen. Dem Fusionsreaktor und den im Zusammenhang mit ihm stehenden Problemen der Plasma- und der Kernphysik werden in diesem Buch eine zentrale Rolle eingeräumt. Aber auch Phänomene im Plasma der Ionosphäre, der Sonne und der Sterne oder Kuriositäten wie der Kugelblitz werden ebenso erörtert wie die Vorgänge bei der Explosion einer Wasserstoffbombe, die »kalte Fusion« und Fragen der Plasmatechnik.

Im ersten Teil des Buches wird geklärt, was Plasmen sind und wie sie sich in die verschiedenen Erscheinungsformen der Materie einordnen lassen. Dabei werden auch die grundlegenden Ideen dargelegt, die der Kernfusion und ihrer Ausnutzung als Energiequelle zugrunde liegen. Außerdem werden die verschiedenen historischen Entwicklungslinien der Plasmaphysik und Fusionsforschung verfolgt. Der zweite Teil ist einem besonders einfachen Zugang zum Verständnis vieler Plasmaphänomene gewidmet, der darin besteht, die Bewegung einzelner Plasmateilchen zu verfolgen. Der dritte beschäftigt sich mit den allgemeinen Grundlagen der Plasmaphysik, Phänomenen wie Strom- und Wärmeleitung, Gleichgewicht, Strömungen, Wellen, Instabilitäten und Anwendungen dieser Phänomene auf vielerlei konkrete Situationen. Der vierte Teil wendet sich den derzeit erfolgreichsten Fusionsexperimenten zu. Im fünften werden die Chemie und die Physik der für die Fusionsforschung wichtigsten Kernfusionsreaktionen besprochen. Der letzte Teil befaßt sich schließlich mit den technischen Aspekten eines zukünftigen Fusionsreaktors.

Das Thema wird dem Leser gelegentlich einiges an Mühe abverlangen, denn bei der Darstellung von Plasmaphysik und Kernfusion geht es sehr oft nicht um die Zurückführung komplizierter Phänomene auf einfache Gegebenheiten, sondern im Gegenteil um das komplexe Zusammenwirken vieler Naturgesetze. Dies mag einer der Gründe sein, warum es bisher anscheinend keine allgemeinverständliche Einführung in dieses Sachgebiet gibt. Wenn man ein wissenschaftliches Fachgebiet für einen größeren Kreis verständlich darstellen möchte, muß man sich Gedanken über seine potentiellen Leser machen. Hier gibt es natürlich sehr unterschiedliche Ansprüche. Die einen wollen sich nur einen schnellen Überblick verschaffen und fragen weniger »warum?« als »was?« oder »wozu?«. Andere werden mehr in die Tiefe gehen und auch Begründungen erfahren wollen. In dieser Situation sind Kompromisse unvermeidlich. Allerdings neigte ich mehr der zweiten Gruppe zu, da sich die erste durch Überschlagen schwieriger Passagen zu ihrem Recht verhelfen kann. Natürlich wird der Leser auch mit einer ganzen Reihe ungewohnter Fachausdrücke konfrontiert. Ich habe mich deshalb bemüht, ein möglichst vollständiges Sachregister zu erstellen. Bis auf die schon beinahe zur »Kultformel« gewordene Beziehung $E = m \cdot c^2$ enthält das Buch keine physikalischen Formeln. Allerdings ließ es sich nicht vermeiden, ab und zu physikalische Größen verbal miteinander in Relation zu setzen. Wer den Umgang mit Formeln gewöhnt ist, wird das sicher als umständlich empfinden. Ich wollte jedoch die Abschreckung vermeiden, die Formeln für viele bedeutet hätten. Anders hielt ich es mit den chemischen Formeln bei den Kernreaktionen, die mir dermaßen eingängig erscheinen, daß ich sie meinen Lesern zumuten zu können glaube.

Nur wenige Tage nach der Abgabe meines Buchmanuskripts passierte das größte Fusionsexperiment der Welt, das europäische Gemeinschaftsunternehmen Joint European Torus (JET), unter großer Beachtung in der Weltöffentlichkeit einen wichtigen Markstein auf dem Weg zum Fusionsreaktor: Zum ersten Mal wurde in einem magnetisch eingeschlossenen Plasma der eigentliche Brennstoff eines Fusionsreaktors – wenn auch nur verdünnt – eingesetzt, was zur bisher weitaus ergiebigsten kontrollierten Freisetzung von Energie aus Fusionsreaktionen führte und das große Potential dieser neuen Energiequelle erkennbar machte. Die Bedeutung dieses Schritts und die mit ihm erzielten Ergebnisse werden im Anhang diskutiert.

Düsseldorf, im November 1991   Eckhard Rebhan

I. Plasma, der vierte Aggregatzustand

1. Vom Aufbau der Materie

Fragt man, was unsere Welt im Innersten zusammenhält, so bekommt man von der modernen Physik die Antwort: Es sind vier Fundamentalkräfte, die Kraft der *schwachen Wechselwirkung*, die Kraft der *starken Wechselwirkung*, die Kraft der *elektromagnetischen Wechselwirkung* und die *Gravitationskraft*. Bei einiger Vorsicht sollte man den einschränkenden Kommentar hinzufügen: Das ist die zur Zeit allgemein akzeptierte Meinung, es kann jedoch nicht ausgeschlossen werden, daß sich an dieser noch etwas ändern wird. Da derartige Einschränkungen in der Wissenschaft verschiedentlich gemacht werden müssen und wir auch in diesem Buch einigen Ergebnissen nur unter Vorbehalt entgegentreten werden, soll dieser Kommentar ebenfalls noch erläutert werden. Man trifft gelegentlich auf eine gewisse Unsicherheit gegenüber den Naturwissenschaften, die durch deren schnellen Fortschritt bedingt wird und dem Eindruck entspringt, daß gewonnene Vorstellungen und Erfahrungen alle paar Jahre über den Haufen geworfen würden. Ganz so schlimm ist die Situation jedoch nicht. Natürlich bleiben auch die Naturwissenschaften nicht immer vor Irrtümern bewahrt – ein spektakuläres Beispiel hierfür hat erst kürzlich die Fusionsforschung erlebt. Wenn alte Vorstellungen durch neue ersetzt werden, geschieht das im allgemeinen jedoch im Sinne einer Erweiterung oder Verfeinerung: Die alten Vorstellungen werden nicht plötzlich falsch, nur der Bereich ihrer Gültigkeit wird eingeschränkt. Sogar die gewaltigen Umwälzungen, welche die Relativitätstheorie und die Quantentheorie im ersten Drittel dieses Jahrhunderts mit sich gebracht haben, ließen den bis dahin gewonnenen naturwissenschaftlichen Erkenntnissen einen großen Bereich weiterer Gültigkeit. So verläßt man sich auch heute noch voll auf die Mechanik

13

Newtons, wenn man z. B. die Bahn eines Raumschiffs zum Mond berechnet.

Vier Fundamentalkräfte bewirken also den Zusammenhalt der Materie, indem sie regeln, wie sich deren Bausteine relativ zueinander anordnen und bewegen oder sich ineinander umwandeln. Befassen wir uns zunächst mit diesen Bausteinen. Zerteilt man ein Stück Materie, z. B. ein Scheit Holz oder einen Stein, in immer kleinere Bestandteile und benutzt dazu alle heute verfügbaren technischen Mittel, so erlebt man einen Effekt, der an eine russische Puppe erinnert, in der immer weitere Puppen versteckt sind: Man durchwandert eine Vielzahl verschiedener Stufen, auf denen sich die Eigenschaften der Materie in grundlegender Weise verändern; so kommt man beispielsweise über zelluläre oder kristalline Strukturen zu Molekülen, die aus Atomen aufgebaut sind, und diese kann man ihrerseits wieder in Elektronen und Atomkerne zerlegen. Auch die Atomkerne lassen sich weiter in Protonen und Neutronen aufspalten, und es ist noch nicht lange her, daß man auch bei diesen eine innere Struktur aus *Quarks* gefunden hat. Zur Zeit wird intensiv an Vorstellungen gearbeitet, die einen Aufbau der Quarks aus noch kleineren *Präonen* belegen sollen, und wenn das gelingt – wo ist das Ende unserer Welt im Kleinen? Hier scheiden sich die Geister, denn es gibt Wissenschaftler, die glauben, ein Ende sei in Sicht, während andere dafürhalten, daß jede geöffnete Tür nur wieder zu neuen Türen führen wird. Vielleicht werden wir nie entscheiden können, wer hier recht hat.

Nach heutiger Erkenntnis ist man bei den Elektronen, Protonen und Neutronen an eine Grenze gelangt, hinter der zwar z.T. noch weitere Substrukturen existieren bzw. vermutet werden, aber eine weitere Zerlegung nicht mehr gelingt: Noch niemals hat sich ein Quark aus einem Proton oder Neutron herauslösen lassen, und noch niemals konnte ein Elektron zerlegt werden. Wenn man das versucht, indem man z. B. zwei aus Quarks aufgebaute Teilchen mit riesiger Geschwindigkeit aufeinanderschießt, findet man zwar eine Vielfalt neuer Teilchen wie *Mesonen, Pionen, Neutrinos* usw., jedoch keine einzelnen Quarks. Diese neuen Teilchen lassen sich auch nicht als Bruchstücke der

14

aufeinandergeschossenen Teilchen deuten, denn sie sind z.T. erheblich schwerer als jene – sie beziehen ihre Masse nach der berühmten Einsteinschen Formel

$$E = m \cdot c^2$$

(in Worten: Energie = Masse mal Quadrat der Lichtgeschwindigkeit) aus der Bewegungsenergie der Ausgangsteilchen – und konnten deshalb nicht in jenen enthalten gewesen sein. Weil es trotz ihres Quarkaufbaus nicht möglich ist, Protonen und Neutronen zu zerlegen, werden sie als Elementarteilchen bezeichnet, desgleichen Elektronen und die Fülle jener neuen Teilchen, die man bei den geschilderten Zertrümmerungsversuchen gefunden hat. Elementarteilchen können also nicht weiter zerlegt, jedoch ineinander umgewandelt werden. Dabei hat sich herausgestellt, daß die meisten von ihnen *instabil* sind, d. h. sie zerfallen nach einer gewissen und häufig sogar außerordentlich kurzen Zeit von selbst in andere Elementarteilchen.

Von den vielen bekannten Elementarteilchen sind für die in diesem Buch untersuchten Phänomene im wesentlichen nur *Elektronen, Protonen, Neutronen* und *Photonen* – die Quanten des elektromagnetischen Feldes oder, anders ausgedrückt, Lichtkorpuskeln – von Bedeutung. Elektronen und Photonen werden als stabil angesehen, während jedes Neutron im Mittel nach 15 Minuten in ein Elektron, ein Proton und ein Antineutrino zerfällt. Das Proton kann für alle praktischen Zwecke ebenfalls als stabil angesehen werden, auch wenn es einer Anzahl von Physikern zur Bestätigung einer äußerst interessanten theoretischen Hypothese sehr gelegen käme, wenn es zerfallen würde. Wenn das so wäre, weiß man aber, daß seine Zerfallszeit im Mittel mindestens $2 \cdot 10^{32}$ (eine Zwei mit 32 Nullen dahinter!) Jahre betragen müßte, und das übersteigt um viele Größenordnungen die Zeit, die man heute als Alter des Universums annimmt.

Die Kräfte, über die Elementarteilchen miteinander in Wechselwirkung treten können, wurden schon genannt. Von ihnen wird uns die Kraft der schwachen Wechselwirkung nicht beschäftigen. Der Kraft der starken Wechselwirkung werden wir nur kurz begegnen, wenn wir uns mit

15

dem Problem der Bindungsfestigkeit von Kernen und mit Kernreaktionen befassen. Gravitationskräfte sind meist nur für Plasmen in astrophysikalischen (von griech. ástron = Stern) Dimensionen wichtig. Dagegen sind die elektromagnetischen Kräfte für alle Plasmen von entscheidender Bedeutung, und wir werden uns mit ihren Auswirkungen im Laufe dieses Buches immer wieder auseinandersetzen.

Einige der einfachsten Tatsachen darüber sollen schon an dieser Stelle erwähnt werden, da wir sie bereits für unser gegenwärtiges Ziel benötigen, einen Einblick in den makroskopischen Aufbau der Materie zu gewinnen. Protonen tragen eine positive Ladung von etwa $1,6 \cdot 10^{-19}$ Amperesekunden[1] und stoßen sich gegenseitig ab. Elektronen tragen eine negative Ladung von exakt demselben Betrag und stoßen sich ebenfalls ab. Protonen und Elektronen ziehen sich dagegen an. Teilchen gleichartiger Ladung stoßen sich also ab, und Ladungen entgegengesetzten Vorzeichens ziehen sich an. Dabei wächst die Kraft zwischen den Ladungsträgern bei festem Abstand mit Zunehmen der Ladungen, während sie bei festen Ladungen mit zunehmendem Abstand abnimmt. Die quantitative Fassung dieser Zusammenhänge wird nach ihrem Entdecker, dem französischen Physiker und Ingenieur C. A. de Coulomb, als *Coulombsches Gesetz* bezeichnet, und die elektrischen Kräfte zwischen geladenen Körpern werden oft *Coulomb-Kräfte* genannt. Neutronen sind ungeladen und reagieren nicht auf elektrische Kräfte, desgleichen die beim Neutronenzerfall entstehenden Neutrinos. Neutronen und Protonen besitzen ungefähr die gleiche Masse von circa $1,7 \cdot 10^{-24}$ Gramm, während die Masse des Elektrons mit etwa $9,1 \cdot 10^{-28}$ Gramm fast 2000mal kleiner ist.

Versuchen wir jetzt zu verstehen, warum der aus Protonen und Neutronen aufgebaute Atomkern wegen der gegenseitigen elektrischen Abstoßung seiner Protonen nicht auseinanderbirst. Hier kommt die auch als *Kernkraft* bezeichnete Kraft der starken Wechselwirkung zum Tragen.

---

[1] Zum Vergleich: Ein Radiokondensator mit einer Kapazität vom 1 Mikrofarad faßt bei einer Spannung von 1 Volt die Ladung von 6 Billionen, d.h. 6000 Milliarden Elektronen.

Zwischen allen Kernbausteinen (*Nukleonen*, von lat. nucleus = Kern), also zwischen Proton und Proton, Proton und Neutron sowie Neutron und Neutron, bewirkt sie innerhalb des Kerns eine die Coulomb-Kraft weit übersteigende Anziehung und verhindert damit sowohl das Auseinanderfliegen der Protonen als auch das Entweichen der Neutronen. Auch der geschilderte Zerfall von Neutronen gefährdet nicht die Stabilität der Kerne. Das Neutron ist zwar im Kern ebenfalls instabil, indem es unter dem Einfluß der intensiven Kraftwirkungen, die von den anderen Nukleonen ausgehen, in ein Proton und ein negativ geladenes Meson zerfällt. Das auf diese Weise entstandene Meson wird aber sofort von einem anderen Proton eingefangen, um mit diesem zu einem Neutron zu verschmelzen. Im Endeffekt findet im Kern also eine ständige Umwand-

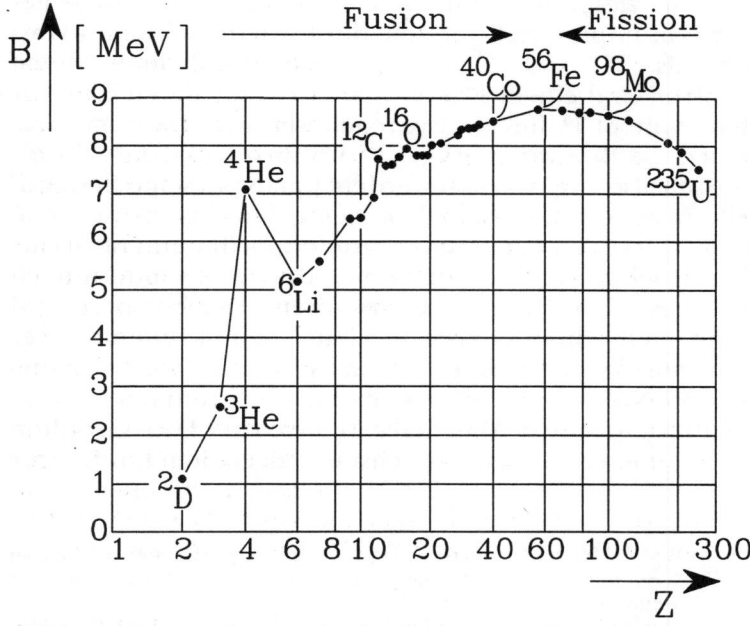

Abb. 1.1: *Mittlere Bindungsenergie B pro Nukleon, aufgetragen über der Anzahl Z der Nukleonen in den verschiedenen Kernen.*

17

lung von Protonen in Neutronen und umgekehrt statt, was der Stabilität der meisten Kerne jedoch nicht schadet. Da die Kernkräfte nur über die kurze Entfernung von ca. 2,5 · 10^{-15} m, also etwa zweieinhalb Nukleonenradien, wirksam sind, machen sie sich nur innerhalb der Kerne und in deren unmittelbarer Nachbarschaft bemerkbar. Diese kurze Reichweite und ihr Zusammenwirken mit den Coulombschen Abstoßungskräften führen dazu, daß die verschiedenen Atomkerne unterschiedlich fest zusammenhalten. Ein natürliches Maß für die Bindungsfestigkeit eines Atomkerns bildet die Energie, die man insgesamt dafür aufwenden muß, um die einzelnen Nukleonen der Reihe nach vom Kern abzutrennen. Abb. 1.1 zeigt die mittlere Bindungsenergie der einzelnen Nukleonen in den verschiedenen Atomkernen, aufgetragen über der Anzahl der in diesen gebundenen Nukleonen. Die zur Abtrennung sämtlicher Nukleonen benötigte Gesamtenergie erhält man aus dieser, indem man sie mit der Nukleonenzahl des Kerns multipliziert. So besteht der Kern des schweren Wasserstoffs, ^{2}H (oder ^{2}D), z. B. aus zwei Nukleonen, einem Neutron und einem Proton (daher die hochgestellte ^{2} vor dem Symbol H für lat. hydrogenium = Wasserstoff) und besitzt die Bindungsenergie 1 MeV pro Nukleon[2]. 2 MeV müssen also aufgewendet werden, um ihn in seine Bestandteile zu zerlegen. Es ist einleuchtend, daß ein einzelnes Nukleon stärker an den Kern gebunden wird, wenn nicht nur die Anziehungskräfte von einem oder zwei, sondern noch mehr Nukleonen auf es einwirken. Dementsprechend steigt die Bindungsenergie pro Nukleon mit zunehmender Nukleonenzahl des Kerns zunächst solange an, bis sie bei den 56 Nukleonen des Eisenkerns (26 Protonen und 30 Neutronen) einen Maximalwert erreicht. Daß sie schon vorher immer langsamer wächst und nach dem Eisen sogar

---

[2] 1 MeV = 1 Megaelektronenvolt = eine Million Elektronenvolt. Dabei ist 1 eV = ein Elektronenvolt die Energie, die einem Elektron zugeführt wird, wenn es in einem elektrischen Feld ein Spannungsgefälle von einem Volt durchläuft. Hierbei wird es von 0 km/s auf 593 km/s beschleunigt. Ein Proton erreicht im selben Feld immer noch eine Geschwindigkeit von ca. 14 km/s.

18

wieder abnimmt, hat zweierlei Ursachen: Erstens kann jedes Nukleon wegen der kurzen Reichweite der Kernkräfte aus Platzgründen nur von einer begrenzten Anzahl anderer Nukleonen angezogen werden, und auch die Zahl der an der Kernoberfläche sitzenden Nukleonen, die ja nur von einer Seite her angezogen werden, wird mit zunehmender Nukleonenzahl des Kerns immer größer. Schon allein aus diesem Grund kann die mittlere Bindungsenergie ab einer gewissen Kerngröße nicht mehr zunehmen. Zweitens wird aber auch noch die auf jedes Proton einwirkende und viel weiter reichende elektrische Abstoßung durch jedes neu hinzukommende Proton verstärkt. Dies wirkt der Bindung entgegen und ist die Ursache für die Abnahme der Bindungsenergie jenseits der Nukleonenzahl 56. Daß die Kurve der Bindungsenergien nicht ganz regelmäßig verläuft und z. B. beim Heliumkern, ^{4}He, eine scharfe Zacke nach oben aufweist, hat mit Feinheiten der Quantenphysik – dem *Pauli-Verbot* – zu tun, auf die wir hier nicht näher eingehen können.

★

Wir wollen unsere gegenwärtige Zielrichtung für einen Moment aus den Augen lassen und uns eine äußerst wichtige Konsequenz klarmachen, die aus der unterschiedlichen Bindungsfestigkeit der verschiedenen Kerne hervorgeht. Einer der wichtigsten Schritte in der Entwicklung der Naturwissenschaften war sicher die Entdeckung des Gesetzes der Energieerhaltung. Nach diesem kann bei allen physikalischen Prozessen, die mit Energieumsetzung verbunden sind, insgesamt weder Energie verlorengehen noch hinzugewonnen werden, vielmehr können sich nur verschiedene Formen der Energie ineinander umwandeln. In Anwendung auf den Atomkern folgt daraus, daß die zu seiner Zerlegung benötigte Energie beim umgekehrten Prozeß, dem Zusammenfügen aus seinen Bausteinen, in irgendeiner Form freigesetzt werden muß. Dabei sollte man umso mehr Energie gewinnen können, je fester der Kern gebunden ist. Etwas allgemeiner ausgedrückt bedeutet dies: Jeder Kernumwandlungsprozeß, der die Bindungsenergie vergrößert, muß Energie freisetzen. Gerade hierfür bietet die Kurve der Bindungsenergien jedoch phantastische Möglichkeiten! Gelänge es zum Beispiel, zwei ^{2}H-Kerne, also zwei Proton-Neutron-Paare zu einem aus zwei Proton-Neutron-Paaren bestehenden ^{4}He-Kern zu »verschmelzen«, so würde dabei die Bindungsenergie von $2 \cdot 2$ MeV = 4 MeV auf $4 \cdot 7$ MeV = 28 MeV erhöht. 24 MeV Differenz an Bindungsenergie müßten bei dieser »Kernverschmelzungsreaktion« also frei werden. Im Vergleich dazu ist der Energiegewinn bei chemischen Reaktionen wie z. B. der Verbrennung von Kohle oder, um es in der Sprache der Kernphysik auszudrücken, bei der »Verschmelzung« eines Kohlenstoffatoms C mit einem Sauerstoffmolekül O_2 zu Kohlendioxid CO_2 geradezu kümmerlich[3]: Er beträgt nur 4,2 eV und ist damit rund sechsmillionenmal kleiner. Der ins Auge gefaßten Kernverschmelzungsreaktion steht nur ein Hindernis im Wege: Die beiden ^{2}H-Kerne sind positiv geladen und stoßen sich gegenseitig ab, und zwar umso heftiger, je näher sie zusammengebracht werden. Damit sie aber miteinander verschmelzen können, müssen sie in den Anziehungsbereich ihrer gegenseitigen Kernkräfte gelangen, d. h. sie müssen sich auf den winzigen Abstand von ca. $2,5 \cdot 10^{-15}$ m annähern. Das Ziel der »kontrollierten Kernfusion« ist es, zu erreichen, daß sich dieser Verschmelzungsprozeß bei einer ausreichenden Zahl von Kernen eines geeigneten Brennstoffs in jederzeit kontrollierbarer Weise ohne Gefährdung der Umwelt abspielt. (Man wird voraussichtlich nur andere Kernreaktionen benutzen.) Eine Methode, den Kernen die hierfür erforderlichen Energien zu vermitteln, besteht in der Aufheizung des nuklearen »Brennstoffs« auf so extreme Temperaturen, daß die Kerne mit ihrer Wärmebewegungsenergie gegen die *Coulomb-Kräfte* anlaufen und diese überwinden können. Es ist der Weg, dem man zur Zeit die meisten Chancen gibt. Ein auf diesem Prinzip beruhender Reaktor wird als *thermonuklearer Reaktor* (von griech. thérmē = Wärme und lat. nucleus = Kern) bezeichnet.

---

[3] Die tiefgestellte $_2$ nach dem Symbol O für lat. oxygenium = Sauerstoff soll ausdrücken, daß sich zwei Sauerstoffatome zu einem Molekül zusammengefunden haben.

Unsere Kurve der Bindungsenergien läßt übrigens auch erkennen, wieviel Energie bei Kernspaltungsreaktionen gewonnen werden kann: Wenn ein schwerer Kern wie ^{236}U in zwei leichtere Kerne zerfällt, die z. B. die Nukleonenzahlen 140 und 96 haben können, nimmt die Bindungsenergie ebenfalls zu, und es wird eine Differenzenergie von ca. 195 MeV frei. Verteilt auf die 236 Nukleonen des Urankerns ergibt das etwas weniger als 1 MeV pro Nukleon. Bei der zuerst besprochenen Kernverschmelzung verteilte sich ein Energiegewinn von 24 MeV auf 4 Nukleonen; deren Energiegewinn von 6 MeV pro Nukleon ist also sogar noch deutlich ergiebiger. Auch der Kernspaltung stellen sich jedoch Hindernisse in den Weg: Normalerweise zerfallen Kerne nicht einfach in Bruckstücke, vielmehr werden sie durch die Kernkräfte zusammengehalten. Wie diese Trennungsbarriere dennoch überwunden werden kann, werden wir später in einem anderen Zusammenhang erkennen.

★

Jedes Elektron in der Nähe eines Atomkerns wird von dessen elektrischer Ladung stark angezogen. Wie reagiert es darauf? Wenn es sich verhalten würde, wie wir das von einem Satelliten im Schwerefeld der Erde kennen, müßte es entweder direkt in den Kern hineinstürzen oder diesen umrunden. Aber auch im letzten Fall sollte es eigentlich innerhalb kürzester Zeit (in weniger als einer Sekunde) auf einer Spiralbahn in den Kern stürzen, denn nach den Gesetzen der klassischen Elektrizitätslehre müßte es dabei elektromagnetische Wellen (Licht) abstrahlen und durch den damit verbundenen Energieverlust zunehmend an »Höhe« verlieren. Da Atome aus Atomkernen bestehen, die von Elektronen umkreist werden, wären demnach alle Atome instabil. Zum Glück ist dem nicht so, wir leben in einer Welt stabiler Atome! Innerhalb der winzigen Dimensionen des Atoms kommen nämlich die in unserer Makrowelt nicht spürbaren Unterschiede zwischen der klassischen Mechanik Newtons und der in diesem Jahrhundert entdeckten Quantenmechanik zur Auswirkung, und diese erlauben, daß Elektronen den Kern umkreisen können, ohne dabei strahlend abzustürzen.

Wenn ein Atomkern mehr Elementarladungen trägt als die Gesamtheit der strahlungsfrei um ihn kreisenden (negativ geladenen) Elektronen, dann haben wir ein Gebilde vor uns, das positiv geladen ist und als *Ion* (von griech. ión = Wanderndes) bezeichnet wird. Auf Grund der von ihm ausgehenden elektrischen Kräfte wird dieses noch weitere Elektronen an sich ziehen und auf strahlungsfreien Umlaufbahnen binden. Dieser Prozeß geht solange weiter, bis eine Struktur entstanden ist, die insgesamt neutral ist: ein *Atom*. Atome bestehen also aus einem Atomkern, der aus Protonen und Neutronen zusammengesetzt ist und der von genausovielen Elektronen umkreist wird, wie er Protonen enthält (Abb. 1.3 a)). Das Verblüffende daran ist, daß die Anordnung der Elektronen durch die Gesetze der Quantenphysik in eindeutiger Weise exakt festgelegt wird. Dies führt dazu, daß alle Atome derselben Sorte die gleiche Größe und dieselben Eigenschaften haben. Die Situation ist also ganz anders als z. B. bei unserem einem Atom scheinbar so ähnlichen Planetensystem: Die relativ leichten Planeten umkreisen zwar die schwere Sonne wie Elektronen den Atomkern, ihre Abstände von dieser sind aber im Prinzip nicht festgelegt und eine Folge der Evolutionsgeschichte.

Dieser Tatbestand bedeutet aber nicht, daß man die Elektronenbahnen im Atom nicht auch verändern könnte. Führt man einem Atom nämlich von außen gewisse wohldefinierte Energieportionen – *Energiequanten* – zu, so springen einzelne Elektronen auf etwas weiter vom Kern entfernte Bahnen über. Man sagt dann, das Atom befinde sich in einem *angeregten Zustand.* Allerdings hüpfen diese Elektronen sehr schnell wieder auf ihre ursprüngliche Bahn zurück, wobei ein Lichtquant emittiert wird, das genau die zur Anregung des Atoms benutzte Energie besitzt. Der unangeregte Zustand des Atoms, in welchem dieses keine Strahlung emittiert, wird als *Grundzustand* bezeichnet. Da unterschiedliche Energiemengen aufgewendet werden müssen, um das Atom in die verschiedenen Anregungszustände zu versetzen, kann man diesen wohldefinierte Anregungsenergien zuordnen, die sich zu einem *Energieniveau-*

schema zusammenfügen lassen (Abb. 1.2). Aus diesem läßt sich die Energie der Photonen ablesen, zu deren Emission das Atom fähig ist, wobei der Übergang in den Grundzustand mitunter auch stufenweise unter Emission mehrerer energieärmerer Photonen erfolgen kann. Einstein hat entdeckt, daß die (zur Wellenlänge des Lichts umgekehrt proportionale) Lichtfrequenz proportional[4] zur Photonenenergie ist. Damit läßt sich aus dem Energieniveauschema eines Atoms auch ablesen, welche Farben das von Atomen seiner Sorte emittierte Licht besitzen kann. Die aus den Energiesprüngen unseres Diagramms abgeleitete Folge möglicher Lichtfrequenzen führt bei der Analyse der Strahlung des Atoms in einem Spektralapparat – einem Gerät, das eine Mischung von Lichtstrahlen verschiedener Frequenz entmischt, indem es diese unterschiedlich ablenkt – zu einem *Linienspektrum*: Der Bildschirm des Spektralapparats zeigt in diesem Fall eine für jede Atomsorte charakteristische Folge nebeneinander liegender Linien, von denen jede durch die Lichtstrahlen einer einzigen Frequenz erzeugt wird. Linienstrahlung spielt übrigens eine wichtige Rolle in Plasmen, in denen Atome, Moleküle oder Ionen z. B. durch Zusammenstöße zur Emission von Licht angeregt werden.

Wir sehen, daß die Quantentheorie für unser Verständnis vom Aufbau der Materie von entscheidender Bedeutung ist. Dennoch werden wir die mit ihr einhergehenden Komplikationen bei den hohen Temperaturen, mit denen wir es in der Plasmaphysik zu tun haben, meist vergessen dürfen; diese definieren nämlich einen der Bereiche, wo die klassischen Vorstellungen Newtons im wesentlichen gültig geblieben sind.

Im größeren Abstand mindestens einiger Atomdurchmesser werden alle vom Kern eines Atoms ausgehenden elektrischen Kräfte von dessen Elektronen völlig abge-

---

[4] Zwei Größen heißen zueinander proportional, wenn bei einem Anstieg oder Abfall der einen die andere um denselben Faktor ansteigt oder fällt. Sie heißen umgekehrt proportional, wenn die eine um denselben Faktor ansteigt, um den die andere abfällt.

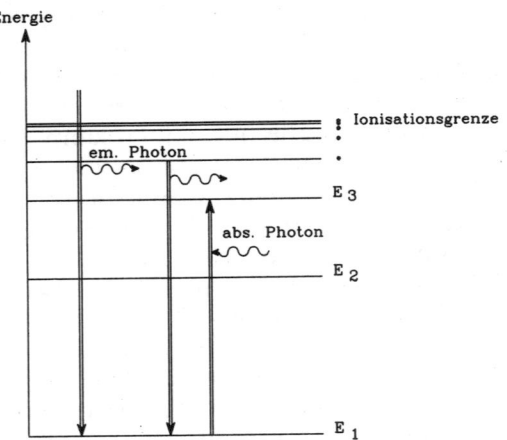

Energie

em. Photon

abs. Photon

Ionisationsgrenze

E_3

E_2

E_1

Abb. 1.2: *Energieniveauschema des Wasserstoffatoms. Das Elektron kann nur die in diesem Schema angegebenen Energiezustände E_1, E_2 etc. einnehmen. Beim Übergang von einer höheren zu einer tieferen Energie wird ein Lichtquant emittiert. Für den Übergang von einem tieferen zu einem höheren Niveau muß Energie zugeführt werden, was z. B. durch Absorption eines Lichtquants möglich wird.*

schirmt. Diese Abschirmung geht jedoch verloren, wenn man zwei Atome einander sehr nahe bringt. Es wird dann z. B. möglich, daß ein Elektron aus der Elektronenhülle des einen Atoms in die des anderen überspringt. Das Atom mit dem zusätzlichen Elektron trägt eine negative Überschußladung und bildet ein negatives Ion, während das seines Elektrons beraubte andere Atom zu einem positiven Ion wird. Die so entstandenen Ionen entgegengesetzter Ladung ziehen sich gegenseitig an und bleiben fortan als Pärchen beisammen, das ein Molekül mit *Ionenbindung* darstellt (Abb. 1.3 b)). Es gibt noch eine zweite Art der Molekülbindung, bei der die Elektronen nicht überspringen, sondern die Kerne beider Atome umkreisen. Man spricht in diesem Fall von *kovalenter* Bindung (Abb. 1.3 c)). Es ist klar, daß beide Arten der Molekülbindung auch mehr als zwei Atome miteinander »verheiraten« können, und es gibt Riesenmoleküle, in denen Tausende von Atomen auf diese Weise miteinander verkoppelt sind.

24

Im Prinzip ist die Anzahl von Atomen, die auf diese Weise aneinander gebunden werden können, unbegrenzt, und man findet dabei oftmals räumlich sehr symmetrische Anordnungen von Atomen, Atomgruppen oder Molekülen, die sich in periodischer Weise wiederholen (Abb. 1.4 a)). Solche Gebilde nennt man Kristalle, die man als Riesenmoleküle besonderer Art auffassen kann. Der unglaublich feste Zusammenhalt des aus Kohlenstoffatomen aufgebauten Diamanten ist so zu erklären, und wir erkennen: Es sind elektrische Kräfte, die dem »Festkörper« seine Festigkeit verleihen. Ganz ähnlich beruht auch die Biegungs- und Zerreißfestigkeit von Stahl auf elektrischen Anziehungskräften, wobei allerdings – wie bei Metallen ganz allgemein – zusätzlich noch gewisse Auswirkungen der Quantenphysik zum Tragen kommen.

In einem Festkörper ist die Lage der einzelnen Atome bzw. Atomgruppen relativ zueinander einigermaßen ge-

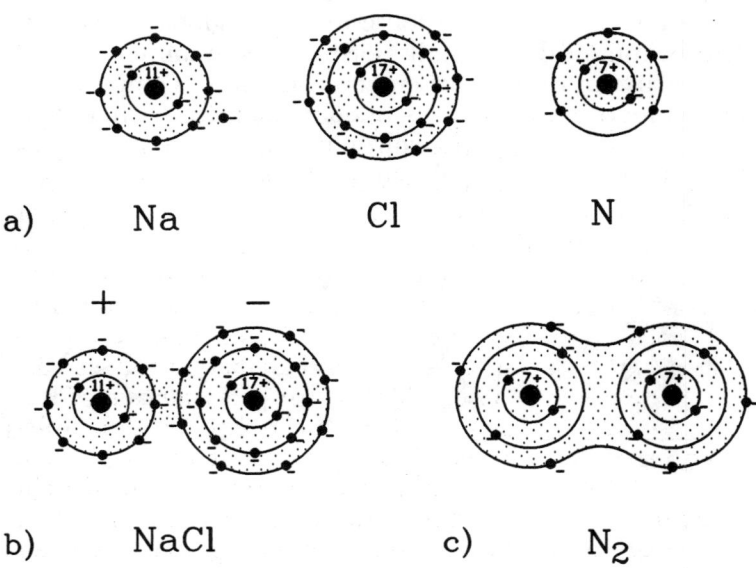

a)   Na   Cl   N

b)   NaCl   c)   N$_2$

Abb. 1.3: *Aufbau von Atomen, a), und von Molekülen mit Ionenbindung, b), bzw. kovalenter Bindung, c).*

nau fixiert. Allerdings nicht völlig starr, denn jedes Atom bzw. Molekül kann seine Lage innerhalb gewisser Grenzen noch etwas verändern. Das tut es auch, es zappelt in unregelmäßiger Weise nach oben und unten, vor und zurück oder hin und her, und zwar umso heftiger, je wärmer der Festkörper ist. Wärme ist nämlich eine Form von Bewegungsenergie, die sich nicht in einer von außen her sichtbaren Gesamtbewegung des Körpers äußert, vielmehr ist sie in statistisch verteilten Relativbewegungen der Atome bzw. Moleküle versteckt. Wer je ein zappelndes Kind an der Hand gehalten hat, um es z. B. am Überqueren einer befahrenen Straße zu hindern, der weiß, wie schwer das ist; und mancher wird erlebt haben, daß sich das Kind durch heftiges Zappeln schließlich doch losreißen konnte. Ganz ähnlich verhält es sich mit den Atomen. Mit zunehmendem »Zappeln« der Wärmebewegung gelingt es mehr und mehr Atomen oder Molekülen, den Bereich zu verlassen, in welchem die atomaren Wechselwirkungskräfte die Einbindung in eine feste Struktur wie die eines Kristallgitters garantieren. Bei Aufrechterhaltung seiner globalen *Fernordnung* bekommt der Kristall hierdurch eine immer löcherigere Struktur, bis sich bei einer »kritischen« Temperatur – der Schmelztemperatur – schließlich ein drastischer Wandel im Erscheinungsbild vollzieht: Die schon zerlöcherte Gitterstruktur wird instabil und zerbricht plötzlich in viele

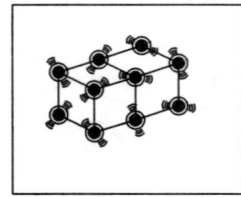 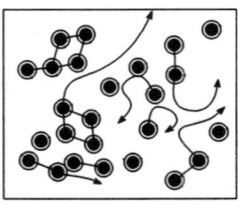 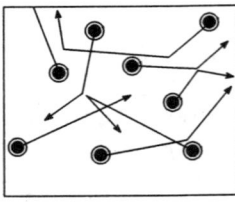

a) fest bis 14 K   b) flüssig bis 20 K   c) gasförmig
                                                              bis ca. 4500 K

Abb. 1.4: *Mikroskopisches Bild von Wasserstoff a) im (kristallinen) festen, b) flüssigen und c) im gasförmigen Zustand. Im festen Zustand führen die Atome Schwingungen um eine Mittellage aus; in den übrigen Zuständen geben die Kurven mit Pfeilen mögliche Bewegungen der Atome bzw. Moleküle an.*

26

»quasikristalline« Bruchstücke, die eine immer noch sehr regelmäßige *Nahordnung* aufweisen und sich, nunmehr aneinander vorbeigleitend, auf Wanderschaft begeben: Der Körper schmilzt, wir haben den *Phasenübergang* vom Festkörper zu einer *Flüssigkeit* erlebt (siehe Abb. 1.4 b)). Im Wasser beispielsweise vollzieht sich dieser Übergang bei 0 Grad Celsius.

Die Tatsache, daß Eis im Wasser schwimmt, zeigt uns, daß die Wassermoleküle im flüssigen Zustand sogar noch etwas dichter gepackt sind als im festen Zustand des Eises. Bei anderen Substanzen unterscheiden sich flüssiger und fester Zustand ebenfalls nicht wesentlich in ihrer Dichte. Die Moleküle sind daher auch im flüssigen Zustand trotz der freien Beweglichkeit der quasikristallinen Bruchstücke permanent starken Wechselwirkungskräften ausgesetzt, nur daß diese jetzt zum Teil von wechselnden Partnern ausgehen. Als Folge dieser Kräfte sind Flüssigkeiten nur wenig kompressibel und besitzen auch noch eine gewisse Zerreißfestigkeit, die sich z. B. in Form von Oberflächenspannungseffekten wie dem schnellen Schließen von Hohlräumen äußert. Mit zunehmender Temperatur werden die quasikristallinen Bruchstücke immer beweglicher und als Folge von Zerfallsprozessen zugleich immer kleiner. Irgendwann übersteigt die Bewegungsenergie der Moleküle ihre trotz immer häufigerer Partnerwechsel noch verbliebene und den Zusammenhalt der Flüssigkeit garantierende wechselseitige Bindungsenergie. Die Flüssigkeit erreicht schließlich einen kritischen Punkt, an dem sie überall »innerlich zerreißt« und in ein loses Gemisch chaotisch durcheinanderfliegender Moleküle übergeht. Man kann dieses innerliche Zerreißen besonders deutlich erleben, wenn man den Übergang in geeigneten Flüssigkeiten durch sehr vorsichtiges Erhitzen künstlich verzögert (Siedeverzug). In Schwefelsäure vollzieht er sich dann z. B. beinahe explosionsartig. Der hier beschriebene Phasenübergang vom flüssigen zum gasförmigen Zustand, der sich in Wasser unter Atmosphärendruck bei einer Temperatur von 100 Grad Celsius vollzieht, ist das Verdampfen einer Flüssigkeit.

Im gasförmigen Zustand sind die Atome oder Moleküle

viel weniger dicht gepackt, und wegen der viel größeren Abstände zu ihren Partnern spüren sie die meiste Zeit fast nichts mehr von deren anziehenden Kräften. Infolgedessen bewegen sie sich über relativ große Strecken fast geradlinig im Raum. Nur wenn sie gelegentlich einem anderen Partner sehr nahe kommen, werden dessen Kräfte noch merklich spürbar, und sie erfahren dann eine als *Stoß* bezeichnete, fast ruckartige Änderung ihrer Geschwindigkeit (Abb. 1.4 c)).

Wir wollen den Übergang zu höheren Temperaturen aber noch weitertreiben! Die Wärmebewegung der Gasteilchen wird dann immer schneller, was auch die Wucht der Zusammenstöße immer größer werden läßt. Wenn bei einem Zusammenstoß mehr als die Bindungsenergie der Moleküle übertragen wird, werden diese in Atome oder Ionen auseinandergebrochen. Diesen Vorgang bezeichnet man als *Dissoziation* (lat. dissociatio = Trennung). Bei zunehmender Temperatur werden nun mehr und mehr Moleküle dissoziiert, bis sich schließlich nur noch Atome im Gas befinden. Auch die Elektronen sind an ihre Atome nur mit endlicher Festigkeit gebunden und können von diesen abgetrennt werden. Das passiert, sobald bei einem Zusammenstoß mindestens die Bindungsenergie eines Elektrons übertragen wird. Dieser Vorgang wird als *Ionisation* bezeichnet. Im Grunde gibt es keine präzise Temperaturschwelle, ab der die Ionisation einsetzt; denn auch bei niedrigeren Temperaturen gibt es immer ein paar Teilchen, die schnell genug sind, um ionisieren zu können. Praktisch gesehen sind Ionisationsprozesse jedoch unterhalb einer nicht genau festgelegten Temperatur viel zu selten, um eine Rolle zu spielen. Wenn diese »Temperaturschwelle« überschritten ist, findet man im Gas außer Atomen und eventuell auch Molekülen noch frei herumfliegende Elektronen sowie die durch die Abtrennung von Elektronen entstandenen Ionen. Einige dieser Ionen können mit Hilfe ihrer elektrischen Kräfte zwar wieder Elektronen einfangen und sich in Atome zurückverwandeln – ein Prozeß, der als *Rekombination* bezeichnet wird. Gleichzeitig werden aber auch immer wieder neue Neutralteilchen ionisiert, so daß man bei gegebener Temperatur einen festen Prozentsatz

28

von Ionen und Elektronen im Gas vorfindet. (Die Situation ist hier ähnlich wie bei einer Bevölkerung: Deren Größe wird durch die jährliche Zahl von Geburten und Sterbefällen genau festgelegt.) Man spricht jetzt von einem *teilweise ionisierten Gas* (Abb. 1.5 a)). Die Vorgänge der Moleküldissoziation und der Ionisation müssen sich übrigens nicht zwangsläufig in der angegebenen Reihenfolge abspielen. Die Molekülbindung mancher Atome kann fester sein als die Bindung der Elektronen, und dann können auch Moleküle ionisiert werden, bevor sie dissoziieren.

Mit weiter zunehmender Temperatur wird der *Ionisationsgrad* (= Prozentsatz der Elektronen an der Gesamtteilchenzahl) des Gases immer höher, wobei insbesondere die Elektronen bei Stößen unter Energieabgabe die Emission hochenergetischer Photonen verursachen können, die sich ihrerseits am Ionisationsprozeß beteiligen. Schließlich wird ein Zustand erreicht, in welchem alle Moleküle dissoziiert und alle Atome ionisiert sind: Wir haben ein *vollständig ionisiertes Plasma* vor uns (Abb. 1.4 b)). Hatte man es ursprünglich mit Wasserstoff zu tun, so besteht das Gas dann nur noch aus Elektronen und Wasserstoffkernen, da Wasserstoffatome nur ein Elektron abzugeben haben. Besteht das Gas dagegen aus Mehrelektronenatomen, so gibt es mehrere Ionisationsstufen, bei denen die Abtrennung des ersten, des zweiten, des dritten Elektrons usw. erfolgt, bis schließlich sämtliche Elektronen abgetrennt sind und das

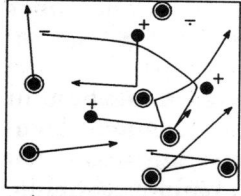 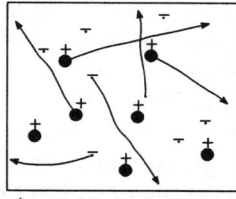 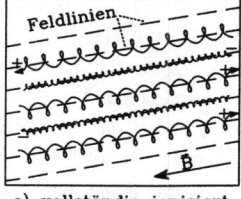

a) teilweise ionisiert
bis ca. 25 000 K

b) vollständig ionisiert
ab ca. 25 000 K

c) vollständig ionisiert
im Magnetfeld $\vec{B}$

Abb. 1.5: *Mikroskopisches Bild von Wasserstoff im Plasmazustand bei a) teilweiser und b) vollständiger Ionisation. c) zeigt die Bewegungen der Elektronen und Ionen eines vollständig ionisierten Wasserstoffplasmas in einem Magnetfeld unter der Annahme, daß keine Stöße stattfinden.*

29

Gas wiederum nur noch aus einer Mischung von Elektronen und nackten Atomkernen besteht, diesmal jedoch bei höherer Ladungszahl der Kerne.

2. Materie im Plasmazustand

Was ist ein Plasma?

Die zuletzt beschriebenen Vorgänge stellten die Geburt eines *Plasmas* dar. Etwas vage ausgedrückt ist ein *teilweise ionisiertes Plasma* bzw. teilweise ionisiertes Gas also ein meist ziemlich heißes gasförmiges Gemisch aus Elektronen, Ionen unterschiedlichster Sorten und Ionisationsstufen, aus neutralen Atomen und verschiedenartigen Molekülen sowie Photonen. Ein *vollständig ionisiertes Plasma* besteht dagegen nur aus Elektronen, Atomkernen und Photonen. Da sich der Plasmazustand in vielerlei Hinsicht von den Aggregatzuständen (= Zustandsformen der Materie, von lat. aggregare = ansammeln) fest, flüssig und gasförmig unterscheidet, bezeichnet man ihn oft als *vierten Aggregatzustand* der Materie. Bei einem reinen Elektronen-Ionen-Plasma ist diese Bezeichnung völlig zutreffend, weil im Vergleich zu einem Gas hinsichtlich der Konstituenten ein qualitativer Unterschied besteht – im Plasma Elektronen und Ionen, im Gas Moleküle und Atome. Ein teilweise ionisiertes Plasma sollte man dagegen präziser als eine sehr innige Durchmischung zweier Aggregatzustände, eines Gases und eines Elektronen-Ionen-Plasmas, auffassen, wobei aber auch diese innige Durchmischung zweier Aggregatzustände eine Besonderheit darstellt.

Eine der Merkwürdigkeiten des Plasmazustands besteht darin, daß er Eigenschaften aller anderen Aggregatzustände in sich vereinigt. Auf Grund der vielen freien Ladungsträger sind heiße Plasmen hervorragende Stromleiter und verhalten sich in dieser Hinsicht wie Metalle. Diese Ähnlichkeit wird unterstrichen durch die Eigenschaft der Ionen, im Plasma wegen ihrer großen Trägheit bei schnellen Vorgängen ein beinahe starres Netzwerk zu bilden, in welchem die leichten Elektronen fast wie im Ionengitter eines Metalls herumschwirren. Wie die meisten Metalle besitzt auch das Plasma eine hervorragende Wärmeleitfähigkeit. Andererseits hat es meist eine wesentlich kleinere Dichte als Metalle, kann sehr stark komprimiert werden, wird wesentlich von Diffusionsvorgängen (von lat. diffusio = Auseinanderfließen; gemeint ist die gegenseitige Durchdringung von Substanzen) beherrscht und verhält sich in dieser Hinsicht wie ein Gas. Die Kombination von hervorragender Wärmeleitfähigkeit mit niedriger Dichte führt übrigens dazu, daß man ein dünnes Plasma einer Temperatur von beispielsweise 20 000 Grad Celsius ohne weiteres mit der Hand anfassen könnte, ohne sich zu verbrennen: Das Plasma würde durch die Berührung sofort abgekühlt, eine Eigenschaft, die auch bei höheren Temperaturen vorliegt und für das Ziel der kontrollierten Kernfusion eine enorme Schwierigkeit darstellt. Andererseits gibt es im Plasma Wellenvorgänge und Instabilitäten, bei denen es sich wiederum eher wie eine Flüssigkeit verhält.

Solchen von anderen Aggregatzuständen her bekannten Eigenschaften gesellen sich neue hinzu, die keine Parallele besitzen. So können in einem Plasma die Elektronen, Ionen und Atome trotz ihrer innigen Durchmischung jeweils verschiedene Temperaturen besitzen. Eine Eigenschaft ist von besonderer Bedeutung: Auf Grund der freien Beweglichkeit der Ladungsträger können sich in einem Plasma leicht Gebiete mit einem Überschuß an positiven oder negativen Ladungen ausbilden. Diese führen zu elektrischen Feldern, die über viele Teilchenabstände hinweg elektrische Kraftwirkungen ausüben und Ströme fließen lassen, die ihrerseits Magnetfelder mit den dazugehörigen Kraftwirkungen erzeugen. Durch diese weitreichenden Kraftwirkungen kommt es zu großräumigen Bewegungen, die ganze Kollektive von Teilchen erfassen und zu einer Fülle charakteristischer raumzeitlicher Strukturen führen. Diese *kollektiven Wechselwirkungen* der Ladungsträger mit ihren vielfältigen Auswirkungen haben keine Analogie in Gasen und den meisten Flüssigkeiten, da dort die einzelnen Teilchen miteinander nur in Wechselwirkung treten, wenn sie sich berühren. (In flüssigen oder festen Metallen und in Halbleitern kann es ebenfalls kollektive Wechselwirkungen der Elektronen geben, und man spricht in diesem Zusammenhang dann auch von einem Elektronen- bzw. Halbleiterplasma.

) Quantitativ zeigt sich, daß schon relativ kleine Überschußladungen – weit weniger als 1 Prozent Unterschied zwischen der Elektronen- und Ionendichte – zu gewaltigen Kraftwirkungen führen, die eine weitere Vergrößerung der Ladungsüberschüsse verhindern. Plasmen weisen daher, wie alle makroskopischen Materieansammlungen, eine ausgeprägte Tendenz zum Ausgleichen von Ladungsunterschieden auf – wir sind dieser Tendenz schon bei der Bildung von Atomen begegnet – und verhalten sich insgesamt quasi neutral. In der Plasmaphysik bezeichnet man ein Teilchengemisch mit Ladungsträgern, in dem die Anzahl positiver und negativer Ladungen nahezu gleich ist, daher als *quasineutral*[5].

Mit Hilfe der zuletzt eingeführten Begriffe können wir jetzt noch etwas präziser fassen, was wir unter einem Plasma verstehen wollen: *Ein Plasma ist ein teilweise oder vollständig ionisiertes quasineutrales Gas mit kollektivem Teilchenverhalten.*

Wie kam es zu dem Namen Plasma? In seiner 1928 erschienenen Arbeit »Schwingungen in ionisierten Gasen« schrieb der amerikanische Physiker und Chemiker Irving Langmuir (Chemie-Nobelpreis 1932): »Es schien, daß diese Schwingungen als elektrische Kompressionswellen mit einer gewissen Analogie zu Schallwellen aufgefaßt werden müssen. Außer in Elektrodennähe, wo es Schichten mit sehr wenigen Elektronen gibt, enthält das Gas etwa gleich

---

[5] In den Speicherringen der großen Teilchenbeschleuniger, z. B. DESY in Hamburg oder CERN bei Genf, gelingt es tatsächlich, eine größere Zahl von Ladungsträgern ausschließlich einer Sorte, also z. B. nur Elektronen oder nur Protonen, zu isolieren. Dort wird diese Tendenz zur Quasineutralität also durchbrochen, was einen erheblichen Aufwand erfordert. Derartige Ansammlungen von Ladungsträgern bezeichnet man allerdings nicht als Plasmen. Der Wunsch nach möglichst hohen Teilchenströmen hat dazu geführt, daß die für Plasmen typischen kollektiven Wechselwirkungen auch hier allmählich an Bedeutung gewonnen haben, und man nutzt die plasmaartigen Eigenschaften nach Möglichkeit zur Bündelung der Teilchenstrahlen aus.

viele Ionen und Elektronen, so daß die resultierende Raumladung sehr klein ist. Wir werden zur Beschreibung dieses Gebiets mit ausgeglichenen Ionen- und Elektronenladungen den Namen *Plasma* benutzen.«[6] »Plásma« ist ein griechisches Wort und heißt auf deutsch »Gebilde« oder »Bildungsfähigkeit«. Leider hat Langmuir nicht angegeben, was ihn zu dieser Namengebung bewog. Es scheint, daß ihn die Konsistenz des von ihm untersuchten Plasmazustands in Gasentladungen an den gallertartigen Zustand des Protoplasmas in organischen Zellen erinnert hat, denn in einer anderen Arbeit (Titel wie 1928 »Schwingungen in ionisierten Gasen«, diesmal mit einem Koautor L. Tonks, erschienen 1929) schrieb er:»Wenn die Elektronen schwingen, verhalten sich die positiven Ionen wie ein starres Gallert . . .«

Mit der etwas geheimnisvollen Namengebung für einen nicht alltäglichen Materiezustand scheint es seine besonderen Schwierigkeiten zu haben. Nicht nur, daß viele das Betätigungsfeld eines Plasmaphysikers in der Biologie ansiedeln wollen. Das Max Planck-Institut für Plasmaphysik in Garching bei München bekam schon Telefonanrufe mit Fragen wie:»Ist dort das Institut für Wasserphysik?« oder »Bin ich hier mit dem Institut für Blasmusik verbunden?«.

Wo gibt es Plasmen?

Wenn wir uns in unserer natürlichen Umgebung umschauen, sieht es so aus, als wäre der Plasmazustand eine etwas exotische Ausnahmeerscheinung. In Blitzen bildet sich unter der Zusammenwirkung von Stromheizung und schneller Luftkompression ein sehr hell leuchtendes Plasma. Dabei wird die Luft durch *Stoßwellen* (Schockwel-

---

[6] Bei den Recherchen zu diesem Buch ließen sich als Jahr der Einführung des Namens Plasma bei anderen Autoren Zahlen von 1923 bis 1932 finden. Es scheint, daß eine von Langmuirs eigenen Arbeiten zu einer gewissen Verwirrung beigetragen hat, denn in ihr wird als Erscheinungsjahr des Artikels, in dem der Name Plasma eingeführt wird, fälschlicherweise 1926 angegeben.

len) komprimiert, wie sie ein mit Überschallgeschwindigkeit fliegendes Flugzeug erregt, nur daß diese im Blitz viel stärker sind. Durch Stoßwellenheizung erzeugte Plasmen treten auch auf, wenn Meteoriten mit hoher Geschwindigkeit aus dem Weltall in die Atmosphäre stürzen und dort verglühen. Sie machen sich dem Auge als Sternschnuppen bemerkbar und beflügeln dadurch unsere Phantasie. Ein Raumschiff, das aus dem Weltall wieder in die Erdatmosphäre eintritt, befindet sich in einer ähnlichen Situation wie ein Meteorit. Das dabei entstehende Plasma macht sich recht unangenehm dadurch bemerkbar, daß es das Raumschiff wie ein *Faraday-Käfig* einhüllt und den Funkkontakt zur Erde unterbricht. Nordlandreisende können den Plasmazustand manchmal in Form von Nordlichtern (aurora borealis) bewundern (Farbtafeln 1-4), und natürlich gibt es auch in der südlichen Hemisphäre Polarlichter (aurora australis). Schließlich weist das heiße Gas von Flammen ebenfalls einen geringfügigen Ionisationsgrad auf. Um z. B. einen Plattenkondensator zu entladen, genügt es schon, wenn man zwischen seine beiden Platten eine Kerzenflamme hält. Wenn man ein Streichholz oder Feuerzeug anzündet, erzeugt man also im Grunde genommen schon ein Plasma, nur daß in diesem die typischen Plasmaeigenschaften noch sehr schwach ausgeprägt sind.

Damit ist die Liste natürlich auftretender Plasmen in unserer Umgebung aber auch schon im wesentlichen ausgeschöpft. Dennoch bildet gerade der Materiezustand, in dem wir uns befinden und den wir als normal empfinden, in der Weite des Universums die Ausnahme. Schon der Außenbereich unserer Erdatmosphäre, die *Ionosphäre*, ist eine Plasmaschicht von mehr als 1000 km Dicke – ihre teilweise Ionisation wird hauptsächlich durch die Röntgen- und Ultraviolett-Strahlung der Sonne hervorgerufen. Diese ist selbst ein riesiger Plasmaball, und dasselbe gilt für alle Sterne des Universums. Wer den nächtlichen Sternenhimmel betrachtet, blickt auf eine riesige Ansammlung von Plasmakugeln. Auch große Teile der zwischen den Sternen schwebenden – interstellaren – Gaswolken sind teilweise ionisiert, durch Strahlung und durch Teilchen, die von den

Sternen kommen. Man hat abgeschätzt[7], daß sich insgesamt grob 99 Prozent der aus Elektronen und Atomkernen aufgebauten Materie des Universums im Plasmazustand befinden. In der Frühgeschichte des Universums, etwa während der ersten 100 000 Jahre nach dem Urknall, waren die Temperaturen so hoch, daß sich überhaupt alle Materie im Plasmazustand befand – einem recht ungewöhnlichen allerdings, da die unglaublich hohe Materiedichte besonders der frühen Phasen dieses Zeitraums den Vergleich mit üblichen Plasmen verbietet. Ob man die kleinen Inseln neutraler Materie, in denen wir leben und aus deren Stoff wir geschaffen sind, als unbedeutende Randerscheinungen in einer dominanten See geladener Plasmateilchen oder als eine auszeichnende Besonderheit auffaßt, sei hier anheimgestellt.

Doch kehren wir auf die Erde und in die Gegenwart zurück. Seit einiger Zeit findet man es zunehmend interessant, den Plasmazustand auch künstlich zu erzeugen. Neben der Neugier des Erforschens von unbekanntem Terrain stehen dahinter auch technische und ökonomische Interessen. Technisch erzeugte Plasmen begegnen uns zum Beispiel in den Neonröhren, bei Schweißgeräten oder in speziellen chemischen Reaktoren. Und dann gibt es natürlich eine Fülle verschiedenartigster Plasmen im Labor, die teils dazu dienen, den Plasmazustand im allgemeinen zu erforschen, und teils dazu, technische Ziele wie die kontrollierte Kernfusion zu verfolgen.

Temperatur und Dichte typischer Plasmen

Die Eigenschaften eines Plasmas hängen z.T. auch davon ab, wie es erzeugt wurde. Besonders wichtige Größen zu seiner Charakterisierung sind die Dichte seiner freien Elek-

---

[7] Bei Physikern bedeutet »abschätzen« meist etwas mehr als »überschlägig taxieren«. Dahinter stehen oft eine ausführlichere Rechnung, in der für nicht genau bekannte Größen oder Zusammenhänge Vermutungen eingesetzt werden, sowie eine Untersuchung der hierdurch abgesteckten Fehlergrenzen.

tronen, sein Ionisationsgrad und die – möglicherweise voneinander verschiedenen – Temperaturen seiner Elektronen, Ionen und Atome. Eine Kerzenflamme enthält schon bei einigen hundert Grad ionisierte Teilchen. Andere Stoffe benötigen zu ihrer Ionisation höhere Temperaturen. Ganz allgemein kann gesagt werden, daß Ionisation bei jeder Art von Materie spätestens dann einsetzt, wenn etwa 10 000 Grad überschritten werden, mit anderen Worten: Der Normalzustand von Materie über 10 000 Grad Celsius ist der Plasmazustand. Da Atomkerne Elektronen umso fester an sich binden, je höher ihre *Kernladungszahl* (= Zahl der im Kern enthaltenen Protonen) ist, hängt die Temperatur, bei der vollständige Ionisation erreicht wird, ganz erheblich von der Atomsorte ab. Wasserstoff mit einer Dichte von ca. 10^{23} Atomen pro Kubikmeter im unionisierten Zustand ist bei ca. 25 000 Grad Celsius schon vollständig ionisiert. Bei den schweren Atomen hoher Kernladungszahl werden zur vollständigen Ionisation dagegen Temperaturen bis zu etlichen zehn Millionen Grad benötigt.

Wir wollen uns im folgenden einen ersten Überblick darüber verschaffen, wie sich verschiedene Plasmen unterscheiden, und benutzen zur Charakterisierung die Dichte und Temperatur ihrer Elektronen. Das in Abb. 2.1 gezeigte Diagramm bietet eine repräsentative Auswahl. Es ist so zu interpretieren, daß man zu jedem der darin angegebenen Plasmen die zugehörige Dichte (in Zahl der Elektronen pro Kubikmeter) abliest, indem man vom Ort der Eintragung senkrecht nach unten geht, und die zugehörige Temperatur in Kelvin[8] erfährt, indem man waagerecht nach links geht. Für jeden Plasmatyp gibt es einen ganzen Bereich

---

[8] Kelvin (kurz K) ist ein Temperaturmaß, bei dem der Schmelzpunkt von Wasser unter Normaldruck bei 273 K liegt. Die Celsiusgrade einer in Kelvin angegebenen Temperatur erhält man, indem man von den Kelvin 273 abzieht. Der absolute Nullpunkt der Temperatur liegt bei 0 K bzw. −273 Grad Celsius. Da sich bei hohen Temperaturen die Zahlenwerte von Celsiusgraden und Kelvin relativ gesehen nur sehr wenig unterscheiden, spielt es bei diesen keine Rolle, ob sie in Kelvin oder Grad Celsius angegeben werden.

möglicher Werte von Dichte und Temperatur, und der Gesamtbereich, in dem Plasmen zu finden sind, ist beinahe unbegrenzt. Überprüfen wir an Hand einiger Beispiele die in dem Diagramm enthaltene Information. Für Flammen, wie sie bei der Verbrennung von Holz, Kohle, Gasen oder Chemikalien entstehen, finden wir einen Temperaturbereich zwischen einigen Hundert und einigen Tausend Grad. Die Elektronendichte liegt dabei in der Gegend von ca. 10^{14} Elektronen pro Kubikmeter. Wenn man bedenkt, daß sich

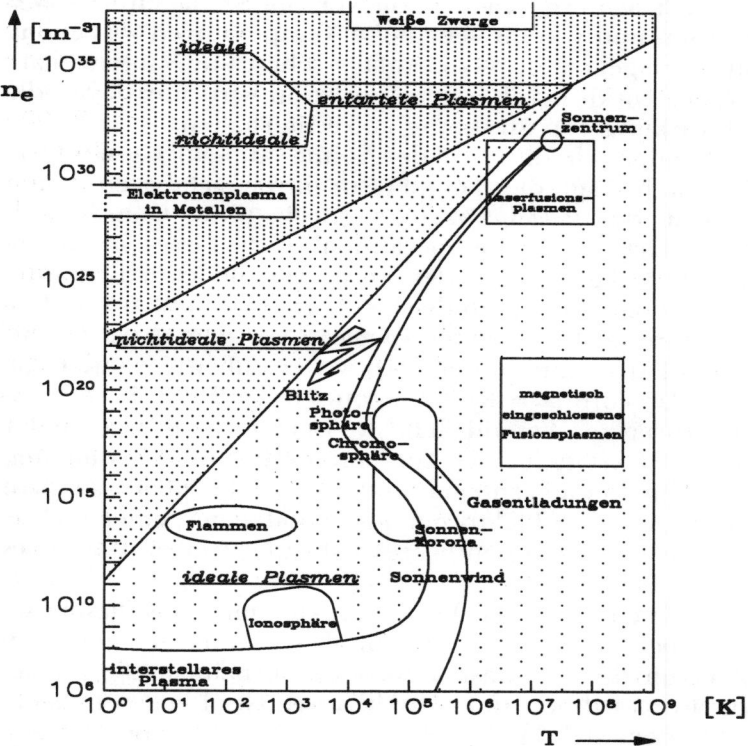

Abb. 2.1: *Temperatur-Dichte-Diagramm typischer Plasmen. Die markierten Bereiche geben an, bei welchen Dichten und Temperaturen die dazu angegebenen Plasmen zu finden sind.* n_e = *Elektronendichte,* T = *Temperatur.*

37

in einem Kubikmeter Luft bei Atmosphärendruck etwa $2,7 \cdot 10^{25}$ Moleküle befinden, erkennt man, daß nur ein extrem niedriger Ionisationsgrad vorliegt. In Blitzen findet man Temperaturen bis etwa 60 000 Grad bei einer Elektronendichte bis zu 10^{20} Elektronen pro Kubikmeter. In Neonröhren haben die Elektronen eine Temperatur von ca. 25 000 Grad, während die Ionen, die fast die gesamte Masse der Gasfüllung auf sich vereinigen, nur wenig über Zimmertemperatur liegen. Im interplanetaren (= zwischen den Planeten befindlichen) Raum findet sich ein sehr dünnes, aber beachtlich heißes Plasma, der *Sonnenwind*. Es handelt sich um Teilchen, die von der Sonne ausgestoßen werden und von ihr sehr hohe Temperaturen mitbekommen. Dagegen ist das ebenfalls sehr dünne interstellare Plasma wirklich kalt, seine Ionisation wird nur durch die Einwirkung von Strahlung aufrechterhalten.

Wenden wir uns jetzt der Sonne zu. »Nur« etwa 5 800 Kelvin beträgt die Temperatur ihrer sichtbaren Randschicht, der *Photosphäre* (von griech. phōs, Genitiv phōtós = Licht), eine Temperatur also, die selbst in chemischen Reaktionen auf der Erde erreicht wird. Erstaunlicherweise trifft man in der bis zu 10 000 km über die Photosphäre hinausragenden *Chromosphäre* (von griech. chrōma = Farbe) und in der noch weiter außen liegenden *Korona* (lat. corona = Kranz, Krone) erheblich höhere Temperaturen an. Wesentlich heißer ist es auch im Inneren der Sonne. Dort steigt die Temperatur bis auf 15 Millionen Grad im Sonnenzentrum, und dies bei der phantastischen Dichte von 10^{32} Elektronen pro Kubikmeter, einer Dichte, welche die Elektronendichte in Metallen um ein Vielfaches übertrifft.

In einem irdischen Fusionsreaktor muß das Plasma sogar noch deutlich heißer sein als das nukleare Feuer im Zentrum des »Fusionsreaktors« Sonne: Seine mittlere Temperatur wird bei etwa 120 Millionen Grad liegen müssen, etwa dem Achtfachen der Temperatur des Sonnenzentrums, und seine Zentraltemperatur sogar noch deutlich höher! Noch gibt es keinen Fusionsreaktor, aber die höchste Temperatur, die in einem Laborplasma bisher erzielt wurde, betrug sogar 385 Millionen Grad. Was dabei noch zum Fusionsreaktor gefehlt hat, war zum einen die erforderliche Dichte; außerdem konnten die Plasmateilchen nicht lange genug so heiß gehalten werden, was in unserem Diagramm jedoch nicht zum Ausdruck kommt. Es wurde schon darauf hingewiesen, daß Quantenphänomene für die Plasmaphysik im allgemeinen keine wesentliche Rolle spielen. Diese Aussage soll jetzt noch etwas präzisiert werden. Eine der wichtigen Erkenntnisse der Quantentheorie besteht darin, daß alle Bausteine der Materie gleichzeitig Wellen- und Teilcheneigenschaften besitzen. Der französische Physiker Fürst Louis de Broglie (Physik-Nobelpreis 1929) fand als erster heraus, daß die den Materieteilchen zugeordnete Wellenlänge – man bezeichnet sie heute als *de Broglie-Wellenlänge* – umgekehrt proportional zu deren Impuls ist: Sie wird umso kleiner, je schwerer die Teilchen sind und je schneller sie fliegen. Im Plasma erlangen Quanteneffekte nur dann eine Bedeutung, wenn die Abstände der Plasmateilchen mit deren Wellenlänge vergleichbar werden oder noch kleiner sind als diese. Das passiert allerdings erst bei extrem hohen Plasmadichten, und man spricht dann von einem *entarteten Plasma*. Maßgeblich für die Entartung eines Plasmas sind dessen Elektronen, weil diesen wegen ihrer kleineren Masse eine viel größere Wellenlänge als den Ionen zugeordnet ist. Je höher die Plasmatemperatur, desto schneller fliegen die Elektronen und umso kleiner wird ihre Wellenlänge. Aus diesem Grunde steigt mit zunehmender Temperatur auch die Dichte, bei der die Quantenentartung des Plasmas eintritt. Der Existenzbereich für entartete Plasmen findet sich im oberen Drittel unseres Diagramms. Beispiele für entartete Plasmen bilden das Elektronenplasma in Metallen oder die Sternmaterie in den *weißen Zwergen*. Unser Diagramm läßt klar erkennen, daß die meisten Plasmen außerhalb des Bereichs der Quantenentartung liegen.

3. Vom geriebenen Bernstein zu den Gasentladungen

Der griechische Philosoph, Arzt und Wanderprediger Empedokles, der von 490–430 v. Chr. in Agrigent auf Sizilien lebte, hielt Erde, Wasser, Luft und Feuer für die Urbausteine unserer Welt. In dieser Reihung stehen Erde, Wasser und Luft für die Aggregatzustände fest, flüssig und gasförmig. Daß Empedokles das Feuer gesondert und gleichwertig mitnannte, läßt darauf schließen, daß er es für eine eigenständige Erscheinungsform der Materie hielt. Auch in vielen Mythen und Sagen kommt die Besonderheit des Feuers zum Ausdruck: Prometheus stahl den Göttern das Feuer und brachte es den Menschen, die dafür mit den Übeln aus der Büchse der Pandora bestraft wurden. Und Ikarus kam beim Flug mit seinem Vater Dädalus aus Neugierde dem Sonnenfeuer zu nahe, stürzte ins Meer und ertrank.

Die charakteristischen Eigenschaften des Plasmazustands sind allerdings elektromagnetischer Natur, und bis zu deren Entdeckung hat sich die Menschheit nach Empedokles noch Zeit gelassen. Von der Antike bis zum Mittelalter war an elektrischen Phänomenen von Menschenhand nur die anziehende Wirkung von geriebenem Bernstein bekannt. Im Jahre 1600 veröffentlichte der englische Naturforscher und Arzt W. Gilbert ein umfangreiches Werk mit dem Titel »De Magnete«. In dessen zweitem Band machte er als erster darauf aufmerksam, daß es noch andere Stoffe mit bernsteinartigem Verhalten gibt, die er als »corpora electrica« (corpora: Plural von lat. corpus = Körper) bezeichnete. Der Bernstein verhalf der Elektrizität also zu ihrem Namen, denn griechisch »elektron« heißt Bernstein. Gilbert berichtete in seinem Buch auch darüber, daß er elektrisch geladene Körper entladen konnte, indem er in ihre Nähe eine Flamme brachte. Aus heutiger Sicht war dies der Nachweis dafür, daß ein teilweise ionisiertes Gas den elektrischen Strom leitet. Gilbert war damit wohl der erste Mensch, der mit einem – allerdings nur sehr schwach ionisierten – Plasma Experimente physikalischer Zielsetzung durchführte. Otto von Guericke, Bürgermeister von Magdeburg und nebenbei Naturforscher aus Leidenschaft, benutzte um 1650 einen »elektrischen« Stoff zum Bau der ersten Elektrisiermaschine. Diese bestand aus einer drehbaren, mineralisierten Schwefelkugel, aus der er durch Reiben Funken zog. Deren spezifisch elektrischer Natur war er sich jedoch noch nicht bewußt, die Schwefelkugel diente ihm vielmehr als ein Modell der Erde, das die Existenz weitreichender »kosmischer Wirkkräfte« demonstrieren sollte. 1675 beobachtete der französische Priester und Astronom J. Picard, daß der Dampf über der Quecksilbersäule eines Barometers zu leuchten beginnt, wenn man das Barometer schüttelt. Daß dieses Leuchten durch Reibungselektrizität hervorgerufen wird – aus heutiger Sicht: als Folge der Stoßanregung von Atomen durch Elektronen, die in dem durch die Reibung erzeugten elektrischen Feld beschleunigt werden –, wies etwa 1706 F. Hauksbee nach: Er pumpte eine Glaskugel leer und brachte die in ihr verbliebene dünne Restluft zum Leuchten, indem er die Glaswände rieb. Nicht viel später benutzte man für derartige *Glimmentladungen* schon Glasröhren mit eingeschmolzenen Metallelektroden (d. h. Metalldrähten, durch die der Strom ein- und austreten kann), also regelrechte Gasentladungsröhren[9]. Ein wichtiger Fortschritt bei der Untersuchung elektrischer Vorgänge war die durch einen glücklichen Zufall begünstigte Erfindung des Kondensators (Gerät zum Speichern elektrischer Ladungen). 1745 beobachtete der pommersche Domdechant E. J. von Kleist, daß er Flüssigkeiten sehr stark elektrisch aufladen konnte, wenn er sie in eine mit der Hand gehaltene Glasflasche füllte. Veröffentlicht wurde dieses Phänomen aber erst von dem in Leiden ansässigen holländischen Physiker P. van Musschenbroek. Bald darauf wurde entdeckt, daß man auch dann einen Kondensator erhält, wenn man die Flüssigkeit im Innern der Flasche durch eine dünne Metallschicht ersetzt. Zylindrische Glasgefäße, die innen und außen mit einer dünnen Metallfolie belegt waren, wurden als elektrische Ladungsspeicher benutzt und als »Leidener Flaschen« bekannt. Entlud man diese, so ging dies mit Funken, Blitzen und Krachen einher. In diesem Zusammenhang wurde zum ersten Mal der Name *elektrische Entladung* benutzt.

Um diese Zeit wurde es Mode, auf Jahrmärkten, aber

---

[9] »Entladung« ist eine alte, weit verbreitete Bezeichnung für Stromleitung.

auch in den Salons der vornehmen Gesellschaft elektrische Experimente vorzuführen, zur allgemeinen Belustigung und zur Befriedigung von Sensationsgelüsten. Durch derartige Schaustellungen wurde der Amerikaner Benjamin Franklin zu Experimenten angeregt, ein Mann aus einfachen Verhältnissen, der als Drucker begann, Schwimmlehrer werden wollte, später Journalist, Zeitungsverleger, Abgeordneter, Diplomat, Schriftsteller und ein vielseitiger Erfinder wurde. Er war der Begründer der American Philosophical Society und wurde zum Mitglied der Académie Francaise berufen. Franklin entwickelte unter anderem die Idee, daß es positive und negative Ladungen geben müsse, durch deren Trennung die Aufladung von Körpern entsteht. Am bekanntesten wurde er jedoch durch die Erfindung des Blitzableiters und durch sein spektakuläres Drachenexperiment: Im Jahre 1752 ließ er während eines Gewitters einen Drachen steigen und zog aus dessen feuchter Schnur mit Hilfe eines Schlüssels einen elektrischen Funken. Dies war ein höchst gefährliches Experiment, dessen erfolgreicher Ausgang Franklins Eingeständnis bestätigt, Glück sei sein unzertrennlicher Lebensgefährte gewesen. Mit ihm bewies er seine Idee, daß der Blitz nichts anderes sei als ein riesiger elektrischer Funke.

Weit weniger glücklich verliefen Experimente, die der russische Universalgelehrte und Dichter M. W. Lomonossow, Professor der Chemie an der Universität von Petersburg, auf Grund ähnlicher Vorstellungen durchführte, zusammen mit seinem Freund G. W. Richmann, einem deutschstämmigen Physiker. Lomonossow hatte in seinem Haus eine »Donnermaschine« installiert, eine Leidener Flasche, die an einer metallischen Stange befestigt und mit einer Art Blitzableiter außerhalb des Hauses leitend verbunden war. Aus dieser »Donnermaschine« sprangen während Gewittern und manchmal auch bei schönem Wetter laut krachend große elektrische Funken hervor. Als sich Richmann dieser Maschine während eines Gewitters näherte, schlug ein Funke auf ihn über und tötete ihn (1753).

Im Jahre 1801 zündete der deutsche Chemiker und Physiker J. W. Ritter die erste *Bogenentladung*, dem bald die Physiker W. Petrow (Rußland 1802) und H. Davy (England

1810) mit Untersuchungen an Kohlebogenentladungen folgten. Dabei handelt es sich um Gasentladungen unter Atmosphärendruck, und die Bezeichnung »Bogen« rührt daher, daß eine horizontale Entladung durch den Auftrieb des erhitzten Gases im Schwerefeld der Erde nach oben gekrümmt wird. 1831 begann der englische Chemiker und Physiker Michael Faraday, dessen fundamentale Beiträge zur Erforschung des Elektromagnetismus Geschichte gemacht haben, mit einer systematischen Untersuchung der Glimmentladungen und setzte damit die Entwicklungslinie fort, die mit Picard und Hauksbee begonnen hatte. Da dies den Ausgangspunkt einer Serie gleich zu berichtender wichtiger Entdeckungen bildete, erscheint es nützlich, an dieser Stelle eine kurze Schilderung der physikalischen Vorgänge in einer Glimmentladung zu geben.

★

Um eine Glimmentladung zu bekommen, schmilzt man in ein verschlossenes Glasrohr zwei Metallelektroden ein, füllt es mit Gas, erniedrigt den Gasdruck durch Auspumpen fast auf Vakuumniveau und legt an die Elektroden eine Spannung an. Nun gibt es in einem Gas auch schon bei Zimmertemperatur hin und wieder ein paar Ionen und freie Elektronen, sei es, daß die Ionisation durch Lichteinwirkung, durch überschnelle Moleküle oder durch hochenergetische Teilchen aus radioaktiven Spurenelementen oder der Höhenstrahlung herbeigeführt wurde. Solche freien Ladungsträger werden durch die angelegte Spannung auf eine der Elektroden zu beschleunigt, prallen auf diesem Weg mit neutralen Molekülen zusammen und können diese ebenfalls ionisieren, sofern sie bei dem vorangegangenen Beschleunigungsprozeß eine hinreichend hohe Geschwindigkeit erreicht haben. Auf diese Weise kommen neue Ladungsträger mit ins Spiel, die ebenfalls beschleunigt werden und dann ihrerseits Ionisationsstöße ausführen können. Ganz ähnlich, wie sich die von Goethes »Zauberlehrling« als Wasserträger engagierten Besenstiele bei jeder Spaltung mit der Axt verdoppeln, kann hier jeder in einem Ionisationsprozeß abgespaltene Ladungsträger beim Stoß mindestens zwei neue Ladungsträger (ein Ion

43

und mindestens ein Elektron) »hervorzaubern«. Hierdurch kommt es in der Form einer *Kettenreaktion* (= Reaktion, die sich nach ihrer Einleitung von selbst fortsetzt) zu einer lawinenartigen Vermehrung der Ladungsträger, und innerhalb kürzester Zeit fließt ein gewaltiger Strom von Ladungsträgern zu den Elektroden: Wir haben eine »Gasentladung« vor uns. In Abhängigkeit von der benutzten Gassorte, dem Gasdruck und der angelegten Spannung beobachtet man in dieser ganz merkwürdige leuchtende Strukturen (siehe Abb. 3.1 und Farbtafel 6).

★

Faraday faszinierten die schönen Leuchterscheinungen in den Glimmentladungen, und er entdeckte in der Nähe der *Anode* (= positiv geladene Elektrode) ein dunkles Gebiet, das heute nach ihm als *Faradayscher Dunkelraum* bezeichnet wird. 1858 fand der deutsche Mathematiker und Physiker J. Plücker, daß man eine Glimmentladung mit Hilfe eines Magneten ablenken kann. Ein Jahr später berichtete er von der Entdeckung einer grünlich phosphoreszierenden Leuchterscheinung in Kathodennähe (*Kathode* = negativ geladene Elektrode), die sich vermittels eines Magneten hin- und herschieben ließ. Sein Schüler J. Hittorf konnte mit Hilfe der inzwischen erfundenen Quecksilberpumpe die Entladungsröhre noch besser auspumpen, und im Jahre 1869 gelang ihm der Nachweis, daß eine von der Kathode ausgehende Strahlung diese Leuchterscheinung hervorruft: Stellte er dieser ein Hindernis in den Weg, so ließ sich ein deutlicher Schatten erkennen. Der englische

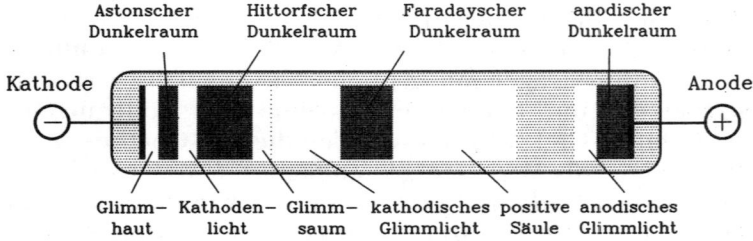

Abb. 3.1: *Glimmentladung.*

Physiker C. F. Varley äußerte 1871 als erster die Vermutung, daß die Strahlung aus negativ geladenen Teilchen bestehen könnte, und der deutsche Physiker E. Goldstein führte für sie 1876 den Namen *Kathodenstrahlung* ein. Der letztere war es auch, der 1886 hinter einer Bohrung in der Kathode eine zweite Sorte von Strahlen entdeckte, die als *Kanalstrahlen* bezeichnet wurden. Sir W. Crookes, ein englischer Physiker, führte ab 1879 systematische Untersuchungen der Kathodenstrahlung durch und erkannte wesentliche von deren Eigenschaften. Er bestand darauf, daß es sich um elektrisch geladene Teilchen handeln müsse, während man in Deutschland an eine Wellenstrahlung glaubte. Wenn er in diesem Zusammenhang vorschlug, von einem »vierten Aggregatzustand« der Materie zu sprechen, ist dies aber wohl eher der allgemeinen Unsicherheit über die Natur der Kathodenstrahlen zuzuschreiben, denn als Beweis dafür zu werten, daß Crookes, wie vereinzelt behauptet, schon die Besonderheiten des Plasmazustands erkannt hätte. Nachdem der englische Physiker G. J. Stoney 1894 für die vermuteten Teilchen den Namen Elektronen vorgeschlagen hatte, bewies der französische Physiker J. D. Perrin 1895 eindeutig deren negative Ladung. Den endgültigen Beweis der Teilchennatur erbrachte schließlich im Jahre 1897 der englische Physiker Joseph John Thomson (Physik-Nobelpreis 1906): Er zeigte, daß sich Kathodenstrahlen nicht nur durch Magnetfelder, sondern auch durch elektrische Felder ablenken lassen, und berechnete aus den gemessenen Ablenkungen das Verhältnis aus Ladung und Masse des Elektrons. 1899 gelang es ihm schließlich, diese beiden Größen in einer von seinem ehemaligen Schüler Charles Thomson Wilson (England, Physik-Nobelpreis 1927) entwickelten *Wilson-Kammer* gesondert zu messen. Die Entdeckung des Elektrons wird aus diesem Grund meist Thomson zugeschrieben. Es ist interessant zu sehen, daß sich offensichtlich schon auf dem Weg zu ihr der 1926 im Rahmen der Quantenmechanik entdeckte Dualismus der Materie bemerkbar machte. (Gemeint ist damit die Tatsache, daß alle Materie zugleich Wellen- und Teilcheneigenschaften besitzt.) Der Nachweis, daß die Kanalstrahlung aus positiv geladenen Ionen besteht, gelang 1897/98 schließlich dem deutschen Physiker Wilhelm Wien (Physik-Nobelpreis 1911). Damit war die Natur der Ladungsträger des Glimmentladungsplasmas endgültig enträtselt.

Wie wir bereits wissen, führen die Stöße zwischen Ladungsträgern und Molekülen in einer Gasentladung nicht nur zur Ionisation, sondern auch zur Dissoziation. Gasentladungen eignen sich daher hervorragend zur Erzeugung freier Atome. Dies machte sie zu einem besonders geeigneten Hilfsmittel, als es zu Beginn dieses Jahrhunderts darum ging, die Linienspektren und den Aufbau der Atome zu untersuchen und verstehen zu lernen. So wurde die Gasentladungsphysik vorübergehend in den Dienst der Atomphysik gestellt. Aber auch die rein plasmaphysikalischen Fragestellungen kamen bald wieder zu ihrem Recht. Besondere Verdienste erwarb sich hier der schon genannte Irving Langmuir. 1928 veröffentlichte er eine klärende Arbeit über Schwingungen im Plasma, die heute als *Langmuir-Oszillationen* bezeichnet werden. Im gleichen Jahr führte er eine neue Methode des Schweißens ein, bei der ein Lichtbogen in einer Wasserstoffatmosphäre gezündet wird (Langmuir-Verfahren). Nach ihm wird auch eine metallische Sonde benannt, mit deren Hilfe man in Plasmen die Temperatur, die Dichte und elektrische Spannungen messen kann. Schließlich stellte er die *Raumladungs-Theorie* auf, die große Bedeutung für das theoretische Verständnis von Elektronenröhren und Gasentladung erlangt hat. Mit der Untersuchung von Gasentladungen in dichteren Gasen gewannen zunehmend auch technische Anwendungen wie Leuchtstoffröhren, Lichtbögen, Funkenschalter und anderes mehr an Bedeutung. Man kann sagen, daß die experimentelle Plasmaphysik aus der Gasentladungsphysik hervorgegangen ist.

4. Die Erforschung der außerirdischen Plasmen

Es gibt noch einen von der Gasentladungsphysik weitgehend unabhängigen zweiten Weg, der von der Ionosphärenphysik und der Astrophysik zur Plasmaphysik führte. Schon im letzten Jahrhundert hatte man das Phänomen der *magnetischen Unruhe* registriert. Dabei handelt es sich um jährliche, tägliche, stündliche und noch kurzfristigere Schwankungen des Erdmagnetfelds, die zwar im allgemeinen ziemlich klein sind, aber während *erdmagnetischer Stürme* die Magnetnadel bis zu mehreren Grad ablenken können. Zur Erklärung dieses Phänomens postulierten schon weit vor der Jahrhundertwende unabhängig voneinander der Göttinger Mathematiker Carl Friedrich Gauß sowie die beiden englischen Physiker Sir W. Thomson (der spätere Lord Kelvin) und B. Steward die Existenz einer elektrisch leitfähigen Schicht in der oberen Erdatmosphäre. In ihr fließende Ströme schwankender Stärke sollten für die beobachteten Magnetfeldfluktuationen verantwortlich sein. Auf diese Idee griffen auch – wiederum unabhängig voneinander – E. A. Kennelly (USA) und Sir O. Heaviside (England) im Jahre 1902 zurück, um zu erklären, warum Radiowellen trotz der Erdkrümmung über den Atlantik gelangen konnten, wie das der Italiener Guglielmo Marconi (Physik-Nobelpreis 1909) ein Jahr vorher demonstriert hatte: Ende 1901 war es diesem gelungen, den Buchstaben S als Morsezeichen von Poldu in England zu einer über 3000 Kilometer entfernten Empfangsstation in Neufundland zu senden. Es war bereits bekannt, daß Radiowellen an einem metallischen Leiter wie Licht an einem Spiegel reflektiert werden, und für elektromagnetische Wellen eines bestimmten Frequenzbereichs kann die Rolle des Reflektors auch von einem leitfähigen Gas übernommen werden. Heaviside argumentierte, daß die Radiowellen »durch das Meer auf der einen und durch diese Schicht auf der anderen Seite geführt würden« (Abb. 17.6), und Kenelly führte sogar ziemlich detaillierte Überlegungen zur Reflexion der Radiowellen durch. 1924 wurde die Existenz einer derartigen Reflexionsschicht fast gleichzeitig von zwei Arbeitsgruppen nachgewiesen. In den USA ließen G. Breit und M. A. Tuve von einem Sender sehr kurze Radiosignale ausgehen und stellten fest, daß an einem benachbarten Empfänger etwa eine tausendstel Sekunde nach der Ankunft des direkten Signals noch ein etwas abgeschwächtes Echo eintraf. Damit war die von Kennelly und Heaviside postulierte Reflexion von Radiowellen direkt nachgewiesen. In England ließen der Physiker Edward V. Appleton (Physik-Nobelpreis 1947) und sein Student M. Barnett die British Broadcasting Company nach dem offiziellen Sendeschluß von einem Londoner Sender Radiowellen gleichmäßig schwankender Frequenzen aussenden. Sie selbst empfingen diese in Oxford und konnten durch frequenzabhängige Interferenzen (= Überlagerungen von Wellenzügen, von lat. inter = inmitten, und ferire = schlagen, treffen) nachweisen, daß die direkte Welle von einer in etwa 100 km Höhe reflektierten Welle überlagert wurde. Heute weiß man, daß die Reflexionsschicht ein schwach ionisiertes Plasma ist, das sich bei stark höhenabhängiger Elektronendichte ab etwa 80 km Höhe 1000 – 2000 km weit über die Erdoberfläche hinaus erstreckt. Diese *Ionosphäre* wird manchmal auch als *Kennelly-Heaviside-Schicht* bezeichnet, und eine 1927 von Appleton entdeckte zweite leitfähige Schicht oberhalb von dieser trug eine Zeitlang den Namen Appleton-Schicht – heute nennt man sie kurz F_2-Schicht. In den Anfangsjahren des Rundfunks bekam auch das Rundfunkpublikum Wirkungen der Ionosphäre in Form des »*Luxemburg-Effekts*« zu »hören«: Radio Luxemburg strahlte damals sein Programm mit solcher Intensität aus, daß die zur Übertragung benutzten Langwellen die Ionosphärenschicht, an der sie reflektiert wurden, wie Mikrowellen im Übertragungsrhythmus heizten. Die Mittelwellen anderer Sender wurden beim Durchgang durch diese Schicht dadurch so deutlich moduliert (man nennt dies *Kreuzmodulation*), daß das von ihnen übertragene Programm z. B. den Takt eines von Radio Luxemburg gesendeten Musikstücks erkennen ließ.

Es ist einleuchtend, daß die Existenz eines derart ausgedehnten Plasmas in unmittelbarer Erdnähe die Aufmerksamkeit vieler Forscher auf sich gelenkt hat. Die der Extraterrestrischen Physik (Physik erdnaher Bereiche) zugerechnete Ionosphärenphysik hat sich daher zu einem nahezu selbständigen Gebiet entwickelt, in welchem man den Einfluß der täglichen und jährlichen Schwankungen der Sonneneinstrahlung und des elfjährigen Sonnenfleckenzyklus ebenso untersucht wie z. B. den Einfluß der Ionosphäre auf den Funkverkehr. Die mit dem Tagesrhythmus der Sonneneinstrahlung einhergehenden Schwankungen des Ionisationsgrades führen über Veränderungen ionosphärischer Ströme zu kleinen täglichen Schwankungen des Erdmagnetfelds. Das oben angeführte Phänomen der erdmagnetischen Stürme wird durch riesige Plasmawolken ausgelöst, welche die Sonne bei Eruptionen ausstößt und die mit Geschwindigkeiten von 100 bis 1000 Kilometern pro Sekunde in die Ionosphäre eindringen. Dort erzeugen sie Ströme, die bis zu einigen Millionen Ampere betragen können, am stärksten in den beiden Polarlichtzonen konzentriert sind und sich dort durch das Phänomen der Polarlichter bemerkbar machen. Nachwirkungen dieser Stürme können das Erdmagnetfeld noch bis zu einigen Monaten danach beeinflussen. Seit dem Beginn des Raumfahrtzeitalters untersucht man die Ionosphäre auch von Raumsonden aus, und mit Hilfe der zum Mars und zur Venus geschickten Mariner-Sonden hat man nachgewiesen, daß auch andere Planeten, die von einer Atmosphäre eingehüllt werden, wie erwartet eine Ionosphäre besitzen.

Als Geburtsjahr der Astrophysik, der Wissenschaft, die sich mit den physikalischen Eigenschaften der Materie im Weltall, insbesondere aber der Sonne und der Sterne befaßt, könnte man das Jahr 1859 ansetzen. In diesem Jahr begannen der deutsche Physiker G. Kirchhoff und der deutsche Chemiker R. W. Bunsen mit der Spektralanalyse des Sonnenlichts und gaben die richtige Deutung für dunkle Linien, die 1814 von dem deutschen Physiker J. Fraunhofer im Sonnenspektrum entdeckt worden waren und heute als *Fraunhofer-Linien* bezeichnet werden. Allerdings hatte man schon seit dem Bau der ersten Fernrohre (1608 in Holland) wichtige astronomische Entdeckungen gemacht. Bei deren Deutung gab es jedoch noch lange große Unklarheiten und Meinungsverschiedenheiten. So hielt selbst der berühmte Johannes Kepler, dem wir die Enträtselung der Planetengesetze verdanken, an der mittelalterlichen Vorstellung fest, die Fixsterne seien an einer festen Himmelssphäre angeheftete Lichter. Und der in Deutschland geborene spätere Sir W. Herschel, der in Deutschland als Musiker begonnen und über das Spiegelschleifen zur Astronomie gefunden hatte – er entdeckte unter anderem die Infrarotstrahlung der Sonne und galt lange Zeit als der größte beobachtende Astronom aller Zeiten –, verbreitete noch um das Jahr 1800 über die Natur der Sonne geradezu abenteuerliche Vorstellungen. Obwohl er über die Erwärmung von Wasser den erstaunlichen Energieinhalt des Sonnenlichts nachgewiesen hatte, glaubte er, daß dieses in einer dünnen Schicht über der Sonne erzeugt werde. Sie selbst sei ein – wahrscheinlich sogar belebter – fester Körper, der durch eine tiefergelegene Wolkenschicht vor der weiter oben erzeugten Strahlung geschützt werde. Sonnenflecken seien Lücken in der heißeren Strahlungsschicht, durch die man auf die kühleren Wolken darunter blicken könne. Erst 1869 brachte der Amerikaner J. Lane die Idee auf, daß die Sonne ein riesiger Gasball sei, der durch die Schwerkraft zusammengehalten wird und im Inneren eine Energiequelle besitzen müsse.

Über die Energiequelle der Sonne hatte man sich schon seit Herschels Tagen Gedanken gemacht, hatte dieser doch zu präziseren Vorstellungen über das gewaltige Ausmaß von deren Energieabstrahlung beigetragen. Endgültige Klarheit verschaffte allerdings erst das im Jahre 1900 von Max Planck (Physik-Nobelpreis 1918) formulierte *Plancksche Strahlungsgesetz*. Dieses eröffnete die Möglichkeit, aus Strahlungsmessungen die Oberflächentemperatur der Sonne und der Sterne abzuschätzen. Für die Sonne ergab sich dabei der uns schon bekannte Wert von ca. 5800 Kelvin. Die dieser Temperatur entsprechende Strahlungsleistung, welche die Sonne Tag für Tag in den Weltraum abgibt, beträgt insgesamt etwa $4 \cdot 10^{23}$ Kilowatt. Dies entspricht der Leistung von rund 10^{18} konventionellen Kraftwerken, eine Zahl, die ausreichen würde, um damit eine Milliarde Planeten von der Größe der Erde Kraftwerk neben Kraftwerk vollzustellen. Diese Leistung muß die Sonne in etwa schon seit der Entstehung der Erde vor etwa 4,5 Milliarden Jahren erbracht haben, denn man hat auf der Erde die Spuren hochentwickelter einzelliger Bioorganismen gefunden, die vor mindestens 3,5 Milliarden Jahren gelebt und zu ihrer Existenz etwa dieselbe Sonnenstrahlungsintensität benötigt haben wie heutige Lebewesen.

Es ist interessant, sich einmal die verschiedenen Erklärungen über die Energiequelle der Sonne vor Augen zu führen, die bis zum Auffinden der richtigen Antwort gegeben wurden. Die naheliegende Vermutung, die Sonne sei ein riesiger Feuerball, in welchem Brennstoffe im üblichen Sinn verbrennen, mußte völlig ausgeschieden werden. Die in chemischen Bindungen gespeicherte Energie ist dafür viel zu gering, und selbst ein Brennstoffvorrat von der Masse der Sonne ($2 \cdot 10^{27}$ Tonnen) würde spätestens nach zehntausend Jahren ausgebrannt sein, ganz unabhängig von der Art des Brennstoffs. Der Heidelberger Arzt Robert Meyer, der im Jahre 1842 beim Zur-Ader-Lassen von Matrosen auf abenteuerlichen Gedankenumwegen auf das Gesetz der Energieerhaltung gestoßen war – er schloß auf dessen Gültigkeit aus der Beobachtung, daß das Venenblut in den Tropen heller und damit sauerstoffreicher abfloß als in kühleren Gegenden –, propagierte die folgende Vorstellung: Die Sonne müsse auf Grund ihrer enormen Anziehungskraft wie ein riesiger Staubsauger wirken, der alle an ihr vorbeifliegenden Materiebrocken – Meteore, Meteoriten usw. – an sich zieht. Die bei deren Aufprall erzeugte Wärme sei die Quelle der Sonnenenergie. Als man die Konsequenzen dieser Vorstellung quantitativ untersuchte, stellte sich allerdings heraus, daß die Sonne dann eine wahrlich gigantische Gefräßigkeit aufweisen müßte: Alle hundert Jahre würde sie sich auf diese Weise eine ganze Erdmasse einverleiben. Dies müßte sich dann allerdings dadurch bemerkbar machen, daß sich das Erdjahr, also die Dauer eines Umlaufs der Erde um die Sonne, jedes Jahr um zwei Sekunden verkürzt. Das widerspricht natürlich der Erfahrung. Der deutsche Arzt und Physiker Hermann von Helmholtz erkannte dies und stellte daher gegen Ende des letzten Jahrhunderts die Hypothese auf, die Sonne stürze unter dem Einfluß ihrer eigenen Schwerkraft in sich zusammen und setze die dabei frei werdende Gravitationsenergie in Strahlung um. Zur Deckung ihres Energiebedarfs müßte sie dabei jährlich nur etwa um 25 Meter schrumpfen, was sich erst nach ein paar tausend Jahren bemerkbar machen würde. Aber auch dieser Mechanismus könnte den Energiebedarf der Sonne nur etwa 45 Millionen Jahre lang decken, ein Hundertstel ihrer bisherigen Lebensdauer. Tatsächlich hat dieser Mechanismus bei der Entstehung der Sonne und der Zündung ihres nuklearen Feuers eine Rolle gespielt. 1899 wurde schließlich zum ersten Mal die Idee geäußert, daß die Sonnenenergie aus Kernreaktionen stammen könnte. Allerdings kannte man damals nur radioaktive Zerfallsreaktionen, und der Gedanke mußte wieder aufgegeben werden, da radioaktive Elemente ausreichender Strahlungsintensität sehr schwer sind, zu schwer für das tatsächliche Gewicht der Sonne.

Den ersten Schritt zum Auffinden der wirklichen Energiequelle der Sonne und der Sterne machte Einstein 1905 mit seiner Entdeckung der Beziehung $E = m \cdot c^2$. Sie lieferte die Erkenntnis, daß man bei »chemischen Reaktionen« zwischen Atomkernen wesentlich mehr Energie gewinnen kann, als dies je in chemischen Reaktionen zwischen Atomen oder Molekülen möglich wäre. Der gebürtige Neuseeländer und englische Lord Ernest Rutherford (Chemie-Nobelpreis 1908) beobachtete 1919 im Cavendish-Laboratorium als erster Fusionsreaktionen, als er Stickstoff mit Alphateilchen (Heliumkernen) beschoß; dabei stellte er fest, daß ab und zu ein Stickstoffkern ein Alphateilchen verschluckte und sich dann unter Abgabe eines Protons in einen Sauerstoffkern (^{17}O) verwandelte. Er war es auch, dem 1934 zusammen mit M. L. E. Oliphant und P. Harteck die ersten Verschmelzungsreaktionen zwischen Deuteriumkernen bzw. Deuterium- und Tritiumkernen gelangen.

Aus den spektroskopischen Untersuchungen des Sonnenlichts wußte man, daß die Sonne einen riesigen Vorrat an Wasserstoff enthält. Nach Einsteins Entdeckung war klar, daß dieser eine für viele Milliarden Jahre ausreichende Energiequelle darstellen würde, wenn in der Sonne die Verschmelzung zweier Wasserstoffkerne zu Helium möglich wäre. 1926 veröffentlichte der englische Astronom Sir A. Eddington ein bahnbrechendes Buch über den inneren Aufbau der Sterne, das zwar Ideen anderer, z. B. J. Lanes und des deutschen Physikers R. Emden weiterführte, aber in vielerlei Hinsicht weit über diese hinausging. Er erkannte die Bedeutung der Planckschen Wärme-

52

strahlung für die Weiterleitung der im Sonneninneren produzierten Energie und integrierte die Theorie des dänischen Physikers Niels Bohr (Physik-Nobelpreis 1922) über den Aufbau der Atome mitsamt ihren Konsequenzen für die Ionisation von Materie mit in sein Modell der Sonne und der Sterne. Auf Grund seiner Rechnungen kam er zu dem Ergebnis, daß im Innern der Sonne eine Temperatur von etwa 40 Millionen Grad herrschen müsse. Er verfocht energisch den Standpunkt, daß diese Temperatur zur Verschmelzung von Wasserstoffkernen zu Helium ausreichen müsse:»Wir streiten uns nicht mit dem Kritiker, der einwendet, die Sterne seien für diesen Prozeß nicht heiß genug; wir entgegnen ihm, er möge sich doch auf die Suche begeben und einen Ort finden, der heißer ist. Was im Cavendish-Laboratorium möglich ist, sollte auch in der Sonne nicht zu schwierig sein.« Eddington war sicher klar, daß einer derartigen Äußerung keine besondere Beweiskraft zukommen konnte. Er wollte mit ihr wohl eher seiner Überzeugung Ausdruck geben, daß sich die Natur nicht die Chance zur Ausnutzung einer derart ergiebigen Energiequelle entgehen lassen würde und dazu sicher auch Wege fände. Seine Haltung wurde von den Physikern jedoch nicht akzeptiert: Bei den aus Eddingtons Temperaturangaben errechneten Geschwindigkeiten kämen sich die Wasserstoffkerne (Protonen) wegen ihrer elektrischen Abstoßung nicht nahe genug, um miteinander verschmelzen zu können. Man muß sich dazu vergegenwärtigen, daß sich die winzigen Protonen in einem Abstand von $3 \cdot 10^{-15}$ m, also kurz bevor sie in die Reichweite ihrer anziehenden Kernkräfte gelangen, mit einer Kraft von 2½ Kilopond (entsprechend dem Gewicht einer 2½-kg-Masse) abstoßen.

Das Argument gegen die Eddingtonsche Hypothese beruhte noch ganz auf den klassischen Vorstellungen der Newtonschen Mechanik, die zur Überwindung der elektrischen Abstoßungsbarriere Protonengeschwindigkeiten von rund zehntausend km/s bzw. Temperaturen von einigen Milliarden Grad voraussetzt. Im Erscheinungsjahr von Eddingtons Buch publizierte jedoch der österreichische Physiker Erwin Schrödinger (Physik-Nobelpreis 1933) seine *Wellenmechanik* und bewies kurz darauf deren Äquivalenz mit der im Jahr zuvor erschienenen *Matrizenmechanik* von Werner Heisenberg (Physik-Nobelpreis 1932), P. Jordan und Max Born (Physik-Nobelpreis 1954). Die Quantenmechanik hatte damit ihre endgültige Gestalt bekommen, und die klassische Mechanik war für Prozesse wie das Zusammenstoßen geladener Kerne hinfällig geworden. Nur zwei Jahre später, also im Jahre 1928, erklärte der sowjetische Physiker G. Gamow mit dem aus der Quantenmechanik folgenden Phänomen des *Tunneleffekts* sowohl den Zerfall radioaktiver Elemente als auch den Prozeß der Kernverschmelzung.

★

Mit dem Tunneleffekt hat es die folgende Bewandtnis: Fliegen zwei Protonen mit hoher Geschwindigkeit direkt aufeinander zu, so wird ihre Bewegung durch die elektrischen Abstoßungskräfte allmählich abgebremst. Falls ihre Anfangsgeschwindigkeit nicht so groß ist, daß sie bis in den Anziehungsbereich ihrer gegenseitigen Kernkräfte gelangen, kommen sie bei einem gewissen Abstand voneinander zum Stillstand, um daraufhin durch die Coulomb-Kraft wieder auseinandergetrieben zu werden. Der Abstand ihrer Umkehrpunkte ist umso kleiner, je größer ihre anfängliche Relativgeschwindigkeit war, und nach der klassischen Mechanik wird er durch diese exakt festgelegt. Die quantenmechanische Beschreibung dieses Vorgangs ist von ganz anderer Natur. Nach ihr gibt es keinen eindeutig vorgegebenen Umkehrpunkt, vielmehr sind viele Umkehrpunkte möglich, die nur verschieden wahrscheinlich sind. Der klassisch berechnete Minimalabstand besitzt zwar annähernd die größte Wahrscheinlichkeit, und von diesem abweichende Abstände sind umso unwahrscheinlicher, je größer die Abweichung ist. Dennoch gibt es eine durchaus endliche Wahrscheinlichkeit dafür, daß sich die beiden Protonen auch deutlich näher kommen. Wenn die Wahrscheinlichkeit für die Hälfte des klassischen Minimalabstands beispielsweise ein Zehntel beträgt, bedeutet das praktisch, daß von hundert aufeinander zufliegenden Protonenpaaren sich etwa zehn bis auf die Hälfte des klassischen Minimalabstands annähern. Für das Phänomen, daß auf diese Weise Teilchen an Stellen auftauchen, zu denen ihnen aus klassischer Sicht der Zugang durch Hindernisse wie hier die »Coulomb-Barriere« verwehrt ist, wurde der Begriff »Tunneleffekt« geprägt. Er ist deutlich an klassischen Denkweisen orientiert und suggeriert die Vorstellung, daß sich die Teilchen unter dem im Wege stehenden Hindernis einen Tunnel graben.

★

Um auf das Problem der Kernverschmelzung in der Sonne zurückzukommen, ist es jetzt offensichtlich, daß der Tunneleffekt einem kleinen Bruchteil besonders schneller Wasserstoffkerne schon unterhalb der klassisch berechneten Temperatur eine so starke Annäherung ermöglicht, daß eine Verschmelzung stattfinden kann. Ganz ähnlich erlaubt er übrigens beim radioaktiven Zerfall einigen Kernbruchstücken, sich durch den »Anziehungswall« der übrigen Kernmaterie »einen Tunnel zu graben« und darin so weit vorzudringen, daß sie schließlich nur noch der Coulomb-Abstoßung unterliegen und mit deren Hilfe entweichen.

1929 kamen die beiden Physiker R. Atkinson (England) und F. Houtermans (Österreich) auf die Idee, die Theorie des Tunneleffekts auf die Vorgänge im Innern der Sonne anzuwenden. Es gelang ihnen zu zeigen, daß schon die von Eddington errechneten Temperaturen für die Kernverschmelzung von Wasserstoff zu Helium ausreichen. In den dreißiger Jahren lieferte der indische Physiker Subrahmanyan Chandrasekhar (Physik-Nobelpreis 1983) wichtige Beiträge zum Verständnis der inneren Struktur und der Entwicklung von Sternen. Den letzten Schritt zur Aufklärung der Energiequelle der Sonne und der Sterne taten schließlich der amerikanische Physiker Hans Bethe (Physik-Nobelpreis 1967) sowie der deutsche Physiker und Philosoph C. F. von Weizsäcker. Unabhängig voneinander entdeckten sie 1938, daß die Verschmelzung von Wasserstoff zu Helium schon unterhalb der Eddingtonschen Temperaturen durch die Mitwirkung von Kohlenstoff katalysiert (Katalyse = Auslösung oder Beschleunigung einer chemischen Reaktion, von griech. katálysis = Auflösung) wird. Bethe fand 1939 noch eine weitere Reaktion, die ohne die Mitwirkung von Kohlenstoff bei sogar noch niedrigeren Temperaturen im Endeffekt zum selben Reaktionsergebnis führt. Man weiß heute, daß diese als *Proton-Proton-Kette* bezeichnete Reaktion der hauptsächliche Energielieferant der Sonne ist, während der vorher gefundene *Kohlenstoffzyklus* in Sternen überwiegt, die schwerer als die Sonne sind. Außer dem faszinierenden Problem der Energieerzeugung gibt es auf der Sonne eine Fülle weiterer Phänomene, die mit Plasmaphysik zu tun und zu deren Entwicklung beigetragen haben. Die Sonne ist nicht das ruhige Gestirn, als das es dem bloßen Auge erscheint. Es gibt auf ihr eine Vielzahl verschiedenartiger Aktivitäten wie Eruptionen, Protuberanzen, das Wandern der schon von Galilei und seinen Zeitgenossen entdeckten Sonnenflecken oder das Phänomen, daß sich die magnetischen Erscheinungen auf ihr alle elf Jahre umpolen. Die merkwürdige und schon in historischen Zeiten bekannte Erscheinung, daß die Gasschweife von Kometen stets von der Sonne wegweisen, hat übrigens ebenfalls mit einer Aktivität der Sonne zu tun. Für die lange Zeit gegebene Erklärung, der von der Sonnenstrahlung ausgeübte Lichtdruck sei dafür verantwortlich, waren die in den Gasschweifen beobachteten Partikelgeschwindigkeiten viel zu hoch. Etwa um 1950 brachte dies den deutschen Astrophysiker L. Biermann auf die Idee, daß die Sonne nicht nur gelegentlich mit Hilfe ihrer explosiven Eruptionen Plasma ins All schleudert, sondern auch permanent ein dünnes Plasma in alle Richtungen abbläst und dadurch unser ganzes Planetensystem mit einem interplanetaren Plasma füllt. Dieser *solare Wind* (von lat. sol = Sonne) reißt aus dem teilweise ionisierten Gas, welches das Sonnenlicht von dem Kometen abdampft, alle Ladungsträger mit sich fort und erklärt deren hohe Geschwindigkeit. Dieser zunächst nur theoretisch postulierte Sonnenwind wurde später mit Hilfe von Raumsonden nachgewiesen. In Erdnähe beträgt seine Geschwindigkeit etwa 400 km/s. Inzwischen ist es sogar gelungen, von einer Raumsonde aus mit Hilfe des Sonnenwinds einen künstlichen Kometenschweif zu erzeugen (Farbtafel 5).

5. Der mühsame Weg zum Fusionsreaktor

Kurz nachdem Atkinson und Houtermans ihre Arbeit über die Kernfusion als Quelle der Sonnenenergie veröffentlicht hatten, ergab sich für Gamow die Gelegenheit, hierüber auf einer Konferenz in Leningrad vorzutragen. Daraufhin unterbreitete ihm N. Bucharin, ein Mitglied des Moskauer Politbüros, ein faszinierendes Angebot: Er bekäme jede Nacht eine Stunde lang die gesamte Leistung des Leningrader Elektrizitätsnetzes zur Verfügung gestellt, wenn er versuchen würde, den Fusionsprozeß der Sonne im Labor nachzuvollziehen. Gamow lehnte ab – ob es wohl in weiser Voraussicht der immensen Schwierigkeiten eines solchen Unterfangens war? Heute wissen wir, daß die Fusionsreaktion der Sonne, also die Kernverschmelzung von gewöhnlichem Wasserstoff zu Helium, im Labor besonders schwer realisierbar ist. Aber der Wunsch, es irgendwie der Sonne nachzumachen, blieb natürlich eine beständige Herausforderung.

1932 entdeckte ein amerikanisches Forscherteam unter der Leitung des Chemikers Harold C. Urey (Chemie-Nobelpreis 1934) das aus einem Proton und einem Neutron zusammengesetzte Wasserstoffisotop[10] *Deuterium* (^2D, von griech. déuteros = zweiter), das in den Molekülen des *schweren Wassers* den gewöhnlichen Wasserstoff ersetzt. Es ist für einen Fusionsreaktor auf der Erde viel geeigneter als gewöhnlicher Wasserstoff und wird darin nach den gegenwärtigen Vorstellungen die Hälfte des Brennstoffs bilden. Schon 1920 hatte Rutherford in einem Vortrag über die Existenz eines solchen Isotops spekuliert und bei dieser Gelegenheit auch noch das ebenfalls erst 1932 von dem englischen Physiker James Chadwick (Physik-Nobelpreis 1935) entdeckte Neutron vorhergesagt. 1934 fanden schließlich Harteck, Oliphant und Rutherford bei der schon erwähnten Verschmelzung energiereicher Deuteriumkerne als

---

[10] Ein Isotop (von griech. isos = gleich und topos = Platz) ist ein Atom oder Atomkern desselben chemischen Elements (d. h. mit gleich vielen Protonen), das mehr oder weniger Neutronen besitzt.

Produkt der Fusionsreaktionen ein weiteres Wasserstoffisotop, das aus einem Proton und zwei Neutronen zusammengesetzte *Tritium* (= *überschwerer Wasserstoff*, ^3T, von griech. trítos = dritter), das die zweite Hälfte des Brennstoffs in den heute geplanten Fusionsreaktoren bilden wird.

Mit dem Wissen um die Kernfusion als Energielieferant der Sonne wie der Sterne und mit dem Beweis für die experimentelle Durchführbarkeit von Fusionsreaktionen auf der Erde waren die Grundsteine zum Erschließen einer neuen, extrem ergiebigen Energiequelle gelegt. Von wem die ersten konkreten Vorschläge dazu gemacht wurden, läßt sich heute nicht mehr zweifelsfrei rekonstruieren. 1934 ließ sich der aus Ungarn in die USA emigrierte Physiker L. Szilard ein US-Patent über die Nutzung der Kernenergie ausstellen, welches auch das Prinzip der Kernfusion abdeckte. Houtermans, der Deutschland mit dem Hochkommen der Nazis verlassen hatte, soll sich vor seiner Internierung in Rußland (1937) mit Fusionsexperimenten befaßt haben. Der australische Physiker P. Thonemann erinnerte sich daran, 1939 als Student in Melbourne Ideen zu einem Fusionsreaktor auf der Grundlage einer ringförmigen Deuterium-Gasentladung ausgearbeitet zu haben.

Als Energiequelle wurde allerdings zuerst die Kernspaltung erschlossen, nachdem diese 1938 von den beiden deutschen Chemikern Otto Hahn (Chemie-Nobelpreis 1944) und F. Straßmann an den Elementen Uran und Thorium entdeckt worden war. Schon 1942 nahm der italienische Physiker Enrico Fermi (Physik-Nobelpreis 1938) in einer ehemaligen Squashhalle Chicagos den ersten Versuchsreaktor in Betrieb. Am 16. Juli 1945 wurde in der Nähe der Wüstenstadt Alamogordo (Neumexiko, USA) im »Trinity Test« die erste auf der Kernspaltung beruhende Atombombe (A-Bombe) gezündet. Genau drei Wochen später, am 6. 8. 1945, fiel die erste Atombombe auf Hiroshima, tötete 260000 Menschen und hinterließ 163000 Verwundete und Vermißte. Am 9. 8. 1945 folgte ihr eine Bombe auf Nagasaki, mit ähnlich verheerenden Wirkungen.

Bereits im Jahre 1941, also noch vor den ersten ernsthaften Arbeiten an der A-Bombe, stellte Fermi die Frage, ob eine derartige Bombe nicht wie ein »Streichholz« zum Zünden eines thermonuklearen Feuers benutzt werden könne, dessen Temperatur die des Sonnenzentrums übersteigen und wie dort die Verschmelzung von Atomkernen ermöglichen würde. Edward Teller, ein in die USA emigrierter ungarischer Physiker und Adressat der Frage, machte sich umgehend an deren Lösung. Nach zwei Wochen hatte er eine Antwort, die allerdings negativ ausfiel – die Sache schien unmöglich. Einige Zeit später schlug er einem Mitarbeiter vor:»Schreiben wir doch meinen Beweis auf, damit sich nicht immer wieder jemand mit denselben verrückten Spekulationen abzumühen versucht.« Doch beim Aufschreiben ergaben sich Zweifel an der Vollständigkeit des Beweises, die schließlich in die Gewißheit umschlugen, daß »Fusion nicht nur möglich sei, sondern auch ausprobiert werden müsse«. Hinsichtlich der Bombenkonstruktion hegte man die Hoffnung, unter Ausnutzung der Kernfusion von Wasserstoff noch viel wirkungsvollere »Super«-Bomben in die Hand zu bekommen: Wasserstoffbomben (H-Bomben) würden nämlich im Gegensatz zu A-Bomben nicht durch das vorzeitige Einsetzen einer Kettenreaktion auseinandergerissen, sobald die Zündstoffmenge einen kritischen Wert überschreitet, vielmehr könnten sie durch beliebig große Mengen zündbaren Wasserstoffs auch beliebig stark gemacht werden. Der amerikanische Physiker J. Robert Oppenheimer, unter dessen Leitung die A-Bombe entwickelt worden war, ließ sich von der Ausführbarkeit dieser Idee zunächst nicht überzeugen – tatsächlich fehlten ihr zum Gelingen auch noch wesentliche Elemente. In einer Atmosphäre wachsender Konfrontation zwischen Befürwortern und Gegnern der H-Bombe blieben diesbezügliche Aktivitäten bis einige Jahre nach Kriegsende auf ein bescheidenes Niveau begrenzt. Erst nach der erfolgreichen Explosion der ersten sowjetischen A-Bombe am 29. 8. 1949 kam wieder Bewegung in die Sache. Teller, der amerikanische Physiker Luis W. Alvarez (Physik-Nobelpreises 1968) und Ernest O. Lawrence, ein Physiker norwegischer Herkunft (Physik-Nobelpreis 1939) sahen die Sicherheit der USA bedroht und setzten in einem großangelegten Meinungsfeldzug gegen den Widerstand vieler anderer schließlich durch, daß mit einem Programm zum Bau einer H-Bombe begonnen wurde. S. Ulam, ein aus Polen in die USA eingewanderter Mathematiker, steuerte zum Gelingen den wesentlichen Einfall bei, die bei der Explosion der A-Bombe freigesetzte intensive Lichtstrahlung eine Vermittlerrolle bei der Zündung des Deuterium-Tritium-Brennstoffgemischs spielen zu lassen. Teller fügte die wichtige Idee hinzu, mitten in den thermonuklearen Brennstoff einen Plutoniumstab zu setzen, der durch Verdichtung »überkritisch«, d. h. zu einer Kettenreaktion fähig gemacht in einer zweiten Kettenreaktion den Brennstoff noch mitheizt und komprimiert. Später sprach man daher von der Teller-Ulam-Wasserstoffbombe. Im Mai 1951 gelang den Amerikanern auf der Marshallinsel Eniwetok erstmals in größerem Maßstab die Kernverschmelzung von Deuterium und Tritium. Am 1. November 1952 folgte die Detonation der ersten, allerdings nicht transportablen H-Bombe »Mike«, einer 60 Tonnen schweren Anordnung mit flüssigem Deuterium und Tritium, die ein ganzes Laborgebäude füllte. Durch sie wurde die zum Eniwetok-Atoll gehörige Insel Elugaleb ins Meer versenkt und ein 800 m tiefer Krater von mehr als 3 km Durchmesser ins Inselriff gerissen. Die erste transportable H-Bombe der Amerikaner wurde schließlich am 1. 3. 1954 auf dem Bikini-Atoll gezündet. Dabei wurden die Bewohner der Insel Rongelap und die Besatzung eines japanischen Fischerbootes mit radioaktivem Staub eingepudert, was vielen Menschen lebenslange Krankheit und einem Fischer den sofortigen Tod brachte. In der Sowjetunion wurde am 12. 8. 1953 eine A-Bombe mit einem kleinen Zusatz von Wasserstoff zur Explosion gebracht, und die erste richtige H-Bombe der Sowjets wurde am 23. 11. 1955 aus einem Flugzeug abgeworfen und gezündet.

Mit der erfolgreichen Entwicklung der Wasserstoffbombe war der Nachweis erbracht, daß man auch auf der Erde durch Kernfusion große Energiemengen freisetzen kann. Doch anders als die Kernspaltung läßt sich die Kernfusion in einem Reaktor unvergleichlich schwerer als in einer Bombe realisieren. Die naheliegende Idee, genuine, d. h. zur Selbstzündung fähige Wasserstoffbomben so klein zu bauen, daß sie keine Explosionsschäden hervorrufen und sich die freigesetzte Energie friedlich entziehen lassen, ist leider von vornherein zum Scheitern verurteilt. Die kritische Masse des Spaltmaterials in der zur Initialzündung benutzten A-Bombe, durch deren Überschreitung die explosive Kettenreaktion ausgelöst wird[11], setzt nämlich nicht nur eine Obergrenze für die Bombenstärke, sondern definiert zugleich auch eine Mindeststärke, die nicht sehr viel darunter liegt. Selbst wenn man dann am Fusionsbrennstoff spart, besitzt eine H-Bombe daher immer mindestens die Stärke der zur Zündung benutzten A-Bombe. Ganz abgesehen von deren Radioaktivität ist das in jedem Fall zuviel.

Natürlich machten sich bereits die an der Entwicklung der Wasserstoffbombe beteiligten Physiker Gedanken darüber, wie man die Kernfusion »zähmen« könnte. Dies war z.T. schon der Gesprächsstoff in den »Wilde-Ideen-Seminaren«, die Teller während des Baus der A-Bombe durchführte. Zusammen mit Fermi und anderen entwickelte Teller später erste theoretische Grundkonzepte zur kontrollierten Kernfusion. Dabei wurde bereits die besondere Eignung eines Deuterium-Tritium-Gemischs als Brennstoff erkannt und die Möglichkeit in Erwägung gezogen, dieses als dünnes, heißes Plasma durch ein Magnetfeld einzuschließen und zu isolieren. 1945 hielt Fermi Vorlesungen über thermonukleare Reaktionen und Plasmaphysik, die später für andere die Ausgangsbasis zu eigenen Überlegungen bildeten. Trotz weitreichender Erkenntnisse wurden in den USA aber zunächst keine einschlägigen Experimente in Angriff genommen, entweder weil das Vertrauen in ein Gelingen zu gering oder weil das Interesse zu sehr von den Bemühungen um die Wasserstoffbombe absorbiert war.

Das erste echte Forschungsprogramm zur friedlichen

---

[11] Dies geschieht, sobald durch Kernspaltungsprozesse etwas mehr Neutronen freigesetzt werden, als durch Absorption oder Entweichen verloren gehen. Die überzähligen Neutronen leiten weitere Kernspaltungsreaktionen ein.

Nutzung der Kernfusion wurde unmittelbar nach dem Zweiten Weltkrieg in England in die Wege geleitet. Der Physiker Sir G. P. Thomson, Sohn des berühmten Physikers und Nobelpreisträgers J. J. Thomson, entwickelte mit Unterstützung durch seinen Kollegen M. Blackman Ideen zum Einschluß eines ringförmigen Entladungsplasmas aus Deuterium. Dieses sollte durch das Magnetfeld eines von elektromagnetischen Wellen angetriebenen Ringstroms zusammengehalten und mit Hochfrequenzwellen aufgeheizt werden. Um Komplikationen zu vermeiden, die durch seinen Zugang zu Geheiminformationen über das Atombombenprogramm entstehen konnten, beschloß er, die Unabhängigkeit seiner Ideen durch ein Patent dokumentieren zu lassen, das 1946 beantragt und 1948 erteilt wurde. Bei der geplanten Art des Plasmaeinschlusses bewirken der Strom und das Magnetfeld zusammen elektromagnetische Kräfte, die das Plasma gegen seine Druckkräfte zusammenpressen. Wenn man den Plasmastrom dabei sehr schnell in die Höhe treibt, kommt es zu einer schnellen Kompression des Plasmas, die mit einer starken Aufheizung verbunden ist. Dieser Mechanismus der Plasmakompression wird als *Pincheffekt* (engl. pinch = zusammendrücken) bezeichnet. Er war schon 1934 von dem amerikanischen Physiker W. H. Bennett bei der Untersuchung der Stromleitung in Gasen entdeckt worden.

Bei den Überlegungen zur Realisierung seines Projekts stieß Thomson auf eine Erfindung des deutschen Physikers M. Steenbeck, der Ende der dreißiger Jahre bei der Firma Siemens-Schuckert in Berlin ein von ihm so genanntes *Wirbelrohr* entwickelt hatte. Hierbei handelt es sich um eine Wechselstromentladung, die in einem ringförmigen Glasrohr durch einen Kondensator angetrieben wird, der sich über eine auf der Außenseite des Glasrohrs mit einer Unterbrechung aufgebrachte Metallhaut oszillatorisch entlädt. Steenbeck hatte die Anordnung als Elektronenbeschleuniger geplant, geleitet von der Vorstellung, daß bei niedrigem Gasdruck einige Elektronen»davonlaufen« und trotz der Wechselspannung bei sehr hoher Geschwindigkeit einen ringförmigen Gleichstrom bilden würden. Diese Anordnung erschien Thomson für seine Zwecke sehr geeignet, und er ließ zwei seiner Studenten entsprechende Experimente beginnen. 1949 wurde von diesen zum ersten Mal der Pincheffekt an einer Ringentladung in einem weiterentwickelten Wirbelrohr beobachtet. Auch bei entsprechenden Experimenten in der Sowjetunion stand das Steenbecksche Wirbelrohr Pate.

Weitere Aktivitäten begannen in England, als der Australier Thonemann 1946 mit einem Stipendium nach England kam, um dort eine Doktorarbeit auf dem Gebiet der Kernfusion zu beginnen. Auch er arbeitete mit einer ringförmigen Gasentladung in einem Glasrohr, die er mit Hochfrequenzwellen aufheizte und von einem nach dem Transformatorprizip induzierten Ringstrom durchfließen ließ. Mit Hilfe eines parallel zum Strom verlaufenden ringförmigen Magnetfelds verbesserte er die Stromleitung des Plasmas. Schließlich gelang es ihm, durch dem Plasmastrom entgegengerichtete Ringströme außerhalb des Plasmas und einen alles umgebenden ringförmigen Kupfermantel den Stromkanal im Plasma zu stabilisieren und von den Glaswänden fernzuhalten. Auch bei Thonemanns Anordnung handelte es sich um ein Pinchexperiment. Die geschilderten Experimente in England wurden von theoretischen Untersuchungen begleitet, wobei der Fusionsreaktor stets als Ziel im Hintergrund stand. Im Laufe der Zeit wurden mehr und mehr Wissenschaftler in diese Aktivitäten involviert, die zunächst schwerpunktmäßig am Imperial College in London und im Atomforschungszentrum von Harwell bei Oxford stattfanden.

Dies alles hatte sich in England abgespielt, bevor in den USA konkrete Aktivitäten gestartet wurden. Diese begannen dort erst 1951, als die amerikanische Atomenergiekommission (AEC) die finanzielle Förderung von Untersuchungen zur friedlichen Nutzung der Kernfusion beschloß. Dieser Entschluß war durch einen Artikel in der New York Times vorangetrieben worden, der über eine Pressemitteilung des argentinischen Diktators J. Peron berichtete: Ein deutscher Physiker namens R. Richter habe mit Perons Unterstützung auf einer kleinen Insel eines argentinischen Sees erfolgreich erste Versuche mit einem thermonuklearen Reaktor durchgeführt; ein großer Fusionsreaktor befinde sich im Bau, und dieser werde in etwa zehn Monaten in Betrieb gehen. Diese Meldung war zwar bei den Wissenschaftlern allerseits auf Skepsis gestoßen, und in der New York Times konnte man kurz darauf lesen: »Schon eine ganz oberflächliche Kenntnis der Sachlage deckt sofort auf, daß eine derartige Behauptung mehrere Umstände in Rechnung stellt, die nach dem gegenwärtigen Wissensstand unmöglich sind.« Dennoch gab dieses Vorkommnis den Anstoß zu konkreten Schritten. So reichte z. B. der amerikanische Astrophysiker L. Spitzer bei der amerikanischen Atomenergiekommission zwei Projektvorschläge ein, die vorsahen, sehr heiße Plasmen durch starke Magnetfelder von zu starker Wandberührung abzuhalten und damit vor ihrer schnellen Auskühlung zu bewahren. Der eine von diesen lief auf eine ringförmige Plasmakonfiguration mit einem starken zirkulären Magnetfeld hinaus, die heute als *Tokamak* (Abb. 10.4 d) und Farbtafeln 10 bis 13) bezeichnet wird und erst einige Jahre später zum ersten Mal in der Sowjetunion realisiert wurde. Sowohl zur Heizung als auch zum magnetischen Einschluß des Plasmas muß sie von einem sehr starken, extern getriebenen elektrischen Strom durchflossen werden. Da Spitzer daran zweifelte, daß man diesen lange genug fließen lassen könne, räumte er diesem Vorschlag die geringeren Chancen ein. Als zweite Option schlug er einen zu einer Acht verbogenen Plasmaring vor, der von einem verdrillten Magnetfeld durchsetzt wird und ohne extern getriebenen Strom auskommt. Seinem Berufsstand als Astrophysiker gemäß bezeichnete er diesen als *Stellarator* (von lat. stella = der Stern). Diesem zweiten Vorschlag wurde der Vorzug gegeben, und ein entsprechendes Experiment, der manchmal auch als »Pretzel« bezeichnete »Figur-Acht-Stellarator« (Abb. 10.5 b)), wurde alsbald an Spitzers Wirkungsstätte Princeton gebaut und in ein der Fusion gewidmetes »Project Matterhorn« eingebunden – Spitzer war ein begeisterter Bergsteiger und hatte das Matterhorn bestiegen. 18 Jahre lang wurde in Princeton die Entwicklungslinie der Stellaratoren mit einer Serie einander ablösender Experimente verfolgt, wobei man dank einer verbesserten Formgebung des Magnetfelds zu einer einfacheren Plasma-

64

konfiguration mit der Form einer Rennbahn übergehen konnte. Ein unbefriedigender Plasmaeinschluß, der durch Ungenauigkeiten der benutzten Magnetfelder hervorgerufen wurde, und ungünstige theoretische Prognosen für weitere Experimentiererfolge führten dazu, daß sich in Princeton schließlich wie vielerorts der Tokamak durchsetzte.

Die ersten Jahre der Fusionsforschung waren vom allmählichen Dahinschwinden eines anfangs fast überschwenglichen Optimismus geprägt, das mit der wachsenden Erkenntnis einherging, wie schwer die friedliche Nutzung der Fusionsenergie werden würde. Als Schlüsselproblem entpuppte sich mit der Zeit ein schier unglaublicher »Erfindungsreichtum« des Plasmas, sich dem Zugriff des einschließenden Magnetfelds zu entwinden. Das tut es entweder durch die Entwicklung von *Instabilitäten* (lat. instabilis = ohne festen Stand, schwankend), indem es allerkleinste Abweichungen von der ihm zugedachten Lage in Sekundenbruchteilen untragbar verstärkt; oder aber es leckt aus seinem magnetischen Gefängnis in einem als *Diffusion* bezeichneten Vorgang viel zu schnell heraus. Beide Prozesse bildeten letztlich auch den Grund dafür, warum das Stellaratorprogramm in Princeton eingestellt wurde. So war selbst der letzte »Model-C-Stellarator« nur unwesentlich unter die für thermonukleare Fusionszwecke viel zu hohe Geschwindigkeit der *Bohm-Diffusion* gekommen. Diese war von dem amerikanischen Physiker D. Bohm während des Krieges an uranbeladenen Gasentladungen in einem Magnetfeld gemessen worden, die zur Trennung von Uranisotopen für die A-Bombe eingesetzt wurden. Sie liegt in ihrer Geschwindigkeit weit über dem theoretischen Minimalwert, der in Stellaratoren im Prinzip möglich wäre. Wir werden uns mit den ausgeprägten Fluchtbestrebungen heißer Plasmen noch ausführlich befassen und auch die Gründe für ihr vielfältiges Auftreten kennenlernen. In den Anfängen der Fusionsforschung waren sie jedenfalls weitgehend unbekannt und in ihrem tatsächlichen Umfang auch keineswegs erwartet.

Da sich der erhoffte schnelle Erfolg nicht einstellte, wurden zunächst sehr viele verschiedene Wege zur Fusion beschritten, von denen hier nur die allerwichtigsten skizziert werden. In einem Labor der kalifornischen Kleinstadt Livermore, das Teller 1952 mit Unterstützung von Lawrence und Geldern des US-Verteidigungsministeriums in Ergänzung und Konkurrenz zu den Bombenaktivitäten von Los Alamos gegründet hatte – Differenzen Tellers mit dem Los Alamos Laboratorium und dessen neuem Direktor hatten dabei eine maßgebliche Rolle gespielt –, wollte man sich zur Bereicherung der wissenschaftlichen Aktivitäten ebenfalls an der Fusionsforschung beteiligen. Zu diesem Zweck verfolgte man das von dem amerikanischen Physiker H. F. York entwickelte Konzept der *Spiegelmaschine*: In dieser wird ein spindelförmiges Plasma von einem Magnetfeld zusammengehalten, dessen Feldlinien vor der einen Spindelspitze auf das Plasma zuführen, vor der anderen von diesem wegführen und sich im Plasma, dessen Form anschmiegend, wölben (Abb. 10.1). Auf Grund eines einfachen makroskopischen Plasmamodells, das wir später kennenlernen und auf viele Situationen erfolgreich anwenden werden, sollte das Plasma einfach an beiden Seiten längs der Magnetfeldlinien davonströmen; tatsächlich werden jedoch die meisten Plasmateilchen von dem zur Spitze des Plasmas hin stärker werdenden Magnetfeld fast wie an einem Spiegel in die ausgebauchte Feldregion zurückreflektiert – daher der Name Spiegelmaschine. Trotzdem bleibt es bei einem unvermeidbaren Rest an Teilchenverlusten in den Spiegeln, und man mußte dem theoretischen Minimalwert dieser Verluste schon sehr nahe kommen, damit die Spiegelmaschine mit anderen Konzepten wie dem Stellarator und insbesondere dem Tokamak konkurrieren konnte. In einer Folge immer komplizierterer und größerer Experimente und mit einer immer raffinierteren »Versiegelung« der Verlustzonen versuchte man diesem Ziel näherzukommen. Lange Zeit dachte man auch, daß Spiegelmaschinen von der »Krankheit der Instabilitäten« verschont seien. Daran hielt man auch fest, als Teller 1954 auf Grund sehr stark vereinfachender Annahmen das Auftreten von *Rillen-Instabilitäten* (der Fachausdruck für diese ist »Flute-Instabilitäten«) vorhersagte, unter deren Einfluß das Plasma eigentlich zum Rand hin schnell anwachsende rillenförmige Ausbuchtungen entwickeln müßte. Man hatte nämlich gute Gründe zu der Annahme, daß das Plasma vor diesen durch besondere, ihm durch die »Spiegelung« der Teilchen verliehene Eigenschaften bewahrt würde. Experimente schienen diese Auffassung zu bestätigen, und um 1960/61 hielt man die Spiegelmaschine für den ersten Anwärter auf den Fusionsreaktor. Aber 1961 berichtete dann der sowjetische Physiker M. S. Joffe auf einer Konferenz in Salzburg von Rillen-Instabilitäten in einer sowjetischen Spiegelmaschine, und Joffe hatte recht: Bald fand man sie auch in den USA. Aber es gelang schließlich, sie durch eine von Joffe erfundene besondere Gestaltung des Magnetfelds loszuwerden. Doch leider hatten sich hinter ihnen *Mikroinstabilitäten* versteckt gehalten, die mit der inneren, mikroskopischen Konstitution des Plasmas zu tun haben und erst jetzt erkennbar wurden. Sie haben die unangenehme Eigenschaft, das Herauslecken des Plasmas durch die Spiegel zu beschleunigen. Dann stellte sich auch noch heraus, daß das Plasma quer zum Magnetfeld ebenfalls schneller als erwartet davonlief. In einem Wechselspiel zwischen Erfolgen und Rückschlägen kam es unter dem Strich dennoch zu einem steten Fortschritt, und etwa ab Mitte der siebziger Jahre nahm die Spiegelmaschine beim Wettstreit zwischen den verschiedenen Fusionskonzepten den zweiten Rang hinter dem mittlerweile so erfolgreichen Tokamak ein. Aber die immer rapider anwachsenden Kosten der Fusionsforschung zwangen schließlich zu einer Konzentration auf die erfolgversprechendste Linie, und hier setzte man auf den Tokamak. So kam es, daß die Entwicklung der Spiegelmaschinen 1986 in den USA aufgegeben und das bisher weitaus größte Fusionsexperiment der Welt »eingemottet« wurde. In China, Japan und der UdSSR wird das Konzept der Spiegelmaschine auch heute noch verfolgt, wobei das Ziel der sowjetischen Bemühungen auf diesem Gebiet nicht mehr ein Fusionsreaktor ist, sondern eine ergiebige Neutronenquelle. Mit dieser möchte man das Verhalten von Materialien unter intensivem Neutronenbeschuß untersuchen, das auch für einen Fusionsreaktor erhebliche Bedeutung besitzt.

Mit die größten Hoffnungen wurden in den Anfangsjahren der Fusionsforschung in die Pinchentladungen gesetzt. Nach den verheißungsvollen Anläufen in England wurden auch in den USA, in der UdSSR und später in Deutschland Pinchexperimente in den verschiedensten Varianten mit zylinder-, ring- und schraubenförmigen Plasmasäulen durchgeführt. In Los Alamos taufte man einen Pinch auf den Namen »Perhapsatron« (von engl. perhaps = vielleicht), um sich von dem im Namen Stellarator zum Ausdruck kommenden und als übermäßig empfundenen Optimismus Princetons abzusetzen. Um 1955 ließ die Beobachtung erster Fusionsneutronen im Pinch von Los Alamos und einem in der kalifornischen Stadt Berkeley betriebenen Pinch dennoch besonders hohe Hoffnungen auf einen Durchbruch aufkeimen. Doch die Ernüchterung folgte auf dem Fuße: Genauere Messungen und Berechnungen zeigten, daß das Plasma keineswegs im ganzen die zur Neutronenproduktion erforderlichen Temperaturen erreicht hatte, und auch die Neutronen wiesen nicht die entsprechenden Eigenschaften auf. Als einzige Erklärung blieb, daß Instabilitäten sehr lokalisiert einigen wenigen Ionen zur Fusion verholfen hatten, während sie den Rest des Plasmas sogar daran hinderten, richtig heiß zu werden. Zur selben Erkenntnis war man übrigens auf Grund ganz ähnlicher Experimente schon vorher in der Sowjetunion gekommen, nur war davon in den USA noch nichts bekannt geworden, weil damals die gesamte Fusionsforschung weltweit der Geheimhaltung unterlag. Erst 1956 berichtete der sowjetische Physiker I. V. Kurchatow – er war der Leiter des sowjetischen A-Bomben-Projekts gewesen, und nach ihm wird heute ein sehr bekanntes Institut in Moskau benannt – darüber bei einem Vortrag im englischen Atomforschungszentrum Harwell. (Dieses sollte ein Jahr später ZETA, das größte Pinch-Experiment der westlichen Welt, beherbergen und mit diesem eine besonders hohe Ausbeute an Fusionsneutronen erzielen.) Kurchatow war damals als Begleiter einer sowjetischen Delegation mit Chruschtschow und Bulganin nach England gekommen. Mit seinem Bericht hob er auf dem Gebiet der Pinche einseitig die Geheimhaltung auf.

Eine Zeitlang glaubte man, das Plasma »überlisten« und

so schnell komprimieren zu können, daß schon ausreichend viele Kernfusionsreaktionen stattgefunden haben
würden, bevor die Instabilitäten ihre unheilvolle Wirkung
entfalten konnten. Aber das Plasma verhielt sich noch »raf-
finierter« und war nicht gefügig zu machen. Dann versuchte man das Plasma durch andere Formgebung und geeignete Magnetfelder zu stabilisieren, aber die Unterdrük-
kung einer Instabilität half einer anderen auf die Sprünge.
Es gab ein Auf und Ab von Hoffnung und Enttäuschung.
Da durchschlagende Erfolge ausblieben, wurden schließlich weltweit auf den Fusionsreaktor zielende Pinchexperimente mehr und mehr zurückgestellt. Zum Teil mit der
veränderten Zielsetzung, eine für Forschungszwecke ergiebige Neutronenquelle zu entwickeln, wird heute eine als
Plasmafokus benannte Variante des Pinches in kleinerem
Stil weiterverfolgt.

In den fünfziger Jahren beobachtete man bei einigen
Ringpinchen gelegentlich im Randgebiet des Plasmas eine
von selbst stattfindende Umkehr des zur Stabilisierung benutzten ringförmigen Magnetfelds. Zuerst wurde diese
Feldumkehr weder verstanden, noch wurde ihr irgendeine
Bedeutung zugemessen. Später entdeckte man, daß sie mit
einer deutlichen Verbesserung des Plasmaeinschlusses verbunden ist, fand die Bedingungen heraus, welche sie begünstigen, und konnte sie schließlich auch durch eine geeignete Steuerung beim Einschalten des ringförmigen Magnetfelds gezielt herbeiführen. In den siebziger Jahren
zeigte der englische Physiker J. B. Taylor, daß die Feldumkehr den Übergang des Plasmas in einen »relaxierten« Zustand höherer Stabilität bedeutet. Besonders in den letzten
Jahren wurden beim *Feldumkehrpinch* (Fachausdruck: Re-
versed Field Pinch) zwar große Fortschritte erzielt, und
eine Reihe neuer Experimente wurde begonnen. Aber bisher wurden die auf ihn gesetzten Erwartungen in Hinblick
auf den Fusionsreaktor nicht voll erfüllt.

Natürlich gab es auch Überlegungen dazu, wie man das
Wirkungsprinzip der Wasserstoffbombe möglichst direkt
für die friedliche Energiegewinnung nutzbar machen
könnte, ohne dabei eine A-Bombe zu zünden. Seit 1957
machte sich der an der Bombenentwicklung in Livermore

beteiligte Physiker J. Nuckolls Gedanken darüber, auf welche Mindeststärke man eine Wasserstoffbombe abmagern könnte, wenn man zur Zündung statt der A-Bombe eine beliebig dosierbare Energiequelle zur Verfügung hätte. Unter der Voraussetzung, daß eine – noch zu erfindende – Apparatur innerhalb allerkürzester Zeit sehr viel Energie freisetzen und auf ein Deuterium-Tritium-Gemisch übertragen würde, kam er 1960 auf eine Größe von etwa einer Erbse. Die freigesetzte Energie sollte nach Nuckolls Vorstellung zunächst in eine Hohlkugel geleitet und dort, in Wärme überführt, gefangen werden. Die sich entwickelnde Wärmestrahlung in Form von Röntgenlicht würde dann ein dort positioniertes Brennstoffkügelchen zunächst am Rand extrem erhitzen und unter Druck setzen. Eine vom Rand nach innen laufende und im Zentrum reflektierte Druckwelle würde dann das Brennstoffgemisch so stark zusammenpressen und erhitzen, daß es zur Zündung käme; noch vor seiner hierdurch hervorgerufenen Explosion würde es mehr Fusionsenergie freisetzen, als die Energiequelle vorher zur Einleitung des Vorgangs abgeben mußte. Wir werden später sehen, daß Nuckolls Konzept im wesentlichen die Übertragung von Vorgängen in einer Wasserstoffbombe auf kleine Dimensionen darstellte.

Doch wie sollte die mysteriöse Energiequelle aussehen, die Nuckolls hier benötigte? Fast wie auf Bestellung trat Ende 1960 der amerikanische Physiker T. M. Maiman mit dem ersten Laser an die Öffentlichkeit, nachdem die Idee dazu Ende der fünfziger Jahre von den amerikanischen Physikern G. Gould, A. Schawlow, Charles H. Townes sowie den beiden sowjetischen Physikern Nikolai Basow und Alexander Prochorow entwickelt worden war. (Townes, Basow und Prochorow konnten sich 1964 den Physik-Nobelpreis für die Entdeckung des Maser- und Laserprinzips teilen; Gould mußte sich die Anerkennung als Miterfinder des Lasers erst in einem Jahrzehnte währenden Rechtsstreit erkämpfen.) Dazu erinnerte sich Nuckolls:»Ich arbeitete an Konzepten über die benötigte Leistung, Energie und Strahlungsfokussierung und hatte gerade all diese Parameter parat, als der Laser erfunden wurde. Es war beinahe, wie wenn ich eine Kutsche gebaut hätte, und just in

70

dem Moment kam einer mit einem Pferd daher.« Ein Freund Maimans, der amerikanische Physiker R. Kidder, führte die ersten Rechnungen zur Laserfusion durch und fand heraus, daß man dafür viel stärkere als die damals verfügbaren Laser benötigen würde. Nachdem Maiman ihm versichert hatte, daß dem Bau von Lasern der benötigten Stärke keine prinzipiellen Hindernisse im Wege stünden, leitete Kidder in Livermore ein Laserfusionsprogramm in die Wege. Ähnliche Entwicklungen fanden unter der Leitung Basows und Prochorows auch in der UdSSR am Moskauer Lebedew-Institut statt, und von dort kamen 1968 die ersten Meldungen über die Erzeugung von Fusionsneutronen in Laserlicht-erzeugten Plasmen. Ein Jahr später wurden ähnliche Erfolge aus Frankreich und den USA gemeldet.

Nach seiner ersten Konzeption mit dem Hohlraum überlegte Nuckolls, ob er nicht auch ohne diesen auskommen könnte, wenn er einen Tropfen verflüssigten Brennstoff mit einer Schale umgeben und diese direkt aus möglichst vielen Richtungen mit Laserlicht »beschießen« würde. Dieses neue Konzept erforderte einen möglichst geschickt gesteuerten und genau vorausberechneten Zeitverlauf der Laserlichtintensität. Etwa zur selben Zeit kam der kalifornische Physiker A. Brueckner auf die Idee, aus winzigsten Glaskügelchen, wie sie zu Abermilliarden in Reflexionsfarben eingerührt werden, die besten herauszufischen und mit Wasserstoff zu füllen, indem er sie bei einigen hundert Grad unter Hochdruck einer Wasserstoffatmosphäre aussetzte. Tatsächlich erzeugte er 1974 durch den Laserlichtbeschuß solcher Kügelchen Fusionsneutronen. Mit Nukkolls Brennstofftröpfchen und Brueckners wasserstoffbeladenen Kügelchen hatte man sich so weit von der Bombenentwicklung entfernt, daß in den USA der Entschluß gefaßt wurde, die auf dem Gebiet der Laserfusion erzielten Ergebnisse wenigstens teilweise für die Öffentlichkeit freizugeben. Dies wurde im Frühjahr 1972 von Teller auf einer Tagung in Montreal angekündigt, und Teller knüpfte daran die Hoffnung, daß dies ähnlich positive Auswirkungen wie Kurchatows Harwell-Vortrag im Jahre 1956 haben würde. Noch im selben Jahr erschien in der Zeitschrift »Nature«

ein Artikel von Nuckolls und Mitarbeitern mit dem Titel
»Laserkompression von Materie auf superhohe Dichten:
Thermonukleare Anwendungen«, in dem die wesentlichen
Ideen des Trägheitseinschlusses vorgestellt wurden. Die
weitere Entwicklung erfolgte jedoch in zweierlei Hinsicht
wieder rückläufig: Erstens benötigte man immer größere
und stärkere Laser, was erhebliche Vorteile für Forscher
brachte, die im Rahmen von SDI (Abkürzung für am. Stra-
tegic Defense Initiative = strategische Verteidigungsinitia-
tive) mit der Laserentwicklung zu tun hatten. Zweitens
wurde immer klarer, daß es auf einen möglichst raffinierten Aufbau der Anordnung ankam, in welcher der Brennstoff dem Laserlicht ausgesetzt wurde. Dabei kam man auf
Nuckolls ursprüngliche Hohlraum-Idee zurück und
brachte die Forschung auch hier wieder dem Bereich der
Geheimhaltung näher: Implosions- und Explosionsvor-
gänge bei den Brennstoffkügelchen sind in mancherlei
Hinsicht Kleinstmodelle von H-Bomben-Explosionen, auf
die für Bomben entwickelte Computerprogramme mit
Nutzen angewendet werden können. Dies alles hat dazu
geführt, daß die Entwicklung der Laserfusion nun doch
hauptsächlich auf die Stellen konzentriert ist, die mit der
Bombenentwicklung zu tun haben. Die Laserfusion ist ein
Paradebeispiel für die Janusköpfigkeit, mit der sich physikalische Forschung darbieten kann: Die Brennstoffkügelchen sind zugleich Energiepillen für den Fusionsreaktor
und »Minibomben« für den Laborversuch.

Im Nachkriegsdeutschland wurden plasmaphysikalische
Fragestellungen wieder ab 1949 verfolgt, an dem von Werner Heisenberg geleiteten Göttinger Max-Planck-Institut
für Physik. Die Untersuchungen waren zunächst rein theoretischer Natur und wurden im Hinblick auf astrophysika-
lische Anwendungen in einer Abteilung durchgeführt, die
1947 für den Astrophysiker L. Biermann eingerichtet worden war. 1956 wurden Biermann und sein Kollege A.
Schlüter auf einer Konferenz in Stockholm durch vorsich-
tige Andeutungen in der Eröffnungsansprache des schwe-
dischen Astrophysikers Hannes Alfvén (Physik-Nobelpreis
1970 für seine Beiträge zur Plasmaphysik) und erste, unter
Einhaltung enger Geheimnisgrenzen geführte Diskussio-

nen in Kollegenkreisen auf die geheimen Anstrengungen zur kontrollierten Kernfusion aufmerksam gemacht. Im gleichen Jahr noch stellte Heisenberg, den der Gedanke an Aktivitäten auf dem Gebiet der thermonuklearen Reaktionen schon seit der Kunde von Kurchatows Vortrag in Harwell beschäftigt hatte, bei dem 1955 gegründeten deutschen Atomministerium einen Antrag auf die Förderung von Forschungen zur Kernfusion.

Kurz darauf wurden sowohl eine theoretische (1956) als auch eine experimentelle (1957) Arbeitsgruppe mit dieser Zielrichtung gegründet, und es dauerte nicht lange, bis ein ganzer Schwung einschlägiger Arbeiten publiziert werden konnte. 1957 lud C. F. von Weizsäcker, der sich am Göttinger Max-Planck-Institut als Leiter einer eigenen Abteilung mit der Entstehung von Sternsystemen und Spiralnebeln beschäftigte und im Begriffe stand, auf einen Lehrstuhl für Philosophie in Hamburg überzuwechseln, im Auftrag eines Arbeitskreises Kernphysik alle in Deutschland mit Hochtemperaturphysik befaßten Physiker zur Aufstellung eines gemeinsamen Fusionsprogramms ein. Im gleichen Jahr präsentierten Biermann und Schlüter auf der Jahrestagung des Verbands Deutscher Physikalischer Gesellschaften in Heidelberg Ideen zum Einschluß eines Plasmas, die – ähnlich wie bei Spitzer – sämtliche Elemente des Tokamakkonzepts enthielten. Aber sie drängten genausowenig wie jener auf die Realisierung ihrer Idee, weil sie nicht daran glaubten, daß man dem Plasma in dem zur Stabilisierung benötigten starken Magnetfeld neben den erforderlichen Extremtemperaturen auch noch die nötige Dichte vermitteln könnte, ohne sich dabei in den Magnetfeldspulen intolerable Energieverluste einzuhandeln – »harte« Supraleiter, die den verlustfreien Stromtransport in starken Magnetfeldspulen erlauben, wurden erst in den sechziger Jahren entdeckt. (Tatsächlich erwies sich diese pessimistische Einschätzung über die Jahrzehnte hinweg als ein Hauptproblem der Tokamakentwicklung, und erst jetzt kommt man dessen Lösung allmählich wirklich nahe.) Stattdessen wandten sie sich anderen Ideen für den Plasmaeinschluß zu. In einem kürzlich erschienenen Artikel über die Entwicklung der Fusionsforschung in Deutschland schreibt Schlüter:»Doch nun wieder 30 Jahre zurück, wo wir (oder einige von uns) von dem Tokamak enttäuscht waren. Wir suchten nun nach einem Weg, ein Magnetfeld zu konstruieren, bei dem (anders als beim Tokamak, der den elektrischen Strom im Plasma braucht) das von außen erzeugte Magnetfeld gleich so wirkt, daß es alle geladenen Teilchen… in dem ringförmigen Volumen speichern kann.… Mit diesem sogenannten ›äußeren Einschluß‹ könnte im Prinzip auch das Problem des stationären Betriebes eines Fusionsreaktors gelöst werden. Wir hofften auf… eine viel bessere Ausnutzung des Magnetfelds, als sie beim Tokamak erwartet wurde.« Bei dem hier angedeuteten Konzept handelte es sich um eine »Würstchentorus« genannte Anordnung, die man als eine ringförmige Kette miteinander verbundener Spiegelmaschinen oder als eine Art von Stellarator ohne Magnetfeldverdrillung bezeichnen könnte. Später gelang zwei Mitarbeitern, F. Meier und H. U. Schmidt, der theoretische Beweis für die Existenz ähnlicher Gleichgewichtskonfigurationen des Plasmas, und Schlüter führte für diese in Anspielung auf die Entdeckernamen die Bezeichnung »M & S-Gleichgewichte« ein, weil sie wie umgestülpte Matsch- und Schneereifen aussehen (sie haben ihre Ausbuchtungen auf der »Reifeninnenseite«).

1958 fand in Genf die zweite internationale Atomkonferenz statt, auf der zum ersten Mal in großem Umfang bis dahin geheim gehaltene Ergebnisse der Fusionsforschung freigegeben wurden. Die Gründe waren vielfältig: Die erste Jagd nach einem schnellen Sieg war vorerst abgeblasen. Auch wurde immer klarer, daß die Möglichkeit, aus den Erfahrungen anderer zu lernen, deren Fehler zu vermeiden und sich unnötige Doppelarbeit zu ersparen, große Vorteile bieten würde. Außerdem wurde das Argument, daß Fusionsneutronen zum Erbrüten von spaltbarem Material für Kriegszwecke benutzt werden könnten, mehr und mehr hinfällig; denn einmal hatte man gelernt, daß Spaltungsreaktoren dafür einfache und preiswerte Möglichkeiten bieten, und zudem war nicht zu erkennen, daß Fusionsexperimente dafür in absehbarer Zeit genügend viele Neutronen liefern würden. Die zur Geheimhaltung gezwungenen Fusionsforscher hatten übrigens schon seit längerem erheblichen Druck gemacht, ihre Ergebnisse auch publizieren zu dürfen, bevor ihnen andere damit zuvorkämen, eine Gefahr, die durch die freie Publikation der in Deutschland erzielten Ergebnisse deutlich verschärft wurde. Schließlich war auch klar, daß man bei freiem Gedankenaustausch mehr gute Forscher zur Beteiligung an der Fusionsforschung würde gewinnen können. Tatsächlich hat die Öffnung der Fusionsforschung zu einer erheblichen Ausweitung der Anstrengungen sowie zu einer beispielhaften internationalen Zusammenarbeit geführt. Für die deutsche Fusionsforschung war dieses Ereignis insofern besonders wichtig, als es zu der Erkenntnis führte, daß der Anschluß an die Weltspitze in der Fusionsforschung durchaus noch möglich war. Diese Einschätzung erwies sich als völlig zutreffend, denn Deutschland nimmt heute in der Fusionsforschung eine Spitzenstellung ein.

In dieser nunmehr offeneren Situation gründete die Max-Planck-Gesellschaft 1960 das *Institut für Plasmaphysik GmbH* in Garching, als deren Gesellschafter sie selbst und Heisenberg fungierten. Später (1971) wurde dieses in ein Max-Planck-Institut ganz neuen Stils mit der unüblichen Größe eines Großforschungszentrums überführt und heißt seitdem »*Max-Planck-Institut für Plasmaphysik*«. Es hat ungefähr 1000 Mitarbeiter, von denen etwa 250 Wissenschaftler sind. Anfänglich wurden in Garching in erster Linie Stellarator- und Pinch-Experimente durchgeführt. Beim Stellarator griff man allerdings nicht auf die M & S-Gleichgewichte zurück, sondern gab einem neuen Konzept aus Princeton den Vorzug. Dabei wurde erstmals ein Plasmaeinschluß gefunden, der deutlich günstiger als nach der Bohmschen Diffusionsformel erwartet lag und mit einer von A. Schlüter und seinem Kollegen D. Pfirsch berechneten *Pfirsch-Schlüter-Diffusion* in Einklang stand. Der verbesserte Plasmaeinschluß gelang durch einen besonders sorgfältigen Aufbau des einschließenden Magnetfelds. Später wurden Untersuchungen zur Laserfusion (ab 1967) und die Tokamakphysik (ab 1970) mit in das Programm aufgenommen. Heute spielt neben dem Tokamak auch der Stellarator im Institutsprogramm wieder eine entscheidende Rolle, wobei sich der gegenwärtig betriebene Stellarator

W VII-AS (W steht für den bayerischen Voralpenberg Wendelstein; man wählte diesen Namen in bescheidener Parallele zum Princetoner Projekt Matterhorn – der Wendelstein ist nur 1837 m hoch, das Matterhorn dagegen 4477 m – und wegen der »gewendelten« Magnetfeldspulen; AS ist ein Akronym für Advanced Stellarator, von engl. advanced = fortgeschritten) als eine Synthese der Idee des Würstchentorus mit den Princetoner Ideen auffassen läßt.

1981 wurde die Laserfusionsforschung zur Keimzelle eines neu gegründeten *Max-Planck-Instituts für Quantenoptik*, das teilweise aus dem Max-Planck-Institut für Plasmaphysik hervorging und neben diesem steht. Man zielt bei ihr allerdings nicht direkt auf den Fusionsreaktor ab, da sich das diesbezügliche Engagement in ganz Europa – besonders auch in finanzieller Hinsicht – im wesentlichen auf den magnetischen Plasmaeinschluß konzentriert. Stattdessen setzt man auf Grundlagenforschungen auf dem Gebiet der Hochleistungslaser-Plasmaphysik, die zum Verständnis vieler für den Reaktor relevanter Fragen wichtige Beiträge liefern können und es erlauben, die aktuellen Entwicklungen auf dem Reaktorgebiet fachmännisch zu verfolgen. Mitte 1991 wurde in Ostberlin eine Zweigstelle des Garchinger Max-Planck-Instituts für Plasmaphysik eröffnet, in der sich Plasmaphysiker der ehemaligen DDR mit speziellen Problemen der Fusionsforschung (Plasmadiagnostik und Wechselwirkungen des Plasmas mit materiellen Wänden) befassen.

Ein zweites Zentrum der deutschen Fusionsforschung ist in Jülich entstanden. Seine Ausgangsbasis war eine Reihe fusionsorientierter Plasmaexperimente an der Technischen Hochschule Aachen, die 1956 unter dem Eindruck des Harwell-Vortrags von Kurchatow in die Wege geleitet worden waren. Anfang der sechziger Jahre wurde dann das *Institut für Plasmaphysik* der KernForschungsAnlage Jülich (KFA, heute *Forschungszentrum Jülich*) gegründet, das sich zuerst mit Pinchexperimenten befaßte. Seit Mitte der siebziger Jahre ist es mit einem großen Experiment TEXTOR (**T**oroidal **EX**periment for **T**echnology **O**riented **Re**search = toroidales Experiment zur technologieorientierten Forschung) an der Tokamakforschung beteiligt und bearbeitet in interdisziplinärer Zusammenarbeit mit anderen Instituten der KFA das komplexe Problem der Wechselwirkung des Plasmas mit der Wand des Einschlußgefäßes und die dazugehörige Materialtechnologie. Kooperationen mit Japan, Kanada, der Schweiz und den USA, die unter dem Patronat der International Energy Agency (IEA, Sitz in Paris) stehen, haben die Forschungsarbeiten in dem Dreiländereck-Ort Jülich stark internationalisiert. Seit 1981 besteht auch noch eine EURATOM-Zusammenarbeit mit einem belgischen Plasmaforschungslabor, das mit Arbeiten über die Heizung des Plasmas das Jülicher Forschungsprogramm unterstützt. Nicht zuletzt sei angeführt, daß auch an vielen deutschen Universitäten in kleinerem Umfang Probleme der Plasmaphysik untersucht werden, sowohl auf experimentellem als auch auf theoretischem Gebiet.

In der Sowjetunion hatte man nicht nur alle Erfolge und Enttäuschungen der Pinch-Experimente erlebt und erlitten, sondern auch schon 1952 den Tokamak erfunden. Tokamak ist ein Akronym für **To**roidalnaya **K**amera **M**agnitnaya **K**atuschka (russ. toroidalnaya = toroidal, kamera = Kammer, magnitnaya = magnetisch, katuschka = Spule), manchmal wird aber auch **Tok K**amera **M**agnitnaya **K**atuschka (russ. tok = Strom) als Herkunft angegeben. Igor E. Tamm (Physik-Nobelpreis 1958) und Andrej D. Sacharow, der bekannte sowjetische Physiker und Bürgerrechtler, der maßgeblich an der Entwicklung der sowjetischen Wasserstoffbombe beteiligt war und 1975 als engagierter Kämpfer für den Frieden mit dem Friedensnobelpreis geehrt wurde, gelten als seine Erfinder. Ihr Physikerkollege N. A. Yawlinsky hat die Brauchbarkeit des Tokamakkonzepts recht früh erkannt – schon Mitte der fünfziger Jahre gingen unter seiner Leitung am Kurchatow-Institut in Moskau Tokamaks von beachtlicher Größe in Betrieb. Später wurden seine Aktivitäten von L. A. Artsimowitsch fortgesetzt. 1965 wurde auf einer internationalen Tagung im englischen Culham zum ersten Mal außerhalb der Sowjetunion über die dortigen Tokamakexperimente berichtet[12].

---

[12] Es soll nicht unerwähnt bleiben, daß der Tokamak 1963, als noch nichts über die sowjetischen Aktivitäten auf diesem Gebiet bekannt war, noch

Dabei wurden Plasmaeinschlußzeiten genannt, die um einen Faktor 10 über der Bohmschen Einschlußzeit liegen sollten. Da aber bekannt war, daß sowjetische Labors damals mit sehr schlechten Meßgeräten ausgerüstet waren, mißtraute man den Ergebnissen und nahm sie zunächst auf die leichte Schulter. 1968 berichtete Artsimowitsch auf einer Tagung in Novosibirsk sogar vom Fünfzigfachen der Bohm-Zeit, und das bei einer Elektronentemperatur von fast zwanzig Millionen Grad. Dazu kam noch ein weiterer Rekord: Das als *Einschlußparameter* bezeichnete Produkt aus der Plasmadichte und der Einschlußzeit des Plasmas, das in einem Fusionsreaktor möglichst groß sein muß, war gegenüber allen bisherigen Experimenten um einen Faktor 10 gesteigert worden. Schon 1957 hatte der englische Physiker J. D. Lawson Bedingungen formuliert, die das Plasma eines Fusionsreaktors mindestens erfüllen muß, damit dieser Energie liefert. Ein auf ganz ähnlichen Ideen basierendes»Zündkriterium«besagt, daß der Fusionsparameter bei einer Plasmatemperatur von 120 Millionen Grad den Wert von $5 \cdot 10^{14}$ Sekunden · Teilchen/ccm überschreiten muß, damit ein Deuterium-Tritium-Gemisch zündet, es also nach dem Abstellen einer als»Streichholz«wirkenden externen Wärmezufuhr selbständig»weiterbrennt«. Der sowjetische Tokamak hatte 1968 nach Artsimowitsch immerhin den Wert $5 \cdot 10^{11}$ Sekunden · Teilchen/ccm erreicht. Aber auch diese neueren Ergebnisse wurden im Westen immer noch sehr skeptisch aufgenommen. Zu den Skeptikern gehörte auch der englische Physiker R. S. Pease, dessen Forschungsgruppe gerade eine in Garching entwickelte und vielversprechende Methode zur Messung wichtiger Plasmadaten übernommen hatte, die das Streulicht eines ins Plasma geschickten Laserstrahls auswertet. Artsimowitsch lud Pease ein, mit einem Forscherteam und seinen Meßgeräten die sowjetischen Ergebnisse an Ort und Stelle zu überprüfen. Pease akzeptierte, und Anfang 1969 wur-

einmal unabhängig von einem Neuseeländer namens Liley erfunden wurde, der ein Tokamakexperiment in Canberra (Australien) aufbaute. Von den vorausgegangenen amerikanischen und deutschen Erfindungen hierzu hatte er wohl nichts erfahren.

den 5 Tonnen physikalischer Apparatur mit dem Flugzeug nach Moskau eingeflogen und um den T-3 benannten Tokamak herum installiert. Artsimowitsch selbst folgte um diese Zeit einer Einladung in die USA und berichtete dort unter anderem auch in einer Folge von Vorlesungen und Seminaren über seine Tokamak-Aktivitäten. Seine brillante und dennoch sachlich klare Darstellungsweise überzeugte mehr und mehr Physiker von den Vorzügen des Tokamaks, und in vielen Labors der USA begann man daraufhin, eigene Tokamakpläne zu schmieden. Die besten Karten besaß dabei Princeton, sofern es sich dazu entschließen konnte, seinen damaligen »Model-C-Stellarator« in einen Tokamak umzubauen. Kurz darauf kamen die Meßergebnisse des englischen Teams aus Moskau: Sie waren nicht nur so gut, wie Artsimowitsch behauptet hatte, sondern teilweise sogar noch besser. Die Temperaturangaben der sowjetischen Forscher wurden bestätigt, und die Einschlußzeit des Plasmas erwies sich als das Hundertfache der Bohm-Zeit. Damit begann der Siegeszug des Tokamaks um die Welt. Der Princetoner C-Stellarator wurde zerlegt und konnte nach einer anschließenden Metamorphose von nur vier Monaten Dauer sein Dasein als Tokamak beginnen. Nur ein Jahr nach Bekanntwerden der englischen Meßergebnisse wurden auch in ihm die guten Ergebnisse des Tokamaks T-3 erzielt.

1973 begannen Wissenschaftler aus ganz Europa mit der Planung eines riesigen Tokamakexperiments, welches die Anstrengungen aller nationalen Forschungseinrichtungen Europas konzentrieren sollte, die mit der 1958 gegründeten Europäischen Atomgemeinschaft (*EURATOM*) assoziiert waren, wobei sich noch Griechenland, Irland, Luxemburg und Portugal anschlossen. Schon in den Römischen Verträgen von 1957, welche die Gründung von EURATOM auf Anfang 1958 festlegten, war die Kernfusion als eine Angelegenheit von gesamteuropäischem Interesse ausgewiesen worden, und erste Gemeinschaftsanstrengungen wurden 1959 in die Wege geleitet. Das geplante Großexperiment erhielt den Namen JET, ausführlich Joint European Torus (= gemeinsamer europäischer Torus). Nach längerem heißen Kampf um den Standort, bei dem zunächst Garching wie der Sieger aussah, wurde es schließlich im englischen Abingdon bei Oxford angesiedelt. Bei der endgültigen Standortentscheidung spielte die englische Unterstützung bei der Befreiung deutscher Flugzeuggeiseln in Mogadischu eine entscheidende Rolle: Der damalige Bundeskanzler Helmut Schmidt wollte mit dem deutschen Verzicht und der Unterstützung der englischen Standortwünsche eine deutliche Geste der Dankbarkeit machen. Mitte 1983 ging JET in Betrieb. Das Ziel war, Plasmen zu erzeugen, deren Daten denen eines Fusionsreaktors möglichst nahe kämen. Um diese Zeit wurden noch zwei weitere Tokamaks ähnlicher Größenordnung fertiggestellt, etwa gleichzeitig der TFTR (Tokamak-Fusion-Test-Reactor) in den USA und zwei Jahre später der JT-60 (JAERI-Tokamak) in Japan, das sich seit 1958 mit einem breit gestreuten und seit etwa 1975 drastisch gesteigerten Programm an der Fusionsforschung beteiligt. 1990 ging ein großer sowjetischer Tokamak T-15 in Betrieb, mit dessen Bau etwa zur gleichen Zeit begonnen worden war, dessen Fertigstellung aber durch große finanzielle und technische Probleme – er erzeugt sein Magnetfeld mit supraleitenden Spulen – immer wieder verzögert wurde. Unvorhergesehene Schwierigkeiten erzwangen schon kurz nach seiner Inbetriebnahme weitere Umbauten, die aber demnächst abgeschlossen sein sollen. Der japanische JT-60 befindet sich kurz vor dem Abschluß einer größeren Umbauphase zu einem JT-60-UPGRADE (engl. upgrade = auf eine höhere Stufe befördern), nach der er einen als *Breakeven* (amer. break even = ohne Gewinn oder Verlust abschließen) bezeichneten Markstein auf dem Weg zur Zündung des Plasmas erreichen und weitere Fortschritte bei der Erprobung neuer Methoden für den Stromtrieb erzielen soll. Breakeven bedeutet dabei einen Gleichstand, bei dem aus einem Deuterium-Tritium-Plasma genausoviel Fusionsleistung herauskommt, wie man zum Halten seiner Temperatur an Heizleistung hineinsteckt.

Der JET hat mittlerweile alle ursprünglich angestrebten Ziele erreicht und z.t. sogar übertroffen. Er gilt derzeit als das erfolgreichste Fusionsexperiment der Welt (Farbtafeln 11-13). Bisher wurden an ihm allerdings nur Experimente mit gewöhnlichem Wasserstoff und Deuterium durchgeführt (siehe Anhang), die beide erst weit über den im JET erreichten Temperaturen zu »brennen« beginnen. Die ursprünglich schon für 1988 vorgesehene Füllung mit einem Deuterium-Tritium-Gemisch wurde mehrmals verschoben. Bei den heute erreichbaren Temperaturen und Einschlußzeiten würden damit nämlich so viele Fusionsneutronen entstehen, daß das Plasmagefäß radioaktiv[13] verseucht würde und nur noch ein erheblich erschwerter Experimentbetrieb per Fernsteuerung möglich wäre. Da sich aber noch so viele lohnende Forschungsziele ergeben haben, die sich mit normalem oder schwerem Wasserstoff untersuchen lassen, ist die Erprobung des radioaktiven Ernstfalles vorläufig auf das Jahr 1995 verschoben worden.

JET ist das Kernstück des von allen Ländern der europäischen Gemeinschaft sowie der Schweiz und Schweden getragenen EURATOM-Fusionsprogramms. Es wird von einer Fülle nationaler Teilprogramme begleitet und ergänzt, die insgesamt etwa den zwei- bis dreifachen finanziellen Umfang von JET haben. Diese werden von EURATOM koordiniert und sind in vielen wichtigen Aspekten auf JET und dessen Nachfolgeexperiment ausgerichtet. In dem großen Garchinger Tokamakexperiment ASDEX (**AxiSymmetric Divertor EXperiment**) wurde durch eine sehr präzise magnetische Gestaltung der Plasmarandschicht und die Steuerung ihrer Wandberührung mit Hilfe eines *Divertors* ein ganz erheblicher Fortschritt beim Plasmaeinschluß erzielt. Die Garchinger Methode wurde mittlerweile, wo es möglich war, weltweit übernommen, z.B. auch beim JET. Ähnliche Auswirkungen hinsichtlich des Problems, ein sauberes Plasma zu erzeugen, hatte eine besondere Methode der Wandbeschichtung des Plasmagefäßes im Jülicher Tokamak TEXTOR, die ebenfalls und mit großem Erfolg bei vielen anderen magnetischen Einschlußexperimenten übernommen wurde, unter gewissen Modi-

---

[13] Leser, die auf das Wort »radioaktiv« allergisch reagieren, werden gebeten, das Buch jetzt nicht sofort zur Seite zu legen, sondern damit so lange zu warten, bis sie Art und Umfang der in einem Fusionsreaktor anfallenden Radioaktivität kennengelernt haben.

fikationen auch beim JET. In Garching wurde schließlich im damals weltgrößten Stellaratorexperiment W-VII A der Nachweis erbracht, daß Stellaratoren im Prinzip dieselben guten Plasmaeinschlußeigenschaften wie Tokamaks besitzen. Da im Stellarator Heizung und Einschluß des Plasmas voneinander völlig entkoppelt sind, kann man aus Stellaratorexperimenten Schlüsse ziehen, die auch für Tokamaks von wesentlicher Bedeutung sind. Die bisherigen Fortschritte auf dem Weg zum Fusionsreaktor mußten weitaus mühsamer erkämpft werden, als man sich das zuerst vorgestellt hatte. Der große Optimismus der Anfangsjahre kommt noch in den Worten der Begrüßungsansprache zum Ausdruck, mit welcher der indische Atomphysiker H. Bhaba die erste Genfer Atomkonferenz 1955 als Vorsitzender eröffnete:». . . Die technischen Probleme sind gewaltig, aber . . . ich wage die Voraussage, daß sich eine Methode finden wird, mit der sich innerhalb der nächsten zwei Jahrzehnte kontrolliert Fusionsenergie freisetzen läßt.« Diese Zahl von 20 Jahren bis zum Fusionsreaktor wurde später oft spöttisch als »Fusionskonstante« zitiert, da sie über die Jahre unverändert blieb. Bereits auf der zweiten Genfer Atomkonferenz 1958 äußerte dann Teller, daß es vor der Jahrhundertwende wohl kaum zu einer ökonomischen Verwertung der kontrollierten Kernfusion kommen werde. Auch diese Einschätzung war noch zu optimistisch, und es gab Zeiten, zu denen man die Hoffnung auf einen Erfolg fast völlig aufgegeben hatte.

Die aus der Not des Mißerfolgs geborene Konzentration der Forschung auf ein besseres Verständnis des Plasmazustands und ein gründlicheres Studium der Grundlagen seit etwa 1958 wurden mit einem erstaunlich stetigen Fortschritt belohnt. Dieser läßt sich sehr deutlich aus dem in Abb. 5.1 gezeigten Diagramm ablesen, in welchem das für den Fortschritt charakteristische *Fusionsprodukt* Dichte mal Einschlußzeit mal Plasmatemperatur gegen die Jahreszahl aufgetragen ist. Von den Anfängen der Fusionsforschung bis heute, also in etwa 40 Jahren, ist man um einen Faktor 10^7 vorangekommen, pro Jahr um etwa einen Faktor 1,5. JET hat 1991 rund 80 Prozent des Breakeven-Werts erreicht, und bis zur Plasmazündung fehlt nur noch ein Faktor 7 (siehe Anhang). Bei den Temperaturen ist man sogar schon weit über die 100–200 Millionen Grad hinausgekommen, die für einen Fusionsrekator vorgesehen sind. Im JET wurde bereits ein Spitzenwert von 325 Millionen Grad erreicht, und den Temperaturweltrekord hält der TFTR mit 385 Millionen Grad. Wie wird es weitergehen? Man schätzt heute, daß es noch etwa 30–40 Jahre dauern wird, bis man die Machbarkeit der Deuterium-Tritium-Verbrennung in einem ersten stromerzeugenden Demonstrationsreaktor wird beweisen können. Bis dann ein solcher Reaktor zum kommerziellen Einsatz kommt, rechnet man nochmals mit 20 Jahren. An einen Reaktor, der als Brennstoff nur Deuterium benutzt und der viel wünschenswerter wäre, weil bei ihm kaum Radioaktivität anfallen würde, sind die Anforderungen, was Temperatur, Dichte und Plasmaeinschluß angeht, leider noch viel höher. Bis zum Bau eines Prototyps und bis zum kommerziellen Einsatz würden nach grober Schätzung jeweils noch etwa 30 bis 50 Jahre mehr vergehen.

An einem Nachfolger für den JET wird schon geplant, seit dieser in Betrieb gegangen ist. Er soll zu einer Ver-

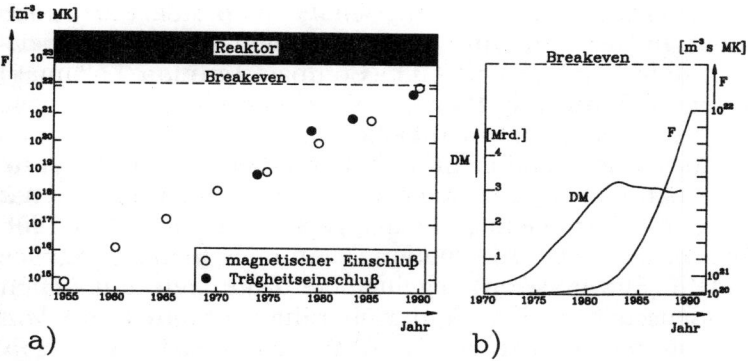

Abb. 5.1: *a) Fortschritt der Fusionsforschung seit ihren Anfängen, gemessen am Fusionsprodukt F = Plasmadichte mal Einschlußzeit mal Plasmatemperatur, von dem die Steigerung in Faktoren 10 aufgetragen ist. b) Zeitliche Entwicklung des maßstabsgerecht aufgetragenen Fusionsprodukts und der weltweiten finanziellen Aufwendungen pro Jahr seit 1970.*

83

suchsanlage NET (**N**ext **E**uropean **T**orus) mit einem kontrolliert brennenden Plasma führen. Obwohl auch NET ein gemeinsames europäisches Projekt ist, hat man in der naheliegenden Namensfortführung von JET auf NJET das J für joint herausgelassen, weil wohl auch Physiker nicht ganz gegen Aberglauben gefeit sind. Unter den Physikern besteht noch keine Einigkeit darüber, ob dieser Schritt wirklich auf einmal gemacht oder nicht besser unterteilt werden sollte. Eine Unterteilung, d. h. zwei Experimente, wäre zwar kostspieliger, aber im Hinblick auf den Erfolg auch sicherer. Es sieht jedoch so aus, als ob man sich aus Kostengründen und angesichts der zuletzt erzielten Erfolge für den risikoreicheren Weg des Einzelschritts entscheiden wird. Dieser muß dann auf Seiten der Physik zum Zünden und kontrollierten Brennen des Fusionsgemisches führen. Seitens der Reaktortechnologie sollen in ihm Probleme wie die Erprobung einer auf Supraleitung beruhenden Magnetfeld-Spulentechnik, Materialfragen, die Untersuchung des Brennstoffkreislaufs, Sicherheitsaspekte und Umweltfragen angegangen werden. Das Ziel des EURATOM-Fusionsprogramms ist dann im nächsten Schritt nach NET der Bau eines ersten stromerzeugenden und energiegewinnenden Demonstrationsreaktors (DEMO), der allerdings noch nicht wirtschaftlich optimiert sein wird. Auch in den USA und Japan befinden sich Zündexperimente in der Planung, CIT (**C**ompact **I**gnition **T**okamak) oder BPX (**B**urning **P**lasma **EX**periment) in den USA bzw. FER (**F**usion **E**xperimental **R**eactor) in Japan.

Auch eine über die europäischen Länder hinausgehende internationale Zusammenarbeit auf dem Fusionsgebiet hat mittlerweile zu Gemeinschaftsprojekten geführt. Seit 1958 organisiert die International Atomic Energy Agency (IAEA, Sitz in Wien) regelmäßige Tagungen, auf denen Wissenschaftler aller Länder über ihre Ergebnisse auf dem Fusionsgebiet vortragen. EURATOM, Japan, die UdSSR und die USA arbeiten seit 1978 gemeinsam an einer Konzeptstudie für einen NET-ähnlichen Testreaktor nach dem Tokamakprinzip, dem INTOR (für **IN**ternational **TOR**us). Bei dem Genfer Gipfeltreffen im November 1985 zwischen dem sowjetischen Generalsekretär Gorbatschow und dem amerikanischen Präsidenten Reagan wurde auf Gorbatschows Initiative hin vereinbart, bei der Nutzung der Fusionsenergie »die größtmögliche Entfaltung internationaler Zusammenarbeit« anzustreben. Über eine bloße Konzeptstudie hinausgehend sollten die schon am INTOR beteiligten vier großen Fusionsblöcke gleichberechtigt an einem Tokamakexperiment der nächsten Generation zusammenwirken. In einem ersten Schritt wurde mittlerweile unter der Schirmherrschaft der IAEA mit der Planung eines »International Thermonuclear Experimental Reactor«, kurz ITER, begonnen. Von Mai 1988 bis Ende 1990 traf sich mit dieser Zielsetzung eine internationale Studiengruppe mit jeweils zehn Experten aus der Europäischen Gemeinschaft, Japan, der UdSSR und den USA zu regelmäßigen halbjährigen Arbeitszyklen in einem Gebäude, das für diesen Zweck auf dem Gelände des Max-Planck-Insituts für Plasmaphysik in Garching errichtet worden war. In dieser ersten Konzeptionsphase wurde zunächst die physikalisch-technische Auslegung von ITER umrissen. Zu ihr gehörten auch die Planung des erforderlichen Forschungs- und Entwicklungsbedarfs, eine Abschätzung des Kosten- und Personalaufwands, die Aufstellung eines Zeitplans sowie Sicherheits- und Umweltstudien. Das NET-Team, dessen Arbeitsräume neben denen des ITER-Teams liegen, war dessen europäischer Partner, so daß alle für NET gewonnenen Erkenntnisse auch in ITER einfließen konnten. Demnächst soll mit der ingenieurmäßigen Konstruktion begonnen werden, deren Durchführung auf drei Orte verteilt wurde, einen in Europa – hier wieder Garching –, einen in Japan und einen in den USA. Der eigentliche Baubeginn kann nicht vor 1996/97 erwartet werden, und frühestens im Jahre 2005 wird man den Experimentierbetrieb aufnehmen können. Wenn ITER über das Planungsstadium hinausgelangen und realisiert werden sollte, was zu erwarten steht, so wird man wohl auf NET verzichten. Statt der für NET zu veranschlagenden Kosten von grob geschätzt 6–8 Milliarden DM für Bau und etwa zwanzigjährigen Betrieb wird man dann mit etwa 10–12 Milliarden DM rechnen müssen (6–8 Milliarden DM reinen Baukosten), die sich allerdings auf viel mehr Schultern verteilen werden. (Zum Vergleich: Das JET-Programm kostete bisher etwa 2 Milliarden DM.) Wenn alles so weiterläuft wie bisher, wird die Fusionsforschung noch mehr zu einem Paradebeispiel für funktionierende internationale Zusammenarbeit werden, als sie das heute schon ist. Für das europäische Fusionsprogramm, an dem die Länder der Europäischen Gemeinschaft, Schweden und die Schweiz beteiligt sind, werden zur Zeit jährlich etwa 900 Millionen DM aufgewandt. Dabei beträgt der Anteil für das Ergänzungsprogramm der Bundesrepublik ohne den Beitrag zu JET etwa 270 Millionen DM. Zum Vergleich sei angegeben, daß Deutschland jährlich zur Entwicklung der Technik erneuerbarer Energiequellen (Energiegewinnung aus Sonnenlicht, Windenergie usw.) etwa 250 Millionen DM ausgibt. Die Ausgaben der USA für die Fusionsforschung liegen einschließlich des Aufwands für die Laserfusion noch etwas höher als die europäischen, die Japans und der UdSSR jeweils etwa um ein Drittel niedriger. Kleinere, aber nichtsdestoweniger wichtige Fusionsprogramme gibt es noch in Australien, Brasilien, Kanada, China und Indien. Abb. 5.1 b) zeigt die zeitliche Entwicklung der jährlich weltweit aufgewandten Mittel für die Fusionsforschung und den am Fusionsprodukt gemessenen Fortschritt, diesmal maßstabsgetreu aufgetragen. Die durch den Übergang zu größeren und aufwendigeren Experimenten hervorgerufene Steigerung der jährlichen Aufwendungen von 1973 bis 1983 hat sich in einem dramatischen Fortschritt niedergeschlagen und offensichtlich gelohnt. In der hier gewählten Darstellungsweise würde der Schritt zum Reaktor allerdings viel größer als in Abb. 5.1 a) erscheinen – er wird bei nochmals größeren Apparaturen einen erneuten Schub im finanziellen Aufwand nötig machen, der allerdings auf maximal das Doppelte des gegenwärtigen begrenzt sein wird.

Die Zahl der an der Fusionsforschung beteiligten Wissenschaftler läßt sich überschlägig aus einer 1991 erschienenen Sondernummer der Zeitschrift »Nuclear Fusion« entnehmen, die von der IAEA herausgegeben wird. Sie enthält eine Liste mit den Namen aller Forscher, deren Mitwirkung an der Fusionsforschung bekannt ist: das Heft umfaßt rund 7500 Namen. Hiervon entfallen 6300 auf die vier großen Fusionsblöcke, auf die sie sich etwa im selben Verhältnis wie die finanziellen Aufwendungen aufteilen (USA 34 Prozent, Europäische Gemeinschaft 28 Prozent, Japan 19 Prozent und UdSSR 19 Prozent). In der Mitte des zwanzigsten Jahrhunderts wurde mit der Fusionsforschung begonnen, und aller Voraussicht nach wird es bis zur Mitte des nächsten Jahrhunderts dauern, bis man die Früchte dieser Forschungsarbeit wird ernten können. Noch nie hat die Menschheit ein derart ehrgeiziges technisches Projekt durchgeführt. Die Entwicklung des Automobils, des Flugzeugs, des Kernspaltungsreaktors, des Computers und der Raumfahrt ist jeweils viel schneller vor sich gegangen – vergleichbare Zeitspannen gab es vielleicht nur beim Bau von mittelalterlichen Kathedralen. Sowohl auf physikalischem als auch auf technischem Gebiet stößt man bei der Fusionsforschung fast überall auf Neuland vor, und immer wieder wird man zu aufwendigen und zeitraubenden Weiter- oder Neuentwicklungen gezwungen.

6. Eine neue Technik ist im Kommen

Der Nutzen einer aufwendigen technischen Neuentwicklung wird häufig auch an den Nebenprodukten gemessen, die sie abwirft. So wird der Raumfahrt zugute gehalten, daß ihr die Entwicklung neuer technischer Werkstoffe und von Mikroelektronik sowie wesentliche Fortschritte auf dem Gebiet der Datenübertragung, des Kommunikationswesens und der Computertechnik zu verdanken seien. Wie steht es damit auf dem Gebiet der Plasmaphysik und Fusionsforschung?

Etliche technische Anwendungen von Plasmen wurden direkt aus den plasmaphysikalischen Untersuchungen und Methoden entwickelt, die der Fusionsforschung vorangegangen waren. Hierzu gehören z. B. Plasmalichtquellen, die aus den Glimm- und Bogenentladungen entwickelt wurden, spezielle Bereiche der Plasmachemie oder Methoden der Materialbearbeitung wie Plasmaschweißen. Direkte plasmatechnische Anwendungen der mit der Fusionsforschung verbundenen Grundlagenforschung sind noch relativ selten, aber die dort erworbenen umfangreichen Kenntnisse über Plasmen gewinnen für die Plasmatechnik mit deren Verfeinerung zunehmend an Bedeutung. Eine direkte Verbindung zwischen beiden Gebieten gibt es dort, wo Fusionsplasmen mit Wänden in Berührung kommen, bei Problemen der Wandabtragung und der Wandbeschichtung. Insgesamt erfolgte in den letzten Jahren ein geradezu explosives Wachstum technischer Plasmaanwendungen. Ganz offensichtlich wird es auch wirtschaftlich immer interessanter, die Besonderheiten des Plasmazustands bei der Herstellung von Verbrauchsgütern auszunutzen. Schon 1900 wurde zum erstenmal das Eigenleuchten eines Plasmas in einer Quecksilberniederdrucklampe eingesetzt. Heute wird in den hochtechnisierten Ländern der überwiegende Teil des Beleuchtungsbedarfs durch Plasmalichtquellen gedeckt. Während in einer gewöhnlichen Glühlampe nur 5 Prozent der zugeführten elektrischen Energie in sichtbares Licht umgewandelt werden und 95 Prozent als Wärme verloren gehen, bekommt man in Leuchtröhren (Neonröhren) und Leuchtstoffröhren[14] bei wesentlich höherer Lebensdauer eine vier- bis fünfmal größere Lichtausbeute. Für Lichtquellen extremer Helligkeit benutzt man Hoch- und Höchstdruckgasentladungen. Zur Anzeige von Computerdaten wurden Plasmabildschirme entwickelt. Schließlich kann man mit Hilfe von Niedertemperaturplasmen auch Laserlicht erzeugen (Farbtafel 6). Einige dieser *Gaslaser*, *Excimerlaser* (von engl. **Exci**ted d**imer** = angeregtes Dimer, Dimer = Anlagerung zweier ungesättigter Moleküle) genannt, bieten den großen Vorteil, die Farbe des Laserlichts innerhalb eines gewissen Spektralbereichs stetig durchstimmen zu können.

Die Plasmachemie erfuhr 1905 ihre erste industrielle Nutzung mit der Herstellung von Stickoxiden aus dem

---

[14] In diesen wird primär UV-Licht erzeugt, das in einer auf der Glaswand aufgebrachten Leuchtstoffschicht in sichtbares Licht umgewandelt wird.

Stickstoff der Luft vermittels Bogenentladungen. Das Plasma wird in ihr als Wärmequelle für Reaktionen genutzt, die nur unter Wärmezufuhr zustandekommen. Hervorzuheben ist, daß es sich dabei um »trockene Chemie« handelt: Was in der üblichen Chemie Wasser durch Hydrolyse (= Spaltung chemischer Verbindungen durch Wasser, von griech. hýdōr = Wasser und lýsis = [Auf]lösung) bewirkt, erfolgt in ihr allein durch Teilchenstöße. Bei der *thermischen Plasmachemie*, die z. B. bei Reaktionen in Bogenentladungen stattfindet, ist die Temperatur der Elektronen, der Ionen und der – in der Überzahl befindlichen – Neutralteilchen gleich hoch, und für die Reaktionen spielen Stöße zwischen den Reaktionsmolekülen die maßgebliche Rolle. Wenn diese bei hinreichend hoher Temperatur zum Aufbrechen von Verbindungen heftig genug sind, verhindern sie meist zugleich auch das Zustandekommen neuer Verbindungen. Daher erweist sich die thermische Plasmachemie dort als besonders nützlich, wo das *Kracken* (= Aufbrechen) von Molekülen der eigentliche Reaktionszweck ist. Die Herstellung neuer Verbindungen nach dem Krakken der Ausgangsmoleküle gelingt durch *Quenchung* (engl. quench = löschen), d. h. durch schnelle Abkühlung des Reaktionsgemischs auf niedrigere Temperaturen. Besondere Bedeutung erlangt hat hier die großtechnische Synthese von Acetylen – einem der wichtigsten Grundstoffe der chemischen Industrie – aus Erdgas auf der Basis der Elektrokrackung in einer Hochspannungsentladung. Die *nichtthermische Plasmachemie* ist durch hohe Elektronentemperaturen (über 10000 Grad) und niedrige Gastemperaturen (unter 1000 Grad) charakterisiert. Bei ihr spielen Stöße der heißen Elektronen mit den Ausgangsmolekülen die maßgebliche Rolle. Sie aktivieren diese durch Anregung, Dissoziation oder Ionisation für Reaktionen, die häufig auf anderem Wege nur sehr schwer oder gar nicht zu realisieren sind. Die niedrige Temperatur der schweren Teilchen verhindert den thermischen Zerfall der Reaktionsprodukte, so daß die Quenchung überflüssig wird. Auf diese Weise können auch sehr komplizierte Verbindungen zustandekommen. So sind z. B. die für das Leben so wichtigen Nukleinsäuren wahrscheinlich ein Produkt der Plasmachemie – man glaubt, daß sie durch Blitze in der Urgashülle der Erde entstanden sind. Die angeführten Vorteile der nichtthermischen Plasmachemie sind allerdings mit recht geringen Reaktionsausbeuten gepaart, so daß man sie meist nur für die Synthese ganz spezieller Stoffe nutzt. Domänen der Plasmachemie ganz allgemein sind Reaktionen, bei denen die Hydrolyse versagt, oder die Synthese neuartiger chemischer Verbindungen aus Reaktanten, die nur in teilweise ionisierten Plasmen vorzufinden sind. Andere Anwendungsgebiete sind die Synthese besonders reiner Produkte, z. B. von wasserfreiem Siliziumdioxid, oder Materialbearbeitungsprozesse, bei denen außer den physikalischen auch chemische Eigenschaften des Plasmas wichtig werden. Genannt seien hier die Beschichtung von Oberflächen, darunter die besonders heikle Beschichtung von Kunststoffen, oder das reaktive Ätzen von Oberflächen.

In der Elektrizitätswirtschaft müssen oft große Ströme bei hohen Spannungen ein-, aus- oder umgeschaltet werden, z. B. zu Beginn oder am Ende von Spitzenverbrauchszeiten. Es ist sehr wichtig, daß das in genau kontrollierter Weise ziemlich langsam vor sich geht, weil ein abruptes Schalten in der Verbrauchsleitung sehr hohe Spannungen induzieren würde, die angeschlossene Geräte beschädigen könnten. In *Plasmaschaltern* hat man die beim Schalten auftretenden Funken so kultiviert, daß der Schaltvorgang völlig zuverlässig den gegebenen Erfordernissen oder Bedürfnissen angepaßt werden kann. Diese Schalter bieten ein weiteres Beispiel gängiger und hochentwickelter Plasmatechnik.

Immer vielfältiger werden die Anwendungen der Plasmaphysik bei der Bearbeitung von Materialien. Hierfür benutzt man unter anderem Lichtbögen, Hochfrequenzentladungen, Teilbereiche von Glimmentladungen, Funken oder ein Plasma, das als *Plasmastrahl* z. B. von einem geeignet geführten Lichtbogen abströmt. Mögliche Anwendungen sind das Erhitzen, Schweißen, Schmelzen, Schmelzbohren und Schmelzschneiden von Metallen und auch anderer Materialien, oder das als *Plasmaspritzen* bezeichnete Aufspritzen im Plasma geschmolzener Pulverkörner auf Oberflächen. In der Halbleiterindustrie werden heute in großem Umfang Plasmen zum Auftragen oder Abätzen von Mikrostrukturen eingesetzt. Die Vergütung von Oberflächen, die Schichtung der Brechungseigenschaften von Glasfasern oder die Härtung von Metallen sind weitere Beispiele einer ständig wachsenden Palette des Einsatzes von Plasmen in der Industrie.

Anwendungsbeispiele, bei denen die Kraftwirkung von Magnetfeldern auf stromdurchflossene Plasmen ausgenutzt wird, sind *MHD-Generatoren* (MHD = **M**agneto **H**ydro**D**ynamik = Hydrodynamik elektrisch leitfähiger Flüssigkeiten und von Plasmen) und *Plasmatriebwerke*. Die ersteren setzen unmittelbar Wärme in elektrische Energie um und vereinigen damit in sich die Eigenschaften einer Turbine und eines Stromgenerators. Da sie bei höheren Temperaturen als konventionelle Generatoren arbeiten, erzielen sie eine bessere Ausnutzung der Wärmeenergie. Wegen großer technischer Schwierigkeiten ist ihre Entwicklung noch nicht zu einem befriedigenden Abschluß gekommen, erscheint wegen der guten Energieausnutzung aber nach wie vor interessant. Immerhin ist in einem sowjetischen Kraftwerk seit 1971 ein MHD-Generator in Betrieb, der einem konventionellen Stromerzeuger vorgeschaltet ist und 10 Megawatt Leistung erbringt. Die Idee zu dieser Art der Stromerzeugung geht schon auf Faraday zurück, der bei einem Spaziergang an der Themse auf den – nie realisierten – Einfall kam, diese durch Zusetzen von Salz elektrisch leitfähig zu machen und ihr dann nach Anlegen eines Magnetfelds ihre Strömungsenergie in Form von elektrischem Strom zu entziehen. In einem MHD-Generator macht man das heiße Arbeitsgas durch die Beimischung geringer Mengen leicht ionisierbarer Substanzen (z. B. Kalium oder Cäsium) elektrisch leitfähig und läßt es aus einer Düse mit hoher Geschwindigkeit durch starke Magnetfelder hindurchströmen. Bei den Plasmatriebwerken geht man genau den umgekehrten Weg: Man bringt ein ursprünglich ruhendes Plasma in ein Magnetfeld, läßt quer zu diesem einen Strom fließen und setzt es hierdurch in Bewegung. Die auf diese Weise erzielbaren Geschwindigkeiten des Plasmas liegen weit über denen der Verbrennungsgase aus konventionellen Raketentriebwerken, so daß man pro Masseneinheit der abgestoßenen Auspuffgase einen viel stärkeren Rückstoß bekommt. Diese Methode des Raketenantriebs wird besonders sinnvoll, wenn man zwar genügend Energie für den Antrieb, aber nur wenig Masse zum Abstoßen verfügbar hat. Für den Start eines Raumschiffs von der Erde wäre ein Plasmatriebwerk wenig sinnvoll, zumal es bei Atmosphärendruck gar nicht funktionieren würde. Für einen bereits im Orbit befindlichen Satelliten ist es jedoch das ideale Antriebsmittel, da es bei gleicher Schubkraft viel weniger Treibstoff als ein konventionelles Triebwerk benötigt.

★

Soweit wurden nur Techniken angeführt, bei denen Plasmen direkt mit im Spiel sind. Nicht vergessen werden sollten aber auch technische Entwicklungen ganz anderer Art, die unmittelbar aus der Fusionsforschung hervorgingen. Da sich die letztere, wie schon gesagt, beständig an der Grenze der technischen Möglichkeiten bewegt, wurden in ihr auch eine Reihe technischer Geräte und Methoden neu- oder weiterentwickelt, die zur Erzeugung, Manipulation oder Untersuchung von Plasmen dienen. So entstand eine ausgefeilte Vakuumtechnik sehr großer Gefäße mit vielen Fenstern und noch viel mehr Verschraubungen. Das Plasmagefäß des gemeinsamen europäischen Tokamaks JET besitzt ein Innenvolumen von etwa 200 Kubikmetern und wurde aus vielen Einzelsektoren zusammengeschweißt. Die Gesamtlänge seiner üblicherweise besonders leckanfälligen Schweißnähte beträgt etwa 8 km. Trotzdem ist das Gefäß so dicht, daß mehr als 3000 Jahre vergehen müßten, bis ein Liter der Außenluft in das Gefäß eindringt. Dies setzt extreme Genauigkeit, Sorgfalt und Sauberkeit bei der Fertigung voraus. Die damit betraute Firma hat daher für diesen Zweck ein eigenes Fabrikgebäude errichtet.

Das Auspumpen so großer Volumina ist eine Aufgabe besonderer Art, für die hervorragende Pumpen benötigt werden. Die Pumpen, die das JET-Gefäß evakuieren, können 3500 Liter Gas pro Sekunde absaugen. Ein ganz außergewöhnliches Pumpproblem entsteht bei der Heizung des Plasmas durch den Einschuß eines Strahls von elektrisch neutralem Wasserstoff- oder Deuteriumgas extrem hoher Geschwindigkeit. Um diesen zu erzeugen, werden Ionen aus einem Plasma elektrisch abgesaugt, beschleunigt und anschließend neutralisiert, was jedoch nur zum Teil gelingt. Die im Strahl verbliebenen Ionen werden magnetisch in einen seitlichen Tank abgelenkt und erst dort neutralisiert. Da das Plasmagefäß an der Einschußstelle des Strahls geöffnet und mit dem Tank offen verbunden ist, müssen alle abgelenkten Teilchen extrem effektiv abgepumpt werden, damit in der Plasmaumgebung die zur Reinhaltung und Isolation des Plasmas benötigten Ultrahochvakuumbedingungen erhalten bleiben. Das entspricht etwa der Aufgabe, ein Fenster sperrangelweit zu öffnen, ohne auch nur den geringsten Hauch von Außenluft hereindringen zu lassen. Für das JET-Gefäß wurden Kryopumpen (von griech. krýos = Kälte), die ihre Aufgabe durch Ausfrieren des Pumpgases erfüllen, so weiterentwickelt, daß sie eine Abpumpgeschwindigkeit von mehreren Millionen Litern pro Sekunde erreichen.

In Fusionsexperimenten wird das Plasmagefäß an eigens dafür vorgesehenen Vorrichtungen extremen Hitzebelastungen ausgesetzt, wie sie auch an der Spitze von Raumfahrzeugen beim Wiedereintritt in die Erdatmosphäre auftreten. Mitunter kommt es aber auf Grund von Störungen im Plasma auch an ganz anderen Stellen des Gefäßes zu diesen Hitzebelastungen. Dabei ist es schon vorgekommen, daß wichtige Gefäßteile abgeschmolzen wurden. Zum Schutz davor wurden Graphitziegel aus sehr reinem Kohlenstoff mit speziellen Wärmeleitungseigenschaften entwickelt, mit denen in einigen Experimenten die ganze innere Gefäßwand abgedeckt wird.

Magnetfeldspulen der Art und Größe, wie sie für den magnetischen Einschluß voluminöser Plasmen von der Größe des JET-Plasmas benötigt werden, hat es vorher nie gegeben. Zu ihrem Bau mußten eigene Werkzeuge entworfen und gefertigt werden. Starke Kräfte auf sie während des Betriebs erfordern eine sehr robuste Bauweise und ihre Halterung in einem komplexen Stützgerüst. Gleichzeitig müssen sie eine sehr hohe Zuverlässigkeit besitzen, da ein Austausch zu langen Ausfallzeiten im Experimentierbetrieb führen würde. Solche beinahe konträren Forderungen werden aber in hervorragender Weise erfüllt. So wurden die Spulen von JET für 20 000 Entladungen ausgelegt, haben aber schon 25 000 überstanden, und man hofft, daß sie ihre Aufgabe noch einige Jahre lang erfüllen werden. Die für den internationalen Tokamak ITER geplanten Supraleitungsspulen werden so groß sein, daß sie nicht mehr transportabel sind. Es ist daher vorgesehen, sie direkt am Ort des Experiments zu fertigen.

Zur Plasmaheizung wurden extrem leistungsstarke *Gyrotrons* (Röhrengeneratoren für elektromagnetische Wellen) und neuartige Übertragungsleitungen entwickelt, die ganz unübliche Anforderungen erfüllen. Wie beim Mikrowellenherd hat man mit ihnen den Vorteil einer Heizung nicht nur der Oberfläche, sondern im Volumen. Eine interessante technische Anwendung ist z. B. das Sintern[15] von Keramik, eines sehr zukunftsträchtigen Werkstoffs. Die Einstrahlung der Wellen auf das Plasma erfolgt mittels neuartiger Antennen, die teilweise in großer Plasmanähe einer außergewöhnlichen Hitzebelastung ausgesetzt sind. Bei der Beschichtung von Metallen zum Schutz vor Strahlung oder dem Beschuß mit Teilchen und vor der hierdurch hervorgerufenen frühzeitigen Erosion wurden neue Wege begangen, und eine Fülle neuer Materialien wurde erprobt.

Wenn in der Endphase des Experimentierbetriebs von JET ein Plasma aus Deuterium und dem radioaktiven Tritium erzeugt wird und Fusionsneutronen in metallischen Strukturen der näheren Plasmaumgebung sekundäre Radioaktivität entstehen lassen, wird man dort alle Wartungs- und Reparaturarbeiten nur noch ferngesteuert durchführen können. Für diese Aufgabe wurden die neuesten Fernsteuerungstechniken vorgesehen und den besonderen Bedürfnisse von JET angepaßt. Hochpräzisionsroboter müssen z. B. Schrauben lösen und eindrehen können, sie müs-

---

[15] »Sintern« bedeutet, daß man die Körner eines feinkörnigen Stoffs durch Erhitzen oberflächlich zum Schmelzen bringt und dadurch zu einer porösen Struktur verfestigt.

sen schneiden, Schweißnähte entfernen und neu schweißen, Messungen vornehmen, fotografieren oder filmen und viele andere Aufgaben übernehmen können, unter anderem auch den Transport von schwereren Teilen, und all das unter sehr beengten Raumverhältnissen. Obwohl diese Methoden noch auf ihren Einsatz warten, steht in der Laborhalle von JET bereits jetzt eine komplette Fernsteuerungsanlage, an der Spezialisten schon heute für den Ernstfall von morgen trainieren.

Die genaue und zuverlässige Messung vieler Plasmadaten ist eine besonders wichtige Aufgabe im Experimentierbetrieb mit Fusionsplasmen. Für diese Zwecke wurden z.T. Standardtechniken weiterentwickelt, aber auch völlig neuartige Methoden ausgearbeitet, die auf anderen Gebieten ebenfalls dankbare Anwender finden. Viele Diagnostikgeräte müssen so konstruiert sein, daß sie auch per Fernsteuerung bedient werden können. Bei der Verarbeitung der Meßdaten werden modernste Datenübertragungstechniken wie optische Fiberglasleiter eingesetzt. Einige der wichtigsten Plasmameßmethoden werden wir in Kapitel 20 näher kennenlernen.

II. Die Bewegungen von Plasmateilchen

7. Die Komplexität von Plasmen

Stellen wir uns ein Plasma vor, das durch Erhitzen von Sauerstoff gebildet wurde. In ihm befinden sich neutrale und ionisierte Sauerstoffmoleküle, neutrale Sauerstoffatome, ein-, zwei-, dreifach oder noch höher positiv geladene Sauerstoffionen sowie Elektronen und Lichtquanten. Dazu kommen aller Voraussicht nach noch Moleküle, Atome und Ionen anderer Elemente, die in dem Sauerstoffgas als Verunreinigungen enthalten waren. Jedes Teilchen einer der genannten Sorten kann mit Exemplaren der eigenen und jeder anderen Gattung zusammenstoßen, d. h. es gibt eine riesige Auswahl verschiedenartiger Stoßprozesse, die alle ihre eigenen Besonderheiten haben. Bei den Teilchenbewegungen kann es vorkommen, daß sich verschiedenen Orts Überschüsse von Teilchen positiver oder negativer Ladung ansammeln. Hierdurch entstehen elektrische Spannungen, die Ströme fließen lassen, welche ihrerseits Magnetfelder hervorrufen. In einem typischen Experiment wird dieses komplizierte Teilchengemisch einem externen Magnetfeld ausgesetzt sein, das von Spulen außerhalb des Plasmas erzeugt wird, es wird womöglich von eingestrahlten Mikrowellen geheizt, zur Untersuchung mit Laserlicht durchleuchtet und den Erschütterungen eines vorbeifahrenden Lastwagens ausgesetzt.

Die exakte Beschreibung aller in unserem Plasma ablaufenden Vorgänge müßte im Prinzip darin bestehen, daß man von jedem Plasmateilchen angibt, welche Wirkungen es auf alle anderen ausübt und wie es selbst auf die von diesen ausgehenden Kräfte sowie die Fülle aller äußeren Einwirkungen reagiert. Dieses Problem ist nicht nur praktisch, sondern auch prinzipiell unlösbar: Selbst der beste Computer, den man sich vorstellen kann, besteht aus einer endlichen Anzahl von Komponenten und weist deshalb nur eine endliche Rechengenauigkeit auf; um die gestellte Aufgabe für ein »chaotisches System«[16] wie unser Plasma zu lösen müßte er jedoch unendliche Rechengenauigkeit besitzen. Glücklicherweise kann man die meisten wesentlichen Plasmaeigenschaften schon mit sehr viel einfacheren Mitteln darstellen. Dazu ersetzt man die zu beschreibende Wirklichkeit durch ein Modell, das nur deren allerwichtigste Eigenschaften widerspiegelt und von vielen unbedeutenderen absieht. Es gibt z. B. viele Situationen, in denen die Bewegung der Teilchen so maßgeblich von den äußeren Feldern bestimmt wird, daß man die komplizierten Teilchenwechselwirkungen ignorieren darf, ohne damit einen gravierenden Fehler zu begehen. Da sich die Plasmateilchen in diesem *Einzelteilchenmodell* gegenseitig nicht beeinflussen, kann man ihre Bewegungen in den von außen vorgegebenen Feldern unabhängig voneinander einzeln untersuchen, ein Problem, das relativ einfach und sehr gut verstanden ist. Wir werden unsere ersten Erfahrungen mit Plasmen an Hand dieses Einzelteilchenmodells sammeln und dabei sehen, daß sich mit ihm schon eine Fülle interessanter Plasmaphänomene verstehen läßt. Ein etwas komplizierteres Modell besteht darin, daß man das Plasma wie eine gewöhnliche Flüssigkeit oder ein gewöhnliches Gas behandelt, nur mit der zusätzlichen Eigenschaft, den Strom leiten zu können. Beide Betrachtungsweisen können zu einem nochmals komplizierteren Modell zusammengefügt werden. Solche Modelle sind Abbilder der Wirklichkeit, die diese ähnlich wie ein Zeitungsbild quasi mit einem Raster überdecken. Obwohl sich dieses im zuletzt genannten Fall bei genauerem Hinsehen in Einzelpunkte auflöst, die nichts mehr mit der Wirklichkeit zu tun haben, kann es von dieser insgesamt doch einen hervorragenden Gesamteindruck vermitteln. Diese Methode der

---

[16] Ein chaotisches System ist dadurch charakterisiert, daß seine späteren Zustände extrem sensitiv von seinen früheren abhängen, d. h. auf minutiöse Störungen der letzteren mit sehr schnell anwachsenden und unregelmäßigen Abweichungen reagieren. Ein aus mikroskopischer Sicht chaotisches System kann sich allerdings makroskopisch auch sehr »ordentlich« verhalten.

Modellbildung ist praktisch die einzige Chance, um der Beschreibung eines so komplizierten Gebildes, wie es ein Plasma darstellt, näherzukommen.

Lange Zeit wurde die Meinung vertreten, daß eine Disziplin wie die Plasmaphysik letztlich nur eine angewandte Wissenschaft sei, die nichts prinzipiell Neues erwarten lasse, da die Gesetzmäßigkeiten, nach denen sich die einzelnen Plasmateilchen bewegen, bekannt sind. Mit fundamentalen Neuigkeiten sei nur an jenen Grenzen der Forschung zu rechnen, die durch die kleinsten bzw. größten beobachteten Dimensionen abgesteckt werden, also in der Physik der Elementarteilchen und der des Universums als Ganzem. Wenn man von einem Gebilde wie einem Plasma wisse, wie es zusammengesetzt ist, habe man dieses – zumindest im Prinzip – verstanden. Ein Leser, der nur am Prinzipiellen interessiert ist, könnte demnach dieses Buch schon jetzt zur Seite legen, denn diese Frage haben wir beantwortet.

Diese reduktionistische Betrachtungsweise hat sich in den letzten zwanzig Jahren grundlegend gewandelt. Heute weiß man: Das Ganze ist mehr als die Summe seiner Teile. Auf ein illustratives Beispiel hierfür sind wir schon gestoßen. Wir haben gesehen, daß die verschiedenen Stufen, auf die man bei der Zerlegung eines Stücks Materie trifft, qualitativ voneinander völlig verschiedene Eigenschaften aufweisen. Will man die Eigenschaften eines Moleküls verstehen, so nützt einem das Wissen um den Aufbau einiger seiner Bestandteile aus Quarks recht wenig. Auch ist es heute noch völlig unklar, ob nicht auch Quarks oder Präonen Gebilde hochgradiger Komplexität sind, ob es also überhaupt ein Ende dieser Hierarchie von Ordnungen und Unterordnungen gibt. Auf der anderen Seite hat man in Dimensionen, die weitab von den Grenzen des Allerkleinsten und Allergrößten liegen, ganz unerwartete Strukturbildungsphänomene gefunden, die gerade auf der Komplexität zusammengesetzter Systeme beruhen. Dies hat dazu geführt, daß man die Welt nicht nur in den kleinsten und größten Dimensionen als offen ansieht, sondern neuerdings auch wieder »in der Mitte«. In diesem Sinne muß es nicht verwundern, daß auch ein so komplexes Gebilde wie ein

Plasma mit einer Fülle verschiedenartigster Phänomene aufwartet, und man darf erwarten, daß dieser Materiezustand gerade wegen seiner außerordentlichen Komplexität noch für so manche Überraschung gut sein wird.

8. Elektrische und magnetische Felder

Die Eigenschaften eines Plasmas werden ganz wesentlich von den elektrischen und magnetischen Feldern geprägt, die entweder von außen her auf es einwirken oder von ihm selbst durch Anhäufungen und Bewegungen seiner Ladungsträger hervorgerufen werden. Da wir es aus diesem Grund immer wieder mit solchen Feldern zu tun haben werden, ist es der Mühe wert, uns hier vorab und separat mit einigen von deren wichtigsten Eigenschaften vertraut zu machen. Abb. 8.1 a) zeigt das »Bild« eines Magnetfelds, das wohl jeder kennt. Es entstand dadurch, daß eine Glasplatte, unter der sich ein Hufeisenmagnet befand, mit Eisenfeilspänen bestreut und abgelichtet wurde. Zwei wichtige Eigenschaften lassen sich erkennen: Erstens muß es einen Erreger des Feldes geben, hier den Hufeisenmagneten. Zweitens kann das Magnetfeld in allen Raumpunkten Kräfte ausüben, die in unserem Falle auf die Eisenfeilspäne einwirken und diese so verdrehen, daß sie in Richtung des Magnetfelds weisen. Abb. 8.1 b) zeigt ein Bild, das auf ähnliche Weise entstanden ist, nur wurde das Magnetfeld hier durch den in einem Drahtring fließenden elektrischen Strom erzeugt. Auf den ersten Blick sieht es so aus, als hätten wir damit zwei voneinander völlig unabhängige Erregungsmechanismen für Magnetfelder gefunden. Tatsächlich wird das Feld des Hufeisenmagneten jedoch ebenfalls von Strömen hervorgerufen, die nur in mikroskopischen Dimensionen fließen und durch das Kreisen von Elektronen um Atomkerne bzw. durch einen Drall (*Spin*) der Elektronen zustandekommen. Nun ist der elektrische Strom nichts anderes als das Strömen elektrischer Ladungen, also z. B. von Elektronen durch einen Draht. Damit haben wir die Erregung von Magnetfeldern auf die Bewegung von Ladungen

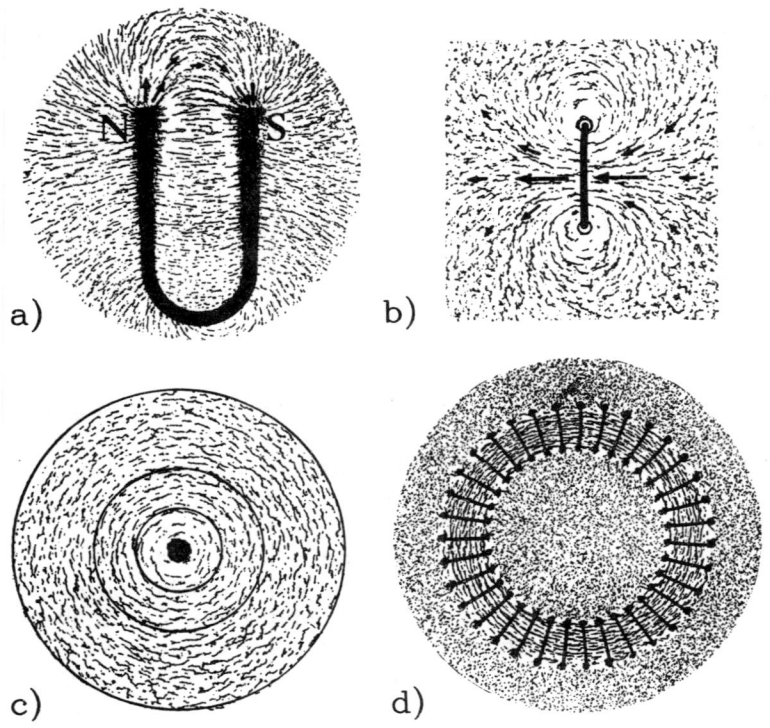

Abb. 8.1: *Magnetfeld a) eines Hufeisenmagneten, b) einer stromdurchflossenen Drahtschleife, c) eines (in Aufsicht gezeigten) stromdurchflossenen geraden Drahts, und d) einer stromdurchflossenen Ringspule.*

zurückgeführt. Die Kraftwirkung des Magnetfelds ist natürlich an das Vorhandensein der Eisenfeilspäne gebunden: Wo diese fehlen, gibt es keine Kraft. Insofern ist der
Begriff des Feldes zunächst nur eine Hilfsgröße, die für
jede Stelle des Raumes die Fähigkeit ausdrückt, dort bestimmte Kraftwirkungen hervorzurufen.

In der Plasmaphysik interessieren wir uns natürlich weniger für die magnetische Beeinflussung von Eisenfeilspänen als vielmehr für die Kräfte, welche auf die Plasmateilchen einwirken. Wie nur geladene Teilchen Magnetfelder
hervorrufen, und das auch nur dann, wenn sie sich bewe-

100

gen, so wirken Magnetfelder nur auf bewegte geladene Teilchen. Fliegt nun ein Teilchen gegebener Ladung und Geschwindigkeit durch ein Magnetfeld, so erfährt es eine Kraft, die gemäß der in Abb. 8.2 dargelegten *Drei-Finger-Regel* senkrecht zu seiner Bewegungsrichtung und senkrecht zur Richtung des Magnetfelds steht. Der Stärke nach ist diese Kraft proportional zur Ladung des Teilchens, zu dessen Geschwindigkeit und zur Stärke des Magnetfelds, sie erhöht sich also jeweils in demselben Maße wie jede dieser Größen. Dabei kommt es auch noch entscheidend darauf an, unter welchem Winkel sich das Teilchen gegenüber dem Magnetfeld bewegt: Wenn dieser null ist, das Teilchen also in oder entgegen der Richtung des Magnetfelds läuft, verschwindet die Kraft völlig. Bei kleinem Winkel ist sie klein und wächst, wenn dieser zunimmt; am größten ist sie, wenn das Teilchen senkrecht zum Magnetfeld fliegt. Derselbe Sachverhalt läßt sich auch durch den Strom ausdrük-

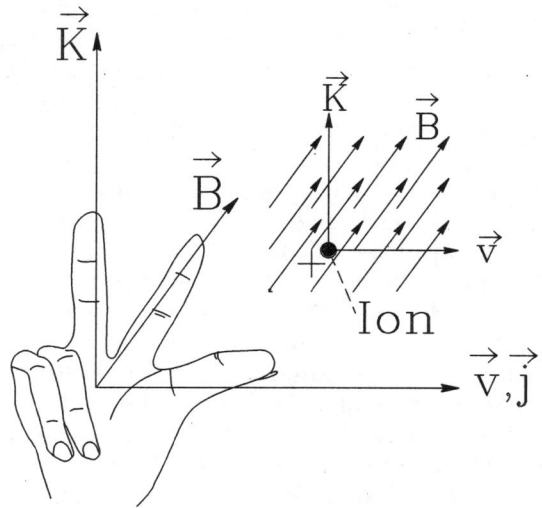

Abb. 8.2: *Lorentz-Kraft $\vec{K}$ auf eine im Magnetfeld $\vec{B}$ mit der Geschwindigkeit $\vec{v}$ bewegte positive Ladung ($+$) bzw. einen quer zum Magnetfeld fließenden Strom $\vec{I}$. $\vec{K}$ weist in Richtung des senkrecht abgespreizten Mittelfingers der rechten Hand, wenn man den Daumen in Richtung von $\vec{v}$ (bzw. $\vec{I}$) und den Zeigefinger in Richtung von $\vec{B}$ zeigen läßt (Drei-Finger-Regel).*

101

ken, der von dem Teilchen oder auch mehreren Teilchen getragen wird: Fließt ein Strom durch ein Magnetfeld, so entsteht auf die Träger dieses Stroms eine Kraft, die senkrecht zum lokalen Strom und senkrecht zum Magnetfeld steht; sie verschwindet, wenn Strom und Magnetfeld in dieselbe oder in entgegengesetzte Richtung weisen, und wird am größten, wenn beide senkrecht aufeinander stehen. Dem Betrage nach ist sie proportional zur lokalen Stromdichte und zur Stärke des Magnetfelds. Wir haben diese Kraft übrigens schon kennengelernt: Sie wird in Pinchexperimenten dazu benutzt, um das Plasma zusammenzuquetschen. Entdeckt wurde sie von dem niederländischen Physiker Hendrik Antoon Lorentz (Physik-Nobelpreis 1902), nach dem sie heute als *Lorentz-Kraft* bezeichnet wird.

Die Tatsache, daß die von einem Magnetfeld ausgeübte Kraft immer senkrecht zur momentanen Teilchengeschwindigkeit wirkt, hat eine bemerkenswerte Konsequenz: Das Teilchen wird durch sie weder schneller noch langsamer, sondern wechselt nur seine Bewegungsrichtung. Magnetfelder sind daher ungeeignet, um geladene Teilchen auf höhere Geschwindigkeiten zu bringen, sie ändern nichts an deren Bewegungsenergie.

Um ein Magnetfeld zu charakterisieren, muß man für jeden Raumpunkt angeben, in welche Richtung es dort weist und welche Stärke es besitzt. In Abb. 8.1 a) und b) ist dies für einige Raumpunkte mit Hilfe kleiner Pfeile geschehen. Die Richtung der Pfeile gibt die Richtung des Magnetfelds an, die Länge dessen Stärke, und zwar jeweils für den Raumpunkt, wo der Anfang des Pfeils liegt.

Eine Linie, die in jedem Raumpunkt in Richtung des dort herrschenden Magnetfelds läuft, bezeichnet man als *Feldlinie*. Abb. 8.1 c) z.B. zeigt die Feldlinien des Magnetfelds, das ein in einem geraden Draht fließender Strom erzeugt. Dieser Begriff ist ein Hilfsmittel, dem keinerlei Realität zukommt, das sich jedoch zur Beschreibung von Feldern als außerordentlich nützlich erwiesen hat. Das Büschel aller Feldlinien, die durch eine geschlossene Kurve wie z.B. den kleinen Kreis in Abb. 8.3 hindurchlaufen, begrenzt ein röhrenförmiges Gebilde, das als *Flußröhre* bezeichnet wird. Da sich Feldlinien nicht gegenseitig schneiden können – im Schnittpunkt wäre dann nämlich die Richtung des Magnetfelds nicht eindeutig festgelegt –, verlaufen alle Feldlinien, die auch nur einen Punkt im Innern der Flußröhre haben, darin in ihrer vollen Länge. Umgekehrt kann eine Feldlinie nie von außerhalb ins Innere der Flußröhre gelangen. Wird eine Flußröhre von einer Fläche quer so durchgeschnitten, daß das Magnetfeld diese überall senkrecht durchstößt (z. B. Fläche F in Abb. 8.3), so bezeichnet man das Produkt aus dieser Fläche und der mittleren Magnetfeldstärke auf ihr als *magnetischen Fluß*. Dieser ist also umso größer, je stärker das Magnetfeld und je dikker die Flußröhre ist.

Der englische Physiker James Clerk Maxwell hat 1864 die Gesetze gefunden, mit deren Hilfe man aus der Verteilung und den Bewegungen geladener Teilchen die von diesen hervorgerufenen elektrischen und magnetischen Felder berechnen kann. Eines dieser Gesetze läßt sich mit Hilfe des Flußbegriffs besonders einfach formulieren. Es besagt, daß der Fluß des Magnetfelds durch alle Querflächen einer Flußröhre stets derselbe ist. Eine seiner unmittelbaren Konsequenzen ist, daß das mittlere Magnetfeld in einer Flußröhre dort stärker wird, wo sich die Flußröhre verengt und sich die Feldlinien zusammendrängen; dagegen wird es schwächer, wo sich die Flußröhre aufweitet und die Feldlinien weiter auseinanderliegen. Eine recht anschauliche Interpretation bekommt dieses Gesetz, wenn

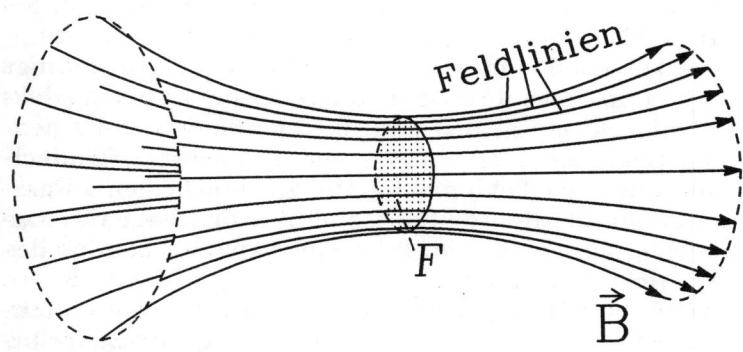

Abb. 8.3: *Magnetische Flußröhre.*

man sich klarmacht, daß sich die Pfeile des Magnetfelds in einer Flußröhre genauso verteilen wie die Geschwindigkeitspfeile in einer Wasserströmung. (Die Konstanz des Flusses in dieser bringt zum Ausdruck, daß in der Strömung keine Substanzverluste auftreten.) In Abb. 8.1 b) wird eine Auswirkung eines anderen der Maxwellschen Gesetze besonders deutlich: Das Magnetfeld wird mit zunehmendem Abstand von dem stromführenden Draht immer schwächer. Man kann dies, grob gesagt, dahingehend verallgemeinern, daß die Stärke eines Magnetfelds mit zunehmender Entfernung von den Strömen, die es erregen, abnimmt. Wenden wir uns jetzt dem Begriff des elektrischen Feldes zu. Ein ruhendes Teilchen positiver Ladung erzeugt ein elektrisches Feld, das – ähnlich wie der Strahlenkranz der Sonne – überall radial von der erzeugenden Ladung weggerichtet ist und umso schwächer wird, je weiter die Entfernung von der Ladung ist; das Feld einer gleichgroßen negativen Ladung hat bei gleicher Stärke überall genau die entgegengesetzte Richtung. Auch das elektrische Feld ist primär nur eine Hilfsgröße, welche die Fähigkeit zur Ausübung von Kräften angibt. Wie sehen diese aus? Die Situation ist hier viel einfacher als beim Magnetfeld. Eine positive Punktladung erfährt in einem elektrischen Feld stets eine parallel zu diesem gerichtete Kraft, die proportional zur Größe der Ladung und zur Stärke des Feldes ist; das letztere gilt auch für die Kraft auf eine negative Ladung, nur daß ihre Richtung der des Feldes entgegengesetzt ist. Als Folge davon werden Ladungen in die Richtung des elektrischen Feldes oder entgegen dieser beschleunigt und ändern dabei ihre Bewegungsenergie. In einem elektrischen Feld lassen sich natürlich genauso wie in einem Magnetfeld Feldlinien einzeichnen, und selbstverständlich kann man auch Feldlinienbündel zu Flußröhren zusammenfassen. Allerdings gibt es, anders als im Falle des Magnetfelds, längs dieser im allgemeinen keine Erhaltung des »elektrischen Flusses«.

Wenn die Ladung, deren Feld wir eben kennenlernten, in Bewegung gesetzt wird, erzeugt sie natürlich weiterhin ihr elektrisches Feld, und dieses sieht beinahe genauso aus wie im Ruhezustand der Ladung. Zusätzlich entsteht dann aber, wie bereits besprochen, noch ein Magnetfeld. Das bedeutet, daß in einem Raumgebiet gleichzeitig sowohl ein elektrisches Feld als auch ein Magnetfeld vorliegen können. Jedem Raumpunkt sind dann zwei Pfeile zugeordnet, von denen einer das Magnetfeld und der zweite das elektrische Feld beschreibt. Und welche Kraft wirkt auf ein geladenes Teilchen in einem solchen »Doppelfeld«? Sofern das Teilchen ruht, spürt es nur eine elektrische Kraft; sobald es sich bewegt, kommt zu dieser noch eine magnetische Kraft hinzu, das Teilchen reagiert auf beide.

Natürlich können sich elektrische und magnetische Felder im Laufe der Zeit verändern. Das passiert automatisch, wenn Ladungsanhäufungen verändert oder verschoben bzw. Ströme ein-, aus- oder umgeschaltet werden. Mit solchen Feldveränderungen ist ein zweiter, sehr bemerkenswerter Mechanismus der Felderregung verknüpft: Die zeitliche Veränderung eines Magnetfelds ruft ein elektrisches Feld hervor, ein Vorgang, der als *Induktion* bezeichnet wird. Abb. 8.4 a) zeigt hierfür ein markantes Beispiel: Durch eine Erhöhung des Spulenstroms läßt man das Magnetfeld in der Spule stetig stärker werden; das sich verändernde Magnetfeld umgibt sich, wie gezeigt, mit ringförmig geschlossenen elektrischen Feldlinien. Der wesentliche Punkt ist dabei die Veränderung des durch die Spulenwindungen hindurchgehenden magnetischen Flusses. Abb. 8.4 b) zeigt ein zweites Beispiel, bei dem ein Drahtring (eine einwindige Spule) in einem zeitlich konstanten, aber räumlich veränderlichen – *inhomogenen* – Magnetfeld verschoben wird. Als Folge der Verschiebung ändert sich der magnetische Fluß durch den Ring. Hierdurch wird in diesem wiederum ein elektrisches Feld mit geschlossenen Feldlinien induziert. In ähnlicher Weise ist ein zeitlich veränderliches elektrisches Feld mit einem Magnetfeld verknüpft, nur daß hier die Veränderung im allgemeinen außerordentlich schnell vonstatten gehen muß, damit ein Magnetfeld meßbarer Stärke entsteht.

Ursprünglich wurde der Begriff des elektromagnetischen Feldes in dem besprochenen Sinn nur als Hilfsgröße eingeführt. Doch bald hat man erkannt, daß überall im

Raum, wo ein elektrisches oder magnetisches Feld vorliegt, elektromagnetische Energie gespeichert wird, und zwar umso dichter, je stärker diese Felder sind. Diese Energie kann unabhängig und losgelöst von den Ladungen, durch welche die Felder hervorgerufen wurden, von einem Ort an einen anderen übertragen werden und ist dann auch mit einer Übertragung von Impuls verknüpft. Die Übertragung von Impuls und Energie durch Licht sei hier als Beispiel angeführt. Diese Erkenntnis hat dazu geführt, daß man das elektromagnetische Feld als eine eigenständige Realität auffassen darf und muß.

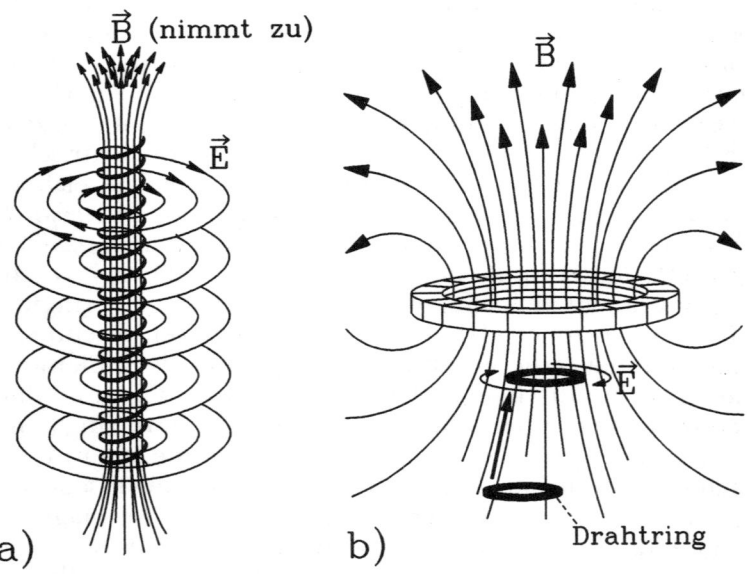

Abb. 8.4: *Induktion eines elektrischen Feldes $\vec{E}$: a) durch die zeitliche Veränderung des Magnetfelds $\vec{B}$ einer stromdurchflossenen Spule ($\vec{B}$ nimmt in dem dargestellten Feld zu; wenn $\vec{B}$ abnimmt, weist $\vec{E}$ in die umgekehrte Richtung), b) in einem Drahtring, der in einem inhomogenen Magnetfeld $\vec{B}$ verschoben wird.*

9. Plasmateilchen in elektromagnetischen Feldern

Nach dieser Vorbereitung können wir uns unmittelbar der Bewegung einzelner Ladungsträger in vorgegebenen äußeren Feldern zuwenden. Dabei beginnen wir mit ganz einfachen Situationen, die z.T etwas idealisiert sind, um uns später mit realistischeren Verhältnissen zu befassen.

Ladung im elektrischen Feld

Eine besonders einfache Situation liegt vor, wenn geladene Teilchen einem elektrischen Feld ausgesetzt werden, das bei einheitlicher Stärke überall in dieselbe Richtung weist und als *homogen* (griech. homogenés = von gleichem Geschlecht) bezeichnet wird. Sie ist z. B. näherungsweise in einer evakuierten Glimmentladungsröhre gegeben (Abb. 3.1).

Das elektrische Feld, das durch das Anlegen einer Spannung zwischen den beiden Elektroden erzeugt wird und von der Anode zur Kathode gerichtet ist, übt auf die Elektronen der Kathode eine Kraft aus, die sie entgegen der Feldrichtung und gegen den Widerstand der atomaren Bindungskräfte aus der Kathode herauszureißen sucht. Sofern die angelegte Spannung groß genug ist, gelingt das auch, und auf ein dieserart befreites Elektron wirkt das elektrische Feld genauso wie das Schwerefeld der Erde auf einen Stein, der losgelassen wird. Das bedeutet, daß das Elektron in einer Art von freiem Fall von der Kathode zur Anode fliegt und dabei immer schneller wird, bis es in die Anode stürzt und von dieser »verschluckt« wird. Zusätzlich zu diesem »Fallen« kann sich das Elektron auch noch quer zum Feld bewegen, falls ihm in dieser Richtung z. B. ein Stoß versetzt wird. Dies tut es dann mit gleichbleibender Geschwindigkeit, da senkrecht zum elektrischen Feld keine Kräfte wirken. Seine Flugbahn gleicht in diesem Fall der eines Steins, der schräg von einem Turm geworfen wird.

★

Hier bietet sich die Gelegenheit, noch einige Bemerkungen über die schon deutlich komplizierteren Vorgänge in einer Glimmentladung anzufügen. Die Ausgangssituation ist ganz ähnlich, wie wir sie eben hatten, nur gibt es zwischen der Kathode und Anode jetzt Atome, die den beschleunigten Elektronen im Wege sind und bei Zusammenstößen mit diesen zum Leuchten angeregt oder ionisiert werden können. Das geschieht für jede Leuchtfrequenz bzw. für die Ionisation jeweils in einer separaten Schicht, deren Abstand von der Kathode dadurch gekennzeichnet ist, daß die Elektronen in ihr auf Grund der Feldbeschleunigung genau die benötigte Energie gewonnen haben. Da diese beim Stoßen der Bewegungsenergie entzogen wird, muß ein Elektron erst wieder ein Stück weit beschleunigt worden sein, bevor es bei einem weiteren Zusammenstoß erneut anregen oder ionisieren kann.

Sobald ein Ion gebildet wurde, wird es in Richtung des elektrischen Feldes auf die Kathode zu beschleunigt. Da Ionen jedoch zu groß sind, um von dieser aufgeschluckt zu werden, kommt es vor ihr zu einem Ionenstau. Aber auch die verschiedenen Stoßprozesse beeinflussen über die Geschwindigkeiten die räumliche Verteilung der Ladungsträger, so daß es insgesamt zu einer ziemlich komplizierten Schichtung positiver und negativer Überschußladungen kommt. Diese modifizieren die angelegte Spannung und führen zu einer genauso komplizierten Verteilung des Spannungsabfalls in der Röhre. Das elektrische Feld behält dabei zwar seine ursprüngliche Richtung, ist jetzt jedoch alles andere als homogen, und dementsprechend werden die Ladungen je nach ihrer Position ganz unterschiedlich stark beschleunigt. Über die Dichte der Ladungsträger wird mit der Stoßfrequenz auch die Intensität der Leuchterscheinungen vom Ort in der Entladungsröhre abhängig. All dies trägt dazu bei, daß es in Gasentladungen zu einer ganz merkwürdigen und differenzierten Schichtung von Leuchterscheinungen kommen kann, in der sich von der Kathode bis zur Anode hin oft viele Schichten unterschiedlicher Dichte, Leuchtintensität und Färbung abwechseln, die verschiedentlich von dunkleren Schichten (*Dunkelräumen*) unterbrochen werden (Abb. 3.1 und Farbtafel 6).

Bewegte Ladung im Magnetfeld

Wenn das Feld, durch das sich unser geladenes Teilchen bewegt, ein homogenes Magnetfeld ist, ergibt sich eine gänzlich andere Situation. Erfolgt die Bewegung nämlich in der Richtung des Feldes, so gibt es überhaupt keine Kraftwirkung, und das Teilchen fliegt völlig unbeeinflußt mit gleichbleibender Geschwindigkeit längs einer magnetischen Feldlinie dahin. Beginnt die Bewegung dagegen senkrecht zum Magnetfeld, so erfährt das Teilchen eine Kraft senkrecht zu diesem und wird daher auch senkrecht zu ihm abgelenkt. Da es dabei weder schneller noch langsamer wird, trifft es längs seiner ganzen Bahn stets auf die gleiche Situation: Es bewegt sich überall mit derselben Geschwindigkeit durch dasselbe Magnetfeld und erfährt dabei stets eine Kraft derselben Stärke, nur daß es dauernd seine Bewegungsrichtung wechselt. Die einzige Bahn, die eine derartige Regelmäßigkeit des Bewegungsablaufs garantiert, ist eine Kreisbahn: Das Teilchen *gyriert* (von griech. gȳrós = krumm, gerundet) auf einem Kreis. Abb. 9.1 zeigt die Bahn eines Elektrons und eines einfach geladenen Ions gleicher Geschwindigkeit. Wegen der gegensätzlichen Ladungen erfolgt die Ablenkung in entgegengesetzte Richtungen, das Ion gyriert bei der zugrunde gelegten Magnetfeldrichtung im und das Elektron entgegen dem Uhrzeigersinn. Da sich das Elektron wegen seiner viel

Abb. 9.1: *Bahnen eines Elektrons und eines einfach positiv geladenen Ions gleicher Geschwindigkeit in einem homogenen Magnetfeld, das aus der Papierebene heraus nach oben weist. Der Radius der Elektronenbahn wurde im Vergleich zur Ionenbahn sehr stark vergrößert.*

kleineren Masse erheblich leichter ablenken läßt, ist sein Bahnradius entsprechend kleiner als der des Ions, und zwar genau um denselben Faktor wie seine Masse. Da es aber mit derselben Geschwindigkeit wie das Ion umläuft, ist seine Gyrationsfrequenz um den Kehrwert dieses Faktors höher. Wenn man die Stärke des Magnetfeldes erhöht, wirken auf beide Teilchen höhere Ablenkungskräfte, und daher werden die Gyrationsradien kleiner. Dagegen werden die Bahnen beider Teilchen trotz zunehmender Ablenkungskräfte weniger gekrümmt, die Gyrationsradien größer, wenn die Teilchengeschwindigkeit anwächst. Das liegt daran, daß die Teilchen dann viel weiter gelangen, bis sie dieselbe Ablenkung erfahren. Das Anwachsen der Gyrationsradien mit Zunahme der Teilchengeschwindigkeit hat übrigens zur Folge, daß die Gyrationsfrequenz von der letzteren unabhängig ist und bei gegebener Ladung allein durch das Verhältnis aus Magnetfeldstärke und Teilchenmasse festgelegt wird.

Stellen wir uns jetzt vor, daß ein um das Magnetfeld gyrierendes Teilchen in Richtung des Magnetfelds angestoßen wird. An seiner Bewegung senkrecht zum Magnetfeld wird sich hierdurch nichts verändern, es wird weiterhin um dieses mit seiner alten Geschwindigkeit und dem alten Bahnradius gyrieren. Zusätzlich wird es aber auch noch in Richtung des Magnetfelds fliegen, und zwar ganz unbehindert, wie wir uns das eingangs überlegt haben. Daraus resultiert eine schraubenförmige Bewegung um eine Feldlinie, wie sie in Abb. 1.5 c) gezeigt ist.

In einem schwach *inhomogenen* Magnetfeld, einem Feld, dessen Richtung und Stärke sich von Ort zu Ort nur wenig ändern, wird die Bewegung ziemlich ähnlich sein, d. h. geladene Teilchen führen auch in diesem in etwa schraubenförmige Bewegungen um Feldlinien aus. Sie werden diesen allerdings »untreu« und wechseln sie so nach und nach. Mit diesem Vorgang, der als *Drift* bezeichnet wird, werden wir uns noch ausführlicher beschäftigen. Das aus der Seemannssprache übernommene Wort Drift deutet dabei an, daß diese Form der Bewegung viel langsamer abläuft als die Gyrationsbewegung.

110

✸

Zuerst sollen jedoch noch ein paar Zahlenbeispiele ein Gefühl dafür vermitteln, um welche Größendimensionen es bei den Gyrationen der Plasmateilchen geht. In einem Fusionsplasma der Temperatur von 100 Millionen Grad haben die Elektronen eine *thermische Geschwindigkeit* von etwa 67 000 km/s. (Das ist diejenige Geschwindigkeit, mit der ein Elektron durchschnittlicher Bewegungsenergie durchs Plasma fliegt.) Diese teilt sich richtungsmäßig so auf, daß sie mit etwa 39 000 km/s in Feldrichtung fliegen und mit etwa 55 000 km/s um die Feldlinien gyrieren. Bei einer Magnetfeldstärke von 5 *Tesla*[17], wie sie in einem Fusionsreaktor mindestens benötigt wird, führt dies zu einem Gyrationsradius von 0,06 mm und einer Frequenz von 140 Milliarden Gyrationen pro Sekunde. Deuteriumionen haben bei derselben Temperatur eine mittlere Geschwindigkeit von 1100 km/s, die sich in 640 km/s parallel und 905 km/s senkrecht zum Magnetfeld aufteilt. Ihr Gyrationsradius beträgt dabei in einem 5-Tesla-Feld 4 mm, und in der Sekunde führen sie 38 Millionen Gyrationen aus. Im Tokamak winden sich die magnetischen Feldlinien schraubenförmig durch ein ringförmiges Plasma, das sie bei den Dimensionen eines Fusionsreaktors etwa alle 50 Meter einmal umrunden. Dies gilt ebenfalls für die Teilchen, die, wie wir wissen, etwa den Feldlinien folgen. Ein Elektron benötigt zum Zurücklegen dieser Strecke mit der eben angegebenen Geschwindigkeit etwa eine Mikrosekunde (eine millionstel Sekunde) und führt in dieser Zeit einhundertachtzigtausend Gyrationen aus. Deuteriumkerne brauchen hierfür etwa sechzigmal länger, wobei sie nur knapp dreitausendmal gyrieren.

---

[17] Tesla ist die nach dem jugoslawischen Physiker S. Tesla benannte moderne Maßeinheit für die *magnetische Induktion*, die früher in Gauß gemessen wurde (1 Tesla = 10 000 Gauß) und den magnetischen Fluß pro Fläche angibt. Wir werden sie zur Charakterisierung der Magnetfeldstärke benutzen. Das Magnetfeld der Erde hat eine Stärke von etwa einem halben Gauß, das der stärksten Hufeisenmagneten kann an den Magnetpolen bis zu o,1 Tesla erreichen.

111

Gyrierende Teilchen strahlen

Schauen wir uns die Gyration eines geladenen Teilchens jetzt einmal von der Seite an, aus der Perspektive eines Punktes in der Gyrationsebene. Was wir dann sehen, ist ein Teilchen, das auf einer Linie hin und her schwingt. Das ist genau die Situation, die man auch bei der Aussendung elektromagnetischer Wellen durch eine Stabantenne antrifft: Die Wellen werden von Ladungen abgestrahlt, die in der Antenne hin und her schwingen. Wir können daraus schließen, daß auch geladene Teilchen bei ihrer Gyration im Magnetfeld eine elektromagnetische Strahlung abge-. ben. Für diese wurde der Name *Synchrotronstrahlung* oder *Zyklotronstrahlung* (lat. cyclus = Kreis, griech. -tron = Suffix zur Bezeichnung eines Geräts; die Zyklotronstrahlung tritt auch in Teilchenbeschleunigern auf, die geladene Teilchen im Magnetfeld auf Kreisbahnen mit wachsenden Radien führen, und hat daher ihren Namen) eingeführt.

Wenn nun eine gyrierende Ladung Energie in Form von Strahlung abgibt, muß diese natürlich von irgendwoher stammen. In Frage kommt dafür nur die Bewegungsenergie des Teilchens: Diese muß dementsprechend abnehmen, d. h. die Strahlung hat eine Bremswirkung, die als *Strahlungsdämpfung* bezeichnet wird. Es sieht jetzt fast so aus, als würde unsere frühere Behauptung, daß das Magnetfeld die Bewegungsenergie geladener Teilchen nicht beeinflußt, nicht mehr stimmen. Doch sehen wir uns die Situation einmal genau an: Wir haben nicht nur das Magnetfeld, in welchem sich das Teilchen bewegt, sondern auch noch das von diesem abgestrahlte elektromagnetische Feld. Mit diesem, also seinem eigenen Strahlungsfeld, kann das Teilchen in Wechselwirkung treten, und da dieses eine elektrische Komponente enthält, kann es dabei auch seine Energie verändern. Da die elektromagnetische Welle jedoch mit Lichtgeschwindigkeit davonläuft, kommt es im allgemeinen nur zu einer extrem kurzen Rückwirkung auf das Teilchen, bei der diesem auch nur sehr wenig Energie entzogen wird. Nur wenn dieses so schnell ist, daß es der Welle schon beinahe folgen kann, kommt es zu einer intensiveren Wechselwirkung und einer merklichen Abstrahlung von Energie. Unter den oben angegebenen Bedingungen in einem Fusionsreaktor beträgt die Gyrationsgeschwindigkeit der Elektronen schon fast zwanzig Prozent der Lichtgeschwindigkeit, und daher bildet die Zyklotronstrahlung für deren Bewegung einen Faktor, der durchaus berücksichtigt werden muß. Dagegen kann sie bei den sechzigmal langsameren Deuteriumionen noch immer vernachlässigt werden.

An sich müßte die Zyklotronstrahlung ein massives Hindernis für die Aufheizung eines Plasmas auf Reaktortemperaturen darstellen, denn durch sie wird den Teilchen wieder ein Teil ihrer Wärmebewegungsenergie entzogen, die ihnen nur sehr mühsam übermittelt werden kann. Aber glücklicherweise ist das Plasma in einem Fusionsreaktor gegenüber der Zyklotronstrahlung *optisch dick*, wie man sagt, wenn es so dicht und ausgedehnt ist, daß es einen großen Teil von dieser wieder absorbieren und in Wärmebewegung zurückverwandeln kann: Es wird also durch seine eigene Strahlung zugleich abgekühlt und wieder aufgeheizt. Damit die – dennoch unvermeidlichen – Strahlungsverluste in erträglichen Grenzen bleiben, darf das Magnetfeld nicht zu stark werden; denn mit dessen Stärke wächst die Frequenz der Teilchengyrationen, was wiederum die Intensität der Zyklotronstrahlung erhöht, und zwar z. B. schon um einen Faktor 4, wenn die Magnetfeldstärke nur verdoppelt wird. Das setzt für diese eine obere Grenze, die jedoch in den heute geplanten Fusionsreaktoren nicht erreicht wird.

Geladene Teilchen »driften«

Interessant ist, wie geladene Teilchen darauf reagieren, wenn man sie senkrecht zu einem Magnetfeld zu beschleunigen versucht. Hierzu eignet sich z. B. ein homogenes elektrisches Feld, das senkrecht zu einem homogenen Magnetfeld angelegt wird. Verfolgen wir die Bewegung eines positiv geladenen Teilchens in einer derartigen Feldkonfiguration (Abb. 9.2 a), linke Bahn). Wenn wir annehmen, daß dieses anfangs ruht, wirkt zunächst nur eine elektrische Kraft in Richtung des elektrischen Feldes, denn das Magnetfeld kann seine Kraftwirkung nur auf bewegte Ladungen entfalten. Daher wird das Teilchen aus seiner anfänglichen Ruhelage *1* in Richtung des elektrischen Feldes, also von links nach rechts, beschleunigt. Je weiter es in dieser Richtung vorankommt, umso schneller wird es, und umso stärker wird auch die Kraft des Magnetfelds, die es senkrecht zu diesem und zu seiner eigenen Bewegungsrichtung ablenkt. Diese Ablenkung führt zu einer Krümmung der Bahn, die, wie wir wissen, umso schwächer wird, je schneller sich das Teilchen bewegt. Im Punkt *2* ist dieses schon um 90 Grad aus seiner ursprünglichen Bewegungsrichtung abgelenkt, und da die Bahn auch hier gekrümmt sein muß, führt die weitere Bewegung in bezug auf die Richtung des elektrischen Feldes sogar zurück. Dies bedeutet, daß die magnetische Kraft, die der elektrischen im

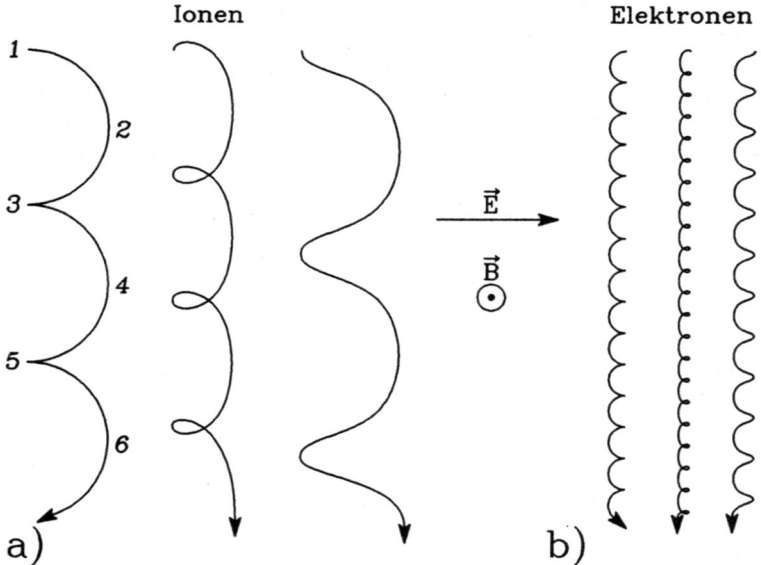

Abb. 9.2: *E-kreuz-B-Drift von Elektronen und Ionen in homogenen elektrischen und magnetischen Feldern, die senkrecht aufeinander stehen. Das Magnetfeld weist aus der Papierebene heraus senkrecht nach oben. a) Ionenbahnen, b) Elektronenbahnen, die wieder stark vergrößert sind.*

Punkt 2 genau entgegengerichtet ist, dort sogar überwiegt. Durch die Rückwärtsbewegung im elektrischen Feld wird das Teilchen auf dem Weg von 2 nach 3 wieder langsamer und erreicht bei 3 erneut seine Anfangsgeschwindigkeit null. Dort geht das Spiel von vorne los, d. h. das Teilchen durchläuft aufs neue einen Bogen, der so aussieht wie der erste und nur ein Stück weit nach unten versetzt ist. Abb. 9.2 a) zeigt auch noch die Bahnen, die durchlaufen werden, wenn das Teilchen anfänglich nicht ruht, sondern mit endlicher Geschwindigkeit senkrecht zum elektrischen Feld nach oben (mittlere Bahn) oder unten (rechte Bahn) davonläuft. Abb. 9.2 b) zeigt die entsprechenden Bahnen eines Elektrons.

Alle Bahnen zeigen, daß es nicht gelingt, geladene Teilchen senkrecht zum Magnetfeld auf beliebig hohe Geschwindigkeiten in Richtung der elektrischen Beschleunigungskraft zu bringen. Denn wenn die Teilchen schnell genug geworden sind, entstehen magnetische Gegenkräfte, welche die beabsichtigte Wirkung der Beschleunigung sogar völlig rückgängig machen. Was aber resultiert, ist eine *Driftbewegung*, welche die Teilchen senkrecht zu beiden Feldern davonführt.

Stellen wir uns jetzt einen Beobachter vor, der sich ganz gleichmäßig in der Driftrichtung des Teilchens bewegt, und zwar so schnell, daß er sich gerade bei *1, 3, 5* usw. befindet, wenn auch das Teilchen dort ist. Die genauere Untersuchung zeigt, daß dieser das Teilchen auf einer Kreisbahn umlaufen sieht, gerade so, als wäre das elektrische Feld gar nicht vorhanden. Dies kann man so ausdrücken: Die Teilchenbewegung besteht aus einer Gyration, der eine Drift konstanter Geschwindigkeit – der Geschwindigkeit unseres Beobachters – überlagert ist. Die Driftgeschwindigkeit von Elektronen und Ionen erweist sich als gleich groß und proportional zu dem Verhältnis aus der elektrischen und magnetischen Feldstärke. Die Richtung der Drift ist senkrecht zu jedem dieser Felder und so orientiert, daß sie in Richtung des Mittelfingers der rechten Hand weist, wenn man bei senkrecht zueinander gespreizten Fingern den Daumen in Richtung des elektrischen und den Zeigefinger in Richtung des magnetischen Feldes zeigen läßt (vgl. Abb. 8.2). Aus Gründen, die mit ihrer mathematischen Beschreibung zusammenhängen, wird diese Drift als *E-kreuz-B-Drift* bezeichnet.

Vergleichen wir jetzt einmal die Bahnen der Ionen und der Elektronen (Abb. 9.2 a) und b)). Es fällt auf, daß diese in derselben Richtung davondriften, obwohl wir bei der Bewegung im elektrischen Feld bzw. im Magnetfeld gesehen haben, daß jedes dieser Felder für sich genommen Ladungen verschiedenen Vorzeichens einander entgegengerichtete Bewegungen ausführen läßt. Der Grund hierfür ist leicht zu sehen: Die Drift ist eine kombinierte Reaktion auf beide Felder, bei der die Kopplung zweier Gegenrichtungen die Gegenwirkung annulliert.

Die Tatsache, daß Elektronen und Ionen in derselben Richtung mit derselben Geschwindigkeit davondriften, hat zur Folge, daß in einer derartigen Feldkonfiguration auch ein aus vielen Ionen und Elektronen bestehendes Plasma als ganzes davondriftet. Dies kann für den magnetischen Einschluß von Plasmen dramatische Konsequenzen haben. Falls bei diesem nämlich z. B. durch Ladungstrennung ein elektrisches Feld entstehen sollte, kann es passieren, daß das ganze Plasma aus dem Magnetfeld per Drift entweicht. Das elektrische Feld muß dazu auch gar nicht senkrecht zum Magnetfeld stehen, es genügt schon, wenn es nur schräg zu diesem läuft. Man kann es dann nämlich, wie in Abb. 9.3 gezeigt, in zwei Anteile zerlegen, von denen einer senkrecht zum Magnetfeld steht, während der zweite zu diesem parallel (oder antiparallel) ist. Die Gesamtwirkung des elektrischen Feldes setzt sich dann aus den Wirkungen zusammen, die jeder dieser Anteile für sich allein erzeugen würde. Der senkrechte Anteil führt aber zu der besprochenen Drift, die daher existiert, solange dieser nicht verschwindet.

Wir werden bald erkennen, daß die *E*-kreuz-*B*-Drift wichtige Konsequenzen für den magnetischen Einschluß von Plasmen hat.

★

Große Verwandtschaft mit der *E*-kreuz-*B*-Drift besitzt die *Krümmungsdrift*, die schon in einem reinen Magnetfeld

116

durch eine Krümmung der Feldlinien hervorgerufen wird. Wir untersuchen sie an dem besonders einfachen Fall eines Magnetfelds überall gleicher Feldstärke, das lauter kreisförmige Feldlinien besitzt (Abb. 9.4; daß Maxwells Gesetze hierfür eine besondere Stromverteilung verlangen, soll uns nicht weiter kümmern). Nach unseren bisherigen Erkenntnissen wird sich ein geladenes Teilchen so bewegen, daß seine Bahn in etwa eine um eine Feldlinie gewickelte Schraubenlinie ergibt. Da hierbei aber sein Gyrationszentrum im Kreise herumgeführt wird, erfährt es dieselbe Zentrifugalkraft (in Abb. 9.4 mit $\vec{Z}$ bezeichnet) wie ein Kind auf einem Kettenkarussell. Diese steht senkrecht zum Magnetfeld und wirkt genau wie eine elektrische Kraft: Sie läßt das Teilchen senkrecht zum Magnetfeld und zu sich selbst davondriften, im Falle einer positiven Ladung aus der Zeichenebene heraus senkrecht nach oben, und im Falle einer negativen Ladung senkrecht nach unten, sofern das Magnetfeld die in Abb. 9.4 gezeigte Richtung aufweist. Ein wesentlicher Unterschied zur E-kreuz-B-Drift ist hervorzuheben: Während die letztere positive Ionen und

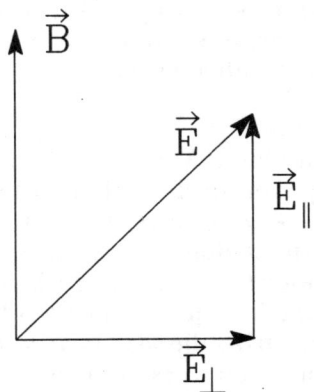

Abb. 9.3: »*Vektorielle« Zerlegung des elektrischen Feldes ($\vec{E}$) in eine zum Magnetfeld parallele ($\vec{E}_{\parallel}$) und senkrechte ($\vec{E}_{\perp}$.) Komponente. Legt man die beiden Komponenten wie zwei Pfeile Ende an Spitze aneinander, so müssen das Ende des hinteren mit dem Ende des Gesamtfeldpfeils ($\vec{E}$) und die Spitze des vorderen mit dessen Spitze zusammenfallen.*

117

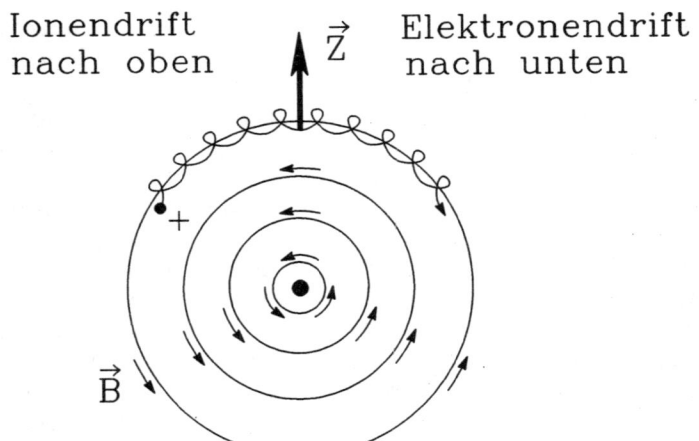

Ionendrift
nach oben

$\vec{Z}$

Elektronendrift
nach unten

$\vec{B}$

Abb. 9.4: *Krümmungsdrift in einem gekrümmten Magnetfeld.*

Elektronen in derselben Richtung davonführt, läßt die Krümmungsdrift diese in entgegengesetzte Richtungen driften, sie führt zu einer Ladungstrennung. Der einfache Grund hierfür ist, daß die Zentrifugalkraft für Ionen und Elektronen in dieselbe Richtung weist, so daß die bei der E-kreuz-B-Drift beobachtete Kompensation zweier Gegenwirkungen hier nicht auftreten kann.

★

Meist ändert sich in einem Magnetfeld mit dem Ort auch dessen Stärke. Physiker und Mathematiker sagen dann, daß diese einen *Gradienten* besitzt, d. h. ein Feld, das überall jeweils in Richtung des größten Zuwachses der Magnetfeldstärke weist und seiner Größe nach ein Maß für diesen bildet. Ein Gradient der Magnetfeldstärke B liefert die Ursache für eine weitere Drift, die als *Gradient-B-Drift* bezeichnet wird. Am einfachsten verstehen wir sie am Beispiel eines Magnetfelds, das wie ein homogenes Feld überall in dieselbe Richtung weist und daher gerade Feldlinien besitzt, dessen Stärke jedoch in einer Richtung gleichmäßig zunimmt. In Abb. 9.5 ist das dadurch gekennzeichnet, daß die Durchstoßpunkte der senkrecht aus der Zeichenebene

118

heraus nach oben verlaufenden Feldlinien in Richtung der Zunahme der Magnetfeldstärke, also in Richtung des Gradienten-B, immer dichter werden. Ein positiv geladenes Teilchen, das sich mit vorgegebener Geschwindigkeit senkrecht zu diesem Feld bewegt, wird diese dem Betrage nach nicht ändern, es wird nur abgelenkt. Da es an jedem Ort nur die dort herrschende Magnetfeldstärke »spürt« und nicht »wissen« kann, daß diese sich im Raum verändert, ist seine Bahn an jedem Ort so stark gekrümmt, wie sie das in einem homogenen Feld der gleichen Stärke wäre. Diese Erkenntnis führt sofort auf die in Abb. 9.5 gezeigten Bahnen. Die Bahn eines Ions, das vom Punkt *1* aus nach oben (in der Papierebene) startet, führt zunächst in Gebiete höherer Feldstärke. Die Ablenkung erfolgt senkrecht zur Geschwindigkeit und dem Magnetfeld nach der Drei-Finger-Regel (Abb. 8.2), also zunächst nach rechts, und krümmt die Bahn umso stärker, je weiter das Teilchen nach oben gelangt. Im Punkt *2* wendet sich diese zurück zu kleineren Magnetfeldstärken, die Bahnkrümmung nimmt wieder ab bis zu Punkt *3*, um darauf wieder zuzunehmen. Im Punkt *4* ist wieder genau dieselbe Situation erreicht wie im Punkt *2*, d. h. es folgt wieder ein Bogen genau derselben Form wie im Anschluß an Punkt *2*, der nur versetzt ist. Das Resultat ist eine Drift senkrecht zum Ma-

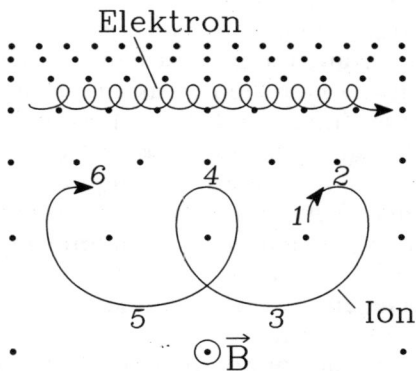

Abb. 9.5: *Gradient-B-Drift in einem inhomogenen Magnetfeld $\vec{B}$, das aus der Papierebene heraus senkrecht nach oben weist.*

119

gnetfeld und zur Richtung des Gradienten-B. Für Elektronen gelten ganz ähnliche Überlegungen, und man findet leicht, daß deren Drift sie in die entgegengesetzte Richtung führt. Auch diese Drift ist also ladungstrennend. Das Driften senkrecht zum Gradienten der magnetischen Feldstärke hat übrigens zur Folge, daß die Teilchen ihre gewohnte Feldstärke bevorzugen und nicht in Gebiete höherer oder niedrigerer mittlerer Feldstärke abwandern.

Der allgemeinste Fall ist, daß das Magnetfeld sowohl gekrümmte Feldlinien besitzt als auch einen Gradienten aufweist. Dann hat man beide Driften, die sich überlagern.

Reflexion wie an einem Spiegel

Wir wissen, daß ein Magnetfeld dort stärker wird, wo seine Feldlinien zusammenrücken. Diese Situation läßt sich leicht in der Praxis realisieren, dazu genügt z. B. schon ein Drahtring, der von einem Strom durchflossen wird. Abb. 8.1 b) zeigt das von diesem erzeugte Magnetfeld. Die Feldlinien sind am dichtesten in der Ebene der Stromschleife zusammengedrängt, und daher ist das Magnetfeld dort auch am stärksten.

Versetzen wir uns jetzt in die Situation eines positiv geladenen Teilchens, das in Magnetfeldrichtung auf das Gebiet höherer Feldstärken zuläuft. Sofern es anfangs eine zusätzliche Bewegungskomponente senkrecht zum Magnetfeld besaß, gyriert es auch um dieses und bekommt dessen wachsende Stärke zu»spüren«. Aus seiner Perspektive werden durch diese Zunahme konform zu seiner Gyrationsbahn ringförmig geschlossene elektrische Feldlinien induziert, welche die Gyration beschleunigen (vgl. Abb. 8.4 b)). Dies würde auch den Gyrationsradius größer werden lassen, wenn nicht die gleichzeitige Zunahme des Magnetfelds dem entgegenwirken würde. Eine genauere Untersuchung zeigt, daß die Gegenwirkung dominiert, so daß die Schrauben immer enger werden.

Vom Ort der Spule aus gesehen bleibt das Magnetfeld jedoch unverändert, und auf das Teilchen wirkt nur das Magnetfeld. (Dies ist kein Widerspruch, vielmehr erkennen

120

wir. daß die Induktion elektrischer Felder ein relatives Phänomen ist, das vom Bezugssystem abhängt.) Daher muß die Bewegungsenergie des Teilchens insgesamt unverändert bleiben. Dies heißt, daß Energie, die in Bewegung parallel zum Felde steckt, mit wachsender Gyrationsenergie abnehmen muß: Das konvergierende Magnetfeld bremst also die Parallelbewegung. War diese anfangs schnell genug, so schlüpft das Teilchen dennoch durch den magnetischen »Flaschenhals« hindurch. War sie dagegen hinreichend langsam, so wird sie bis zum Stillstand abgebremst, das Teilchen kehrt zurück, wird reflektiert, fast so, wie Licht an einem Spiegel.

Läuft unser Teilchen von der anderen Seite, also entgegen der Feldrichtung, in den Trichter konvergierender Feldlinien hinein, so gelten genau dieselben Argumente wie eben, und es kommt wiederum zur Reflexion (siehe Abb. 10.1, rechts). Wie aber sieht es aus, wenn das Teilchen negativ geladen ist? Es gyriert dann in entgegengesetzter Richtung, in der es auch wieder von einem wie eben induzierten elektrischen Feld beschleunigt wird. Erneut sind Bremsung oder Reflexion seiner Bewegung parallel zum Magnetfeld die Folge einer Beschleunigung der Gyration.

10. Magnetische Käfige für den Teilcheneinschluß

Mit den bisherigen Kenntnissen über die Bewegung geladener Teilchen in elektromagnetischen Feldern können wir uns jetzt überlegen, wie sich ein Plasma ohne Benutzung materieller Wände allein mit Hilfe derartiger Felder zusammenhalten läßt.

Elektrische Felder scheiden für den *stationären* (= zeitlich unveränderlichen) Einschluß geladener Teilchen, den wir hier untersuchen wollen, aus: Da die von ihnen bewirkten Kräfte Elektronen und Ionen in entgegengesetzte Richtungen beschleunigen, würde das Plasma entweder in zwei Ladungswolken aus Ionen bzw. Elektronen auseinandergerissen; oder aber ein bei diesem Prozeß entstehendes Gegenfeld würde das zum Einschluß benutzte Feld unwirksam machen. Nur geschlossene elektrische Feldlinien

121

könnten die Ladungstrennung verhindern, aber nichts würde die Teilchen dann davon abhalten, sich senkrecht zu diesen zu entfernen.

Zum stationären Einschluß müssen also zwangsläufig Magnetfelder benutzt werden, zu deren Unterstützung eventuell noch elektrische Felder hinzugenommen werden können.

Die Spiegelmaschine

Die zuletzt besprochene Reflexionswirkung magnetischer Spiegel bietet eine besonders einfache Möglichkeit für den magnetischen Teilcheneinschluß. Man muß dazu nur zwei magnetische Spiegel so miteinander koppeln, daß die Teilchen zwischen ihnen hin und her reflektiert werden. Abb. 10.1 zeigt den Prototyp einer derartigen *Spiegelmaschine*. Teilchen, die parallel zum Feld so langsam fliegen, daß sie reflektiert werden, wandern allerdings nicht nur zwischen den Spiegeln hin und her, vielmehr erleiden sie zusätzlich noch sowohl eine Krümmungs- als auch eine Gradient-*B*-Drift. Beide Driften erfolgen senkrecht zur Richtung des Magnetfelds und lassen die Teilchen deshalb um die gestrichelte Mittelachse der Anordnung rotieren. Die Überlagerung all dieser Bewegungen ergibt Teilchenbahnen der Art, wie das in Abb. 10.1 an einem Beispiel gezeigt ist.

Was passiert nun mit einem Plasma aus sehr vielen Teilchen, das man in einer Spiegelmaschine einzuschließen

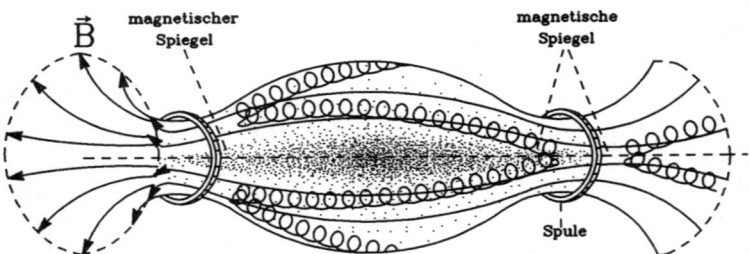

Abb. 10.1: *Prinzipielle Magnetfeldstruktur der Spiegelmaschine mit Bahn eines gefangenen Teilchens.*

122

sucht? Zunächst werden alle Ionen und Elektronen, deren Parallelgeschwindigkeit für eine Reflexion zu groß ist, durch die magnetischen Flaschenhälse (links und rechts) hindurch entweichen. Alle übrigen Teilchen sind in dem Magnetfeld wie in einem Käfig eingesperrt. Damit wäre also eine Anordnung gefunden, mit der man ein Plasma durch rein magnetischen Einschluß vor der Berührung mit Wänden und der damit verbundenen Abkühlung bewahren kann – zumindest im Prinzip. Leider wirkt auf die Teilchen aber nicht nur das Feld der beiden Spiegel, vielmehr beeinflussen sie sich auch gegenseitig, und zwar derart, daß ihre Geschwindigkeiten sowohl der Größe wie der Richtung nach verändert werden. Dabei kommt es auch immer wieder vor, daß einige von ihnen so hohe Parallelgeschwindigkeiten erhalten, daß sie entkommen können. Dies führt zu den schon früher erwähnten unvermeidlichen Verlusten der Spiegelmaschine.

Gefangene Teilchen im Erdmagnetfeld

Das Einfangen geladener Teilchen zwischen magnetischen Spiegeln ist auch in der Natur anzutreffen. Ein besonders wichtiges Beispiel hierfür bietet das Magnetfeld unserer Erde. Nach ersten Messungen im Jahre 1952 schloß der amerikanische Physiker J. A. van Allen 1958 aus Daten, welche die Raumsonden Explorer I und III bei der Untersuchung der kosmischen Höhenstrahlung geliefert hatten, daß die Erde von zwei *Strahlungsgürteln* umgeben wird, die mit vom Erdmagnetfeld eingefangenen Elektronen bzw. Protonen angefüllt sind. Diese Gürtel werden heute als *Van-Allen-Gürtel* bezeichnet, das Gebiet, in dem sie sich befinden, als *Magnetosphäre*.

Abb. 10.2 zeigt ein schematisches Bild des Erdmagnetfelds und der beiden Strahlungsgürtel. Es ist deutlich zu erkennen, daß das Zusammenrücken der magnetischen Feldlinien am magnetischen Nord- und Südpol jeden von diesen zu einem Spiegel macht. Teilchen geeigneter Geschwindigkeiten werden zwischen diesen Spiegeln hin und her reflektiert und driften auf Grund des Feldgradienten

123

und der Krümmung der Feldlinien außerdem noch senkrecht zu den letzteren. Diese Drift läßt Elektronen in östlicher und Protonen in westlicher Richtung um die Erde kreisen. In Abb. 10.2 ist auch die typische Bahn eines Protons gezeigt. Die Elektronen führen pro Sekunde zwischen 1000 und 1 Million Gyrationen aus, Protonen zwischen 1 und 1000. Für eine Hin- und Herbewegung zwischen den magnetischen Polen werden Zeiten zwischen einer zehntel und einer halben Sekunde benötigt, und die Drift führt die Teilchen in einer halben Stunde bis zu einem Tag je einmal um die Erde herum.

In dem ziemlich stabilen inneren Gürtel, der sich von etwa 500 km bis 5000 km über die Erdoberfläche erstreckt, befinden sich überwiegend hochenergetische Protonen mit einer Energie von etwa 30 Millionen Elektronenvolt, und zu einem kleineren Teil auch Elektronen mit knapp 2 Millionen Elektronenvolt. Man nimmt heute an, daß die Teilchen des inneren Gürtels durch den Zerfall von Neutronen in Protonen und Elektronen entstehen. Durch das Bom-

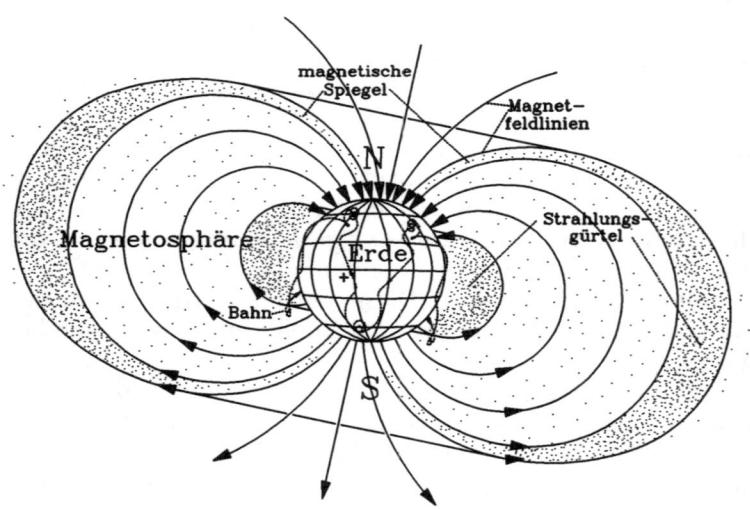

Abb. 10.2: *Die beiden Strahlungsgürtel im Erdmagnetfeld und typische Bahn eines im Erdmagnetfeld gefangenen Protons (gestrichelt).*

bardement der Atmosphäre mit der kosmischen Strahlung werden nämlich in etwa 100 km Höhe Neutronen gebildet, die praktisch ungehindert nach allen Seiten davonfliegen. Protonen, die beim Zerfall der in den inneren Gürtel gelangten Neutronen entstehen, treffen in diesem gerade die Bedingungen zum Eingefangenwerden an und können in ihm bis zu zehn Jahre lang gespeichert werden. Da der Beschuß der Erde durch die Höhenstrahlung ziemlich konstant ist, erklärt dieser Entstehungsmechanismus die Stabilität des inneren Strahlungsgürtels.

Der äußere Strahlungsgürtel, der sich auf ein Gebiet zwischen 20000 km und 25000 km oberhalb der Erdoberfläche konzentriert, enthält überwiegend Elektronen etwas niedrigerer Energie (bis zu 1 Million eV). Seine Teilchenbesetzung ist recht starken Schwankungen unterworfen, die in sehr deutlichem Zusammenhang mit Aktivitäten der Sonne stehen. Von der Sonne kommen permanent geladene Teilchen, die dank ihrer hohen thermischen Geschwindigkeit deren Schwerefeld entweichen konnten, als Sonnenwind zur Erde. Außerdem schleudert die Sonne immer wieder in *Eruptionen*, die man als gigantische Gewitter in der Sonnenatmosphäre auffassen kann, große Mengen energiereicher Plasmateilchen ins Weltall und zur Erde. An sich müßten diese Teilchen an der Erde von deren Magnetfeld wie durch einen Schild vorbeigelenkt werden. Durch komplizierte Mechanismen, die noch nicht voll verstanden sind, wird ein Teil von ihnen in das Magnetfeld der Erde »eingefädelt«. Daher stammen vermutlich die Elektronen des äußeren Strahlungsgürtels, was dessen mit den Sonneneruptionen synchronisierte Veränderlichkeit erklärt.

Die Ostdrift der Elektronen und die Westdrift der Protonen erzeugen beide einen Ringstrom gleicher Richtung um die Erde, der Beiträge zum Erdmagnetfeld liefert. Die Verstärkung des Elektronenstroms im äußeren Gürtel nach Sonneneruptionen liefert die Erklärung für die geomagnetischen Stürme, die stets nach Sonneneruptionen beobachtet werden.

Abb. 10.2 zeigt, daß die geladenen Teilchen an den in polaren Zonen gelegenen Reflexionspunkten der Erdoberfläche am nächsten kommen, wobei die schnellsten Teilchen am tiefsten in die Atmosphäre tauchen. Je tiefer der Reflexionspunkt gelegen ist, umso dichter ist dort die Atmosphäre, und umso wahrscheinlicher wird der Zusammenstoß mit Luftmolekülen, die hierdurch zum Leuchten angeregt werden können. Normalerweise ist die Anzahl solcher Anregungsstöße aber viel zu gering, um ein auf der Erde erkennbares Leuchten hervorzurufen. Nach heftigen Sonneneruptionen gibt es jedoch so viele schnelle Teilchen, daß deren Zusammenstöße mit den Luftmolekülen in nördlichen Breiten die berühmten Polarlichter (Farbtafeln 1–4) und in südlichen Breiten die Aurora borealis verursachen.

Noch im Entdeckungsjahr der Van-Allen-Gürtel (1958) wurden von den Amerikanern und den Sowjets in der höheren Atmosphäre A- und H-Bomben gezündet, um deren Auswirkung auf die natürlichen Strahlungsgürtel zu untersuchen bzw. um künstliche Strahlungsgürtel zu erzeugen. Die militärische Bedeutung dieser Experimente sah man insbesondere in der Beeinflussung bzw. Unterbrechung von Funkverbindungen. Kurz nach der Explosion der Bomben waren in völlig ungewohnten Breiten künstliche Polarlichter zu sehen. Nach einer Bombenexplosion, die 1962 in 400 km Höhe ausgelöst worden war, dauerte es fast zehn Jahre, bis sich ein künstlicher Strahlungsgürtel aus Elektronen mit einer Energie von 1 Million Elektronenvolt, der dem natürlichen Ionengürtel überlagert war, wieder zurückgebildet hatte. Heute scheut man sich zum Glück vor derart drastischen Eingriffen in die Natur, und auch der Umgang mit Radioaktivität ist nicht mehr so leichtfertig.

Levitron, Tokamak und Stellarator

Wenn es die Teilchendriften in inhomogenen Magnetfeldern nicht gäbe, geladene Teilchen also auch in diesen strikt an Feldlinien gebunden wären, würden geschlossene Magnetfeldlinien eine ideale Möglichkeit zum Teilcheneinschluß bieten. Überlegen wir uns daher, wie ein Plasma auf den Versuch reagiert, es mit den kreisförmigen Feldlinien einzuschließen, die ein gerader, stromdurchflossener Draht oder eine zum Ring gebogene Zylinderspule (im Spuleninneren) erzeugen (Abb. 8.1 c) bzw. d)).

Vorher wollen wir uns jedoch noch kurz mit einigen Begriffen vertraut machen, die wir in diesem Zusammenhang und auch später immer wieder benötigen werden. Einen zum Ring gebogenen Zylinder bezeichnet man als *Torus* (lat. torus = Wulst), seine Oberfläche als *Torusfläche*. (Die in Abb. 8.1 d) gezeigte Ringspule bietet ein Beispiel.) Man kann eine Torusfläche auf einem langen und auf einem kurzen Weg umwandern und wieder zum Ausgangspunkt zurückkehren. Die Richtung des langen Wegs wird als *toroidal* und die des kurzen als *poloidal* bezeichnet (siehe Abb. 10.3).

Doch jetzt zurück zu unserer Idee des Plasmaeinschlusses durch das toroidale Magnetfeld einer Ringspule. Die Drift geladener Teilchen in diesem Feld ist eine Kombination aus Gradient-B- und Krümmungsdrift und wird als *Torusdrift* bezeichnet (Abb. 10.3). Bei der in der Abbildung zugrunde gelegten Richtung des Magnetfelds läßt sie die

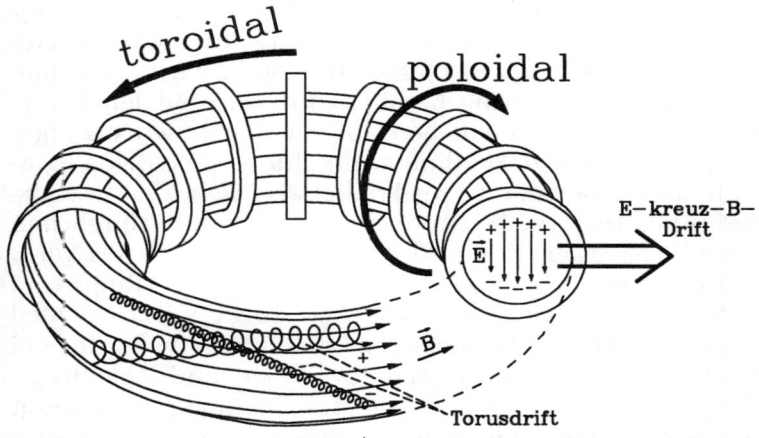

Abb. 10.3: *In einem Magnetfeld* $\vec{B}$ *mit kreisförmigen Feldlinien führt die Torusdrift zu einer Ladungstrennung. Das von dieser hervorgerufene elektrische Feld* $\vec{E}$ *verursacht zusammen mit dem Magnetfeld eine E-kreuz-B-Drift, die Elektronen und Ionen in der gleichen Richtung davonträgt.*

Ionen senkrecht zu den Feldlinien nach oben und die Elektronen nach unten laufen. Durch die Ladungstrennung entsteht ein elektrisches Feld, das senkrecht zum Magnetfeld von den Ionen zu den Elektronen führt. Dieses bewirkt zusammen mit dem Magnetfeld eine E-kreuz-B-Drift, die alle Teilchen gemeinsam radial nach außen trägt: der Einschluß ist dahin.

Gibt es ein Mittel, die E-kreuz-B-Drift zu verhindern? Dazu müßte man eine Möglichkeit schaffen, welche die getrennten Ladungen wieder zusammenfinden läßt. Die gegenseitigen elektrischen Anziehungskräfte würden das für sich allein genommen begünstigen, doch leider werden sie durch die Verbindung mit dem Magnetfeld in einen Antrieb für das Herausdriften umgemünzt. Die Situation wäre sofort anders, wenn die oberen Regionen, wo sich die positiven Ladungen häufen, mit den unteren Regionen negativer Ladungshäufung durch Magnetfeldlinien miteinander verbunden wären: Dann könnten die angehäuften Ladungen den gegenseitigen Anziehungskräften längs der Feldlinien folgen und sich neutralisieren, das elektrische Feld und mit ihm die E-kreuz-B-Drift wären so vermieden.

Tatsächlich gibt es verschiedene Möglichkeiten, zwischen oben und unten eine Verbindung durch Magnetfeldlinien herzustellen. Die einfachste besteht darin, daß man durch einen Drahtring parallel zu den toroidalen Feldlinien einen Ringstrom fließen läßt. Das von diesem erzeugte Magnetfeld besitzt Feldlinien, die ihn in poloidaler Richtung umschlingen, und wird daher als *Poloidalfeld* bezeichnet (Abb. 10.4 a)). Wenn dieses unserem ursprünglichen *Toroidalfeld* (Abb. 10.3 und Abb. 10.4 b)) überlagert wird, bekommt man ein Feld, dessen Feldlinien den Ringstrom in Schraubenlinien umwinden (Abb. 10.4 c)). Der Nachteil dieser Möglichkeit besteht darin, daß mitten im Plasma ein Drahtring sitzt. Um Stützen für diesen und Zuleitungsdrähte für den Strom zu vermeiden, hat man in Princeton in einer *Levitron*-Anordnung namens *Spherator* einen supraleitenden Drahtring benutzt, der durch seinen ohne Zuleitungen verlustfrei fließenden Strom und ein externes Magnetfeld gegen die Schwerkraft in der Schwebe gehalten (levitiert, von lat. levis = leicht) wurde.

128

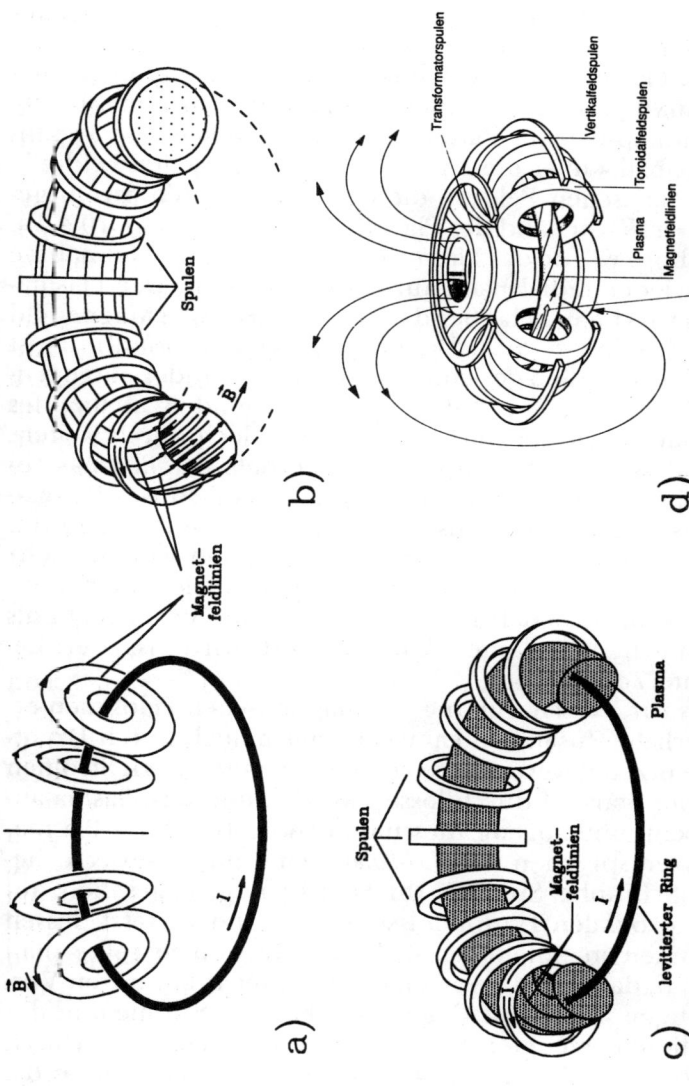

Abb. 10.4: *a) Von einem stromdurchflossenen Drahtring erzeugtes Poloidalfeld $\vec{B}$. b) Durch Hauptfeldspulen erzeugtes Toroidalfeld $\vec{B}$. c) Überlagerung der Felder a) und b) (Spherator). d) Tokamak-Feldkonfiguration.*

129

Man kann das Poloidalfeld auch dadurch erzeugen, daß man den dafür erforderlichen *Toroidalstrom* (= Strom in toroidaler Richtung) statt in einem Drahtring in dem ringförmigen Plasma selbst fließen läßt. Hierzu erzeugt man nach dem in Abb. 8.4 a) gezeigten Induktionsprinzip mit Transformatorspulen im Plasma eine *Ringspannung* (= »Spannungsabfall« über die Länge einer geschlossenen Feldlinie des elektrischen Feldes), die den gewünschten Strom gegen den Widerstand des Plasmas fließen läßt (Abb. 10.4 d)). Allerdings würde das Plasma ohne eine weitere Maßnahme jetzt wieder radial nach außen davonlaufen. Der Plasmastrom wirkt nämlich über das von ihm erzeugte Magnetfeld auf sich selbst zurück. Die dabei wirksame »*Selbstkraft*« ist radial nach außen gerichtet, da sich die einander entgegengerichteten Ströme auf gegenüberliegenden Seiten des Plasmatorus abstoßen. Erzeugt man jedoch durch weitere Toroidalströme in Ringspulen außerhalb des Plasmas ein *Vertikalfeld*, das am Ort des Plasmas das Feld des Plasmastroms in etwa kompensiert, so wird die radiale Kraft im Mittel annulliert. Die Konfiguration, bei der wir nunmehr angelangt sind und die durch ein Toroidalfeld, einen induzierten toroidalen Plasmastrom sowie ein Vertikalfeld als wesentliche Elemente charakterisiert wird, ist der berühmte *Tokamak*.

Das zur Verschraubung der magnetischen Feldlinien erforderliche Zusatzfeld kann schließlich auch durch Drahtpaare erzeugt werden, die von entgegengesetzten Strömen gleicher Stärke I durchflossen werden und das Plasma außen schraubenförmig umwinden (Abb. 10.5 a)) – Plasmaphysiker sprechen von *helikalen* Windungen (griech. helix = Schraube, Spirale). Ihr Feld steht, grob gesehen, auf dem toroidalen Hauptfeld senkrecht und versetzt dessen Feldlinien in poloidaler Richtung. Eigentlich sollte man denken, daß sich die von einem Strompaar bewirkten Versetzungen wegen der Gegenläufigkeit der Ströme und der von diesen erzeugten Felder gerade kompensieren. Durch die Verschraubung der Ströme werden jedoch die in die Windungsrichtung weisenden Versetzungen etwas bevorzugt, so daß es zu der gewünschten Verschraubung der Feldlinien kommt. Die letzteren verlaufen im wesentlichen auf komplizierten Flächen, die wie verbeulte und schraubenförmig verbogene Schwimmreifen aussehen. Magnetische Einschlußkonfigurationen dieser Art, die ohne Strom im Plasma auskommen, tragen den Namen *Stellarator*. In dem von Spitzer erfundenen Figur-8-Stellarator (Abb. 10.5 b)) werden die Driften in der einen Schleife der 8 gerade durch entgegengesetzte Driften in der anderen kompen-

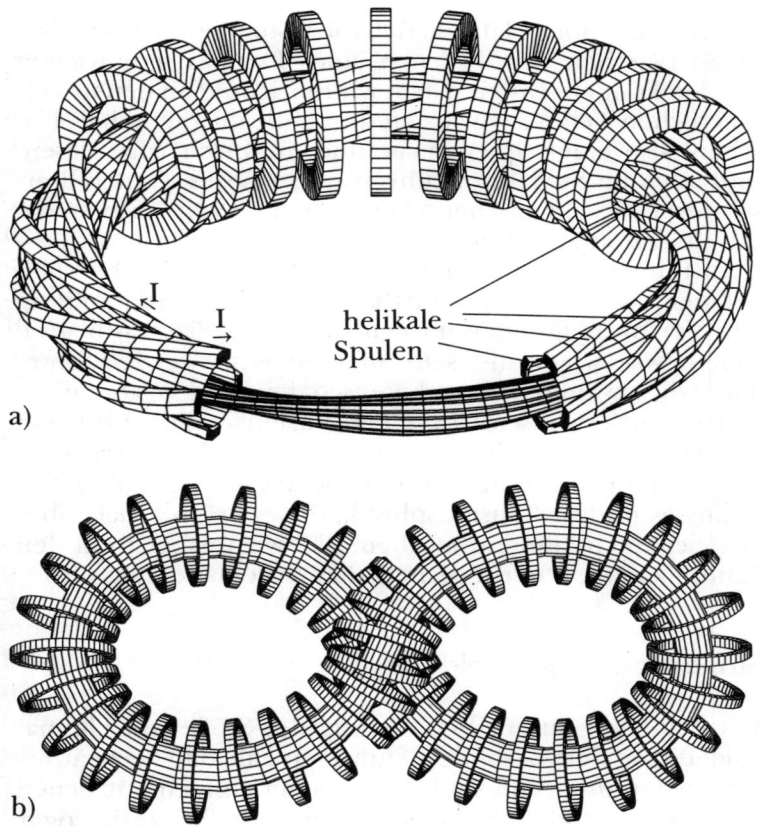

Abb. 10.5: *a) Spulen und Magnetfeld eines Stellarators. Das Zusatzfeld der den Torus helikal (= spiralförmig) umwindenden, stromdurchflossenen Drahtpaare verschraubt die Feldlinien ähnlich wie in einem Tokamak. b) Spitzers Figur-8-Stellarator.*

siert. Wenn man sich vorstellt, daß er durch die Verbiegung eines Torus mit lauter geschlossenen Feldlinien ohne schraubenförmige Verwindung entstanden ist, erkennt man, daß auch hierdurch eine Verwindung der Feldlinien zustande kommt.

11. Stöße geladener Teilchen

Wir haben schon erfahren, daß die bisher vernachlässigten Stöße zwischen den Teilchen eines Plasmas sehr wichtig werden können: Ihnen haben wir die Schuld an den unvermeidlichen Teilchenverlusten durch die magnetischen Flaschenhälse einer Spiegelmaschine hindurch zugewiesen, und auch im Stellarator führen sie zu Lecks. Generell erschweren sie den magnetischen Einschluß von Plasmen dadurch, daß sie zum allmählichen Diffusionsverlust von Teilchen führen, die ohne die Anwesenheit anderer Teilchen gefangen wären. Umgekehrt können sie die Ansammlung von Verunreinigungen im Zentrum eines Plasmas begünstigen, was wiederum sehr unangenehm werden kann. Trotz dieser unbequemen Eigenschaften sind sie aber nicht gänzlich unerwünscht: In einem Fusionsreaktor führt ein Teil von ihnen nämlich zu den ersehnten Fusionsreaktionen. Es sind also zentrale Probleme des magnetischen Einschlusses und der Fusionsphysik, die es erforderlich, aber zugleich auch lohnend machen, daß wir uns jetzt mit den Komplikationen der Teilchenstöße auseinandersetzen.

Stöße ohne Magnetfeld

Wir beginnen unsere Betrachtung der Stöße von Plasmateilchen mit dem besonders einfachen Fall, daß keine äußeren Felder anwesend sind. Um uns mit einigen nützlichen Begriffen vertraut zu machen, gehen wir fürs erste sogar auf eine noch einfachere Situation zurück und rufen uns die Stöße zwischen den neutralen Atomen oder Molekülen eines Gases in Erinnerung.

Diese befinden sich die meiste Zeit in freiem Flug auf ei-

132

ner geradlinigen Bahn. Nur wenn sie einem zweiten Teilchen praktisch bis zur Berührung nahe kommen, erfahren sie in einem sehr kurzen, als *Stoß* bezeichneten Wechselwirkungsprozeß eine fast ruckartige Änderung der Geschwindigkeit: Ihre Bahn ist eine Zickzacklinie wie in Abb. 1.4 c) bzw. Abb. 14.4. Als *Stoßfrequenz* bezeichnet man die Zahl der Zusammenstöße pro Sekunde, die ein Molekül im Mittel erfährt; die Strecke, die es im Mittel zwischen zwei Stößen zurücklegt, heißt *mittlere freie Weglänge*. Wichtig ist, daß die irreguläre Zickzackbewegung der Moleküle eine individuelle Eigenschaft darstellt, die für jedes Molekül anders aussieht. Es handelt sich um die Wärmebewegung, die makroskopisch nicht in Erscheinung tritt. Sofern das Gas als ganzes strömt, ist ihr die Strömungsbewegung überlagert.

Die Stöße zwischen den geladenen Teilchen eines Plasmas sind von ganz anderer Natur; hier ist zunächst überhaupt nicht klar, was man als Stoß bezeichnen sollte. Der Grund liegt darin, daß die Wechselwirkungskräfte zwischen geladenen Teilchen über viel größere Entfernungen wirken als die sehr kurzreichweitigen Kräfte zwischen neutralen Teilchen. Die Folge davon sind kontinuierlich gekrümmte, sehr abgerundete Teilchenbahnen wie in Abb. 1.5 b). Auf ihnen kann von einem geradlinigen Flug zwischen stoßbedingten Knickstellen nicht mehr die Rede sein. Es gibt zwar immer noch dann und wann beinahe ruckartige Geschwindigkeitsveränderungen, wenn sich zwei Ladungsträger besonders nahe kommen. Gleichzeitig ist jedes Teilchen aber immer auch dem Feld sehr vieler anderer geladener Teilchen ausgesetzt, die weiter entfernt sind und seine Bewegung andauernd, wenn auch weniger stark beeinflussen. Summiert man alle Ablenkungen eines Teilchens aus seiner momentanen Flugrichtung längs der ganzen Bahn so auf, daß man ohne Rücksicht auf die Ablenkungsrichtung nur die Ablenkungswinkel betragsmäßig addiert, und sagt, daß immer dann ein »Stoß« zustandekam, wenn zu der Winkelsumme weitere 90 Grad hinzugekommen sind, so läßt sich der nützliche Begriff der Stoßfrequenz auch auf geladene Plasmateilchen übertragen: Die Stoßfrequenz ist dann die Zahl der 90-Grad-Ablenkungen pro Sekunde. Entsprechend ist die mittlere freie Weglänge die Strecke, die das Teilchen im Mittel bis zu einer 90-Grad-Ablenkung zurücklegt. Es hat sich herausgestellt, daß sich die Teilchenwechselwirkungen in einem Plasma – auch rechnerisch – mit diesem etwas künstlich anmutenden Stoßbegriff hervorragend beschreiben lassen.

Auf eines muß hier jedoch noch geachtet werden: Magnetfelder, die von koordinierten Plasmaströmen hervorgerufen werden, und durch Ladungstrennungen entstandene elektrische Felder lenken natürlich ebenfalls geladene Plasmateilchen ab. Sie tun das allerdings mit allen gleichartigen Teilchen einer ganzen Nachbarschaft in völlig gleicher Weise. Mit dem Begriff »Stoß« wollen wir jedoch wie bei gewöhnlichen Gasen nur die individuellen Teilchenwechselwirkungen erfassen, die von Teilchen zu Teilchen variieren. Alle Ablenkungen, die Kollektive gleichartiger Teilchen einer Nachbarschaft erfassen, sind für die Stöße also wegzulassen. Bei der konkreten Berechnung der Stoßfrequenz stellt sich heraus, daß man die individuellen Wechselwirkungen eines Teilchens schon voll erfaßt, wenn man nur Wechselwirkungspartner berücksichtigt, die von ihm einen nach dem holländischen Physiker Peter Debye (Chemie-Nobelpreis 1936) als *Debye-Länge* bezeichneten Abstand nicht überschreiten. Diese sind ausschließlich an den individuellen Wechselwirkungen beteiligt, während die nicht berücksichtigten fernen Teilchen umgekehrt nur kollektive Wechselwirkungen hervorrufen.

Was sich dem Bild der individuellen Teilchenbahnen nicht entnehmen läßt, aber berechnet werden kann, ist die Beantwortung der Frage, welcher Anteil der Stöße eines Teilchens auf die Wechselwirkung mit den Elektronen bzw. Ionen separat zurückzuführen ist. Entsprechend läßt sich rechnerisch eine Stoßfrequenz für Ionen-Ionen-, Ionen-Elektronen-, Elektronen-Ionen- und Elektronen-Elektronen-Stöße ermitteln. Ein aufmerksamer Leser wird womöglich sagen: »Halt!, ist hier nicht eine Art von Stößen zuviel aufgeführt? Muß die Frequenz der Elektronen-Ionen-Stöße nicht gleich der der Ionen-Elektronen-Stöße sein?« Die Antwort lautet: Nein! Zwar stimmt die Anzahl der Begegnungen von Teilchen der einen mit Teilchen der anderen Sorte überein. Da die sehr viel trägeren Ionen aber bei jeder Begegnung sehr viel weniger als die Elektronen abgelenkt werden, dauert es bei ihnen bis zu einer 90-Grad-Ablenkung sehr viel länger. Entsprechend ist die Frequenz der Ionen-Elektronen-Stöße, bei denen es um die Ablenkung der Ionen geht, viel kleiner als die der Elektronen-Ionen-Stöße, in einem Wasserstoffplasma z. B. um den Faktor 1000, in einem Deuteriumplasma um 2000.

Die Unterteilung der Stöße in die angegebenen Gruppen ist sehr wichtig, wenn es um den Energieaustausch zwischen den verschiedenen Teilchensorten geht. Doch überlegen wir zuerst, wie sich die Temperatur und Dichte eines Plasmas auf die Stoßfrequenzen auswirken. Es ist klar, daß Stöße bei gegebener Temperatur mit zunehmender Dichte immer häufiger werden, denn jedes Teilchen findet dann mehr Partner für die Wechselwirkung. Etwas subtiler ist die Überlegung, was geschieht, wenn bei gegebener Dichte die Temperatur erhöht wird. Weil dabei mit wachsender Geschwindigkeit die Zeit der Wechselwirkung immer kürzer wird, vermindert sich die Ablenkung der Teilchen in den einzelnen »Stoßprozessen«; dafür erleben sie allerdings mit zunehmender Geschwindigkeit in der Sekunde viel mehr solcher Einzelprozesse. Von diesen gegenläufigen Effekten überwiegt der erste bei weitem, so daß die Zahl der Stöße eines Teilchens pro Sekunde mit wachsender Geschwindigkeit verringert wird. Das bedeutet: *Bei fest gegebener Dichte nehmen die mittleren Stoßfrequenzen der Teilchen mit zunehmender mittlerer Energie bzw. Temperatur rapide ab.*

Ionen und Elektronen gleicher Energie werden in Einzelwechselwirkungsprozessen mit Partnern ihresgleichen unter sonst gleichen Umständen auch gleich stark abgelenkt, weil die größere Trägheit der Ionen (trotz kleinerer Geschwindigkeit) auf ihre Ablenkung dieselben Auswirkungen hat wie die höhere Geschwindigkeit der Elektronen auf deren Ablenkung. Da die Ionen wegen ihrer viel größeren Masse viel langsamer fliegen und daher weniger Begegnungen erleben, ist ihre Stoßfrequenz aber deutlich geringer. In einem Plasma mit Ionen und Elektronen gleicher Temperatur ist die Frequenz von Stößen zwischen Elektronen vergleichbar mit der der Elektronen-Ionen-

Stöße und liegt, wie gesagt, recht deutlich über der von Stößen zwischen Ionen. Bei einer Dichte von 10^{14} Elektronen pro ccm, wie sie etwa in einem Fusionsreaktor herrschen wird, beträgt die Elektronen-Elektronen- und Elektronen-Ionen-Stoßfrequenz eines Deuteriumplasmas bei 1 Million Grad etwa 4 Millionen Stöße pro Sekunde, bei 100 Millionen Grad dagegen nur noch 5000 Stöße pro Sekunde. Die Ionen-Ionen-Stoßfrequenz ist etwa um den Faktor 60 kleiner. Die mittlere freie Weglänge der Elektronen beträgt bei der niedrigeren Temperatur in etwa einen Meter, um bei den 100 Millionen Grad auf 7 km anzuwachsen. In dem zuletzt angeführten Fall sind deren Stöße also beinahe zu vernachlässigen.

Wenden wir uns jetzt der wichtigen Frage des Energieaustauschs bei Teilchenstößen zu. Das Aufeinanderprallen von Kugeln bietet für diesen Prozeß ein anschauliches Beispiel, von dem sich alle wichtigen Eigenschaften auf das Plasma übertragen lassen. Am einfachsten zu verstehen ist der Spezialfall des *zentralen Stoßes*, bei dem das Zentrum der einen Kugel direkt auf das der anderen zuläuft. Ist eine Kugel sehr viel leichter als die zweite, so wird sie beim Zusammenprall mit dieser fast wie an einer festen Wand reflektiert. Ihre Geschwindigkeit wird dabei zwar in der Richtung umgekehrt, bleibt dem Betrag nach aber praktisch unverändert. Infolgedessen ist ihre Bewegungsenergie beinahe genauso groß wie vor dem Stoß, sie überträgt fast keine Energie. Bei einem *streifenden Stoß* ist die Energieübertragung natürlich sogar noch geringer.

Beim Billardspiel wird der Stoß zwischen Kugeln gleicher Masse praktiziert. Es ist geläufig, daß hier beim zentralen Stoß die stoßende Kugel stehen bleibt, während die gestoßene mit deren ganzer Energie davonrollt: Jetzt wird die Energie also in einem Stoß sogar vollständig übertragen. Entsprechend ist auch bei einem streifenden Stoß die relative Energieübertragung – das Verhältnis aus übertragener Energie und der Energie der beiden Kugeln vor dem Stoß – zwischen gleichschweren Kugeln am größten und nimmt mit wachsendem Massenunterschied ab.

Auf das Plasma übertragen folgt daraus, daß Elektronen bzw. Ionen bei Stößen untereinander wegen der Massengleichheit im Mittel sehr viel mehr Energie pro Stoß austauschen, als das bei Elektronen-Ionen-Stößen der Fall ist; denn schon das leichteste aller Ionen, das Wasserstoffion, ist fast 2000mal schwerer als ein Elektron. Aus diesem Grunde stellen sowohl die Elektronen als auch die Ionen jeweils untereinander einen sehr schnellen Ausgleich größerer Energieunterschiede her, d. h. sie sorgen schnell für eine einheitliche Temperatur der eigenen Sorte. Dagegen dauert der Temperaturausgleich zwischen Ionen und Elektronen erheblich länger, obwohl die für die Häufigkeit der Energieübertragungsprozesse verantwortliche Elektronen-Ionen-Stoßfrequenz vergleichbar ist. Wie wir gleich sehen werden, ist dies der Grund, warum die Temperaturen der Ionen und der Elektronen in einem Plasma häufig differieren.

Mischt man zwei Teilchengruppen unterschiedlicher Temperatur, so wird die für den Temperaturausgleich benötigte Zeit[18] als *Energieausgleichszeit* oder *Energierelaxationszeit* bezeichnet. Handelt es sich bei beiden Teilchengruppen um dieselbe Teilchensorte, also entweder um Elektronen oder Ionen unterschiedlicher Temperatur, so ergibt sich als Energieausgleichszeit ziemlich genau die Zeitspanne, die zwischen zwei Elektron-Elektron- bzw. zwei Ion-Ion-Stößen vergeht. Handelt es sich dagegen um Elektronen und Ionen unterschiedlicher Temperatur, so findet man dafür die erheblich längere Zeit, die zwischen zwei Stößen eines Ions mit den Elektronen vergeht. Diese Ergebnisse demonstrieren den Nutzen unserer Definition von Stößen zwischen Plasmateilchen.

Als Beispiel für unterschiedliche Elektronen- und Ionentemperaturen betrachten wir eine Leuchtstoffröhre. Der Prozeß der Plasmaerzeugung durch Ionisation neutraler Gasatome spielt sich hier ganz ähnlich wie in einer Glimmentladung ab. Wegen ihrer geringeren Masse werden die Elektronen in dem elektrischen Feld der angelegten Spannung auf viel höhere kinetische Energien (= Bewegungsenergien, von griech. kineĩn = bewegen) beschleunigt als

---

[18] Genauer: Die Zeit, in der der Temperaturunterschied auf den 2,7ten Teil seines ursprünglichen Wertes absinkt.

die Ionen. Dabei handelt es sich um gerichtete Energien, die sie durch die Vermittlung von Stößen in ungerichtete Wärmeenergie umwandeln. Durch diese bevorzugte Heizung erlangen sie eine viel höhere Temperatur als die Ionen, die auf Grund ihrer Stöße mit den Elektronen indirekt etwas mitgeheizt werden. Da jedes Elektron jedoch nur für eine sehr begrenzte Zeitspanne in der Leuchtstoffröhre verweilt – es wandert zur Anode, wird von dieser »abgesaugt« und zur Erhaltung der Quasineutralität des Plasmas durch ein »kaltes« Elektron ersetzt, das an der Kathode den Entladungsraum betritt –, bleibt nicht genügend Zeit für so viele Stöße, wie sie der Temperaturausgleich mit den Ionen erfordern würde.

Die Temperaturunterschiede zwischen Elektronen und Ionen können beträchtlich sein. In einer Leuchtstoffröhre haben die Ionen und die praktisch gleich schweren Gasmoleküle im wesentlichen Zimmertemperatur, während die Elektronen auf etwa 25 000 Grad erhitzt werden. In Fusionsplasmen werden mitunter Temperaturunterschiede von 10 Millionen Grad und mehr beobachtet. Ursache für diese Temperaturunterschiede sind auch hier zum einen Heizungsmechanismen, die eine Teilchensorte bevorzugen, und zum anderen Aufenthaltsdauern der Teilchen im Plasmagefäß, die für den Temperaturausgleich zu kurz sind.

Einfluß der Stöße auf den magnetischen Einschluß

Wir wollen uns jetzt überlegen, welchen Einfluß die Teilchenstöße auf die Bewegung in einem Magnetfeld bzw. den von diesem erhofften Teilcheneinschluß nehmen. Dabei lernen wir schon viele der wesentlichen Tatbestände kennen, wenn wir uns auf die Betrachtung der Situation in einem homogenen Magnetfeld beschränken.

Wie wir gesehen haben, verhindert ein homogenes Magnetfeld großräumige Teilchenbewegungen senkrecht zu seinen Feldlinien, weil jedes Teilchen auf eine Spiralbahn um eine von diesen gezwungen wird. Es ist sofort zu sehen, daß dieser »senkrechte Einschluß« durch Teilchenstöße aufgeweicht wird. Abb. 11.1 a) zeigt dies am Beispiel eines positiven Ions in einem relativ starken Magnetfeld. Das Ion macht erst viele Gyrationen, bevor es einmal stößt. Durch jeden Stoß wird seine Geschwindigkeit im allgemeinen sowohl der Richtung als auch dem Betrage nach verändert. Die Bewegung beginne mit der durch Ziffer *1* gekennzeichneten Kreisbahn. Nach einigen Umläufen erleide das Ion eine 45-Grad-Ablenkung, die seine Geschwindigkeit reduziert. Hierdurch verringert sich sein Gyrationsradius, und sein Gyrationszentrum wird versetzt (Bahn *2*). Ein streifender Stoß, der es beschleunigt, versetze es auf Bahn *3*. Der nächste Stoß bringe es auf das mit *4* bezeichnete Stück einer Kreisbahn, die allerdings nicht voll durchlaufen wird, weil sofort ein weiterer Stoß erfolgt usw. Es versteht sich, daß die gezeigte Teilchenbahn nur Modellcharakter besitzt, da wir den Effekt der Teilchenwechselwirkungen durch abrupte Geschwindigkeitsveränderungen modelliert haben. In Wirklichkeit hat man keine exakten Kreisbahnen oder

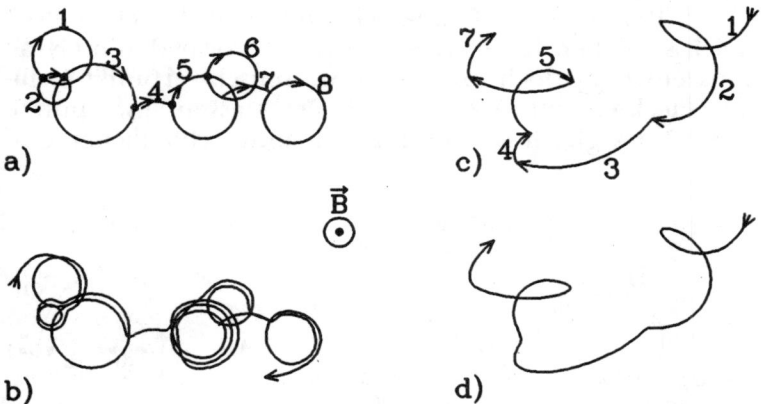

Abb. 11.1: *Oben: Modell abrupter Stöße a) in einem starken Magnetfeld, das aus der Papierebene heraus nach oben führt, und c) in einem schwachen Magnetfeld. Die Orte der Zusammenstöße sind in a) durch Punkte markiert. Unten: Zugehörige realistische Bewegung, b) in einem starken und d) in einem schwachen Magnetfeld. Man muß sich vorstellen, daß eine zusätzliche Bewegung in Richtung der Feldlinien stattfindet, die durch die Stöße ebenfalls beeinflußt wird.*

Kreisstücke mit abrupten Wechseln, sondern nur kreisähnliche Bahnen mit weichen Übergängen, wie in Abb. 11.1 b) gezeigt. Abb. 11.1 c) zeigt die Bahn desselben Teilchens in einem schwächeren Magnetfeld. Die Gyrationsfrequenz ist nun viel kleiner, so daß die Stöße im allgemeinen schon erfolgen, bevor die Kreisbahnen, deren Radien im Mittel jetzt erheblich größer sind, auch nur ein einziges Mal durchlaufen wurden. (Die hierzu gehörige realistischere Bahn ist in Abb. 11.1 d) zu sehen.) In beiden Fällen a) und c) (bzw. b) und d)) erkennt man, daß das Ion auf Grund der Versetzungen seines Gyrationszentrums jetzt auch quer zu den Feldlinien wandern kann. Für Elektronen ergibt sich qualitativ genau dasselbe Bild.

Um von diesen Wanderungen Schlüsse auf den Plasmaeinschluß ziehen zu können, muß man allerdings auch die Bewegung des jeweiligen Stoßpartners mit in die Betrachtung einbeziehen. Bei einem zentralen Stoß zweier gleich schneller Ionen dreht sich deren Geschwindigkeit genau um; dies führt dazu, daß diese nur die Bahn vertauschen (Abb. 11.2 a)), und für das Plasma ändert sich hierdurch nichts. Bei einem 90-Grad-Ablenkungsstoß zwischen zwei gleich schnellen Ionen verschieben sich zwar deren Gyrationszentren, jedoch so, daß ihr Massenschwerpunkt nicht vom Fleck kommt (Abb. 11.2 b)). Der Massenschwerpunkt eines Paars gleich schwerer Ionen unterschiedlicher Ge-

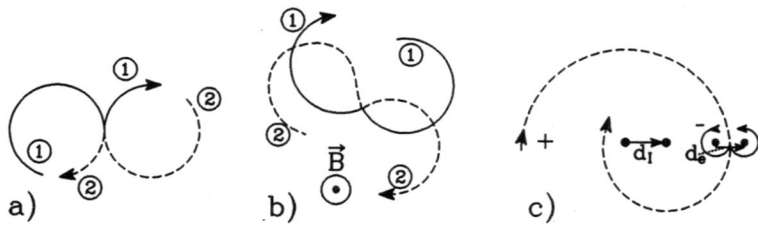

Abb. 11.2: a) *Zentraler Stoß gleichschneller Ionen, Bahn des einen gestrichelt, des anderen ausgezogen.* b) *90-Grad-Ablenkungsstoß gleich schneller Ionen.* c) *Zentraler Stoß Elektron-Ion (Elektronenbahn stark vergrößert); die Versetzungen* d_e *der Elektronenbahn und* d_i *der Ionenbahn sind gleich groß.*

schwindigkeit kann sich dagegen mit Hilfe von Stößen langsam davonmachen, da er sich zwischen den Stößen auf einer Kreisbahn bewegt, die durch diese versetzt wird. Diese Wanderbewegung ist allerdings recht langsam, und ähnlich verhält es sich bei Stößen zwischen Elektronen, so daß man sagen kann: Die Stöße zwischen gleichartigen Teilchen führen nur zu geringfügigen Massenverschiebungen quer zum Magnetfeld.

Ganz anders ist die Wirkung von Stößen zwischen geladenen und neutralen Teilchen bzw. zwischen Ionen und Elektronen. Im ersten Fall werden die ähnlich wie in Abb. 11.1 ablaufenden Versetzungen des geladenen Teilchens nicht durch gegenläufige Versetzungen anderer Ladungen neutralisiert oder in ihrer Wirkung abgeschwächt. Im zweiten Fall betrachten wir als illustratives Beispiel den zentralen Stoß eines Elektrons mit einem Ion (Abb. 11.2 c)). Das Elektron dreht beim Stoß im wesentlichen seine Geschwindigkeit um, wodurch seine Bahn um zwei seiner relativ kleinen Gyrationsradien versetzt wird. Das Ion wird ein wenig abgebremst, was seinen viel größeren Gyrationsradius etwas verkleinert. Hierdurch wird seine Bahn in derselben Richtung wie die des Elektrons verschoben, und man kann ausrechnen, daß seine Versetzung genauso groß ist wie die des Elektrons. Das Ergebnis ist eine *ambipolare Diffusion* (lat. ambi = von zwei Seiten; mit Seiten sind hier die Polaritäten plus und minus der Ladungsträger gemeint) von Elektronen-Ionen-Paaren quer zum Magnetfeld, bei der beide Teilchensorten mit derselben Geschwindigkeit in dieselbe Richtung wandern.

Zusammenfassend läßt sich sagen: *Die Teilchenstöße erlauben eine langsame Bewegung geladener Plasmateilchen quer zum Magnetfeld. Am wirkungsvollsten sind hierbei die Elektronen-Ionen-Stöße sowie die Stöße mit neutralen Teilchen.*

Die Bremsstrahlung

Ursache für die Abstrahlung elektromagnetischer Wellen durch eine Antenne ist die Beschleunigung von Ladungen. Hierbei kommt es nicht so sehr darauf an, ob die beschleunigende Kraft nur die Richtung der Geschwindigkeit verändert (Zyklotronstrahlung) oder ob sie die Richtung beläßt und die Ladung nur schneller oder langsamer macht. Das Letztere wird z. B. ausgenutzt in einer Röntgenröhre, wo ein von einer Glühkathode emittierter Elektronenstrahl zuerst durch eine hohe Spannung (einige zehntausend Volt) stark beschleunigt wird, um dann durch Aufprall auf eine Antikathode unter Emission von Röntgenlicht abrupt gebremst zu werden. Bei allen Stoßprozessen zwischen den Ladungsträgern eines Plasmas hat man es mit beschleunigten Bewegungen von Ladungen zu tun, und daher wird bei diesen immer Strahlung emittiert. Da deren Energie den Teilchen durch Abbremsung entzogen wird, spricht man von *Bremsstrahlung.*

Prinzipiell sind Ionen und Elektronen aller Geschwindigkeiten an der Erzeugung von Bremsstrahlung beteiligt. Nun sind aber die Elektronen wegen ihrer viel kleineren Masse bei gleicher Temperatur viel schneller als die Ionen, und sie erfahren bei den Stößen viel stärkere Geschwindigkeitsveränderungen als jene. Da sie andererseits aber dieselbe Ladung besitzen und es für die abgegebene Strahlungsleistung nur auf das Produkt aus Ladung und Beschleunigung ankommt, kann der Beitrag der Ionen zur Bremsstrahlung genauso wie der zur Zyklotronstrahlung vernachlässigt werden. Bei den Elektronen führen die Stöße mit den Ionen zu den größten Veränderungen der Geschwindigkeit (nicht der Energie!), so daß die Elektronen-Ionen-Stöße für die Bremsstrahlung am wichtigsten sind. Deren Anzahl wächst sowohl mit der Teilchendichte der Elektronen als auch mit der der Ionen. Außerdem muß die Bremsstrahlungsintensität mit den stoßbedingten Geschwindigkeitsänderungen der Elektronen zunehmen, die umso größer werden, je heißer die Elektronen sind und je mehr Elementarladungen die Ionen tragen. Die genauere Untersuchung zeigt, daß die Intensität der Bremsstrahlung proportional zur Elektronen- und zur Ionendichte, zu dem Quadrat der Kernladungszahl und zu der Wurzel aus der Elektronentemperatur ist. Die hierin zum Ausdruck kommende sehr starke Abhängigkeit von der Kernladungszahl wird sich für die Fusion als großes Hindernis

142

entpuppen (Kapitel 26). Bei »niedrigen« Elektronentemperaturen von ca. 20 000 Grad ist die Bremsstrahlung noch sichtbar. Bei Hochtemperaturplasmen im Fusionsbereich (ca. 100 Millionen Grad) handelt es sich um Röntgenstrahlung, die sehr durchdringend ist und deshalb anders als die Zyklotronstrahlung unabsorbiert dem Plasma voll verloren geht. Sie stellt daher für sehr heiße Plasmen einen wesentlichen Energieverlustfaktor dar.

Zusammenstöße geladener mit neutralen Teilchen

In teilweise ionisierten Plasmen, die auch in den Randzonen ansonsten extrem heißer Fusionsplasmen anzutreffen sind, spielen die Stöße zwischen geladenen und neutralen Teilchen eine wichtige Rolle. Sie führen wie die Stöße zwischen neutralen Teilchen zu ruckartigen Geschwindigkeitsveränderungen, da die Wechselwirkung wegen der elektrischen Neutralität des einen Stoßpartners erst bei unmittelbarer Teilchenberührung zustande kommt. Neben *elastischen Stößen*, bei denen die Bewegungsenergie der Stoßpartner nur umverteilt wird, dabei jedoch erhalten bleibt, gibt es unter ihnen auch *inelastische Stöße*. Bei diesen wird ein Teil der Bewegungsenergie in andere Energieformen überführt. Er kann z. B. zur Emission von Strahlung oder zur Ionisation verwendet werden. Diesem Aspekt soll jetzt unsere Aufmerksamkeit gelten, weil er über die schon erwähnte Bedeutung der Stöße mit neutralen Teilchen für die Senkrechtdiffusion in Magnetfeldern hinausgeht.

Elektronen und Ionen können ein neutrales Teilchen beim Zusammenstoß in einen angeregten Zustand höherer Energie versetzen, den dieses kurz darauf unter der Abgabe eines Lichtquants wieder verläßt. Solche Prozesse führen zur Emission von Linienstrahlung (siehe Abb. 1.2), die einerseits wertvolle Informationen bei der Untersuchung des Plasmazustands liefert; zum anderen stellt sie aber auch einen über die gewöhnliche Diffusion hinausgehenden zusätzlichen Verlustfaktor für das Plasma dar, da Lichtquanten das Plasma leichter verlassen können als geladene Teilchen oder durch Stöße übertragene Energie und somit zu

143

einem schnelleren Verlust der vorher in Teilchenbewegungen gespeicherten Energie führen. Wenn die beim Stoß auf ein Neutralteilchen übertragene Energie groß genug ist, kann dieses auch ionisiert werden. (Die *Ionisierungsenergie* von Wasserstoffatomen beträgt z. B. 13,6 eV, was bedeutet, daß zu deren Ionisierung mindestens diese Energiemenge übertragen werden muß.) Derartige Ionisierungsstöße sind die wichtigsten inelastischen Stöße in einem Plasma, weil sie sowohl die Erzeugung als auch die Aufrechterhaltung des Plasmazustands bewirken. Zu ihnen gehören natürlich auch die inelastischen Stöße mit Ionen, die zur Abtrennung weiterer Elektronen führen. Für die Ionisation – wie übrigens auch für die Anregung von Linienstrahlung – sind hauptsächlich die Elektronen verantwortlich, Ionen spielen dabei so gut wie keine Rolle. Der Grund dafür ist ziemlich einfach: Von dem zu ionisierenden Teilchen muß ein Elektron abgetrennt werden, und dieses ist es, an das beim Stoß die Ionisierungsenergie gegeben werden muß. Nun wissen wir bereits, daß die Energieübertragung zwischen gleich schweren Teilchen viel effektiver ist als zwischen Teilchen sehr verschiedener Masse; dies bedeutet, daß das Elektron durch ein weiteres Elektron viel leichter abgetrennt wird als durch ein Ion oder ein Atom.

Dafür können Ionen mit neutralen Teilchen eine andere Art von Stößen machen, zu denen wiederum Elektronen nicht fähig sind und die für den Energiehaushalt des Plasmas auch wichtig werden können. Es handelt sich um *Umladungsstöße*, bei denen ein einfach positiv geladenes Ion einem Neutralteilchen eines seiner Elektronen entreißt und es als Ion hinterläßt, während es selbst als Neutralteilchen davonfliegt. Durch derartige Umladungsstöße kann ein Plasma beträchtlich abgekühlt werden: Wenn ein durch ein Magnetfeld gefangenes sehr »heißes«, d. h. schnelles Ion durch einen Umladungsstoß neutralisiert wird, kann es sich sofort ungehindert mitsamt seiner im heißen Plasmainneren aufgesammelten Energie aus dem Magnetfeld »davonstehlen«, weil es von diesem nicht gehalten wird.

12. Die Maxwellsche Geschwindigkeitsverteilung

Wir haben im Rahmen der Behandlung von Teilchenstößen festgestellt, daß die Teilchen eines Plasmas bestrebt sind, bei ihren Stößen größere Energieunterschiede auszugleichen. Diese Bemerkung war etwas vage; darum wollen wir jetzt genauer herausarbeiten, was damit gemeint ist. Stellen wir uns der Einfachheit halber zuerst einmal ein Gas lauter gleichartiger neutraler Teilchen vor, die alle gleich schnell sind, jedoch in statistisch verteilten Richtungen irregulär durcheinanderfliegen. Auf Grund von Teilchenstößen wird es sehr schnell zu Änderungen der Geschwindigkeiten kommen: Bald wird es Teilchen geben, die schneller fliegen als zuvor, und da die Summe der Bewegungsenergien aller Teilchen sich nicht ändern kann, muß es auch Teilchen geben, die langsamer geworden sind. Durch den Zusammenstoß verschieden schneller Teilchen werden sich bald darauf noch größere Geschwindigkeitsunterschiede ergeben usw. Irgendwann wird sich jedoch an der Zahl von Teilchen, deren Geschwindigkeit in der Umgebung einer vorgegebenen Geschwindigkeit liegt, nichts mehr ändern: Prozesse, die in diese Umgebung führen, werden sich nämlich mit solchen Prozessen die Waage halten, die von dort wegführen. Es ist einleuchtend, daß in diesem stationären Endzustand Geschwindigkeiten, die von der ursprünglichen stark nach oben oder unten abweichen, relativ unwahrscheinlich sind, während die anfängliche Geschwindigkeit noch immer sehr stark vertreten sein sollte. Qualitativ entspricht dieses Bild recht genau dem Ergebnis, das eine quantitative Berechnung des Endzustands mit Hilfe statistischer Methoden liefert.

Diese Rechnung wurde zum ersten Mal 1859 von dem englischen Physiker Maxwell durchgeführt, dem wir auch die Formulierung der Gesetze der Elektrodynamik verdanken. Ihr Ergebnis ist die in Abb. 12.1 gezeigte *Maxwellsche Geschwindigkeitsverteilung*. Aus dem Teilbild a) läßt sich die Dichte n entnehmen, mit der die Teilchen – unabhängig von ihrer Flugrichtung – über die verschiedenen Geschwindigkeitsbeträge v verteilt sind. Die mit v_{th} bezeichnete thermische Geschwindigkeit stimmt mit der Geschwindigkeit überein, die in unserer vorangegangenen Überlegung ursprünglich alle Teilchen hatten. Sie ist ein wenig größer als die häufigste Geschwindigkeit v_h und maßgeblich für die mittlere Teilchenenergie, die mit der Temperatur zunimmt und als Maß für diese benutzt werden kann. Wie erwartet wird eine Geschwindigkeit umso seltener, je mehr sie von v_n abweicht. Abb. 12.1 a) zeigt zwei verschiedene Kurven für zwei verschiedene mittlere Geschwindigkeiten. Bei der Verteilung n_2 sind die Teilchen im Mittel schneller, also auch energiereicher, und daher beschreibt sie ein Gas höherer Temperatur als die Verteilung n_1. Fragt man nicht nur nach dem Betrag, sondern auch nach der Richtung der Geschwindigkeit, so sieht die Verteilung etwas anders aus: Abb. 12.1 c) zeigt die Dichte n_x, mit der die Teilchen über die Geschwindigkeitskomponente v_x verteilt sind, wenn v_x die Geschwindigkeit ist, mit der sie in Richtung der x-Achse fliegen. Die häufigste Geschwindigkeit v_x ist hier null, wir haben es also mit einem Gas zu tun, das sich im Mittel nicht in x-Richtung bewegt.

Den stationären (= zeitlich unveränderlichen, von spätlat. stationarius = stillstehend) Zustand, in welchem Geschwindigkeiten gemäß der Maxwellschen Verteilung an-

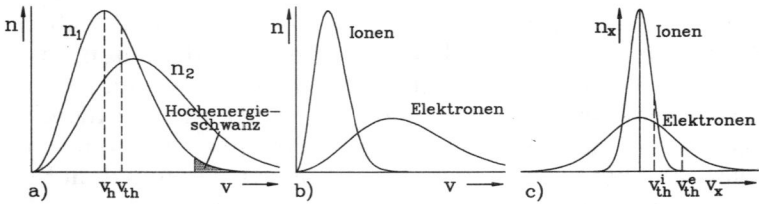

Abb. 12.1: *Maxwellsche Geschwindigkeitsverteilung: Verteilungsdichte* n *des Betrags der Geschwindigkeit, a) für eine Teilchensorte bei zwei verschiedenen Temperaturen, und b) für Elektronen und Protonen gleicher Temperatur* (n = *Zahl der Teilchen pro Geschwindigkeitsintervall,* v = *Betrag der Teilchengeschwindigkeit,* v_h = *häufigste Geschwindigkeit,* v_{th} = *thermische Geschwindigkeit). c) Verteilungsdichte* n_x *der Geschwindigkeitskomponente* v_x *von Elektronen und Ionen* (v_{th}^i *bzw.* v_{th}^e = *thermische Geschwindigkeit der Ionen bzw. Elektronen).*
Die Masse der Protonen wurde aus Darstellungsgründen künstlich um den Faktor 200 reduziert, ihre Geschwindigkeitsverteilung ist in Wirklichkeit viel schmaler und höher.

146

zutreffen sind, bezeichnet man als *thermodynamisches Gleich-gewicht*. Damit sich dieses einstellt, müssen genügend viele Teilchenstöße stattfinden. Bei hohen Stoßfrequenzen, also bei niedriger Temperatur und hoher Teilchendichte, kann das schon nach dem Bruchteil einer Sekunde der Fall sein. Bei niedrigen Stoßfrequenzen, also bei kleinen Dichten und sehr hohen Temperaturen, kann es sehr viel länger dauern, bis dieser Zustand erreicht ist.

Hinreichend viele Teilchenstöße führen auch im Plasma zu einer Maxwell-Verteilung der Geschwindigkeiten. Das gilt jedoch für Elektronen, verschiedene Ionensorten und Atome jeweils separat, wobei daran erinnert sei, daß von den Stoßprozessen primär die Energien und nicht die Geschwindigkeiten ausgeglichen werden. Sofern genügend Zeit dafür vorhanden ist, daß sich die Temperaturen aller Teilchensorten angleichen, bedeutet dies, daß ihre mittleren Bewegungsenergien gleich werden, und gleich wird außerdem die Art, wie sich davon abweichende Energien verteilen. Bei übereinstimmender Bewegungsenergie ist ein Ion wegen seiner größeren Masse jedoch viel langsamer als ein Elektron, und auch Ionen verschiedener Sorten werden sich noch in ihren charakteristischen Geschwindigkeiten unterscheiden. Trotz gleicher Energieverteilung haben daher Ionen und Elektronen gleicher Temperatur verschiedene Geschwindigkeitsverteilungen (Abb. 12.1 b) und c)).

Während die meisten Ionen eine Geschwindigkeit aufweisen, deren Wert in der Nähe der häufigsten Geschwindigkeit liegt, gibt es doch immer einige, die sehr viel schneller sind, und das entsprechende gilt natürlich auch für die Elektronen. Es gibt Prozesse, in denen diese Minorität besonders schneller Teilchen sehr wichtig wird. Betrachten wir als Beispiel die Ionisationskurve für Wasserstoff (Abb. 12.2), die zeigt, daß dieser schon bei 25 000 Grad vollständig ionisiert ist. Bei dieser Temperatur beträgt die mittlere Energie der für die Ionisierung praktisch allein verantwortlichen Elektronen nur wenig mehr als 2 eV, während zur Abtrennung des Wasserstoffelektrons mindestens 13,6 eV benötigt werden. Aus diesen Zahlen geht hervor, daß es ein kleiner Bruchteil von Elektronen aus dem »Hochener-

147

gieschwanz« der Maxwell-Verteilung (schattierter Bereich in Abb. 12.1 a)) sein muß, der allein die vollständige Ionisation bewirkt.

Wir haben bei unseren Überlegungen zur Geschwindigkeitsverteilung nicht danach gefragt, ob sich die Plasmateilchen in einem Magnetfeld oder völlig frei bewegen. Um es gleich vorwegzunehmen: Die Maxwell-Verteilung stellt sich im Prinzip genauso im Magnetfeld ein wie ohne dieses, denn das Magnetfeld läßt die Teilchenenergien und damit auch deren statistische Verteilung völlig unbeeinflußt. Wenn das die ganze Wahrheit wäre, würde das allerdings für den magnetischen Einschluß von Plasmen eine Katastrophe darstellen: Das Plasma würde dann nämlich trotz des Magnetfelds vom Zentrum bis an seinen Rand dieselbe Temperatur aufweisen und folglich, wie wir dies in Kürze sehen werden, auch denselben Wert von Druck und Dichte. Es könnte dann von dem Magnetfeld nicht an einer geradezu »tödlichen« Berührung mit der Wand des einschließenden Plasmagefäßes gehindert werden, die es sofort völlig auskühlen würde.

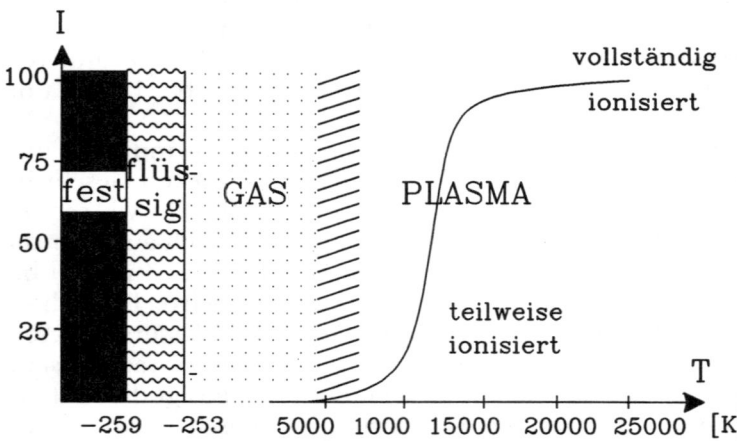

Abb. 12.2: *Ionisationsgrad* I *(= Verhältnis der Zahl ionisierter Atome zur Gesamtzahl ionisierter und neutraler Atome) von Wasserstoff bei einer Dichte von etwa 10^{23} Ionen und neutralen Atomen pro Kubikmeter als Funktion der Temperatur* T.

148

Zum Glück gilt die getroffene Aussage jedoch nur im Prinzip. Damit sie zuträfe, müßte das Plasma nämlich genügend Zeit für den Energieaustausch zwischen den Teilchen haben, und darin liegt die Rettung vor der befürchteten Katastrophe. Da sich die Plasmateilchen längs magnetischer Feldlinien weitgehend völlig frei bewegen können, treffen sie hier in kurzer Zeit auf viele andere Teilchen unterschiedlichster Energien, so daß sich die Maxwell-Verteilung längs einer Feldlinie innerhalb des durch die Stoßfrequenz gesetzten Zeitmaßstabs ähnlich wie in einem neutralen Gas einstellen kann. Ganz anders steht es jedoch mit dem Energieausgleich senkrecht zu den Magnetfeldlinien. In dieser Richtung können sich die Teilchen nur stoßbedingt sehr langsam fortbewegen, sie treffen also über längere Zeiten immer wieder auf dieselben Stoßpartner, und es kommt nicht zu der für eine schnelle Einstellung der Maxwell-Verteilung so wichtigen Durchmischung vieler unterschiedlicher Energien. Dies hat zur Folge, daß die Zeit, die zur Einstellung einer einheitlichen Maxwell-Verteilung an Orten auf verschiedenen Feldlinien benötigt würde, diejenige für die Einstellung einer solchen längs derselben Feldlinie um viele Größenordnungen übertrifft. In Fusionsexperimenten ist sie sogar erheblich größer als die Zeit, in der die Teilchen durch Senkrechtdiffusion aus dem Magnetfeld verloren gehen. Hier gibt es daher keine Chance, daß sich eine einheitliche Maxwell-Verteilung über größere Distanzen senkrecht zu den Feldlinien hinweg etablieren könnte. Bei dem magnetischen Einschluß von Fusionsplasmen haben wir also die Situation, daß sich längs der magnetischen Feldlinien sehr schnell der Zustand des thermodynamischen Gleichgewichts einstellt; dieser kann aber von Feldlinie zu Feldlinie verschieden sein, und mit ihm auch die Temperatur. Wir werden in diesem Fall von einem *lokalen thermodynamischen Gleichgewicht* sprechen.

III. Elementare Plasmaphysik

13. Plasmen aus makroskopischer Sicht

Über die Teilchenstöße und die Maxwell-Verteilung haben wir uns mehr und mehr von der einfachen Beschreibung des Plasmas durch Einzelteilchenbahnen entfernt. Die Temperatur, die wir zuletzt als Maß für die mittlere Wärmebewegungsenergie eines durch eine Maxwell-Verteilung beschriebenen Teilchenkollektivs erkannt haben, ist eine typisch makroskopische (von griech. makrós = groß und skopēin = betrachten) Größe, die aus einer Statistik über viele Einzelteilchen hervorgeht und für ein Einzelteilchen keinen Sinn ergibt. (Wenn im folgenden dennoch gelegentlich von einem »heißen« Teilchen gesprochen wird, dann ist dies Physikerjargon und soll nur besagen, daß dieses aus einem heißen Plasma stammt und daher mit großer Wahrscheinlichkeit sehr schnell ist.)

Von gleicher Art ist der bisher mehr intuitiv, jedoch etwas unkritisch benutzte Begriff der räumlichen Teilchendichte. Wenn wir in einem Plasma ein sehr kleines Volumenelement abgrenzen, werden sich darin einmal mehr und einmal weniger Teilchen befinden, mitunter sogar keines. Mit der Teilchendichte z. B. der Ionen meinen wir genauer den statistischen zeitlichen Mittelwert der Ionenzahl in diesem Volumen, geteilt durch dessen Größe.

Uns allen sind die Methoden der Statistik etwas vertrauter geworden, seit der Ausgang politischer Wahlen im Fernsehen durch die statistische Auswertung stichprobenartiger Umfragen oder mit Hilfe des im Laufe des Wahlabends ständig anwachsenden Bruchteils ausgezählter Stimmen vorausberechnet wird. Es ist daher geläufig, daß die Voraussagen mit Zunahme der ausgezählten Stimmen immer zuverlässiger werden. Das Frappierende ist aber, daß schon ein verhältnismäßig kleiner Bruchteil ein ganz hervorragendes Ergebnis liefert.

Ganz ähnlich muß die in dem Volumenelement befindliche Zahl von Teilchen zwar einerseits eine repräsentative Auswahl bilden, also sicher deutlich größer sein als eins, damit sich aus ihr ein zuverlässiger Mittelwert berechnen läßt; hierzu muß das Volumenelement hinreichend groß gewählt werden. Es müssen andererseits aber auch nicht übermäßig viele Teilchen sein; das Volumen darf vielmehr gar nicht besonders groß sein: Wir wollen nämlich auch Situationen erfassen, in denen die mittlere Teilchendichte innerhalb des Plasmas variiert, und durch ein zu groß gewähltes Mittelungsvolumen würde diese nur verwaschen. Unser Volumenelement muß daher wiederum so klein sein, daß in ihm die Bedingungen, welche die makroskopische Teilchendichte bestimmen (z. B. äußere Magnetfelder), überall in etwa gleich sind, also nur wenig variieren. Man umschreibt diesen Sachverhalt auch kurz: Das Mittelungsvolumen muß *mikroskopisch groß und makroskopisch klein* sein. Das gilt natürlich nicht nur für die Teilchendichte, sondern genauso auch für andere statistische Größen wie die mittlere Teilchenenergie, den mit dieser verknüpften Temperaturbegriff und weitere makroskopische Größen, die wir noch kennenlernen werden.

Zwei von diesen sind die Strömungsgeschwindigkeiten der Elektronen und Ionen eines Plasmas. Hier werden die Geschwindigkeiten aller Teilchen der betroffenen Sorte im Mittelungsvolumen nach Größe und Richtung (d. h. vektoriell, wie in Abb. 9.3) aufsummiert und anschließend durch die Teilchenzahl dividiert. Sehr wichtig ist dabei die Richtung, denn es ist möglich, daß die Strömungsgeschwindigkeit null ist, während die Einzelteilchen alle mit von null verschiedenen und möglicherweise sogar sehr hohen Geschwindigkeiten durcheinanderfliegen. So ist z. B. die mittlere Geschwindigkeit zweier gleich schwerer Teilchen, die mit gleicher Geschwindigkeit in entgegengesetzte Richtungen fliegen, null. Eine Strömungsgeschwindigkeit des ganzen Plasmas kann man erhalten, indem man den mit den Teilchenmassen gewichteten Mittelwert der verschiedenen Sortenströmungsgeschwindigkeiten bildet. Sofern das Plasma ruht, ist dieser null. Wenn das Plasma dagegen an der betrachteten Stelle strömt, ist er von null verschieden.

Da das Gewicht der Ionen bei der geschilderten Mittelung erheblich größer ist als das der Elektronen, stimmt die Strömungsgeschwindigkeit des Plasmas beinahe völlig mit der des »Ionengases« überein.

Eine besonders wichtige makroskopische Größe, die uns noch oft begegnen wird, ist auch der Druck. Intuitiv wird sich darunter jeder etwas vorstellen können. Wir wollen uns hier mit ihm aus mikroskopischer Perspektive befassen, was vielleicht weniger geläufig ist. Am einfachsten versteht man wieder den Fall eines Gases mit lauter Neutralteilchen, und ganz besonders aufschlußreich ist die in Abb. 13.1 gezeigte Situation, in der der Druck wie in einem Dampfkochtopf gemessen wird. Ein Stempel wird durch eine Feder von rechts in das Gas hineingedrückt, der Gasdruck hält dagegen und läßt auf der rechten Seite einen Meßstab umso weiter herausragen, je größer er ist. Wie kommt es zu der Gegenkraft des Drucks? Auf den Stempel prasseln von links andauernd Teilchen ein, unter den verschiedensten Winkeln und mit den verschiedensten Geschwindigkeiten. Sie werden an ihm reflektiert und versetzen ihm dabei durch Übertragung eines nach rechts gerichteten Impulses Püffe, die ihn jeweils kurzfristig nach rechts beschleunigen. Der Stempel nimmt im Wechselspiel dieser entgegengerichteten Einflüsse eine mittlere »Ruhelage« ein, um die herum er sehr kleine, makroskopisch unsichtbare Zitterbewegungen ausführt, da ihn die Püffe im Mittel immer wieder um dieselbe Strecke nach rechts zu-

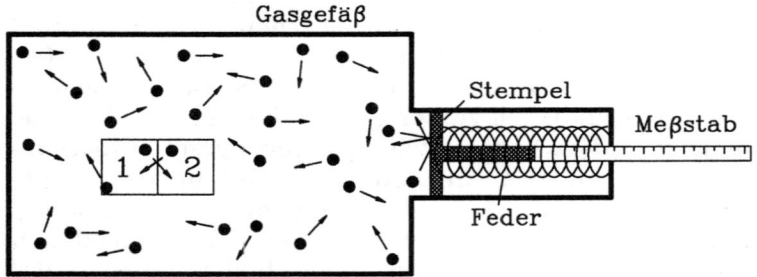

Abb. 13.1: *Druck von Gasmolekülen auf einen ins Gasgefäß hineingedrückten Stempel.*

rücktreiben, um die ihn die Feder zwischen den Püffen nach links gedrückt hat. Der Gasdruck ist also die durch die Püffe der Gasteilchen effektiv bewirkte Gegenkraft gegen die betragsmäßig gleich große Stempelkraft, geteilt durch die Fläche des Stempels.

Natürlich wirkt der Gasdruck nicht nur auf den Stempel des Meßgeräts und die Wand des Gasgefäßes, sondern auch innerhalb des Gases. So üben z. B. die in Abb. 13.1 gezeigten Teilvolumina *1* und *2* an ihrer Trennfläche genau denselben Druck aufeinander aus, den man an dem Meßgerät mißt. Allerdings kommt er hier etwas anders zustande als dort. Zwar werden wohl auch Teilchen des einen Teilvolumens in der Nachbarschaft der Trennfläche durch Stöße mit Teilchen aus dem anderen Teilvolumen zurückreflektiert und übertragen dabei auf jenes einen Impuls. Überwiegend geschieht die Impulsübertragung zwischen den beiden Volumenelementen jetzt jedoch dadurch, daß Teilchen einfach vom einen in das andere überwechseln und dabei ihren Impuls mitbringen. Da es für die Kraftwirkung aber nur auf die Impulsübertragung ankommt, ist dieser Mechanismus genauso gut.

Je höher die Gastemperatur, umso schneller sind im Durchschnitt die Teilchen, und umso mehr Impuls überträgt jedes einzelne beim Aufprall auf den Stempel oder beim Überwechseln in das andere Teilvolumen. Je höher die Dichte des Gases, umso mehr Teilchen prasseln in der Sekunde auf den Stempel oder wechseln in das andere Volumenelement. Beide Effekte erhöhen den Druck der Teilchen, und die genauere Überlegung zeigt, daß der Gasdruck im thermodynamischen Gleichgewicht proportional zu dem Produkt aus der Teilchendichte und der Temperatur ist. Das heißt, daß er sich zum Beispiel verdoppelt, wenn eine dieser beiden Größen verdoppelt wird, und daß er sich vervierfacht, wenn beide gleichzeitig um den Faktor zwei erhöht werden. Dieser einfache Zusammenhang zwischen der Temperatur, der Dichte und dem Druck ist sehr wichtig und wird als *ideales Gasgesetz* bezeichnet.

Kehren wir jetzt zu dem Fall des Plasmas zurück, auf das sich alle Überlegungen sofort übertragen lassen. (Die Druckmessung wird technisch allerdings ganz anders

153

durchgeführt, weil das Plasma auf die Berührung mit dem Stempel sofort mit seiner Abkühlung reagieren würde.) Wir können sie sogar für jede Teilchensorte übernehmen, d. h. wir können einen Druck der Elektronen (*Elektronendruck*) definieren, indem wir nur die Elektronen betrachten, und bekommen für den Zusammenhang zwischen diesem, der Elektronendichte und der Elektronentemperatur wieder das ideale Gasgesetz. Dasselbe gilt für jede Ionensorte sowie für jede Atom- und Molekülsorte, die in dem Plasma womöglich auch enthalten ist. Weil sich die Impulse der verschiedenen Teilchensorten zu einem Gesamtimpuls summieren lassen, erhält man auch einen Gesamtdruck des ganzen Plasmas, indem man die *Partialdrücke* der verschiedenen Teilchensorten addiert. In einem vollständig ionisierten Wasserstoffplasma z. B. sind Ionen- und Elektronendruck bei einheitlicher Temperatur gleich groß und jeweils gleich der Hälfte des Gesamtdrucks.

Zur Gültigkeit des idealen Gasgesetzes sei noch eine kurze Bemerkung angefügt. Bei dessen Ableitung wird vorausgesetzt, daß jedes Teilchen seinen Impuls übertragen kann, ohne dabei von anderen Teilchen spürbar behindert zu werden. Das ist innerhalb eines außerordentlich großen Temperatur- und Dichtebereichs der Fall. Wenn sich die Plasmateilchen jedoch zu nahe kommen, also die Plasmadichte zu hoch wird, wirken sich die elektrischen Wechselwirkungskräfte zwischen den Teilchen so auf die Impulsübertragung aus, daß es zu einem veränderten Gasgesetz kommt: Man spricht dann von einem *nichtidealen Plasma* (siehe Abb. 2.1). Bei noch höherer Dichte kommen sich die Teilchen so nahe, daß sich die quantenmechanischen Wellen verschiedener Teilchen überlappen und Quanteneffekte zur Geltung kommen. Wenn diese so stark werden, daß sie dominieren, tritt der Einfluß der elektrischen Wechselwirkungskräfte wieder in den Hintergrund. Man bekommt dann abermals ein anderes Gasgesetz und spricht von *idealen entarteten Plasmen* (siehe Abb. 2.1, oben).

154

14. Transport im Plasma

Im vollständigen thermodynamischen Gleichgewicht ruht das Plasma und besitzt allerorts dieselben Eigenschaften, hat also überall dieselben Werte von Druck, Temperatur und Dichte. Dieser monotone Materiezustand ist nicht besonders aufregend – interessanter wird es erst, wenn räumliche Strukturen auftreten oder sich zeitabhängige Prozesse abspielen. Hierzu bedarf es entweder äußerer Einwirkungen auf das Plasma, oder dieses muß sich anfänglich in einem inhomogenen Zustand befunden haben, der zu Ausgleichsprozessen führt. Im Rahmen solcher Prozesse können verschiedene Größen transportiert werden: Ladungen als elektrischer Strom, Masse als Strömung (*Konvektion*) oder durch *Diffusion*, Energie durch Wärmeleitung oder in Verbindung mit dem Massentransport, und schließlich auch Magnetfelder. Diese Transportphänomene sind für den magnetischen Plasmaeinschluß von außerordentlicher Bedeutung. Wir wollen sie daher im folgenden etwas näher unter die Lupe nehmen und tun das zum besseren Verständnis separat, obwohl sie häufig kombiniert auftreten. Außerdem betrachten wir im wesentlichen nur vollständig ionisierte Plasmen, in denen die Situation einfacher ist.

Der Transport von Ladungen

Der elektrische Strom in einem Metalldraht ist ein reiner Elektronenstrom, im Plasma wird der Strom dagegen (im Prinzip) von strömenden Elektronen und Ionen getragen. Da Plasmen im allgemeinen ziemlich ausgedehnte Leiter sind, in denen der Strom an verschiedenen Stellen mit unterschiedlicher Stärke fließt, ist es besser, bei ihnen den lokalen Begriff der *Stromdichte* zu benutzen: Darunter versteht man den Strom pro Querschnittsfläche, der durch ein mikroskopisch dickes, makroskopisch dünnes Stromfilament (eine in Analogie zu einer magnetischen Flußröhre konstruierte »Stromflußröhre«, vgl. Abb. 8.3) fließt.

In einem stromdurchflossenen Draht gilt das von dem deutschen Physiker G. S. Ohm entdeckte *Ohmsche Gesetz*:

Der Strom ist proportional zur angelegten Spannung. Das Verhältnis aus Spannung und Strom ist eine für den benutzten Draht charakteristische Größe und wird als Widerstand bezeichnet. Eine gleichwertige lokale Formulierung des Ohmschen Gesetzes lautet: *Die Stromdichte weist in Richtung des elektrischen Feldes und ist diesem proportional.* Das Verhältnis aus elektrischer Feldstärke und Stromdichte wird als *spezifischer Widerstand* oder *Resistivität* (von lat. resistere = Widerstand leisten) bezeichnet. In der zuletzt genannten Form gilt das Ohmsche Gesetz auch in einem vollständig ionisierten, ruhenden Plasma.

Wir wollen uns aus mikroskopischer Sicht klarmachen, wie es dazu kommt und wie der spezifische Widerstand des Plasmas von dessen Dichte und Temperatur abhängt. Dabei vereinfachen wir unsere Überlegungen zunächst dadurch, daß wir von externen Magnetfeldern (sie werden von außerhalb des Plasmas fließenden Strömen erzeugt) absehen, vom Plasmastrom erregte Magnetfelder vernachlässigen und annehmen, daß das im Plasma wirksame elektrische Feld homogen ist.

Durch das elektrische Feld werden die Ionen beständig in und die Elektronen entgegen dessen Richtung beschleunigt. Bei – bis aufs Vorzeichen – gleicher Ladung wirkt auf sie eine Kraft der gleichen Stärke; da die Elektronen aber viel leichter sind, erreichen sie nach derselben Beschleunigungzeit eine viel höhere Geschwindigkeit als die Ionen. Diese wächst allerdings nicht unbegrenzt, denn immer wieder kommt es zur Abbremsung durch »Stöße« mit den in der entgegengesetzten Richtung strömenden Ionen; und dasselbe gilt natürlich für die Ionen auf Grund von deren »Stößen« mit den Elektronen. Nach solchen stoßbedingten Bremsmanövern müssen die Plasmateilchen immer wieder den Weg zu höheren Geschwindigkeiten antreten, ähnlich wie Sisyphus seinen Felsbrocken immer wieder den Berg hochwälzen muß. Dabei kommen sie aber doch voran, und zwar mit einer mittleren Geschwindigkeit, die, grob gesagt, etwa die Hälfte der vor dem nächsten Stoß erreichten Maximalgeschwindigkeit beträgt (Abb. 14.1). Diese ist, wie die Maximalgeschwindigkeit, für Elektronen um einen gewaltigen Faktor (z. B. fast 2000 in einem Wasserstoffplasma) höher als für Ionen, so daß die Ionen gegenüber den Elektronen beinahe in Ruhe sind. Da es für den Beitrag der einzelnen Ladungen zu der Gesamtstromdichte jedoch nur auf das Produkt aus Ladung und mittlerer Geschwindigkeit ankommt, kann der Beitrag der Ionen zum Plasmastrom praktisch vernachlässigt werden; dieser wird also ebenfalls fast ausschließlich von den Elektronen getragen. Stöße der Elektronen bzw. Ionen untereinander spielen für die erreichte mittlere Geschwindigkeit der Ladungsträger keine Rolle, denn für jedes Elektron (bzw. Ion), das durch einen derartigen Stoß verzögert wird, gibt es ein anderes, das entsprechend schneller vorankommt. Die mittlere Elektronengeschwindigkeit ist wie die vor dem nächsten Stoß erreichte Maximalgeschwindigkeit direkt proportional zur mittleren freien Flugzeit zwischen zwei Elektronen-Ionen-Stößen sowie zur Stärke des elektrischen Feldes. Dieses Ergebnis überträgt sich unmittelbar auf die Stromdichte, womit wir einerseits die Ursache für deren Proportionalität zur elektrischen Feldstärke erkannt haben. Andererseits wissen wir jetzt auch noch, daß der spezifische Widerstand des Plasmas durch die Elektronen-Ionen-Stöße hervorgerufen wird und in dem Maße abnimmt,

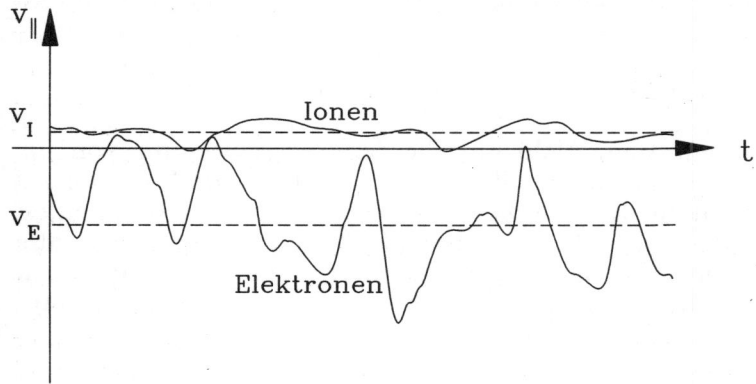

Abb. 14.1: *Parallelgeschwindigkeit $v_\parallel$ der durch ein elektrisches Feld beschleunigten und durch »Stöße« immer wieder abgebremsten Plasmateilchen. Diese ist für Ionen positiv (in Feldrichtung), für Elektronen negativ (entgegen der Feldrichtung). Die viel kleinere Ionengeschwindigkeit ist mitsamt ihren Veränderungen stark vergrößert dargestellt.*

wie deren Frequenz (der Kehrwert der mittleren freien Flugzeit) zurückgeht. Wir hatten uns schon überlegt, daß das die letztere bei zunehmender Temperatur sehr schnell tut. Daher können wir schließen: *Der spezifische Plasmawiderstand wird mit zunehmender Plasmatemperatur sehr schnell geringer.* Und wie wirkt sich die Dichte der Ladungsträger aus? Man könnte vielleicht erwarten, daß der Plasmastrom bei gegebener elektrischer Feldstärke mit der Zahl der Ladungsträger in der Volumeneinheit zunimmt, denn mehr von diesen können mehr Ladung transportieren. Gleichzeitig nimmt aber auch die Zahl der Elektronen-Ionen-Stöße zu, was der Erhöhung der Stromstärke entgegenwirkt. In der Gesamtwirkung heben sich die beiden gegenläufigen Effekte gerade auf, der spezifische Plasmawiderstand ist also von der Dichte unabhängig.[19]

Größenmäßig zeigt sich, daß man sehr hohe Temperaturen braucht, um in einem Plasma eine so gute Leitfähigkeit für den elektrischen Strom wie in Metallen zu bekommen. In einem Wasserstoffplasma z. B. wird die Leitfähigkeit von Kupfer erst bei 15 Millionen Grad erreicht. Bei den Temperaturen eines Fusionsreaktors (ca. 120 Millionen Grad) ist sie dann allerdings schon mehr als zwanzigmal so gut.

Ströme senkrecht zu einem Magnetfeld

Da ein Magnetfeld nur die Senkrechtbewegung von Ladungsträgern beeinflußt, bleibt es ohne jede Wirkung auf einen zu ihm parallelen Strom. In vielen Experimenten möchte man allerdings auf das Plasma magnetische Kräfte ausüben, zu denen es nur kommt, wenn der Plasmastrom eine Komponente senkrecht zum Magnetfeld besitzt. Au-

---

[19] Hier besteht übrigens ein wesentlicher Unterschied zum Stromfluß in nur schwach ionisierten Plasmen. In diesen wird die Zahl der Stöße und damit die mittlere freie Flugzeit ganz wesentlich von den Zusammenstößen mit Neutralteilchen und damit von deren Dichte bestimmt. Die obengenannte Kompensation gegenläufiger Effekte entfällt, und die Stromstärke nimmt tatsächlich mit der Ladungsträgerdichte zu.

ßerdem umgibt sich der Plasmastrom selbst in Fällen, wo von außen nur ein elektrisches Feld angelegt wird, mit einem eigenen Magnetfeld, das er meist quer durchfließen muß. Aus diesen Gründen ist es besonders wichtig, den Stromfluß senkrecht zum Magnetfeld zu verstehen.

Wenn wir uns an das Einzelteilchenbild des Plasmas erinnern, erscheint es auf den ersten Blick sogar unmöglich, einen Strom quer zu einem Magnetfeld fließen zu lassen. Denn wenn man das erzwingen will, indem man ein elektrisches Feld senkrecht zu diesem anlegt, reagieren die Ionen und Elektronen darauf mit einer gleichgerichteten und gleich schnellen E-kreuz-B-Drift, in der sich ihre Beiträge zu einem Gesamtstrom genau kompensieren (Abb. 9.2). Tatsächlich erlauben die Elektronen-Ionen-Stöße aber eine langsame Bewegung der Ladungsträger senkrecht zum Magnetfeld. Damit ermöglichen sie auch einen Stromfluß in Richtung des angelegten elektrischen Feldes, wobei sie für den Plasmawiderstand erstaunlicherweise etwa dieselbe Rolle spielen wie in magnetfeldfreien Plasmen. Hierfür ist die gegenseitige Behinderung von Ionen und Elektronen maßgeblich, bei der es dennoch bleibt.

Außer elektrischen Feldern gibt es im Plasma noch eine ganze Reihe weiterer Ursachen, die elektrische Ströme senkrecht zu einem Magnetfeld fließen lassen können. Besonders interessant ist hier die Wirkung eines Dichtegefälles der Ladungsträger, die wir uns an dem in Abb. 14.2 a) gezeigten Beispiel klarmachen können. Hier wird ein zylindrisches Plasma parallel zur Zylinderachse von einem Magnetfeld durchsetzt. Gezeigt sind die Kreisbahnen einiger Elektronen, deren Dichte – wie die der Ionen – von der Mitte des Plasmas zum Rand hin bei konstanter Temperatur abnimmt. Jedes gyrierende Elektron stellt einen kleinen Kreisstrom dar. Betrachten wir nun den Strom durch die kleine Fläche F, die in der gezeigten Aufsicht als Strich erscheint und in Abb. b) noch einmal herausvergrößert wurde. Wenn die Elektronendichte konstant wäre, gäbe es genausoviele Elektronen, welche die Fläche von unten nach oben durchqueren, wie umgekehrt, die Beiträge der verschiedenen Elektronen würden sich also zu einem verschwindenden Gesamtstrom durch die markierte Fläche aufaddieren. Wegen des vorausgesetzten Dichtegefälles gibt es jedoch links mehr Gyrationszentren als rechts, und daher überwiegt der nach oben weisende Strombeitrag der Elektronen linkerhand. Dies gilt für jedes radiale Flächenelement, und daher bekommen wir im ganzen Plasma einen im Kreis herumfließenden Strom, der als *diamagnetischer Strom* bezeichnet wird. Für Ionen gilt eine entsprechende Überlegung, und weil diese wegen ihrer positiven Ladung in umgekehrter Richtung kreisen, weist ihr Strombeitrag in dieselbe Richtung. Allerdings gyrieren sie bei gleicher Temperatur um vieles langsamer, weshalb auch hier wieder die Elektronen den Strom fast ganz alleine tragen.

Das Magnetfeld, das der Kreisstrom jedes gyrierenden Elektrons bzw. Ions erzeugt, ist im Inneren der Kreisbahn, wo es am stärksten ist, dem externen Magnetfeld entgegengerichtet. Daher erzeugen auch die diamagnetischen Ströme, die durch die Zusammenwirkung der Einzelgyrationen zustandekommen, ein Gegenfeld, welches das externe Magnetfeld abschwächt und die Feldlinien auseinanderrücken läßt (Abb. 14.2 c)). Von dieser Eigenschaft leitet sich auch ihr Name ab (von griech. diá, Bedeutung in zusammengesetzten Wörtern ähnlich wie dtsch. zer- im Sinne von auseinander).

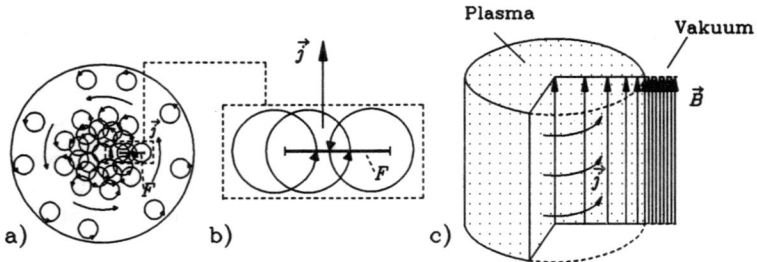

Abb. 14.2: *Diamagnetischer Strom der Dichte $\vec{j}$ in einem Plasmazylinder: a) Aufsicht auf einen Zylinderquerschnitt, b) vergrößerter Ausschnitt aus a). Gezeigt sind Elektronenbahnen, die der mittleren Elektronengeschwindigkeit entsprechen. c)Magnetische Feldlinien*

Unser Beispiel läßt ein erstaunliches Phänomen erkennen: Der diamagnetische Strom transportiert keine Ladungen, diese verbleiben auf ihren angestammten Gyrationskreisen. Wenn der diamagnetische Strom sich allerdings nicht, wie in unserem Beispiel, im Plasma schließt, muß es doch noch zu einem zusätzlichen Transport von Ladungen kommen, der den Strom ins Plasma hinein und aus diesem herausführt.

Der Transport von Masse

Plasmakonvektion

Es ist intuitiv einsichtig, daß Druckunterschiede ein Plasma ähnlich in Bewegung setzen können, wie das Herannahen eines Tiefdruckgebiets während einer Schönwetterlage die Luft unserer Atmosphäre zum Strömen bringt und Wind oder Sturm aufkommen läßt. Um diesen Vorgang etwas besser zu verstehen, betrachten wir die Flächen konstanten Drucks in einem Plasma. Deren Schnittlinien mit einer Ebene sind in Abb. 14.3 gezeigt – es handelt sich genau wie

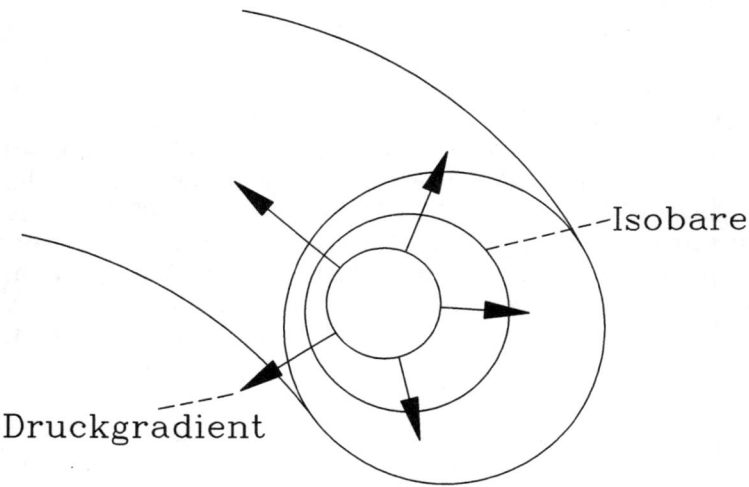

Abb. 14.3: *Isobaren und Druckgradient in einem Plasma.*

161

auf einer Wetterkarte um Isobaren (von griech. ísos = gleich und báros = Schwere, Druck). Diejenige Größe, die in einem gegebenen Punkt in Richtung des stärksten Druckanstiegs weist – wie bei den Höhenlinien einer Landkarte ist es die Richtung, in der man am schnellsten zur nächsten Isobare gelangt – und dem Betrage nach den Druckanstieg pro Meter Abstand angibt, bezeichnet man als *Druckgradient*. Größenmäßig stimmt dieser mit der auf die Volumeneinheit bezogenen Druckkraft überein; das Plasma wird sich allerdings in der Richtung des stärksten Druckgefälles, also genau entgegen der Richtung des Druckgradienten, bewegen.

Außer Druckkräften können auch elektromagnetische Kräfte das Plasma in Bewegung setzen. Da es sehr schwierig ist, im Plasma größere Ladungsanhäufungen hervorzurufen oder gar aufrechtzuerhalten, spielen die zu diesen proportionalen elektrischen Kräfte bei der Beschleunigung meist keine wesentliche Rolle. Dagegen kann die schon im Zusammenhang mit der Einzelteilchenbewegung diskutierte magnetische Lorentz-Kraft zu außerordentlich hohen Plasmabeschleunigungen führen. Solche spielen z. B. bei Sonneneruptionen, bei vielen Plasmainstabilitäten oder bei Plasmatriebwerken eine Rolle.

Die durch Druck- oder Lorentz-Kräfte hervorgerufenen Strömungsbewegungen des Plasmas werden als *Konvektion* (von spätlat. convectio = das Zusammenbringen) bezeichnet. Sie unterbleiben nur, wenn sich die einwirkenden Kräfte gegenseitig genau kompensieren. Das Plasma kann dann eine ruhende Gleichgewichtslage einnehmen. Solche *statischen Gleichgewichtszustände*, in denen das Plasma eine genau vorgeschriebene und nach gewissen Kriterien vorausberechnete Ruhelage beibehält, sind der Wunschtraum des an der Kernfusion interessierten Physikers. Sehen wir, welche Hindernisse ihm die Natur dabei in den Weg stellt.

Plasmadiffusion

Leider kann sich das Plasma auch in einem statischen Gleichgewicht noch langsam aus den Gebieten »davonstehlen«, in denen man es eigentlich festhalten möchte. Der Grund dafür ist *Diffusion* (von lat. diffusio = das Auseinanderfließen), jener physikalische Prozeß, der auch dafür verantwortlich ist, daß einem nach dem Öffnen eines Parfümfläschchens Wohlgeruch in die Nase steigt.

Überlegen wir uns zuerst, wie es zur Diffusion der Parfümmoleküle kommt. Jedes von diesen begibt sich nach dem Verdunsten aus dem Fläschchen auf eine erratische (verirrte, zufallsbedingte, von lat. erraticus = umherirrend) Wanderschaft, wobei es bei seinen unregelmäßigen Zusammenstößen mit den Molekülen der Luft einmal in diese, einmal in jene Richtung gestoßen wird. Sein Weg (Abb. 14.4) gleicht dem Nachhauseweg eines Betrunkenen, der jede Orientierung verloren hat. Einstein hat 1905 gezeigt, daß eine derartige Wanderschaft im Laufe der Zeit immer weiter vom Ausgangspunkt wegführt, und hat die Geschwindigkeit des Entfernens berechnet.

Nun ist die Konzentration von Parfümmolekülen nach dem Öffnen des Fläschchens in dessen Umgebung viel größer als anderswo. Daher begeben sich sehr viele Moleküle von dort aus in alle Richtungen auf Wanderschaft, und mit

Abb. 14.4: *Weg eines Parfümmoleküls.*

fortschreitender Zeit wird es in immer größerer Entfernung von dem Fläschchen nach Parfüm riechen. Natürlich werden einige Moleküle auch wieder den Weg zum Fläschchen zurückfinden. Im Durchschnitt wandern aber viel mehr Moleküle von diesem weg als von woanders her zu ihm zurück, einfach deshalb, weil es bei ihm viel mehr startende Moleküle gibt als irgendwo sonst. Intuitiv ist einsichtig, daß die über alle Wanderungen aufsummierte Nettodiffusion am stärksten nach derjenigen Richtung hin erfolgen wird, wo die Parfümkonzentration am kleinsten ist. Das heißt: Der Duft strömt entgegen der Richtung des Konzentrationsgradienten, und zwar umso schneller, je größer dieser ist. Dabei führen die Stöße mit den Luftmolekülen im Endeffekt zu einer Reibungskraft, die dem Konzentrationsgradienten entgegenwirkt und für eine unbeschleunigte Strömung des Duftes sorgt. Mit zunehmender Stoßfrequenz steigt diese Reibungskraft und reduziert die Diffusionsgeschwindigkeit.

Mit diesen Informationen zur Parfümdiffusion wenden wir uns jetzt wieder der Situation zu, der unser eigentliches Interesse gilt: einem vollständig ionisierten Plasma, das durch ein Magnetfeld gegen die Druckkräfte im Gleichgewicht gehalten wird. Falls es längs der Magnetfeldlinien Konzentrationsunterschiede der Ladungsträger geben sollte, werden diese sofort durch eine Plasmaströmung (Konvektion) ausgeglichen, da nichts eine Bewegung des Plasmas längs der Feldlinien behindert. Diese Bewegung würde etwa mit der mittleren thermischen Geschwindigkeit der Teilchen erfolgen, bei hohen Plasmatemperaturen also außerordentlich schnell. Daß das Plasma in einem Einschlußexperiment nicht massiv mit den Wänden des Einschlußgefäßes in Berührung kommt und hierbei durch Abkühlung zerstört wird, kann man also nur verhindern, indem man keine oder zumindest nur sehr wenige Magnetfeldlinien vom Plasma an die Wand gelangen läßt.

Aber auch dann entsteht immer noch das Problem einer *Plasmadiffusion* quer zu den Feldlinien. Der Fall eines homogenen Magnetfelds läßt dies am deutlichsten erkennen. Wenn es keine Stöße zwischen den Plasmateilchen gäbe, würde jedes von ihnen ungehindert seine Gyration um eine Feldlinie ausführen, und im Mittel gäbe es keine Wanderung von Plasmateilchen quer zu den Feldlinien. Wir haben aber gesehen, daß Elektronen-Ionen-Stöße gerade hierzu führen. Auch die dadurch hervorgerufene Wanderung quer zum Magnetfeld ist stoßbedingt erratisch. Wenn jetzt die Dichte der Plasmateilchen überall dieselbe wäre, würden an jeder Stelle des Plasmas genausoviele Teilchenpaare zu- wie abwandern. Tatsächlich wird es aber beim magnetischen Plasmaeinschluß immer quer zum Magnetfeld einen Dichteabfall vom Plasmazentrum zum Plasmarand hin geben. Dieser wird – ähnlich wie das Konzentrationsgefälle beim Parfüm – zu einer Nettodiffusion von Ionen-Elektronen-Paaren zum Plasmarand hin führen, die natürlich umso stärker sein wird, je größer der Dichteabfall ist. Auf einen Unterschied im Gebrauch des Wortes Diffusion gegenüber dem Fall der Parfümdiffusion sei dabei hingewiesen: Bei der letzteren handelt es sich um die Bewegung einer Teilchensorte, der Parfümmoleküle, gegenüber einer zweiten, den Luftmolekülen; im Falle eines Plasmas bezeichnet man als Diffusion die langsame Bewegung, die dieses auch bei Kompensation aller beschleunigenden Kräfte noch gegenüber dem Magnetfeld ausführen kann.

Wie wir bei der Untersuchung der Teilchenstöße in einem Plasma erfahren haben, wird diese Diffusion des Plasmas quer zum Magnetfeld im Gegensatz zur Parfümdiffusion durch Teilchenstöße nicht behindert, sondern im Gegenteil gerade erst ermöglicht und gefördert. Die Diffusionsgeschwindigkeit wird daher mit fallender Stoßfrequenz abnehmen, und da die letztere mit zunehmender Plasmatemperatur zurückgeht, haben wir das für den Plasmaeinschluß sehr günstige Ergebnis, daß hohe Plasmatemperaturen die Diffusion vermindern sollten. Fast noch wichtiger ist eine Abnahme der Diffusion mit zunehmender Magnetfeldstärke, die leicht zu verstehen ist: Je größer das Magnetfeld, umso kleiner werden die Gyrationsradien der Teilchen, und umso kleiner wird auch deren Versetzung nach einem Zusammenstoß. Die rechnerische Behandlung dieses Effekts zeigt, daß die Diffusion in einem homogenen Magnetfeld mit dem Quadrat des Kehrwerts der Magnetfeldstärke abnehmen sollte. Dieses Ergebnis ist von außerordentlicher Wichtigkeit, da man mit seiner Hilfe das diffusionsbedingte Entweichen magnetisch eingeschlossener Plasmen z. B. im Tokamak und Stellarator durch starke Magnetfelder außerordentlich effektiv reduzieren kann. Wenn das Magnetfeld nicht homogen ist oder es im Plasma auch elektrische Felder gibt, führen die Teilchen außer ihrer Gyration noch verschiedene Driftbewegungen aus. Falls man erreichen kann, daß diese nicht näher auf den Plasmarand hinführen, wirken sie sich nicht ungünstig auf die Diffusion aus. In den wichtigen Plasmaeinschluß-konfigurationen wie Tokamak und Stellarator läßt sich das allerdings nicht völlig vermeiden, so daß es zu einer erhöhten Diffusion kommt. Wie das genauer vor sich geht, werden wir uns später am Beispiel des Tokamaks klarmachen.

Die Bohm-Diffusion

Wie wir erfahren haben, wurde in den Anfangsjahren der Fusionsforschung in magnetischen Einschlußexperimenten eine viel stärkere Diffusion beobachtet, als auf Grund ähnlicher wie der eben angestellten Überlegungen vorausberechnet wurde. D. Bohm gab für diese erhöhte Diffusion eine Formel an, nach der sie nicht mit dem Quadrat des Kehrwerts der Magnetfeldstärke, sondern nur wie dieser selbst abnehmen sollte. Und bei zunehmender Temperatur sollte sie sogar noch zunehmen, statt wie erwartet abzusinken. Unter typischen Experimentierbedingungen lag sie etwa um den Faktor 10 000 über dem eigentlich erwarteten Wert.

Eine hieb- und stichfeste Erklärung der Bohm-Diffusion hat es nie gegeben. Als Bohm später gefragt wurde, wie er auf seine Diffusionsformel gekommen sei, gab er die Antwort, er habe es vergessen. Es ist möglich, daß es sich bei den ersten Princetoner Stellaratorexperimenten, in denen man Bohm-Diffusion beobachtet zu haben glaubte, gar nicht um einen Diffusionsprozeß gehandelt hat, sondern um das Herausdriften oder Herausströmen des Plasmas aus einem für den Einschluß ungeeigneten Magnetfeld. Heute gibt es Anhaltspunkte dafür, daß die Bohmsche Dif-

166

fusionsformel eine Maximalgrenze für Diffusionsverluste darstellt, wenn diese nicht allein durch Stöße, sondern zusätzlich durch turbulenzartige Instabilitäten hervorgerufen werden, bei denen möglicherweise die E-kreuz-B-Drift eine Rolle spielt. Der zuletzt genannte Umstand könnte eine Zunahme der Diffusion mit steigender Temperatur erklären. Durch Instabilitäten hervorgerufene elektrische Felder – und mit ihnen die E-kreuz-B-Drift – können nämlich mit zunehmender Temperatur immer stärker werden, weil die geladenen Plasmateilchen mit wachsender Wärmebewegungsenergie gegen immer stärkere elektrische Felder anlaufen können.

Die praktische Erfahrung mit magnetischen Einschlußexperimenten hat allerdings gelehrt, daß die Vermeidung von Instabilitäten sowie ein geeignet berechneter und möglichst exakt realisierter Magnetfeldlinienverlauf zu einer wesentlich günstigeren Diffusion als nach der Bohmschen Formel führen.

Der Transport von Energie

In einem Fusionsreaktor muß das Plasma nicht nur genügend lange eingeschlossen werden, damit genügend viele Teilchen die Chance zu einer Fusionsreaktion erhalten, sondern zu diesem Zweck während dieser Zeit auch die für eine ausreichende Teilchenannäherung erforderliche Temperatur beibehalten. Es zeigt sich, daß in magnetischen Einschlußexperimenten außer der Dichte auch die Temperatur des Plasmas von Zentrum bis zum Rand hin abfällt, in einem Fusionsreaktor z. B. von ca. 200 Millionen Grad auf etwa hunderttausend Grad. Nun haben wir gesehen, daß die Plasmatemperatur im Zustand des idealen thermodynamischen Gleichgewichts überall dieselbe ist. Da das Plasma diesen Zustand anstrebt, wird es Temperaturunterschiede nach Möglichkeit ausgleichen. Einer der wichtigsten Mechanismen, der diesen Ausgleich bewirkt, ist Wärmeleitung. Durch sie droht die Gefahr, daß die hohe Zentraltemperatur der niedrigen Randtemperatur angeglichen wird. Ähnlich wie bei der Diffusion besteht in Plasmen jedoch ein extremer Unterschied zwischen der Wärmeleitung parallel und senkrecht zu einem Magnetfeld.

Zur Untersuchung der parallelen Wärmeleitung nehmen wir an, daß längs einer Magnetfeldlinie ein Temperaturgefälle besteht. Bei konstanter Teilchendichte wäre dieses nach dem idealen Gasgesetz mit einem Druckgefälle verbunden, auf welches das Plasma zum Druckausgleich sofort mit einer Strömung reagieren würden. Wir nehmen an, daß dies bereits geschehen ist, und betrachten die in Abb. 14.5 gezeigte Situation, bei der die Plasmadichte im selben Maße zunimmt, wie die Temperatur abfällt, so daß der Druck längs der Feldlinie unverändert bleibt. Die Plasmateilchen fliegen auf Grund ihrer Wärmebewegung in allen möglichen Richtungen durcheinander. Da das Plasma in der gezeigten Situation ruht, müssen sich an jeder Stelle gleich viele Teilchen – im allgemeinen unter einem Winkel – in Feldrichtung bewegen wie gegen diese, also jeweils die Hälfte aller Teilchen. Betrachten wir jetzt die mit *1*, *2* und *3* bezeichneten Punkte, von denen wir annehmen, daß sie voneinander im Abstand einer mittleren freien Weglänge liegen. Die von der heißeren Stelle *1* nach rechts fliegen-

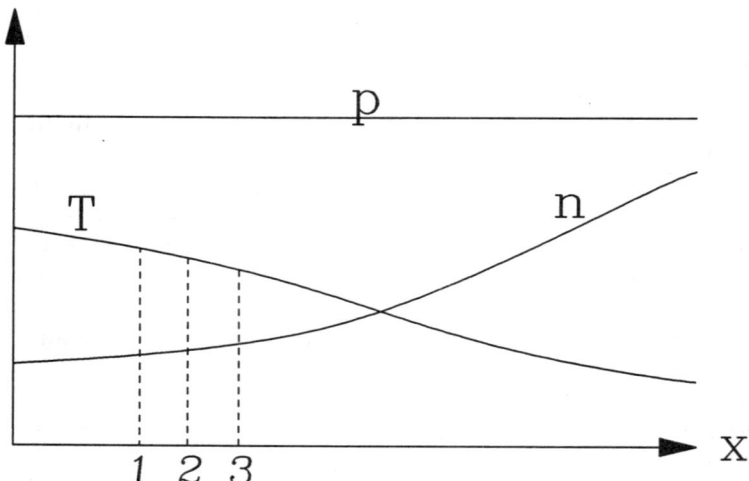

Abb. 14.5: *Wärmeleitung parallel zum Magnetfeld. Die x-Koordinate gibt den Abstand längs der Feldlinie an,* T = *Temperatur,* p = *Druck,* n = *Dichte.*

den, energiereicheren Teilchen werden bei *2* mit den von der kühleren Stelle *3* nach links fliegenden, energieärmeren Teilchen zusammenstoßen und auf diese etwas von ihrer Energie übertragen, weshalb die thermische Energie der Teilchen an der Stelle *2* zwischen derjenigen bei *1* und *3* liegt. Obwohl nun wegen des nach links weisenden Dichteabfalls mehr Teilchen von rechts nach links als in entgegengesetzter Richtung strömen, wird dabei dennoch mehr Energie von links nach rechts transportiert. Dies ist so, weil die von links kommenden Teilchen ihre höhere Energie auch noch mit höherer Geschwindigkeit transportieren. Die Summe der beiden entgegengerichteten Wärmeströme führt daher zu einem Nettowärmestrom nach rechts, in Richtung des Temperaturgefälles: Dieser hebt die niedrigere Temperatur rechts an und läßt die höhere Temperatur links sinken.

Die Geschwindigkeit, mit der die Wärmeenergie transportiert wird, ist etwa die thermische Geschwindigkeit der Teilchen. Sie wird deshalb mit zunehmender Temperatur immer größer, und da hierbei gleichzeitig auch die transportierten Wärmemengen wachsen, nimmt die Wärmeleitfähigkeit eines Plasmas mit steigender Temperatur sogar noch schneller zu als die Leitfähigkeit für den elektrischen Strom (= Kehrwert der Resistivität). Schon bei etwa 100 000 Grad leitet ein Wasserstoffplasma die Wärme besser als Silber! Wie bei der Stromleitung besorgen übrigens auch bei der Wärmeleitung die Elektronen den Löwenanteil, da sie wegen ihrer kleinen Masse im Mittel sehr viel schneller als die Ionen sind. Und genau wie die Stromleitfähigkeit ist auch die Wärmeleitfähigkeit von der Teilchendichte unabhängig, weil bei deren Erhöhung die Zunahme der »Wärmeträger« in ihrer Wirkung genau durch die gleichzeitige Zunahme der den Energiefluß behindernden Stöße kompensiert wird.

Wenn ein Plasma frei von Magnetfeldern ist, gelten die eben angestellten Überlegungen für den Wärmetransport in alle Richtungen. Seine phantastische Wärmeleitfähigkeit bei hohen Temperaturen bildet den Grund dafür, warum ein Plasma so schnell abgekühlt wird, wenn es mit der Wand eines Einschlußgefäßes in Berührung kommt. Sie würde alle Versuche zu seiner Aufheizung auf Fusionstemperaturen vereiteln, wenn es nicht gelänge, das Plasma thermisch zu isolieren. Wieder sind es Magnetfelder, die auch die thermische Isolierung des Plasmas ermöglichen. Deren Bedeutung für den Energieeinschluß übertrifft wahrscheinlich sogar noch die für den Teilcheneinschluß. Im Gegensatz zur parallelen Wärmeleitung, die im wesentlichen von den Elektronen besorgt wird, erfolgt die Wärmeleitung senkrecht zum Magnetfeld nämlich in erster Linie durch die Ionen. Auch sie kommt natürlich durch den Transport von Wärmeenergie durch Teilchen zustande, wobei die transportierte Energie bei Teilchenstößen übertragen wird. Wie wir wissen, spielen für diese Übertragung praktisch nur Stöße zwischen Teilchen gleicher Sorte eine Rolle, also nur Elektronen-Elektronen- und Ionen-Ionen-Stöße. Nun sind bei etwa gleicher Temperatur die Gyrationsradien der Elektronen sehr viel kleiner als die der Ionen. Daher können um verschiedene magnetische Feldlinien gyrierende Elektronen nur miteinander stoßen, wenn die Feldlinien sehr nahe beieinander liegen, und dementsprechend werden auch nur relativ geringe Energieunterschiede ausgeglichen. Bei den Ionen kommt es dagegen zum Wärmeausgleich zwischen sehr viel weiter voneinander entfernten Feldlinien mit sehr viel größeren Temperaturunterschieden. Dieser Effekt wiegt bei weitem die etwas niedrigere Frequenz der Ionen-Ionen-Stöße auf, so daß es zu der behaupteten Dominanz der Ionen bei der senkrechten Wärmeleitung kommt.

Bei dieser wirkt sich schon die niedrigere thermische Geschwindigkeit der Ionen sehr günstig aus. Im übrigen läßt sich die senkrechte Wärmeleitung natürlich dadurch reduzieren, daß man die Gyrationsradien der Ionen durch eine Erhöhung der Magnetfeldstärke kleiner macht. Dies stellt sich sogar als außerordentlich wirkungsvoll heraus. Die genauere Untersuchung zeigt nämlich, daß die Wärmeleitfähigkeit senkrecht zum Magnetfeld proportional zur Ionendichte und umgekehrt proportional zum Quadrat der Magnetfeldstärke ist; außerdem sollte sie natürlich mit zunehmender Plasmatemperatur immer kleiner werden. Je besser es also gelingt, das Plasma magnetisch einzuschließen, desto wirksamer wird auch seine Wärmeisolierung. Im Idealfall wäre die senkrechte Wärmeleitfähigkeit eines magnetisch eingeschlossenen Fusionsplasmas gegenüber der parallelen um den fast unglaublichen Faktor 10^{13} reduziert. In inhomogenen Magnetfeldern wird die Wärmeleitung allerdings ähnlich wie die Diffusion durch Teilchendriften erhöht, da dann die Teilchen aus heißeren Gebieten schneller in kältere gelangen und dort ihre Wärmeenergie abgeben können.

Der eingangs erwähnte gewaltige Temperaturabfall des Plasmas vom Zentrum bis zum Rand läßt sich leider auch mit Hilfe von Magnetfeldern nicht unterbinden, weil sich das Plasma niemals völlig von den Wänden eines Einschlußgefäßes isolieren läßt: Es gelingt zwar, seine Hauptmasse im Zentrum zu konzentrieren; auf Grund von Diffusion gelangen aber immer auch Teilchen quer zum Magnetfeld bis an die Gefäßwände heran. Diese schaffen eine Verbindungsbrücke vom Plasmazentrum zu den Wänden, über die Wärme durch Wärmeleitung transportiert wird. Außerdem nehmen sie auch noch die in ihrer Wärmebewegung gespeicherte Energie mit sich fort und liefern dadurch einen zusätzlichen Beitrag zum Transport von Wärme. Ausdrücklich sei aber darauf hingewiesen, daß Wärmeleitung, also der Transport von Wärmeenergie durch Stöße, auch ohne Diffusion von Teilchen möglich ist.

Der Transport von Magnetfeldern

In einem Wasserstoffplasma unter Fusionsbedingungen liegen die mittleren freien Flugzeiten der Elektronen schon fast im Bereich einer Millisekunde, und bei den Ionen noch deutlich darüber. Andererseits gibt es in ihm sehr schnelle Vorgänge wie Schwingungen oder Instabilitäten, die erheblich kürzer dauern. Bei diesen werden Stöße derart selten, daß sie praktisch zu vernachlässigen sind. Das ist aber gleichbedeutend damit, daß während ihrer Dauer auch der elektrische Widerstand des Plasmas so gut wie keine Rolle spielt, das Plasma sich also bei derart schnellen Prozessen

171

ähnlich wie ein Supraleiter verhält. Auf den ersten Blick mag es verwunderlich erscheinen, daß die Eigenschaften eines Plasmas von der Geschwindigkeit des betrachteten Prozesses abhängen sollen. Ein wohlvertrautes Beispiel zeigt aber sofort, daß das nicht Ungewöhnliches ist: Wenn man sich mit der Geschwindigkeit eines Schwimmers durchs Wasser bewegt, verhält sich dieses weich und nachgiebig. Fällt man dagegen aus 100 m Höhe ins Wasser, so verhält es sich beim Aufprall kaum anders als eine Betonplatte.

Supraleiter besitzen die merkwürdige Eigenschaft, in sich keine Magnetfelder eindringen zu lassen. Eine besondere Sorte von ihnen, *Supraleiter zweiter Art*, erlauben das zwar, jedoch nur dann, wenn sie erst im Magnetfeld durch Abkühlung auf sehr tiefe Temperaturen in die Phase der Supraleitung versetzt werden. Diese halten das Magnetfeld dann fest und nehmen es bei Bewegungen mit.

Ganz ähnlich wie in diesem zweiten Fall verhält es sich mit unendlich leitfähigen Plasmen. Versucht man, in diese ein Magnetfeld eindringen zu lassen, so schirmen sie sich gegen dieses durch Ströme ab, die in einer dünnen Haut auf ihrer Oberfläche fließen. Gelangen sie dagegen erst im Magnetfeld durch Aufheizung in den Plasmazustand, so nehmen sie dieses bei all ihren Bewegungen mit. In besonders einfach gelagerten Fällen können wir das schon gut auf Grund der Vorstellungen verstehen, die wir bei der Bewegung geladener Teilchen im Magnetfeld gewonnen haben. Sofern es nämlich keine Driftbewegungen gibt, bewegen sich die geladenen Plasmateilchen auf Spiralbahnen um die magnetischen Feldlinien. Dies bedeutet einerseits, daß die Teilchen an den Feldlinien haften, aber auch umgekehrt, daß die Feldlinien immer mit denselben Teilchen verbunden bleiben. Wenn sich die letzteren also davonbewegen, müssen die Feldlinien ihnen zwangsläufig folgen.

Tatsächlich ist dieser innige Zusammenhalt zwischen Materie und Magnetfeld viel allgemeiner; das letztere verhält sich in einem unendlich leitfähigen Plasma generell so, als wäre es in diesem »eingefroren«. Die Erklärung hierfür liefert das uns schon bekannte Induktionsgesetz. Betrachten wir dazu eine magnetische Flußröhre im Plasma, auf deren Rand zwei Ringe R_1 und R_2 eingezeichnet sind (Abb. 14.6). Nehmen wir an, daß der Ring R_1 stehenbleibt, während der Ring R_2 verschoben und womöglich auch verbogen wird. Wenn sich dabei nun der magnetische Fluß durch letzteren verändern würde, müßte in ihm ein elektrisches Feld mit geschlossenen Feldlinien induziert werden (vgl. Abb. 8.4 b)). Bei der unendlichen Leitfähigkeit des Plasmas hätte das einen Ringstrom unendlicher Stärke zur Folge, der ein Magnetfeld unendlicher Energiedichte hervorriefe. Da das nicht möglich ist, darf sich der Fluß bei der Verschiebung und Verbiegung nicht verändern. Dies gilt für jede Position des Rings R_2, was nur möglich ist, wenn die magnetische Flußröhre mitsamt ihren Feldlinien bei der Bewegung des Plasmas mitgenommen wird. Dementsprechend muß auch eine »leere« Flußröhre, d. h. ein feldfreies Plasmagebiet, bei der Verschiebung leer bleiben. Daß sich das Magnetfeld überall und stets so einstellt, daß die beschriebene Flußerhaltung präzise eingehalten wird, kommt übrigens dadurch zustande, daß im Plasma durch die Bewegung im Magnetfeld Ströme induziert werden, die dieses entsprechend korrigieren.

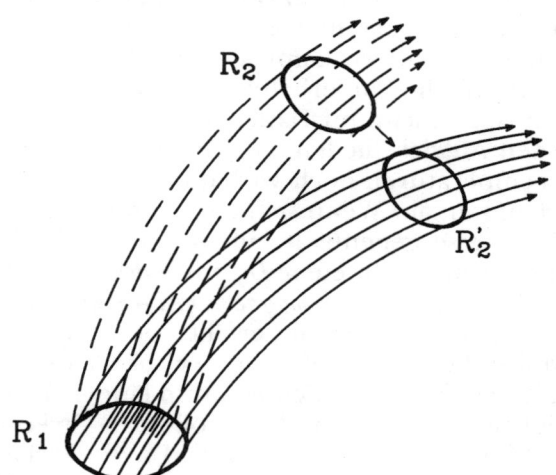

Abb. 14.6: *Im Plasma eingefrorene Flußröhre, Ausgangsposition gestrichelt, spätere Position ausgezogen.*

173

Die eingefrorenen Feldlinien können bei der Bewegung mit dem Plasma durchaus gestreckt oder gestaucht und auch verbogen werden, jedoch nur stetig, also ohne dabei zu zerreißen; und auch die Feldstärke kann dabei schwächer oder stärker werden, je nachdem, ob die Feldlinien durch eine Verdünnung des Plasmas auseinandergezogen oder durch eine Verdichtung zusammengedrängt werden. Aus der Stetigkeit der Feldlinienbewegungen ergibt sich, daß eine geschlossene Feldlinie stets geschlossen bleibt, wobei eine zweite, die sich z. B. um die erste fünfmal windet, das immer tun wird. Mathematiker würden hier sagen, daß sich die Topologie (räumliche Anordnung geometrischer Gebilde, von griech. tópos = Ort, lógos = Wort, Lehre) des Magnetfelds nicht verändert.

Bei langsameren Prozessen dürfen auch in sehr heißen Plasmen die Stöße nicht vernachlässigt werden. Wir haben schon gesehen, daß die Elektronen-Ionen-Stöße ein magnetisch eingeschlossenes Plasma langsam aus dem Magnetfeld heraus diffundieren lassen. Offensichtlich werden dieselben Stöße auch dazu führen, daß die Abschirmung eines Plasmas vor einem eindringenden Magnetfeld nicht ganz perfekt ist bzw. daß ein von Plasmaströmen erzeugtes und im Plasma eingeschlossenes Magnetfeld langsam aus diesem herauswandern kann. Die im Plasma induzierten Ströme, welche die Flußerhaltung garantieren sollen, können eben doch nicht auf Dauer wie in einem Supraleiter ohne jeden Antrieb fließen; auf Grund der auch bei sehr hohen Temperaturen noch vorhandenen Resistivität klingen sie langsam ab. Wenn sich ein Magnetfeld auf Grund solcher Prozesse gegenüber einem ruhenden Plasma bewegt, spricht man von einer *Diffusion des Magnetfelds*.

In vielen – sogenannten *magnetischen* – Sternen gibt es ein Magnetfeld, das allmählich zerfällt, indem es aus diesen herausdiffundiert und dabei immer schwächer wird. Die für den Zerfall benötigte Zeit ist umso länger, je höher die Leitfähigkeit des Sterns und je größer die Strecke ist, die bei der Diffusion zu überwinden ist. Da die Zerfallszeit sogar mit dem Quadrat der letzteren zunimmt, können bei großen Sternradien ganz beachtliche Zerfallszeiten zustandekommen. So könnte sich ein Magnetfeld in unserer

Sonne, die allerdings nicht zu den magnetischen Sternen zählt, so lange halten, wie das Universum alt ist, also fast 20 Milliarden Jahre. Und das sogar, obwohl ihre mittlere Leitfähigkeit nur etwa ein Fünfzigstel derjenigen von Kupfer beträgt.

Sehr große Strecken kombiniert mit relativ kurzen Prozeßzeiten bieten auch die Erklärung dafür, wie die magnetischen Sterne zu ihrem Feld gekommen sind. Sterne bilden sich aus interstellarem (= zwischen den Sternen befindlichem) Staub, indem sich dieser in »Kondensationskeimen« verdichtet, die dann mit Hilfe ihrer Gravitationswirkung immer mehr Materie anziehen. Diese stürzt schließlich so vehement auf die schon angesammelten Massen ein, daß durch die dabei erzeugte Reibungswärme die Zündtemperatur für Fusionsreaktionen erreicht wird. Der interstellare Staub unserer Milchstraße wird von einem galaktischen Magnetfeld von etwa 10^{-5} Gauß Stärke durchsetzt. Durch die Elektronen sehr kleiner Mengen metallischer Bestandteile erhält er eine Leitfähigkeit von etwa einem Fünfzigmillionstel der Kupferleitfähigkeit. Bei der Kompression des Staubs zur Sternmaterie werden die Flußröhren des Magnetfelds auf den 10^{15}ten Teil ihres ursprünglichen Querschnitts zusammengepreßt. Da dies in einem riesigen Gebiet relativ schnell geschieht, verhält sich das Magnetfeld dabei fast wie eingefroren und müßte eigentlich auf etwa 10^{10} Gauß anwachsen. Tatsächlich sind die beobachteten Felder viel schwächer, weil turbulenzartige Prozesse während der Sternbildung zu einer erhöhten Diffusion des Magnetfelds führen.

Zum Abschluß sei noch eine kurze Bemerkung zu dem Begriff der eingefrorenen Feldlinien angefügt: Das Wort »einfrieren« hat in diesem Zusammenhang nichts mit niedrigen Temperaturen zu tun, vielmehr sind die Feldlinien umso fester eingefroren, je heißer das Plasma ist.

15. Plasmen im idealen Gleichgewicht

Der totale Ruhezustand eines magnetisch eingeschlossenen Plasmas ohne Wandberührung, in welchem sich die Druckkräfte mit den magnetischen Kräften überall im Gleichgewicht befinden und Teilchenstöße so selten sind, daß Diffusion keine Rolle mehr spielt, stellt einen Idealzustand dar, der in der Praxis nicht realisierbar ist. Dennoch ist die Beschäftigung mit ihm für das Verständnis vieler Eigenschaften eingeschlossener Plasmen hervorragend geeignet. Darüber hinaus bildet er auch für die Plasmaphysiker ein Modell, das sich bei einer Reihe von Untersuchungen als eine hervorragende Annäherung der Wirklichkeit bewährt hat und für viele weitergehende Untersuchungen den idealen Ausgangspunkt bildet.

In ihm steht die Druckkraft senkrecht auf den Flächen konstanten Drucks (Abb. 14.3), den *Druckflächen*, die Lorentz-Kraft senkrecht auf dem Magnetfeld und der Stromdichte (Abb. 8.2), und beide halten sich in jedem Punkt des Plasmas das Gleichgewicht. Daher müssen sowohl die Magnetfeldlinien als auch die Stromfeldlinien in den Druckflächen verlaufen (Abb. 15.1). Aus diesem Grund werden die letzteren auch oft als *magnetische Flächen* bezeichnet.

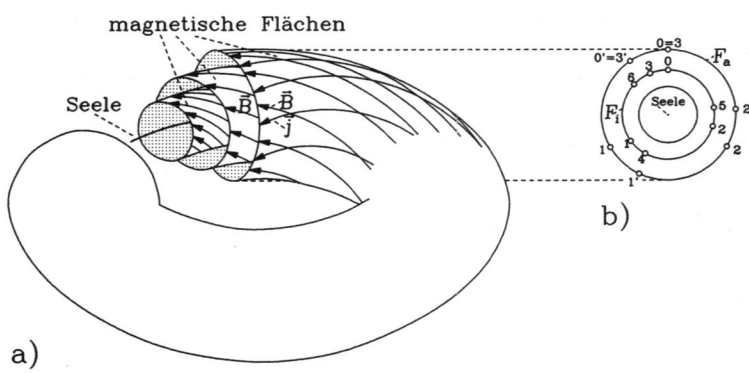

Abb. 15.1: *Magnetische Flächen eines im Gleichgewicht befindlichen Plasmas, a) perspektivische Ansicht, b) Querschnitt.*

Wir wollen uns jetzt überlegen, welches die Idealform eines magnetisch eingeschlossenen Plasmas wäre, und verlassen zu diesem Zweck für einen Moment unser ideales Gleichgewichtsmodell. Die Gesamtenergie eines Plasmas ist proportional zu seinem Volumen, während die durch Diffusion, Wärmeleitung und Strahlung hervorgerufenen Energieverluste durch die Oberfläche hindurchgehen und daher im wesentlichen proportional zu dieser sind. Die relativ geringsten Energieverluste ergeben sich infolgedessen dann, wenn die Plasmaoberfläche bei gegebenem Plasmavolumen möglichst klein ist. Deren Verhältnis zu optimieren ist ein rein geometrisches Problem, das die Mathematiker schon lange gelöst haben: Die kleinste Oberfläche bekommt man bei der Kugel.

Nun muß auch die – im Idealfall an ein umgebendes Vakuum angrenzende – Plasmaoberfläche, auf der der Druck den konstanten Wert null annimmt, eine magnetische Fläche sein und die Feldlinien des Stroms enthalten. Leider ist es jedoch nicht möglich, diese Feldlinien auf einer Kugeloberfläche unterzubringen. Dies beruht auf einem berühmten mathematischen Theorem, das sich etwas salopp so formulieren läßt: *Man kann einen Igel nicht ohne Wirbel oder Scheitel kämmen* (»Igel-Theorem«). Die Stacheln des Igels stehen für die Pfeile, welche die Stärke und Richtung des Magnetfelds bzw. der Stromdichte angeben, und das Kämmen der Stacheln, also deren Anpassung an die kugelige Körperform des Igels, repräsentiert die Einbettung der Feldlinien in die Kugeloberfläche. Abb. 15.2 zeigt das Ergebnis eines derartigen Versuchs, bei dem an der Ober- und Unterseite der Oberfläche jeweils ein Wirbelpunkt des Magnetfelds entstanden ist. Entgegen unserer Forderung müßte jeder von diesen der Durchstoßpunkt einer Stromfeldlinie durch die Druckfläche sein, da der Zusammenhang zwischen Strom und Magnetfeld so ähnlich ist wie in Abb. 8.1 c). Der Leser wird dazu herausgefordert, sich andere Feldlinienverläufe auszudenken, bei denen Wirbel oder Scheitel vermieden werden. (Dabei ist zu beachten: Die Feldlinien des Magnetfelds bzw. des Stroms dürfen sich nicht schneiden!) Er wird bald merken: Wie sehr er sich auch abmüht, es geht nicht.

Die einfachste Fläche, die als Begrenzung eines idealen Plasmagleichgewichts in Frage kommt, ist eine Torusfläche. In vielen Gleichgewichtskonfigurationen (z. B. Tokamak und Stellarator) sind die verschiedenen Druckflächen ineinandergeschachtelte Torusflächen wie in Abb. 15.1 a). Die innerste degeneriert dabei zu einer Linie, die gleichzeitig auch eine Feldlinie ist und als *magnetische Achse* oder *Seele* bezeichnet wird. Betrachten wir jetzt eine Feldlinie auf der äußeren Druckfläche (F_a in Abb. b)). Sie windet sich schraubenförmig um die Seele herum, wobei ihr erster Durchstoßpunkt durch die in b) gezeigte Querschnittsfläche mit 0 bezeichnet ist, der nächste nach einem toroidalen Umlauf mit 1, der nach zwei Umläufen mit 2; nach dem dritten Umlauf kehrt sie in unserem Beispiel zum Ausgangspunkt zurück, die Feldlinie ist also geschlossen. Bis sie die Seele in poloidaler Richtung einmal umwindet, hat sie also drei toroidale Umläufe gemacht. Für das Verhältnis der Umlaufzahlen in poloidaler und toroidaler Richtung (1/3 in dem eben betrachteten Fall) hat sich der Begriff *Rotationstransformation* eingebürgert. Offensichtlich muß jede andere Feldlinie auf der Fläche F_a die gleiche Rotationstransformation besitzen und ebenfalls in sich geschlossen sein (Abb. 15.1 b) zeigt die Durchstoßpunkte $0'$, $1'$, $2'$, $3' = 0'$ einer zweiten Feldlinie), denn andernfalls würde sie die zuerst gezeigte irgendwann einmal schneiden, was

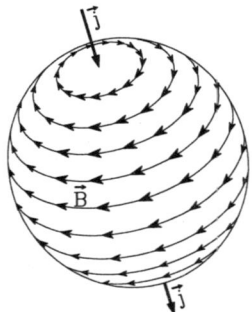

Abb. 15.2: *Versuch, eine kugelförmige magnetische Fläche zu konstruieren; es gibt Wirbelpunkte des Magnetfelds, in denen der Strom zwangsläufig aus dieser herausführt.*

prinzipiell nicht möglich ist. Auf der weiter innen gelegenen Druckfläche F_i sind die eingetragenen Durchstoßpunkte einer anderen Feldlinie jeweils um einen größeren Winkel versetzt als die der ersten auf F_a; diese Feldlinie findet bei jedem Durchstoß eine Lücke zwischen vorangegangenen Durchstoßpunkten, sie ist nicht geschlossen und kommt jedem Punkt ihrer magnetischen Fläche beliebig nahe. Solche Feldlinien werden als *ergodisch* bezeichnet. Auch für sie läßt sich eine Rotationstransformation definieren, wenn man bruchteilige Poloidalumlaufzahlen zuläßt und den Quotienten mit der Zahl der Toroidalumläufe erst nach sehr vielen von diesen bildet. Offensichtlich ist die Rotationstransformation auf F_i etwas größer als 1/3, und das Nichtschließen der Feldlinie impliziert für sie einen sogenannten »irrationalen« Wert, der sich nicht als Bruch ganzer Zahlen darstellen läßt.

Wenn sich die Rotationstransformation von einer zur nächsten magnetischen Fläche verändert, bedeutet dies, daß der (mittlere) toroidale Neigungswinkel der Magnetfeldlinien von Fläche zu Fläche variiert (Abb. 15.1 a) und b)). Diese Veränderung des mittleren Neigungswinkels wird als *Verscherung* bezeichnet.

Um Stärke und Richtung der magnetischen Einschlußkräfte richtig einzuschätzen, muß man an jeder Stelle des Plasmas die Stromstärke und das Magnetfeld kennen und daraus die Kraft nach dem Lorentzschen Kraftgesetz bestimmen. In einfachen Situationen hatten wir damit keine Probleme, aber in komplizierteren kann das ein recht mühsames und unübersichtliches Unterfangen werden. Glücklicherweise gibt es eine einfachere Methode, bei der man zudem nur den Verlauf der magnetischen Feldlinien kennen muß. Es läßt sich nämlich zeigen, daß die magnetischen Kräfte zum einen danach trachten, die Feldlinien im Plasma möglichst gleichmäßig zu verteilen, beinahe so, als würden sich diese gegenseitig abstoßen; zum anderen lassen sie die Feldlinien ähnlich wie Gummischnüre reagieren, welche auf seitliche Auslenkungen mit Spannungskräften antworten, die sie so kurz (bzw. unverbogen) wie irgend möglich werden lassen.

Abb. 15.3 a) zeigt eine Situation, in der nur der erste Mechanismus wirksam wird, da die Feldlinien gerade sind und keiner Verkrümmung entgegenwirken müssen. Rechterhand ist das Magnetfeld stärker, und die Feldlinien sind dichter gedrängt. Ein Ausgleich der Feldliniendichte würde darin bestehen, daß Feldlinien von rechts nach links geschoben werden. Daher weist die magnetische Kraft von rechts nach links, in Richtung des Gefälles der Magnetfeldstärke. Die genauere Untersuchung zeigt, daß sie – bis auf das Vorzeichen – gleich dem Gefälle (Gradienten) der zum Quadrat der Feldstärke proportionalen Energiedichte des Magnetfelds ist. Diese wirkt also wie ein Druck und wird daher auch als *magnetischer Druck* bezeichnet. Die Feldlinien werden allerdings nicht fortgeschoben, wenn die magnetischen Kräfte mit den Druckkräften im Gleichgewicht stehen. Dies wäre z. B. in Abb. 15.3 a) der Fall, wenn der Plasmadruck von links nach rechts genau im selben Maß abnehmen würde wie der magnetische Druck von rechts nach links.

Abb.15.3 b) zeigt als Gegenstück dazu gleichmäßig verteilte gekrümmte Magnetfeldlinien, auf denen der magnetische Druck überall gleich ist. Hier wirken ausschließlich Spannungskräfte, die sich zu Gesamtkräften wie der eingezeichneten Kraft $\vec{K}$ addieren und die Feldlinien geradeziehen möchten.

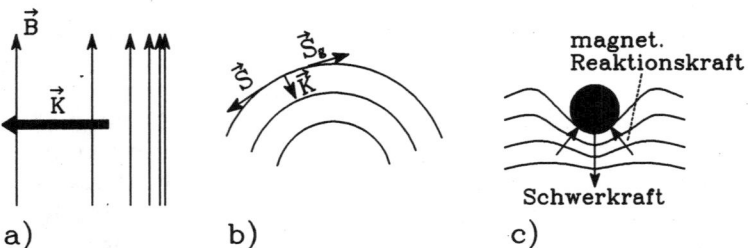

Abb. 15.3: *a) Plasmakonfiguration mit geraden magnetischen Feldlinien, in der nur magnetische Druckkräfte wirksam werden. b) Spannungkraft* $\vec{S}$ *, Gegenspannungskraft* $\vec{S}_g$ *und daraus resultierende Gesamtkraft* $\vec{K}$ *in einem Plasma mit gekrümmten Feldlinien. c) Supraleitende Kugel, von einem ursprünglich homogenen Magnetfeld in der Schwebe gehalten.*

180

Im Normalfall kommen beide Mechanismen gleichzeitig zum Tragen. Sie können sich dabei entgegenwirken und sogar völlig kompensieren. Dies ist z. B. bei dem in Abb. 8.1 c) gezeigten Vakuumfeld der Fall, wo die magnetischen Zugkräfte einen Zug in Richtung auf das Zentrum der Anordnung ausüben, während die magnetischen Druckkräfte gerade in die entgegengesetzte Richtung weisen. Abb. 15.3 c) zeigt schließlich das bekannte Beispiel einer supraleitenden Kugel, die von einem – ursprünglich homogenen – Magnetfeld in der Schwebe gehalten wird. Durch die in der Kugel induzierten Oberflächenströme wird das Magnetfeld nach unten ausgebeult und zusammengedrückt. Hier wirken beide Mechanismen gemeinsam dem weiteren Fall der Kugel entgegen.

Wenn einerseits die Feldlinien nur schwach gekrümmt sind und andererseits sich der magnetische Druck senkrecht zu diesen schnell verändert, spielt der letztere in der Kräftebilanz die dominante Rolle. Im Gleichgewicht hält er dann im wesentlichen alleine dem Plasmadruck die Waage. Dies ist in vielen Einschlußexperimenten der Fall. Der Plasmaeinschluß durch das Magnetfeld ist dann umso effektiver, je größer der Plasmadruck im Plasmazentrum ist und je weiter der Magnetdruck dort durch diesen abgeschwächt wird. Das nach dem zweiten Buchstaben des griechischen Alphabets als *Beta* oder *Plasmabeta* bezeichnete Verhältnis von Plasmadruck zu Magnetdruck ist daher ein brauchbares Maß für die Effizienz des Plasmaeinschlusses. In einem Fusionsreaktor sollte Beta möglichst groß sein.

16. Plasmastabilität

Das Plasma mit Hilfe von Magnetfeldern und Strömen in eine geeignete Gleichgewichtslage zu bringen stellt nur einen Teil der Lösung des Problems dar, es so weit wie möglich vor der destruktiven Berührung mit materiellen Wänden zu bewahren. Genauso wichtig ist, daß es dann auch in dieser Lage bleibt. Aus dem Alltagsleben sind uns unzählige Beispiele geläufig, bei denen ein Gegenstand auf Grund kleiner Störungen eine ihm zugedachte Gleichgewichtslage

181

verläßt und dabei womöglich zerstört wird. Man denke z. B. an eine kostbare Vase, die zu nahe an den Rand eines Tisches gestellt wurde und auf Grund einer Erschütterung zu Boden fällt.

Abb. 16.1 demonstriert dieses Problem der *Stabilität* von Gleichgewichtslagen an einem besonders einfachen Beispiel. In Abb. a) befindet sich eine Kugel am Boden einer tiefen Mulde im Schwerefeld. Dies ist eine *stabile* Gleichgewichtslage, denn wird die Kugel etwas angestoßen, so rollt sie hin und her, bis sie, durch Reibung abgebremst, wieder im Gleichgewicht zur Ruhe kommt. Auch in Abb. b) befindet sich die Kugel in einer Mulde, die allerdings nicht tief ist. Nur bei recht schwachen Störungen wird sie um die als *metastabil* bezeichnete Gleichgewichtslage hin und her rollen. Dagegen wird sie jeder stärkere Stoß über einen der benachbarten Hügel hinweg befördern, worauf sie ohne die Möglichkeit zur Rückkehr den Abhang hinunterrollt. Dem entspricht auch die Situation der eingangs angeführten Vase. Abb. c) zeigt eine *instabile* Gleichgewichtslage. Zwar wird in ihr genauso wie in a) die Schwerkraft der Kugel durch eine entgegengerichtete Druckkraft kompensiert. Aber der kleinste Stoß zur Seite bringt die Kugel unweigerlich zum Rollen, sie macht sich auf und davon. Abb. d) zeigt die Kugel schließlich in einer instabilen Gleichgewichtslage, die ungefährlich ist: Neben der instabilen Ausgangslage befinden sich nämlich fast unmittelbar benachbart zwei jeweils nur einseitig metastabile Gleichgewichtslagen. Kleine Störungen führen die Kugel entweder in die

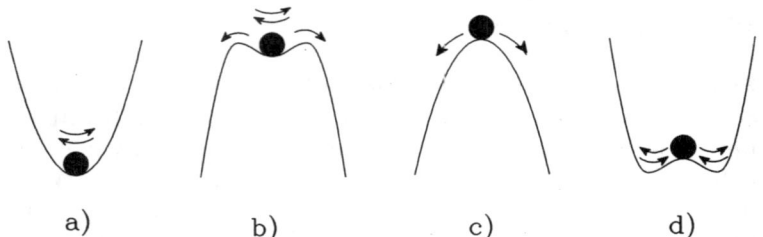

a)   b)   c)   d)

Abb. 16.1: *Gleichgewichtslagen einer Kugel im Schwerefeld, a) stabil, b) metastabil, c) instabil, d) ungefährliche Instabilität.*

eine oder andere von diesen, sie wird sich also ganz nahe der ihr eigentlich zugedachten instabilen Lage aufhalten.

Zu jeder der gezeigten Kugelsituationen gibt es entsprechende Konstellationen des Plasmagleichgewichts. Bei kleinen Abweichungen des Plasmas vom Gleichgewichtszustand, wie sie z. B. durch unbeabsichtigte äußere Störungen, innere Fluktuationen (Schwankungen), Ungenauigkeiten des Magnetfelds oder dadurch hervorgerufen werden, daß das Plasma nicht allerorts genau in die gewünschte Gleichgewichtsposition gebracht werden konnte, kompensieren sich die Druckkräfte und die magnetischen Kräfte nicht überall exakt, sondern addieren sich vielmehr zu kleinen Restkräften auf. Diese können sich so auswirken, daß sie die Abweichungen entweder überall reduzieren oder aber an einigen Stellen verstärken. Die erste Möglichkeit entspricht der Situation der Kugel in Abb. 16.1 a), das Plasma ist stabil.

Im zweiten Fall ist es meist so, daß die Verstärkungskräfte mit den Abweichungen noch größer werden und diese immer schneller wachsen lassen. Dabei gibt es Situationen wie den Fall 16.1 c) der Kugel, wo gewissermaßen ein Sturz ins Bodenlose erfolgt. Das kann sich beispielsweise derart äußern, daß sich das Plasma insgesamt unter gleichzeitiger Verformung immer schneller in irgendeine Richtung davonbewegt, bis es gegen die Wand des Einschlußgefäßes schlägt und abgekühlt wird – andere Möglichkeiten werden wir später diskutieren. Jedenfalls findet sich das Plasma nach Abschluß eines derartigen Vorgangs in einem Zustand, der nichts mehr mit seinem ursprünglichen Gleichgewicht zu tun hat. Auch die in Abb. 16.1 b) gezeigte Situation der Kugel hat eine Entsprechung im Plasma: Dieses ist metastabil, wenn die Störungen seines Zustands erst beim Überschreiten einer gewissen Mindeststärke sein Gleichgewicht zerstören. Schließlich wachsen in Plasmakonstellationen, die dem Fall von Abb. 16.1 d) entsprechen, die Abweichungen vom Gleichgewicht nach einer kurzen Beschleunigungsphase immer langsamer, bis sich das Plasma in einem dem Ausgangsgleichgewicht sehr ähnlichen Nachbarzustand niedersetzt. Dieser kann ein stabiles Gleichgewicht sein, aber auch ein dynamischer Zustand, in welchem das Plasma um eine mittlere Lage herumpendelt oder innere Schwingungen aufrechthält. Allen betrachteten Fällen ist gemeinsam, daß das Plasma in dem schließlich eingenommenen Endzustand denselben äußeren Bedingungen unterliegt wie in seiner ursprünglichen Gleichgewichtslage.

Das Phänomen, daß einem Medium unter gleichen äußeren Bedingungen zwei oder mehr Zustände zur Verfügung stehen, von denen ein Teil instabil ist, wird als *Bimodalität* oder *Multimodalität* bezeichnet. Es ist nicht auf die Plasmaphysik beschränkt, sondern tritt in allen naturwissenschaftlichen Gebieten auf und über diese hinaus auch in anderen Disziplinen wie Politik und Psychologie.

In vielen Experimenten wird ein stabiler Gleichgewichtszustand des Plasmas langsam verändert, indem man an den äußeren Bedingungen»dreht«. So kann z.B. die Temperatur des Plasmas durch Heizung, der Druck durch Gasnachfüllung oder ein extern getriebener Plasmastrom durch Anheben der Spannung erhöht werden. Es ist typisch, daß bei der Hochregelung derartiger Parameter irgendwann eine kritische Grenze erreicht wird, an der das Plasma instabil wird. Hier gibt es die zwei untersuchten Möglichkeiten: Entweder das Plasma geht, von einer explosiven Instabilität getrieben, in einen völlig anderen Zustand über, oder es setzt sich in einem eng benachbarten Zustand fest, der ein stabiles Gleichgewicht oder Beinahe-Gleichgewicht ist. Im letzten Fall wird man keine Instabilität beobachten, das Plasma wählt sich unter den angebotenen Zuständen gleich den stabilen aus, weil dieser bei der Hochregelung des *treibenden Parameters* genauso leicht zu erreichen ist wie der instabile. Zunächst wird man in diesem Fall wegen der sehr geringen Unterschiede der zur Auswahl stehenden Zustände auch nicht bemerken, daß eine Stabilitätsgrenze überschritten wurde. Erst wenn der treibende Parameter ein ganzes Stück weit über den kritischen Wert angehoben worden ist, wird das daran erkennbar, daß der jeweils spontan eingenommene stabile Zustand weniger symmetrisch als der ursprünglich vorgesehene instabile Zustand ist. Der Übergang des Plasmas in Zustände geringerer oder, wie man auch sagt, *gebrochener*

Symmetrie bei der Erhöhung des treibenden Parameters wird als *Abzweigung* oder *Bifurkation* (von lat. bifurcus = zweizinkig) bezeichnet.

Makroskopische und mikroskopische Instabilitäten

Plasmainstabilitäten lassen sich in drei Kategorien einteilen, die für den Plasmaeinschluß recht unterschiedliche Bedeutung haben: *makroskopische Instabilitäten*, *Mikroinstabilitäten* und Instabilitäten, die gleichzeitig mikroskopische und makroskopische Züge tragen. Häufig werden die letzteren mit zur Klasse der Mikroinstabilitäten gerechnet. Makroskopische Instabilitäten sind durch das Zusammenwirken verschiedener, räumlich getrennter Plasmagebiete gekennzeichnet, in denen makroskopische Größen wie der Druck, die Temperatur oder das Magnetfeld verschieden sind; für sie spielen die Form des Plasmas, der Feldlinienverlauf sowie die Druck- und Temperaturverteilung die maßgebliche Rolle. Sie führen zu makroskopisch sichtbaren Verschiebungen oder Verformungen des Plasmas und/oder zu meßbaren Veränderungen der Druck-, Temperatur-, Strom- oder Magnetfeldverteilung. Bei der durch sie hervorgerufenen Umverteilung solcher Größen wird Energie in Bewegungsenergie des Plasmas überführt, Energie, die aus bereits im Gleichgewicht vorhandenen Quellen nachgespeist wird und für eine Umwandlung verfügbar ist. Hierfür kommt z. B. Energie in Frage, die in dem von Plasmaströmen erzeugten Magnetfeld steckt. Aus dieser Energiequelle gespeiste Instabilitäten nennt man *stromgetrieben*. Des weiteren kann durch den Ausgleich von Druck- oder Temperaturunterschieden Energie freigesetzt werden. In diesem Fall spricht man von *druck-* oder *temperaturgetriebenen* Instabilitäten. Solche die Instabilität antreibende Ursachen stehen im Wettstreit mit stabilisierenden Eigenschaften des Magnetfelds, die darin bestehen, daß sich dieses gegen eine Kompression oder Verbiegung der Feldlinien wehrt.

Ganz allgemein wirkt es sich günstig aus, wenn sich die magnetischen Feldlinien in die Richtung krümmen, in wel-

185

cher der Plasmadruck abnimmt, am Rand des Plasmas also weg von diesem. Ist das der Fall, spricht man von »günstiger Feldlinienkrümmung«. Bei »ungünstiger Krümmung«, wenn sich also die Feldlinien am Plasmarand auf das Plasma zu krümmen, können *Rilleninstabilitäten* entstehen. (Fachausdruck: Austausch- oder Flute-Instabilitäten, engl. flute = Rinne, Rille; ihr Name rührt daher, daß sich auf der Plasmaoberfläche rillenförmige Ein- und Ausbuchtungen bilden.) Abb. 16.2 zeigt beide Situationen und liefert die Erklärung für stabiles bzw. instabiles Plasmaverhalten.

Bei toroidalen Plasmen wie Tokamak und Stellarator gibt es stets sowohl Gebiete günstiger als auch Gebiete ungünstiger Feldlinienkrümmung. In den letzteren werden sich, soweit wie möglich, Rilleninstabilitäten einnisten. Allerdings können diese durch hinreichend starke Feldlinienverscherung unterdrückt werden, weil dann das Plasma zu viel Energie zum Verbiegen der Feldlinien auf-

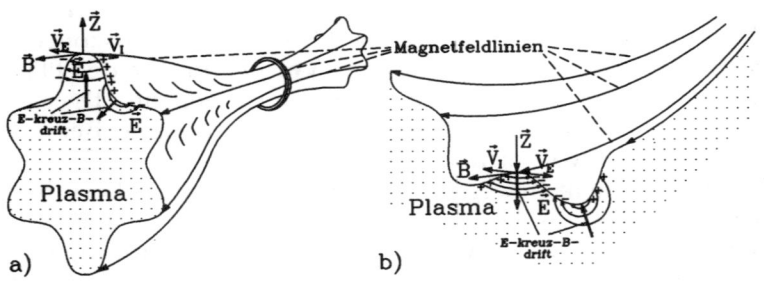

Abb. 16.2: *a) Rilleninstabilität bei ungünstiger Magnetfeldlinien-Krümmung. Die ursprünglich glatte Plasmaoberfläche wurde durch Störungen rillenförmig verbogen. Die Zentrifugalkraft $\vec{Z}$, welche die Plasmateilchen bei ihrer Bewegung längs der gekrümmten Feldlinien erfahren, weist am oberen Plasmarand nach oben. Durch sie kommt es zu einer Krümmungsdrift ($\vec{v}_I$ ist die Driftgeschwindigkeit der Ionen, $\vec{v}_E$ die der Elektronen) und als deren Folge zu den eingezeichneten Ladungsanhäufungen (+ für Ionen, − für Elektronen). Das durch die Ladungstrennungen bewirkte elektrische Feld $\vec{E}$ führt schließlich zu einer E-kreuz-B-Drift, welche die Ausbuchtungen noch vertieft. b) Bei günstiger Feldlinienkrümmung weisen die Zentrifugalkraft, das elektrische Feld und die E-kreuz-B-Drift jeweils in die entgegengesetzte Richtung, die Rillen werden hierdurch abgeflacht, bis sie verschwunden sind.*

186

bringen müßte. Bei einer Spiegelmaschine (Abb. 10.1) haben die Feldlinien in der Umgebung der beiden Spiegel günstige und im Bereich dazwischen ungünstige Krümmung. Bei ihr wird man daher in diesem Zwischenbereich zunächst mit Rilleninstabilitäten zu rechnen haben. Das Plasma einer Spiegelmaschine besteht jedoch nur aus gefangenen oder davonlaufenden Teilchen, und deren besondere Eigenschaften machen unsere Überlegungen über das Auftreten der Rilleninstabilität ungültig; diese kann trotz der ungünstigen Feldlinienkrümmung unterbunden werden.

Am gefährlichsten sind gewöhnlich die am schnellsten wachsenden Instabilitäten, da sie die magnetische Isolierung des Plasmas besonders schnell zerstören können. Nun wissen wir, daß das Magnetfeld im Plasma bei sehr schnellen Bewegungen so gut wie eingefroren ist, was auch für diese Instabilitäten gilt. Weil sie sich sehr gut durch ein Modell beschreiben lassen, in welchem das Plasma als eine (kompressible) Flüssigkeit mit unendlich guter elektrischer Leitfähigkeit behandelt wird, werden sie als *ideale magnetohydrodynamische Instabilitäten* bezeichnet. Ihrer Vermeidung galt in den Anfangsjahren der Fusionsforschung die größte Sorge, und es ist in den Fusionsexperimenten auch gelungen, sie so weit wie nötig zu unterdrücken.

Bei den langsameren Instabilitäten, während deren Entwicklung viele Teilchenstöße stattfinden, wird der elektrische Widerstand des Plasmas wichtig, und das Magnetfeld ist nicht länger eingefroren. Wo das der Fall ist, spricht man von *resistiven Instabilitäten*. Insbesondere kann es vorkommen, daß dabei Feldlinien abreißen und sich mit anderen unter Bildung neuer Magnetfeldstrukturen verbinden. Ein typisches Beispiel hierfür bietet die *Abreißinstabilität* (der Fachausdruck ist Tearinginstabilität, von engl. tear = ab-, zerreißen), die in Tokamaks eine bedeutungsvolle Rolle spielt, aber z. B. auch in dem Plasma, das als Sonnenwind von der Sonne kommend auf das Magnetfeld der Erde stößt. In dem zuletzt genannten Fall kommt es durch sie zu Umstrukturierungen des Feldlinienverlaufs im Erdmagnetfeld, die dessen Schutzschild »durchlöchern« und etwas Sonnenwind eindringen lassen. Konkrete Beispiele

187

wichtiger makroskopischer Instabilitäten werden wir später kennenlernen, wenn wir uns mit den wichtigsten Fusionsexperimenten beschäftigen.

Mikroinstabilitäten sind sehr kleinskalige Ereignisse, die entweder durch Abweichung der lokalen Geschwindigkeitsverteilung der Plasmateilchen von einer Maxwell-Verteilung angetrieben werden oder dadurch zustandekommen, daß an einer Stelle des Plasmas Teilchen in kooperative Wechselwirkung treten, die von nahe benachbarten Stellen mit unterschiedlicher lokaler Maxwell-Verteilung herkommen. Im letzten Fall werden sie also von Inhomogenitäten des Plasmas angetrieben, wobei es aber im Gegensatz zu den Verhältnissen bei makroskopischen Instabilitäten nur auf deren lokale Stärke, also z. B. die Größe des Druck- oder Temperaturgradienten, ankommt, nicht jedoch auf deren weitläufigere Struktur. Da ihre Anfachung nur von lokalen Gegebenheiten abhängt, können sie im Prinzip auf sehr kleine Plasmaregionen begrenzt sein. Im allgemeinen werden die Voraussetzungen für ihr Auftreten jedoch gleich in einem größeren, makroskopischen Gebiet vorliegen, wo sie sich dann überall entwickeln werden. Dies geschieht aber an verschiedenen Stellen dieses Gebiets völlig unabhängig, es kommt auf keine kooperative Wechselwirkung zwischen diesen Stellen an.

In einer Spiegelmaschine kann sich sogar auf einer magnetischen Feldlinie keine lokale Maxwell-Verteilung einstellen, weil Teilchen mit zu hoher Parallelgeschwindigkeit durch den Spiegel hindurch verlorengehen. Hierdurch kann es zu einer Mikroinstabilität kommen, die jedoch durch den makroskopischen Verlauf der Feldlinien beeinflußt wird, da dieser über seine Spiegelwirkung Zahl und Geschwindigkeit der gefangenen Teilchen festlegt. Dies ist das Beispiel einer Instabilität mit mikroskopischen und makroskopischen Zügen. Wir werden später sehen, daß es auch in Tokamaks und Stellaratoren *gefangene Teilchen* gibt, denen durch Spiegel im Magnetfeld der Zugang zu bestimmten Feldregionen verwehrt wird. Zur Abweichung von einer Maxwell-Verteilung tritt hier als mögliche Ursache von Instabilitäten noch die Wechselwirkung zwischen gefangenen und ungefangenen Teilchen hinzu.

Anders als Makroinstabilitäten führen Mikroinstabilitäten und die zuletzt besprochenen Mischformen nicht zur spontanen Aufhebung des Gleichgewichts zwischen den magnetischen Kräften und den Druckkräften. Da es sich bei ihnen um lokale Wechselwirkungen zwischen Teilchen handelt, die sich von Teilchenstößen nur durch den kooperativen Charakter unterscheiden, ist ihre Wirkung vielmehr ähnlich der von jenen: Sie führen zu Diffusion, Wärmeleitung, elektrischem Widerstand und erhöhen deren Werte so, daß sie weit über den rein stoßbedingten Werten liegen. Wenn das auf Grund der Existenz solcher Instabilitäten der Fall ist, spricht man von *anomaler Diffusion*, *anomaler Wärmeleitung* und *anomalem elektrischen Widerstand*. Anomale Diffusion und Wärmeleitung lassen sich zwar auch wie die entsprechenden gewöhnlichen Prozesse durch ein Magnetfeld reduzieren. Aber im Gegensatz zu diesen nehmen sie mit der Temperatur leider sogar noch zu, wofür eventuell turbulente elektrische Felder verantwortlich sind, die mit zunehmender Temperatur immer stärker werden können.

Instabilitäten beeinflussen sich

Häufig treten in einem Plasma gleichzeitig mehrere Instabilitäten auf. Dabei kann es sich um Instabilitäten desselben Typs handeln, z. B. ideale magnetohydrodynamische Instabilitäten, die sich nur in ihrer räumlichen Struktur unterscheiden, oder um Instabilitäten ganz unterschiedlicher Art. Solange diese Instabilitäten noch sehr schwach sind, werden sie sich praktisch ohne Wechselwirkung wie Lichtwellen überlagern, denn jede von ihnen entwickelt sich auf einem Plasmahintergrund, der sich nur wenig von einem instabilitätenfreien Plasma im Kräftegleichgewicht unterscheidet. Sobald sie aber zu merklicher Stärke angewachsen sind, kann der Einfluß der durch sie bewirkten Veränderungen des Plasmahintergrunds auf andere Instabilitäten nicht mehr vernachlässigt werden, d. h. es kommt zu spürbaren Wechselwirkungen zwischen ihnen. Diese können zu einer völligen Veränderung ihres Erscheinungsbildes führen, indem sie raum-zeitliche Strukturen hervorbringen, die in keiner der beteiligten Instabilitäten auch nur ansatzweise enthalten waren. So können sich z. B. harmlose Instabilitäten, die nur sehr langsam wachsen oder nur die Bifurkation in nahegelegene Nachbarzustände bewirken, gegenseitig zu einem gefährlichen explosiven Wachstum aufschaukeln. Ein dramatisches Beispiel hierfür werden wir später beim Tokamak kennenlernen. Eine andere Möglichkeit, die erst vor ca. 20 Jahren in der modernen Theorie dynamischer Systeme erkannt wurde, besteht darin, daß sich räumlich regelmäßig strukturierte Schwingungsinstabilitäten (d. h. Schwingungen wachsender Amplitude) gegenseitig so beeinflussen, daß räumlich und zeitlich fast völlig irreguläre, turbulenzartige Fluktuationen resultieren, die als *chaotisch* bezeichnet werden. Dies kann schon durch die Wechselwirkung von nur zwei derartigen Schwingungsinstabilitäten zustande kommen, und je mehr von diesen beteiligt sind, umso wahrscheinlicher wird chaotisches Verhalten.

Während man makroskopische Instabilitäten wegen ihrer besonderen Gefährlichkeit möglichst vermeiden muß und dies zum großen Teil auch kann, indem man die Bedingungen für ihre Entstehung über die Stärke und räumliche Struktur des Magnetfelds, die Regelung von Plasmaströmen usw. beeinflußt, trifft dies für Mikroinstabilitäten nicht mehr zu. Gerade die Maßnahmen zur Unterdrückung makroskopischer Instabilitäten können nämlich lokale Gradienten entstehen lassen, die Mikroinstabilitäten hervorrufen; und selbst wenn man hier Kompromisse schließt, wird die Vermeidung makroskopischer Instabilitäten unter der Nebenbedingung, trotzdem ein möglichst hohes Plasmabeta zu bekommen, dabei den Vorrang haben. Mikroskopische Instabilitäten werden sich deshalb praktisch nicht vermeiden lassen, und Wechselwirkungen der zuletzt geschilderten Art führen dazu, daß Fusionsplasmen in mikroskopischen Dimensionen meist turbulenzartiges Verhalten aufweisen, das anomale Diffusion zur Folge hat.

Warum sind Plasmen so instabil?

Wie wir an anderer Stelle erfahren haben, versucht ein Plasma auch bei seinem magnetischen Einschluß überall dieselben Werte von Druck und Temperatur anzunehmen; es trachtet also danach, in den Zustand des vollständigen thermodynamischen Gleichgewichts zu gelangen. Der große Temperatur- und Dichteunterschied zwischen dem Zentrum und den Randzonen des Plasmas in Fusionsexperimenten weist darauf hin, daß dieses deutlich von diesem »Idealzustand« abweicht. Diffusion und Wärmeleitung sind Manifestationen der Bemühungen des Plasmas, einem solchen näherzukommen. Dies wird in den Fusionsexperimenten jedoch sehr wirksam dadurch unterbunden, daß die von diesen Prozessen hervorgerufenen Materie- und Energieverluste durch Gasnachfüllung und Nachheizen permanent ausgeglichen werden. Die folgenden Argumente deuten darauf hin, daß Abweichungen vom Zustand des idealen thermodynamischen Gleichgewichts die Ursache für die vielen und vielfältigen Instabilitäten in Fusionsplasmen bilden.

Eines der fundamentalen Naturgesetze, der *zweite Hauptsatz der Thermodynamik*, besagt, daß alle physikalischen Systeme, die von ihrer Umwelt isoliert sind und als *abgeschlossen* bezeichnet werden, mit der Zeit monoton gegen einen Zustand des thermodynamischen Gleichgewichts streben. Das kann bei einigen Systemen sehr lange dauern. In anderen findet man dagegen eine recht hohe Geschwindigkeit dieses Strebens, die umso höher wird, je weiter der momentane Systemzustand vom thermodynamischen Gleichgewicht entfernt ist. Als Beispiel hierfür sei eine Tasse Kaffee angeführt, die zusammen mit dem Tisch, auf dem sie steht, der Luft, die sie umgibt, und den Zimmerwänden ein abgeschlossenes System bildet. Der Übergang in den Gleichgewichtszustand besteht hier darin, daß sich der Kaffee auf die Lufttemperatur abkühlt, die dabei ihrerseits geringfügig erhöht wird. Solange der Kaffee noch sehr heiß ist, verliert er ziemlich schnell an Temperatur, um dies umso langsamer zu tun, je kühler er geworden ist. Der Fall unseres Fusionsplasmas ist sehr viel komplizierter. Um hier den zweiten Hauptsatz anwenden zu können, muß man die Quellen, aus denen dem Plasma Materie und Energie zugeführt werden, genauso mit in die Betrachtung einbeziehen wie diejenigen Komponenten, in denen die nachgefüllten Materie- und Energiemengen schließlich auf Grund von Diffusion und Wärmeleitung landen und angesammelt werden. Erst von dem aus allen diesen Teilen zusammengesetzten, abgeschlossenen Gesamtsystem läßt sich behaupten, daß es monoton dem thermodynamischen Gleichgewicht zustrebt; einzelne Teile von ihm dürfen sich dabei vorübergehend durchaus anders verhalten. So kann das Plasma dem gemeinschaftlichen Ziel womöglich besser dienen, indem es sich – teilweise oder im ganzen – sogar noch weiter vom Gleichgewicht entfernt.

Als Mechanismus, der in Gasen und Plasmen die Ausgleichsprozesse bewirkt, welche den Übergang ins thermodynamische Gleichgewicht vermitteln, haben wir die Teilchenstöße erkannt. Im Fall eines gewöhnlichen Gases, der unseren Überlegungen zugrunde lag, bilden diese die Gesamtheit aller möglichen Teilchenwechselwirkungen, so daß wir letztlich diese für alle Ausgleichsprozesse verantwortlich machen können. Aber schon hier beschränken sich die letzteren nicht nur auf Diffusionsprozesse: Trotz der extrem kurzen Reichweite ihrer Wechselwirkungskräfte können die Gasmoleküle in einer Art von konzertierter Aktion großräumige Prozesse auslösen, die sich z. B. als Instabilitäten bemerkbar machen und die beschriebenen Ausgleichsvorgänge beschleunigen können. Hierbei handelt es sich um das bemerkenswerte Phänomen der *Selbstorganisation*, bei dem Besonderheiten in den äußeren Bedingungen trotz der auf kürzeste Distanz begrenzten Kommunikationsmöglichkeiten weitreichende *Korrelationen* (lat. correlatio = Wechselbeziehung) zwischen den Gasmolekülen entstehen lassen, welche diese wie auf Verabredung agieren lassen.

Beim Plasma haben wir die Wechselwirkungskräfte zwischen den Plasmateilchen etwas willkürlich und mit dem Blick auf spezielle Anwendungen in Stöße und kollektive Wechselwirkungen unterteilt. Bei der hier untersuchten Fragestellung ist diese Aufteilung jedoch nicht sinnvoll, denn auch die letzteren können Masse und Energie zwischen verschiedenen Teilen des Plasmas austauschen und ausgleichen.

Es ist ganz offensichtlich, daß diese kollektiven Wechselwirkungen dadurch, daß sie die unmittelbare Kommunikation zwischen weiter entfernten Plasmateilen möglich machen, das Spektrum kooperativer Verhaltensweisen dramatisch erweitern. An ihnen läßt sich auch besonders gut erkennen, daß Instabilitäten dem Zweck der Annäherung an das thermodynamische Gleichgewicht dienen können: Durch sie hervorgerufene Instabilitäten stehen zu den weitreichenden Wechselwirkungen nämlich, grob gesehen, etwa im selben Verhältnis wie Diffusion und Wärmeleitung zu den als Stößen separierten kurzreichweitigen Wechselwirkungen.

Der Ausgleich thermodynamischer Unterschiede durch Instabilitäten wird besonders wichtig sein, wenn Diffusion und Wärmeleitung z. B. bei sehr hohen Temperaturen ziemlich unwirksam werden. Dabei sei nochmals darauf hingewiesen, daß dieser Ausgleich im Teilsystem des Plasmas nicht unmittelbar evident werden muß. Tatsächlich gibt es aber eine Reihe von Instabilitäten, wo das doch der Fall ist. So existieren viele *Mikroinstabilitäten*, deren Wirkung sich so beschreiben läßt, daß sie die effektive Stärke der Diffusion und Wärmeleitung erhöhen. Dies ist recht gut auf Grund der Tatsache zu verstehen, daß sie die Abzweigung in Zustände mit turbulenten Schwingungen bewirken, die so schnell sind, daß während ihrer kurzen Dauer der Verlust von Energie und Teilchen keine Rolle spielt. Das Plasma ist daher für sie so gut wie abgeschlossen, also ein System, für das der zweite Hauptsatz gilt.

Aus dieser thermodynamischen Sicht erweisen sich Instabilitäten also als zusätzliche Möglichkeiten des Plasmas, den Einschlußbestrebungen eines Magnetfelds entgegenzuwirken. Glücklicherweise sind diesen Möglichkeiten aber Grenzen auferlegt. So müssen z. B. bei sehr schnellen makroskopischen Instabilitäten die magnetischen Feldlinien im Plasma eingefroren bleiben, was dessen Bewegungsfreiheit einschränkt. Um es vorwegzunehmen: Man kennt zwar eine Vielzahl verschiedenartiger Plasmainstabilitäten, hat aber in den letzten Jahren keine neuen mehr gefunden.

Von den gefährlichsten glaubt man, daß sie in einem Fusionsreaktor wirksam unterbunden werden können. Mit denen, wo dies nicht gelingt, glaubt man, leben zu können. Nach unseren Überlegungen steht zu erwarten, daß das Auftreten von Instabilitäten umso wahrscheinlicher wird, je weiter der Plasmazustand vom thermodynamischen Gleichgewicht entfernt ist, also je stärker man den magnetischen Einschluß haben möchte. Als Maß für diesen hatten wir Beta, das Verhältnis von Gas- und Magnetdruck, eingeführt. Es sollte demnach einen Maximalwert von Beta geben, der nicht überschritten werden darf, weil sonst das Plasma instabil wird. Genauere Untersuchungen haben diese Erwartung bestätigt, und für konkrete Fusionsexperimente werden sehr umfangreiche und ausgeklügelte Rechnungen durchgeführt, um Plasmaformen und Magnetfeldlinienverläufe zu finden, für die dieser Maximalwert möglichst groß wird.

17. Wellen im Plasma

Die verschiedenen Aggregatzustände der Materie unterscheiden sich in charakteristischer Weise durch die Wellen, deren Ausbreitung sie vermitteln. Flüssigkeiten und Gase lassen sich in ihrem Inneren nur zur Übertragung von Schallwellen anregen; sie unterscheiden sich aber deutlich hinsichtlich deren Ausbreitungsgeschwindigkeit, die im selben Stoff beim Übergang vom flüssigen zum gasförmigen Aggregatzustand um ein Vielfaches abnimmt.
Ein besonders einfaches Beispiel der Wellenausbreitung bietet eine fortschreitende ebene Schallwelle. Sie transportiert ein zeitlich unveränderliches Raummuster abwechselnder Verdichtungen und Verdünnungen durch das Medium (Abb. 17.1 a)). An einem festen Ort darin ruft dieses Muster beim Vorüberwandern zeitliche Dichteschwankungen hervor, die mit Druckschwankungen einhergehen und Druckkräfte bewirken. Die letzteren weisen abwechselnd in und gegen die Wellenausbreitungsrichtung und lassen die Materie parallel zu dieser Schwingungen um eine unveränderliche Mittellage ausführen. Solche Wellen, bei denen

194

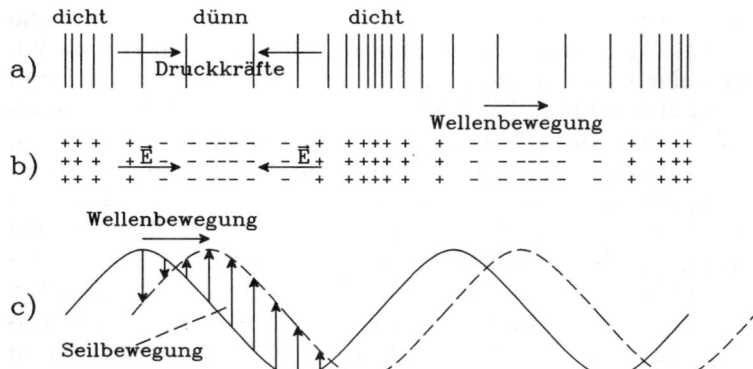

Abb. 17.1: *Fortschreitende ebene Wellen: a) Longitudinale Schallwelle, b) Langmuir-Welle, c) Transversale Seilwelle.* »*Eben*« *bedeutet, daß in den Ebenen senkrecht zur Ausbreitungsrichtung überall derselbe Materiezustand vorliegt.*

die Materieteilchen längs der Wellenausbreitungsrichtung ausgelenkt werden, bezeichnet man als *longitudinal* (von lat. longitudo = Länge). Auch in Festkörpern können sich Schallwellen ausbreiten; zusätzlich übertragen diese aber auch noch *Scherungswellen*, die das Übertragungsmedium wie Seilwellen oder Wasserwellen senkrecht zur Wellenausbreitungsrichtung auslenken (Abb. 17.1 c)). Bei allen Wellen muß man deutlich zwischen der *Phasengeschwindigkeit* und der *Ausbreitungsgeschwindigkeit* unterscheiden. Die Phasengeschwindigkeit ist die Geschwindigkeit, mit der das unveränderliche Muster einer ebenen Welle im Medium vorwärtsschreitet. Sie ist im allgemeinen jedoch nicht die Geschwindigkeit, mit der Signale übertragen werden, da es einiger Zeit bedarf, bis das Medium in den »eingeschwungenen« Zustand der regelmäßigen ebenen Welle gelangt. Die Übertragung von Signalen machen wir uns am besten am Beispiel einer Rundfunkwelle klar. Hier sendet der Sender als *Trägerwelle* eine reine Sinuswelle sehr hoher Frequenz (im UKW-Bereich z. B. etwa 100 Megahertz[20], kurz 100 MHz, d. h. 100 Millionen Schwin-

---

[20] 1 Hertz = 1 Schwingung pro Sekunde

gungen pro Sekunde), der die zu übertragende Information als *Modulation* (Beeinflussung der Amplitude, von lat. modulari = abmessen, einrichten) überlagert wird (Abb. 17.2). Bei manchen Wellen breiten sich auch diese Modulationen mit der Phasengeschwindigkeit der Trägerwelle aus, meist jedoch mit einer von dieser verschiedenen Signalgeschwindigkeit. Während die letztere die Lichtgeschwindigkeit nicht überschreiten kann, ist dies für die Phasengeschwindigkeit durchaus möglich.

Im Plasma gibt es eine überwältigende Vielfalt verschiedenartiger Wellenphänomene, es übertrifft in dieser Hinsicht bei weitem jeden anderen Aggregatzustand. Nicht nur longitudinale und transversale Wellen kann es übertragen, sondern in Gegenwart eines Magnetfelds auch Mischformen von beiden Typen. In jeder dieser Klassen trifft man auf eine Fülle von Wellen unterschiedlichster Art und Geschwindigkeit, die sich z. B. darin unterscheiden, ob sie hauptsächlich von Ionen, Elektronen oder von beiden gleichberechtigt getragen werden, ob sie mit der Erregung elektrischer oder magnetischer Felder oder aber beider verbunden sind usw. Wir werden uns mit einem kleinen Rundgang durch den großen »Zoo« der Plasmawellen begnügen und dabei den Schwerpunkt auf die für Plasmen spezifischen Gesichtspunkte legen.

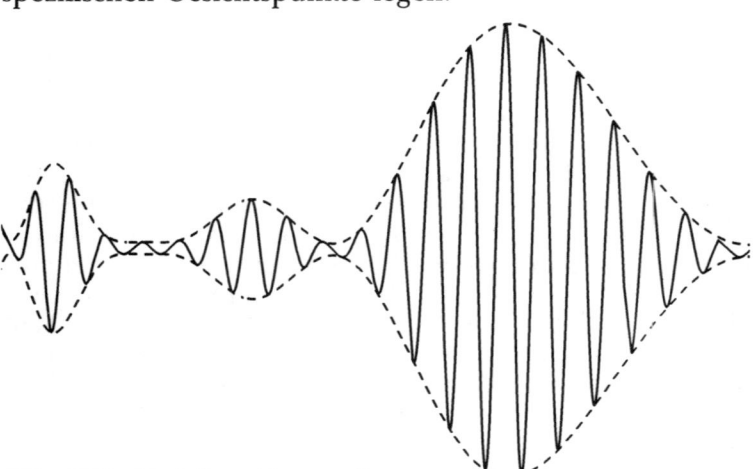

Abb. 17.2: *Modulierte Trägerwelle.*

196

Langmuir-Wellen

Als erste charakteristische Wellenerscheinung in einem Plasma wurden die *Langmuir-Wellen* entdeckt. Dabei handelt es sich um longitudinale Wellen, die ein Muster abwechselnder Verdichtungen und Verdünnungen der Elektronen durchs Plasma transportieren und diese in der Ausbreitungsrichtung Schwingungen gegenüber einem praktisch schwingungsfreien Ionenhintergrund ausführen lassen. (Man spricht hier oft von einem starren Ionenhintergrund, der allerdings natürlich noch die thermischen Bewegungen aufweist.) An den elastischen Kräften, die diese Schwingungen antreiben, sind Kräfte des oszillatorischen elektrischen Feldes beteiligt, das von den Dichteschwankungen der Elektronen hervorgerufen wird (Abb. 17.1 b)). Diese Kräfte nehmen mit der Auslenkung der Elektronen aus ihrer Mittellage zu und ziehen diese in ihre Ausgangsposition zurück. Hierdurch beschleunigt, schießen die Elektronen bei ihrer Rückkunft auf Grund von Trägheit übers Ziel hinaus zur anderen Seite, bis sie von einem hierdurch hervorgerufenen Feld entgegengesetzter Richtung wieder zurückgeholt werden, erneut übers Ziel hinausschießen usw. Natürlich sind auch die Ionen diesem elektrischen Wechselfeld ausgesetzt. Dessen Richtungswechsel erfolgen wegen der geringen Elektronenträgheit allerdings so schnell – bei einer Dichte von 10^{12} Elektronen pro ccm beträgt die Frequenz der langsamsten Langmuir-Wellen etwa 10 Gigahertz, d. h. 10 Milliarden Schwingungen pro Sekunde –, daß ihnen die sehr viel trägeren Ionen praktisch nicht folgen können. Langmuir-Wellen werden also fast ausschließlich von den Elektronen getragen, und an Feldern sind nur elektrische beteiligt.

Mit den Schwankungen der Elektronendichte sind natürlich auch Schwankungen des Elektronendrucks verbunden. Bei großen Wellenlängen erfolgt der Druckabfall aber über so große Distanzen, daß nur recht schwache Druckkräfte zustandekommen; dagegen führt die durch die Elektronenoszillationen hervorgerufene Ladungstrennung durch einen Summationseffekt über die große Wellenlänge sogar zu besonders starken elektrischen Feldern. Daher werden langwellige Langmuir-Wellen fast nur von elektrischen Kräften angetrieben. Weil aber die Kopplung zwischen benachbarten Plasmaelementen nur durch den Elektronendruck zustande kommt, breiten sie sich so gut wie gar nicht aus, d. h. ihre Ausbreitungsgeschwindigkeit ist sehr gering. Mit abnehmender Wellenlänge werden dann allmählich auch die Druckkräfte für das Zurücktreiben der Elektronen wichtig, bis sie im Bereich sehr kurzer Wellenlängen praktisch alleine das Kommando übernehmen. Dann sind die Langmuir-Wellen druckgetriebene Schallwellen des Elektronengases, die sich mit der für ein derartiges Gas berechneten, sehr hohen Schallgeschwindigkeit (diese ist etwa gleich der thermischen Geschwindigkeit der Elektronen) ausbreiten.

Bei welchen Frequenzen gibt es Langmuir-Wellen? Nach der Maxwellschen Theorie muß der Plasmastrom in jedem Augenblick und überall die als *Verschiebungsstrom* bezeichneten zeitlichen Änderungen des elektrischen Feldes kompensieren, die mit zunehmender Schwingungsfrequenz immer größer werden. Solange nun der Plasmastrom alleine vom elektrischen Feld getrieben wird, also bei großen Wellenlängen, ist er umso stärker, je höher die Dichte der ihn tragenden Teilchen und je kleiner deren Masse ist. Da es sich hierbei um die Elektronen handelt, folgt aus der geforderten Kompensation eine Frequenz, die durch das Verhältnis aus der Elektronendichte und der Elektronenmasse festgelegt wird, mit diesem anwächst und den Namen *Elektronenplasmafrequenz* trägt. Bei kürzeren Wellenlängen können die Elektronen den Schwingungen des elektrischen Feldes durch die Nachhilfe der Druckkräfte noch besser folgen, so daß die geforderte Kompensation erst bei einer noch höheren Frequenz zustande kommt. Damit haben wir das Ergebnis: Langmuir-Wellen existieren nur bei Frequenzen, die mit der – ziemlich hohen – Elektronenplasmafrequenz übereinstimmen oder oberhalb von dieser liegen.

Unsere Überlegungen zu den Langmuir-Wellen[21] bezo-

---

[21] Langmuir hat, genauer gesagt, nur die mit der Elektronenplasmafrequenz schwingenden Wellen großer Wellenlängen entdeckt. Da sich

gen sich soweit auf ein magnetfeldfreies Plasma. Sie gelten aber unverändert auch für Plasmen im Magnetfeld, sofern dieses parallel zur Ausbreitungsrichtung der Welle verläuft. Die Elektronen schwingen dann nämlich parallel zu diesem, und es werden keine magnetischen Kräfte wirksam. Wenn die Welle jedoch schräg oder senkrecht durch das Magnetfeld läuft, werden die Elektronen auf gekrümmte Bahnen gezwungen. Außerdem kommt es zu einer oszillatorischen E-kreuz-B-Drift des Plasmas, die dieses senkrecht zum elektrischen Feld und damit zur Ausbreitungsrichtung auslenkt; daher bekommen wir jetzt eine longitudinal und transversal gemischte Welle. Und weil zu den rücktreibenden Kräften noch magnetische Kräfte hinzutreten, liegt die als *obere Hybridfrequenz* bezeichnete und von der magnetischen Feldstärke abhängige Wellenfrequenz oberhalb derjenigen des magnetfeldfreien Falles.

Der Ionenschall

Als eine weitere Form von longitudinalen Wellen gibt es in Plasmen *Ionenschallwellen*, die große Verwandtschaft mit Schallwellen in gewöhnlichen Gasen aufweisen. In ihnen werden Ionen und Elektronen zu gemeinsamen Schwingungen angeregt. Damit die Ionen diesen folgen können, ist die Frequenz, auf die Ionenträgheit abgestimmt, recht niedrig: daher der Name Ionenschall. Die viel beweglicheren Elektronen werden von den Ionen im Schlepptau eines schwachen elektrischen Feldes nachgezogen, das durch ihr Nachhinken hervorgerufen wird. In einem gewöhnlichen Gas können Schallwellen nur existieren, wenn an der Übertragung der Druckkräfte Teilchenstöße beteiligt sind. Doch das ist nur der Fall, sofern die Länge der Schallwellen wesentlich größer als die mittlere freie Weglänge der Teilchen ist. Kurzwelligere Dichtemodulationen werden dagegen von den Teilchen in freiem Flug davongetragen und auf Grund unterschiedlicher Geschwindigkeiten schnell

diese praktisch nicht ausbreiten, werden sie auch als *Langmuir-Schwingungen* oder *Langmuir-Oszillationen* bezeichnet.

durchmischt – ein Ausgleichsprozeß, der als *Phasenmischung* bezeichnet wird. Makroskopisch äußert sich dieser in einer raschen Dämpfung der Welle. Im Gegensatz dazu können die Ionen aufeinander Schwingungen nicht nur durch Stöße übertragen, sondern auch durch das von ihren Dichteschwankungen hervorgerufene und von den Elektronen nicht völlig abgeschirmte elektrische Feld. Dadurch wird das Phänomen des Ionenschalls auch bei Wellenlängen bzw. Temperaturen möglich, die so kurz sind bzw. so hoch liegen, daß das Plasma während einer Schwingungsperiode praktisch als stoßfrei angesehen werden kann.

Genau wie Langmuir-Wellen werden auch die Ionenschallwellen von einem Magnetfeld parallel zu ihrer Ausbreitungsrichtung nicht beeinflußt. Und ähnlich wie jene werden sie zu longitudinal und transversal gemischten Wellen, deren Frequenz über der des magnetfeldfreien Falls liegt, wenn das Magnetfeld eine Komponente senkrecht zur Ausbreitungsrichtung besitzt.

Die Landau-Dämpfung

Bei den bisher untersuchten Plasmawellentypen transportiert die Welle ein zur Ausbreitungsrichtung abwechselnd paralleles und antiparalleles elektrisches Feld wechselnder Stärke und versetzt beim Durchlaufen des Plasmas Teilchen in Bewegung. Dabei haben wir so getan, als würden diese ursprünglich ruhen. In Wirklichkeit gilt das jedoch nur für deren mittleres Verhalten, während die Geschwindigkeiten der Einzelteilchen über viele Werte und Richtungen verteilt sind (Abb. 12.1). Es gibt daher auch einige *resonante Teilchen*, die mit der Welle laufen oder nur wenig schneller oder langsamer sind. Über diese streicht die Welle nicht einfach hinweg, vielmehr bekommen sie über längere Zeit ein Feld derselben Richtung zu spüren. Die etwas langsameren werden beschleunigt, sobald der nächste »Wellenkamm« hinter ihnen, dessen elektrische Kräfte in Ausbreitungsrichtung weisen, sie eingeholt hat. Dabei nehmen sie Energie auf, die der Welle entzogen wird. Die et-

200

was schnelleren Teilchen laufen dagegen nach vorne in einen Wellenbereich hinein, wo die elektrischen Kräfte ihrer Bewegung entgegengerichtet sind. Hier werden sie von der Welle gebremst und verlieren Energie, die auf die Welle übertragen wird. Beide Sorten resonanter Teilchen werden also von der Welle eingefangen und mitgeführt (Abb. 17.3 a)). Die Situation ist ähnlich wie bei einem Wellenreiter: Ist der zu langsam, schaukelt ihn die Welle einfach auf und ab. Nur wenn es ihm gelingt, sein Brett bei Ankunft der Welle fast auf deren Geschwindigkeit zu bringen, wird er von dieser mitgenommen. Wird er zu schnell und eilt der Welle voraus, so verliert er an Energie (Abb. 17.3 b)).

Wenn nun die Plasmateilchen eine Maxwellsche Geschwindigkeitsverteilung aufweisen, geht ihre Zahl im Bereich der resonanten Teilchen mit wachsender Geschwindigkeit zurück. Es gibt dann also weniger schnelle als langsame resonante Teilchen (Abb. 17.4), und folglich gibt die Welle mehr Energie ab, als sie aufnimmt. Dabei werden die Geschwindigkeiten der resonanten Teilchen zunächst in räumlich geordneter Weise moduliert; durch Phasenmischung wird die Ordnung jedoch schnell zerstört. Dieser

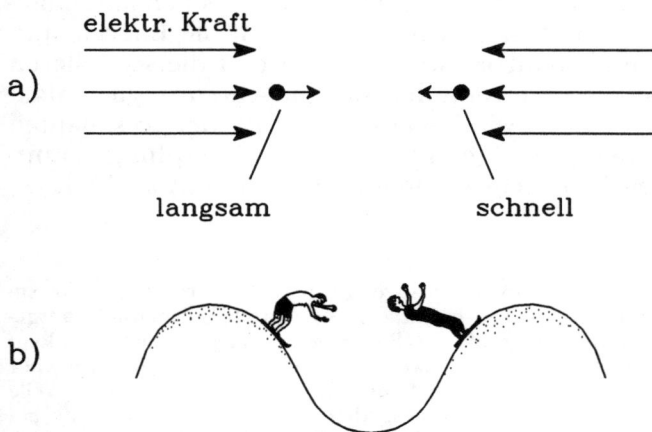

Abb. 17.3: *a) Resonante Teilchen werden von einer Welle eingefangen, b) Wellenreiter.*

201

gekoppelte Prozess – Entzug von Wellenenergie durch resonante Teilchen und deren anschließendes »Verrühren« durch Phasenmischung – führt zu einem als *Landau-Dämpfung* bezeichneten Absterben der Welle. Im Gegensatz zu den sonst üblichen Dämpfungsmechanismen bedarf es hierzu keiner Teilchenstöße.[22] Dieses überraschende Phänomen einer stoßfreien Wellendämpfung wurde 1946 von dem sowjetischen Physiker Lew Dawidowitsch Landau (Physik-Nobelpreis 1962) theoretisch vorhergesagt, aber erst 1965 experimentell verifiziert. Ihm ist es zu verdanken, daß man ein Plasma im Bereich sehr hoher Temperaturen, wo Stöße nicht mehr hilfreich sind, noch weiter heizen kann.

Indirekt spielen Teilchenstöße für die Landau-Dämpfung aber dennoch eine wichtige Rolle. Bei der Dämpfung wird zunächst Wellenenergie auf eine Minorität von resonanten Teilchen übertragen und in Bewegungsenergie parallel zur Wellenausbreitungsrichtung überführt. Die letztere wird dann durch Stöße oder turbulenzartige Mikroinstabilitäten an die übrigen Teilchen weitergereicht, wobei auch eine Umverteilung auf die Raumrichtungen senkrecht zur Wellenausbreitung stattfindet. Wenn diese Prozesse allerdings zu langsam sind, entsteht das folgende Problem: Weil die in der Überzahl befindlichen langsameren der resonanten Teilchen von der Welle Energie aufnehmen und schneller werden, während die schnelleren langsamer werden, verändert sich die – ursprünglich Maxwellsche – Geschwindigkeitsverteilung der resonanten Teilchen derart, daß gerade die für die Dämpfung verantwortlichen Unterschiede abgebaut werden (Abb. 17.4, ge-

---

[22] Die »Erinnerung« an die ursprüngliche Phasenordnung bleibt im Plasma übrigens solange »lebendig«, bis sie durch Teilchenstöße ausgelöscht wird. Dies wird durch das Phänomen des *Plasmaechos* belegt: Regt man in einem Plasma z. B. zwei Langmuir-Wellen unterschiedlicher Frequenz an, so findet man in deren Schnittbereich dort, wo jede Welle für sich alleine schon völlig ausgedämpft wäre, im Anschluß an ein Dämpfungsgebiet der überlagerten Wellen plötzlich ein Gebiet mit einer dritten Welle; die beiden Wellen beeinflussen sich dort gegenseitig so, daß die Phasenmischung rückgängig gemacht wird.

strichte Kurve). Als Folge davon wird die Dämpfung so weit abgeschwächt, bis sich bei den resonanten Teilchen insgesamt ein Gleichgewicht zwischen (stoßfreier) Aufnahme von Wellenenergie und Energieabgabe auf Grund von Teilchenstößen einstellt. Je mehr Stöße es gibt, umso stärker ist also die Landau-Dämpfung, d. h. obwohl der Dämpfungsmechanismus für sich genommen stoßfrei ist, bestimmen Stöße letztlich die Dämpfungsstärke.
Sowohl Ionenschall- als auch Langmuir-Wellen erfüllen alle Voraussetzungen für die Landau-Dämpfung. Die Phasengeschwindigkeit der letzteren ist höher als die thermische Geschwindigkeit der Elektronen und geht mit abnehmender Wellenlänge in etwa gegen diese. Abb. 17.4 bzw. 12.1 c) lassen erkennen, daß es sehr viel mehr resonante Elektronen als Ionen gibt, so daß die Dämpfung hauptsächlich durch resonante Elektronen bewirkt wird. Da deren Zahl mit abnehmender Phasengeschwindigkeit (bzw. Wellenlänge) stetig zunimmt, wird damit auch die Dämp-

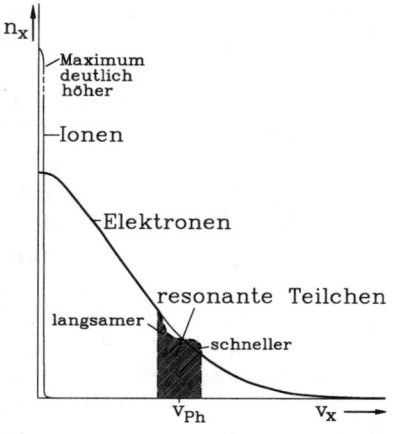

Abb. 17.4: *Resonante Teilchen in der Maxwellschen Geschwindigkeitsverteilung der Ionen und Elektronen. v_{ph} ist die Phasengeschwindigkeit der Welle, wobei hier die Verhältnisse bei einer Langmuir-Welle zugrunde gelegt sind. Der gestrichelte Kurvenverlauf im Bereich der resonanten Teilchen gibt die Veränderung der Geschwindigkeitsverteilung durch die Landau-Dämpfung an.*

fung immer stärker. Bei sehr kleinen Wellenlängen wird sie schließlich so effektiv, daß es praktisch nicht mehr zu einer Wellenausbreitung kommt. Die Phasengeschwindigkeit des Ionenschalls liegt dagegen nur wenig oberhalb der thermischen Geschwindigkeit der Ionen, bei gleicher Elektronen- und Ionentemperatur in einem Geschwindigkeitsbereich, wo diese zahlenmäßig dominieren. Daher kommt zu einem starken Dämpfungsbeitrag der Elektronen ein noch viel stärkerer der Ionen. Dies führt zu einer derart starken Dämpfung, daß die Wellen sich gar nicht ausbreiten können. Dies wird erst möglich, wenn die Ionentemperatur weniger als zwei Siebtel der Elektronentemperatur beträgt, was beispielsweise in Fusionsplasmen so gut wie nie der Fall ist.

Elektromagnetische Wellen im Plasma

Die Ausbreitung elektromagnetischer Wellen in einem Plasma verdient unser besonderes Interesse unter dem Aspekt, das Plasma womöglich nach dem Prinzip des Mikrowellenherds aufheizen zu können. Um jedoch die Verhältnisse im Plasma besser zu verstehen, betrachten wir zuerst elektromagnetische Wellen im Vakuum.

Hier handelt es sich um transversale Wellen, die ein räumliches Muster senkrecht aufeinander und senkrecht zur Wellenausbreitungsrichtung stehender elektrischer und magnetischer Felder mit Lichtgeschwindigkeit durch den Raum transportieren. (Abb. 17.5 a) und b) zeigen zwei typische räumliche Muster.) An jedem festen Ort im Raum bekommt man zeitliche Veränderungen der beiden Felder, die durch das Vorbeiziehen der räumlichen Muster hervorgerufen werden. Wir können die Forderungen der Maxwellschen Theorie an die elektromagnetischen Wellen wieder durch den Verschiebungsstrom (die zeitliche Veränderung des elektrischen Feldes) ausdrücken. Sie besagen, daß die räumlichen Veränderungen des Magnetfelds dem Verschiebungsstrom die Waage halten müssen. Die ersteren sind umso größer, je kleiner die Wellenlänge ist, während die Stärke des letzteren in Proportionalität zur

Wellenfrequenz steht. Hieraus ergibt sich die bekannte Tatsache, daß hochfrequente elektromagnetische Wellen kurze und niederfrequente lange Wellenlängen haben.

Unmagnetisiertes Plasma

Nach dieser kurzen Vorbetrachtung können wir die Situation in einem Plasma ins Auge fassen. Dabei betrachten wir zuerst den einfacheren Fall, daß dieses ohne Welle frei von Magnetfeldern oder, wie man auch sagt, *unmagnetisiert* ist. Im Plasma wird der Verschiebungsstrom noch dadurch unterstützt, daß die beiden Wellenfelder Plasmaströme fließen lassen. Bei hohen Frequenzen werden diese wegen der großen Ionenträgheit wieder fast ausschließlich von den

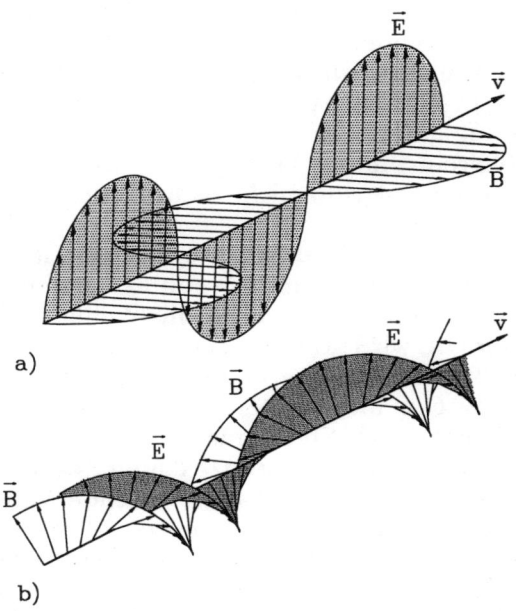

Abb. 17.5: *Beispiele elektromagnetischer Wellen: a) Linear polarisierte Welle: Das elektrische Feld der Welle weist auf- und abwärts, ihr Magnetfeld nach links und rechts. b) Zirkular polarisierte Welle: Das Magnetfeld und das elektrische Feld rotieren um die Ausbreitungsrichtung.*

Elektronen getragen. Sie sind, wie bei den longitudinalen Langmuir-Wellen, dem Verhältnis aus Elektronendichte und Elektronenmasse proportional. Gäbe es nicht die Anregung des Verschiebungsstroms durch die Veränderungen des Magnetfelds der Welle, so müßte sich dieser wie bei den Langmuir-Wellen gerade mit dem Elektronenstrom kompensieren, und man erhielte wie bei den letzteren als Wellenfrequenz wieder die Elektronenplasmafrequenz. Auf Grund des zusätzlichen Antriebs durch die Magnetfeldänderungen liegt die Frequenz jetzt jedoch über dieser, und zwar umso weiter, je stärker der Antrieb bzw. je kürzer die Wellenlänge ist. Dies hat zur Folge, daß sich im Plasma nur elektromagnetische Wellen ausbreiten können, deren Frequenz mindestens so hoch wie die Elektronenplasmafrequenz ist. Meist nimmt in einem Plasma die Dichte und mit ihr die Elektronenplasmafrequenz vom Rand nach innen zu. Strahlt nun eine elektromagnetische Welle, deren Frequenz unter der Elektronenplasmafrequenz des Plasmazentrums liegt, von außen auf das Plasma ein, so wird sie in dieses nur bis zu der Stelle eindringen, wo ihre Frequenz gerade mit der lokalen Elektronenplasmafrequenz übereinstimmt. Da sie weiter innen nicht existieren kann, kommt sie dort nicht mehr weiter und wird reflektiert.

Das Phänomen, daß bei der Wellenausbreitung eine – mit unendlich großer Wellenlänge einhergehende – *Grenzfrequenz* auftritt, unterhalb deren die Wellenübertragung zusammenbricht, wird von den Plasmaphysikern als *Cutoff* (engl. cut off = abschneiden) bezeichnet. Von einem *Wellenspektrum* (= Gesamtheit aller Wellen eines Frequenzbereichs), das man durch ein Plasma schickt, werden nämlich nur Wellen oberhalb der Grenzfrequenz hindurchgelassen: Das Spektrum durchgelassener Wellen sieht bei der Grenzfrequenz so aus wie abgeschnitten.

Die Existenz einer Grenzfrequenz elektromagnetischer Wellen im Ionosphärenplasma hat für den Funkverkehr auf der Erde weitreichende Konsequenzen. Kurzwellensender emittieren elektromagnetische Wellen im Bereich von 3 bis 30 MHz. Die maximale Elektronendichte der Ionosphäre wird etwa 300 km über dem Erdboden erreicht und beträgt etwas mehr als 10^6 Elektronen pro ccm. Hieraus folgt eine Grenzfrequenz, die gut 10 MHz beträgt. Daher werden Kurzwellen mit Frequenzen unterhalb von dieser an der Ionosphäre reflektiert. Mehrfachreflexionen an der Ionosphäre auf der einen und der – ebenfalls schwach leitfähigen – Erdoberfläche auf der anderen Seite machen es möglich, Kurzwellensignale um den ganzen Erdball herumzuschicken, mitunter sogar mehrfach (Abb. 17.6). Damit der Funkkontakt mit einem Raumschiff nicht durch Cutoff unterbrochen wird, muß die dafür benutzte Frequenz über der maximalen Grenzfrequenz der Ionosphäre liegen. Wenn ein Raumschiff nach einem Ausflug ins Weltall wieder in die Atmosphäre eintritt – dies tut es stets mit Überschallgeschwindigkeit –, erzeugt eine dabei auftretende

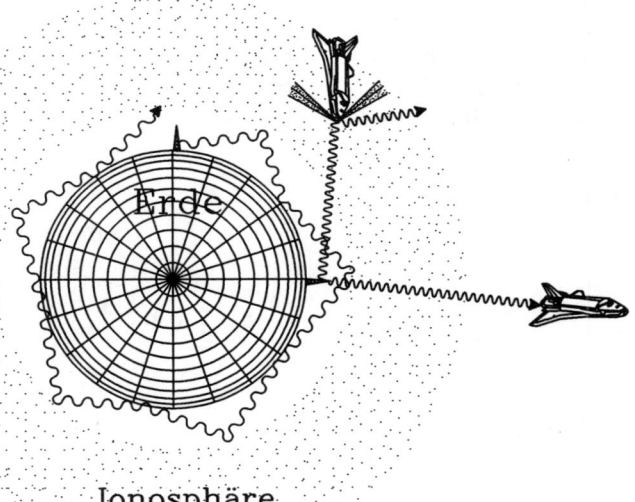

Abb. 17.6: *Reflexionen an der Ionosphäre und am Erdboden ermöglichen es, Kurzwellen um den ganzen Erdball herumzuschicken. Elektromagnetische Wellen noch kürzerer Wellenlänge können die Ionosphäre durchdringen und werden zur Kommunikation mit Raumschiffen benutzt. Bei deren Wiedereintritt in die Atmosphäre werden jedoch auch sie an einem heißen Plasmakegel reflektiert, der sich an der Spitze des Raumschiffs bildet.*

Stoßwelle um es herum ein Plasma sehr viel höherer Elektronendichte, das selbst hochfrequente Wellen, welche die Ionosphäre durchdringen konnten, reflektiert. Dies führt zu dem bekannten Phänomen einer vorübergehenden Funkstille beim Wiedereintritt des Raumschiffs in die Erdatmosphäre (Abb. 17.6).

Wenden wir uns jetzt kurz der eingangs aufgeworfenen Frage der Plasmaheizung zu. Es zeigt sich, daß die Phasengeschwindigkeit elektromagnetischer Wellen in einem unmagnetisierten Plasma über der Lichtgeschwindigkeit liegt. Da alle Plasmateilchen jedoch langsamer als Licht sind, gibt es unter ihnen keine, welche die für die Landau-Dämpfung erforderliche Resonanz zur Wellenausbreitung aufweisen. Landau-Dämpfung findet also nicht statt, gedämpft wird nur durch Teilchenstöße, was allerdings recht ineffektiv ist.

Dieser Fehlschlag hinsichtlich einer direkten Mikrowellenheizung unmagnetisierter Plasmen wird jedoch dadurch abgemildert, daß die Existenz einer Grenzfrequenz die indirekte Heizung möglich macht. Strahlt man ins Plasma nämlich eine linear polarisierte elektromagnetische

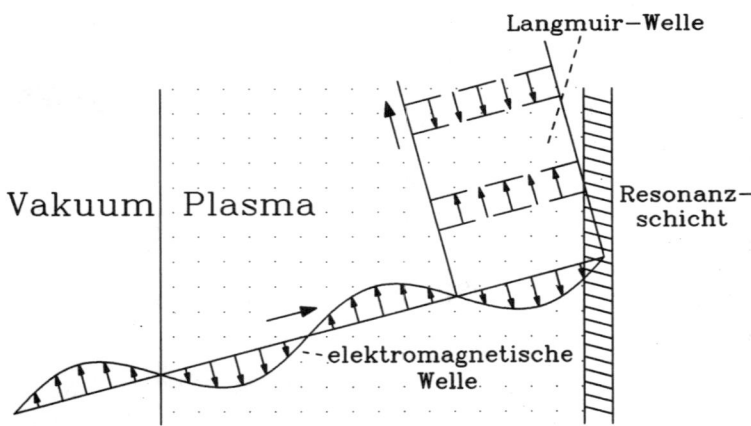

Abb. 17.7: *Anregung von Langmuir-Oszillationen in einer Resonanzschicht durch eine linear polarisierte elektromagnetische Welle (Modenkonversion).*

Welle (Abb. 17.5 a)), deren Frequenz man so wählt, daß sie irgendwo im Plasma die lokale Grenzfrequenz unterschreitet, so schwingt das elektrische Feld dort wie in einer Langmuir-Oszillation, und auch genau mit der richtigen Frequenz (Abb. 17.7). Hierdurch wird eine Langmuir-Welle angeregt, deren Ausbreitungsrichtung senkrecht zu der der elektromagnetischen Welle steht. Zwar hat diese an der betrachteten Stelle ebenfalls die Grenzfrequenz, kann daher auch nicht tiefer in das Plasma dringen und läuft nach außen weg. Aber von ihr kann Energie, die zu ihrer Anregung der elektromagnetischen Welle entzogen wurde, durch Landau-Dämpfung an das Plasma weitergegeben werden. Zusammengefaßt passiert also folgendes: Die elektromagnetische Welle dringt im Plasma bis zu einer dünnen Grenzfrequenzschicht vor. An dieser wird sie bei geeigneter Polarisation nur zum Teil reflektiert, den Rest ihrer Energie überträgt sie in einem als *Modenkonversion* bezeichneten Vorgang auf eine durch sie angeregte Langmuir-Welle, die im Plasma per Landau-Dämpfung absorbiert wird.

Magnetisiertes Plasma

Elektromagnetische Wellen können sich auch in *magnetisierten Plasmen* ausbreiten, in denen sich schon ohne Welle ein – im allgemeinen zeitlich unveränderliches und möglicherweise sehr starkes – Magnetfeld befindet. Trotz deutlicher Komplikationen gegenüber dem Fall eines unmagnetisierten Plasmas wollen wir uns auch mit dieser Situation befassen, da wir uns z. B. bei der Wellenheizung in erster Linie für magnetisch eingeschlossene Plasmen interessieren.

Solange die Wellenfrequenz weit über der Gyrationsfrequenz der Elektronen liegt, wird die Wellenausbreitung von dem Magnetfeld nur wenig beeinflußt: Die Elektronen wechseln dann bei ihren Oszillationen so schnell ihre Bewegungsrichtung, daß sie nur sehr kleine Geschwindigkeiten erreichen, die zu kaum merklichen magnetischen Kräften führen – dasselbe gilt natürlich erst recht für die Ionen. Bei niedrigeren Frequenzen werden die Dinge allerdings erheblich komplizierter.

★

Betrachten wir zuerst Wellen, die sich in Richtung des im Plasma befindlichen Magnetfelds ausbreiten – das elektrische und magnetische Feld der Welle stehen dann senkrecht zu diesem. Hier findet man zwei Wellentypen, eine (rechtshändig polarisierte) *R-Welle*, bei der das elektrische Feld der Welle wie die Elektronen um das angelegte Magnetfeld im Uhrzeigersinn rotiert, wenn man in dessen Richtung schaut (vgl. Abb. 9.1), und eine (linkshändig polarisierte) *L-Welle* mit dem entgegengesetzten Rotationssinn der Ionen. Beide Wellen haben eine Grenzfrequenz, die R-Welle etwas oberhalb und die L-Welle etwas unterhalb der Elektronenplasmafrequenz. Um diese Verschiebung der Grenzfrequenz zu verstehen, müssen wir uns mit den von den Feldern der Welle hervorgerufenen Bewegungen der Ladungsträger befassen.

Die Wirkung des elektrischen Wellenfeldes besteht darin, daß es zusammen mit dem externen Magnetfeld eine *E*-kreuz-*B*-Drift hervorruft, die senkrecht zu den beiden Feldern steht und auf Grund der Rotation des elektrischen Feldes die Ladungsträger im Kreise herumführt. Da die sehr viel beweglicheren Elektronen den Richtungswechseln des elektrischen Feldes viel besser als die Ionen folgen können, ist die Driftgeschwindigkeit – im Gegensatz zu den Verhältnissen bei der uns schon bekannten *E*-kreuz-*B*-Drift in zeitlich unveränderlichen Feldern – jetzt von der Masse der Ladungsträger abhängig und für die Elektronen sehr viel höher als die Ionen. Daher kommt es durch sie zu einem Plasmastrom, der hauptsächlich von den Elektronen getragen wird.

Das Magnetfeld der Welle kann hinsichtlich seiner Wirkung auf die Bewegung der Ladungsträger gegenüber dem sehr viel stärkeren externen Magnetfeld vernachlässigt werden – nur bei der Kompensation des elektrischen Verschiebungsstroms spielt es dieselbe Rolle wie in unmagnetisierten Plasmen. Bei den sehr hohen Grenzfrequenzen unserer beiden Wellen ist aber auch der Einfluß des externen Felds schon so klein, daß die Elektronen ihre Driftbewegung beinahe auf denselben Kreisbahnen ausführen, auf die sie vom elektrischen Feld schon ohne ein Magnetfeld gezwungen würden. Das heißt aber, das elektrische Feld ruft fast denselben Plasmastrom hervor wie in einem unmagnetisierten Plasma. Ein kleiner Unterschied ist allerdings hervorzuheben: In der R-Welle spüren die Elektronen nicht die volle Rotationsfrequenz des elektrischen Feldes, da sie im selben Sinn wie dieses rotieren, sondern nur eine um ihre Gyrationsfrequenz erniedrigte Frequenz. Da sie ansonsten aber praktisch wie im magnetfeldfreien Falle reagieren, liegt ihre Grenzfrequenz in etwa bei der Frequenz, die sie »subjektiv« als Elektronenplasmafrequenz wahrnehmen, also oberhalb der objektiven Elektronenplasmafrequenz, und zwar umso weiter, je schneller sie gyrieren. Völlig entsprechend liegt die Grenzfrequenz der L-Welle etwas unterhalb von dieser.

Unterhalb der Gyrationsfrequenz der Elektronen, wo an sich Cutoff stattfinden sollte, passiert mit der R-Welle etwas völlig Unerwartetes: Sie taucht als *Elektronenzyklotronwelle* wieder auf, ein zweiter Existenzbereich erstreckt sich von niedrigen Frequenzen bis zur *Elektronenzyklotronfrequenz* (= Gyrationsfrequenz). Das kommt dadurch zustande, daß die Elektronendriftgeschwindigkeit beim Unterschreiten der Zyklotronfrequenz die Richtung umkehrt. (Dies hängt damit zusammen, daß die Gyrationen im Magnetfeld dann schon vor einer vollen Rotation des elektrischen Feldes abgeschlossen werden.) Und es passiert sogar bei besonders hoher Driftgeschwindigkeit, weil »resonante« Elektronen, die mit dem Feld rotieren und daher die elektrische Kraft über längere Zeit von derselben Seite auf sich wirken spüren, auf Driftbahnen mit besonders großem Radius befördert werden. Mit der Driftgeschwindigkeit wechselt auch der Plasmastrom die Richtung und weist jetzt bei besonderer Stärke in Richtung des Verschiebungsstroms. Der kann mit dieser Unterstützung nun auch bei kleinen Werten, d. h. niedrigen Frequenzen, den Veränderungen des magnetischen Wellenfeldes die Waage halten.

Etwas ganz Ähnliches passiert mit der L-Welle beim Unterschreiten der – sehr viel niedrigeren – Ionenzyklotron-frequenz: Die Ionen drehen die Richtung ihrer Driftbewegung um und unterstützen – ebenfalls von Resonanzeffekten zur Dominanz über den gegenläufigen Elektronenstrom gebracht – den Verschiebungsstrom derart, daß die Ausbreitung der L-Welle im Bereich niedriger Frequenzen möglich wird. Diese ist dort allerdings nicht mehr zirkular polarisiert, vielmehr pendelt ihr elektrisches Feld bei seiner Rotation um die Ausbreitungsrichtung zwischen einer minimalen und einer maximalen Stärke hin und her, sie ist, wie man sagt, *elliptisch polarisiert*. Die Resonanz der elektrischen Feldrotation mit der Ionengyration hat ihr in diesem Wellenlängenbereich den Namen *Ionenzyklotronwelle* eingetragen.

Das mit der Resonanz zwischen Teilchengyration und Feldrotation verbundene Anwachsen der Gyrationsradien führt zu einer *Zyklotrondämpfung* der Welle, die der Landau-Dämpfung sehr verwandt ist: Teilchen, die mit voneinander verschiedenen Geschwindigkeiten relativ zur Welle fliegen, spüren diese auf Grund des bekannten *Doppler-Effekts* mit unterschiedlicher Frequenz auf sich einwirken. (Wenn sie so fliegen, daß die Wellenkämme auf sie zukommen, werden sie in der Sekunde von mehr Wellenkämmen überstrichen und spüren eine höhere Frequenz, als wenn sie diesen davonfliegen.) Daher befindet sich nur eine Auswahl von ihnen in Resonanz mit der Welle, womit gemeint ist, daß sie mit derselben Geschwindigkeit gyrieren, wie sie das Feld rotieren sehen. Diese resonanten Teilchen entnehmen die zum Umlauf auf den vergrößerten Gyrationsradien benötigte Energie der Welle, die hierdurch abgeschwächt wird. Phasenmischung führt wieder zu einer gleichmäßigen Verteilung der aufgenommenen Energie im Plasma. Ein wichtiger Unterschied zur Landau-Dämpfung besteht allerdings darin, daß es nicht zum Einfangen der resonanten Teilchen durch die Welle kommt. Aber auch zur Zyklotrondämpfung werden keine Teilchenstöße benötigt. Daher eignen sich sowohl Elektronen- als auch Ionenzyklotronwellen zur Plasmaheizung bei sehr hohen Temperaturen, zumindest im Prinzip.

Unter elektromagnetischen Wellen aller möglichen Frequenzen, die von Blitzen abgestrahlt werden, befinden sich auch solche mit der Elektronenzyklotronfrequenz der unteren Ionosphäre. In dieser regen sie Elektronenzyklotronwellen an, die sich längs der Feldlinien des Erdmagnetfelds bis zu mehreren Erdradien weit in die oberhalb der Ionosphäre gelegene Magnetosphäre ausbreiten können, um schließlich weit von ihrem Ausgangspunkt in der anderen Hemisphäre zur Erde zurückzukehren (Abb. 17.8). Da sie in ihrem unteren Frequenzbereich mit zunehmender Fre-

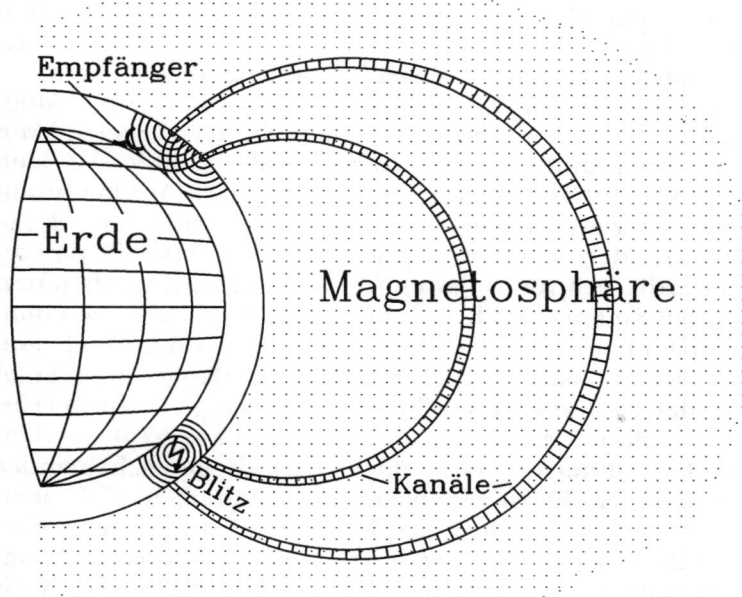

Abb. 17.8: *Ausbreitung von Whistlers längs »Kanälen« in der Magnetosphäre, die Feldlinien folgen.* Erst breiten sich die von einem Blitz ausgelösten elektromagnetischen Wellen wie Radiowellen in der Schicht zwischen der Erdoberfläche und der unteren Ionosphärengrenze aus. An den Fußpunkten von Magnetosphärenkanälen regen sie Whistlers an, die in diesen bis zum Fußpunkt in der anderen Erdhälfte laufen. Dort werden sie z.T. reflektiert und z.T. wieder in der Schicht zwischen Erde und unterer Ionosphärengrenze als elektromagnetische Wellen weitergeleitet.

quenz immer schneller werden, kommen die hohen Frequenzen zuerst an. Deshalb beginnen die elektromagnetischen Wellensignale, die man auf diese Weise von einem weit entfernten Blitz empfangen kann, zuerst mit hohen Frequenzen von etwa 10 000 Hertz und enden mit viel tieferen von etwa 1000 Hertz. Nach der Umwandlung in ein akustisches Signal vernimmt man einen Pfeifton fallender Tonhöhe, der bis zu drei Sekunden dauern kann. Aus diesem Grund werden Elektronenzyklotronwellen auch oft als *Whistler-Moden* (von engl. whistle = pfeifen, und lat. modus = Art) bezeichnet. Verschiedene Befunde sprechen dafür, daß es in der Magnetosphäre einzelne, den Feldlinien folgende »Kanäle« gibt, in denen Whistlers durch Bündelung »geführt« werden. (Unregelmäßigkeiten im Ionisationsgrad der Magnetosphäre schreibt man die Fähigkeit zu, Wellen ähnlich wie metallische Hohlleiter führen zu können und die Ausbreitungskanäle zu bilden.) Solche geführten Whistlers kommen bis zu ihrer Ausdämpfung viel weiter als diejenigen, die normalen Feldlinien folgen. Insbesondere können sie auf Grund von Teilreflexion an der erdnahen Ionosphärengrenze mehrfach zwischen den beiden Enden eines Kanals hin und her reflektiert werden, so daß man oft nach einem ersten Pfeifton noch mehrere, stufenweise abgeschwächte Echos empfängt. Manchmal werden auch mehrere Whistlers, die vom gleichen Blitz an den Fußpunkten verschiedener Kanäle angeregt wurden, auf Grund der unterschiedlichen Laufwege nacheinander empfangen. Es ist ein bekanntes Phänomen, daß auch Atombomben bei ihrer Explosion sehr starke elektromagnetische Wellen erzeugen. Als noch oberirdische Atombombenversuche durchgeführt wurden, fand man auch hierdurch angeregte Whistlers.

Der erste Bericht über die Beobachtung von Whistlers datiert noch aus dem letzten Jahrhundert. 1886 wurden in Österreich am Ende einer 22 km langen Leitung im Telefon die typischen Pfeiftöne von Whistlers vernommen. Die Leitung wirkte als Empfangsantenne von so hervorragender Qualität, daß die empfangenen elektrischen Signale nach ihrer durchs Telefon bewirkten Umwandlung in Schallsignale ohne Verstärkung hörbar wurden. Eine Zeitlang gaben Whistlers den Anlaß zu Berichten über »mysteriöse Stimmen aus dem Weltall«. Heute fungieren sie als wichtige Informationsträger bei der Erforschung der Ionosphäre.

Die hier betrachteten Wellen können sich übrigens nicht nur parallel zum Magnetfeld ausbreiten, sondern auch schräg zu diesem. Je nach Wellentyp und Wellenlängenbereich geht das entweder nur bis zu einem maximalen Winkel – ein Beispiel hierfür liefert die Whistlermode –, oder sie gehen mit wachsendem Winkel allmählich in einen anderen Wellentyp über, der in reiner Ausprägung bei der Ausbreitung senkrecht zum Magnetfeld anzutreffen ist. Die Möglichkeit der schrägen Ausbreitung ist für den Einsatz der Elektronen- und Ionenzyklotronwelle zur Plasmaheizung in Stellaratoren und Tokamaks sehr wichtig, da man die Wellenenergie damit durch die magnetischen Flächen der Randzonen hindurch ins Plasmainnere bekommt.

★

Befassen wir uns jetzt noch kurz mit der Ausbreitung elektromagnetischer Wellen senkrecht zu einem Magnetfeld. Ist die betrachtete Welle in der Weise linear polarisiert (vgl. Abb. 17.5 a)), daß ihr elektrisches Feld in Richtung des externen Magnetfelds schwingt, so werden die Ladungsträger hierdurch parallel zu diesem hin und her bewegt und bleiben daher von ihm völlig unbeeinflußt. Eine derartige *ordentliche Welle* breitet sich deshalb in einem magnetisierten Plasma genauso wie in einem unmagnetisierten aus und existiert wie dort auch nur oberhalb der Elektronenplasmafrequenz. Zu dem Magnetfeld kann sie sich auch schräg ausbreiten. Wenn ihre Frequenz dann mit der Zyklotronfrequenz der Elektronen übereinstimmt, gerät deren Gyration in Resonanz mit den Schwingungen des elektrischen Wellenfelds. Je nach Größe des Winkels zwischen dem Magnetfeld und der Wellenausbreitungsrichtung führt dies zu einer mehr oder weniger starken Absorption und damit Plasmaheizung auf Grund stoßfreier Zyklotrondämpfung.

Außer der ordentlichen gibt es noch eine longitudinal und transversal gemischte *außerordentliche Welle*, die elliptisch polarisiert ist, eine elektrische Feldkomponente in Ausbreitungsrichtung besitzt und sich ebenfalls schräg zum Magnetfeld ausbreiten kann. Sie existiert bei sehr hohen Frequenzen bis herab zur Grenzfrequenz der R-Welle, wo sie genau wie diese eine Grenzfrequenz besitzt. Außerdem hat sie noch zwei weitere Existenzbereiche bei niedrigeren Frequenzen, von denen uns besonders der untere interessiert. Dieser erstreckt sich von der Frequenz null bis hin zur *unteren Hybridfrequenz*, die etwas oberhalb der Zyklotronfrequenz der Ionen, doch deutlich unterhalb derjenigen der Elektronen liegt. Hier wird die außerordentliche Welle als *untere hybride Welle* bezeichnet. Je näher ihre Frequenz bei der unteren Hybridfrequenz liegt, umso langsamer kommt sie bei schräger Ausbreitung in senkrechter Richtung zum Magnetfeld vorwärts, und umso mehr wird ihr elektrisches Feld rein longitudinal. Bei dieser selbst erlebt sie eine *Resonanz*, d. h. sie bleibt dann stehen, während ihr longitudinales elektrisches Feld über alle Grenzen wächst. Dies läßt eine besonders starke Landau-Dämpfung erwarten, weshalb man sich von ihr eine besonders gute und flexible Plasmaheizung erhofft. Außerdem wird sie in Tokamaks neuerdings zum Stromtrieb eingesetzt (siehe Kap. 21).

Alfvén-Wellen

Wir beenden unseren Rundgang durch den Plasmawellen-Zoo im Revier der *Alfvén-Wellen*, die auch als *magnetohydrodynamische Wellen* bekannt sind. Das sind niederfrequente Wellen, die gemeinsam von Ionen und Elektronen getragen werden und zu ihrer Ausbreitung im Plasma ein bereits vorhandenes Magnetfeld benötigen. Benannt werden sie nach ihrem Entdecker Hannes Alfvén.

Bei der Untersuchung der Kräfte eines Magnetfelds auf das Plasma hatten wir die Vorstellung entwickelt, daß diese so wirken, als wären die magnetischen Feldlinien gespannte Gummischnüre, die sich auch noch gegenseitig abstoßen. Wenn wir diese Interpretation auf ein homogenes Plasma anwenden, das von einem homogenen Magnetfeld durchsetzt wird, und uns vorstellen, daß an den Feldlinien gezupft wird, erwarten wir, daß sich längs dieser wie auf den angezupften Saiten eines Musikinstruments Schwingungen ausbreiten. Diese Schlußfolgerung ist völlig korrekt: Alfvén-Wellen (manchmal auch als *Scherungs-Alfvén-Wellen* bezeichnet) sind transversale Wellen, die das Plasma bei ihrem Durchgang senkrecht zu ihrer Ausbreitungsrichtung oszillatorisch auslenken, wobei dieses – entsprechend hohe Temperaturen vorausgesetzt – die in ihm eingefrorenen Magnetfeldlinien mitnimmt und verbiegt (Abb. 17.9). Sie existieren auch bei höheren Frequenzen bis über die Ionenzyklotronfrequenz hinaus und werden dann als *Magnetschallwellen*, manchmal auch als *schnelle Magnetschallwellen* bezeichnet. Auch die Ausbreitung schräg zum Magnetfeld ist möglich, wobei die Magnetschallwelle dann typische Eigenschaften einer elektromagnetischen Welle annimmt: Sie besitzt dann ein transversales elektrisches Feld elliptischer Polarisation, das gegenläufig zu den Ionen rotiert. Alfvén-Wellen gibt es z. B. in der Nähe des Sonnenrandes, wo Magnetfelder aus der von uns als Sonnenrand gesehenen Photosphäre heraus in Flußröhren nach oben in die Sonnenatmosphäre steigen. Sie werden u. a. neben Schallwellen durch turbulente Strömungen der Photosphäre an-

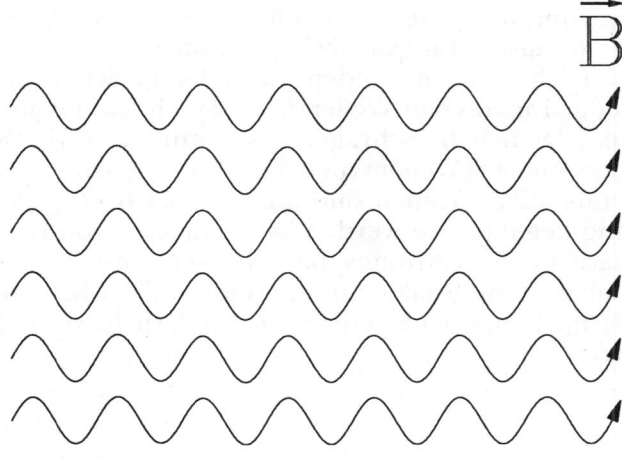

Abb. 17.9: *Alfvén-Wellen*

217

geregt, die permanent den Boden der Atmosphäre mit Püffen, Zerren und Zupfen bearbeiten. Auf ihrem Weg in höhere Atmosphärenschichten werden sie in der Chromosphäre (untere Sonnenatmosphäre) durch Phasenmischung und Reibungskräfte gedämpft, wobei Inhomogenitäten des Magnetfelds und der Dichte eine maßgebliche Rolle spielen. Dabei verwandeln sie sehr effektiv Wellenenergie in Wärme, wodurch sie mit zu dem Kunststück beitragen, in der Chromosphäre Temperaturen bis über 100000 Grad zu erzeugen, Temperaturen, die weit über denen der Photosphäre (etwa 5800 K) liegen.

Wie die Spannungskräfte der Magnetfeldlinien die Ausbreitung der transversalen Alfvén-Wellen parallel zum Magnetfeld ermöglichen, so führen dessen Druckkräfte zur Ausbreitung schallähnlicher Wellen senkrecht zum Magnetfeld, die als *Kompressions-Alfvén-Wellen* bezeichnet werden. Diese komprimieren und dekomprimieren das Plasma abwechselnd wie Schallwellen, nur daß dabei der Magnetdruck den Gasdruck unterstützt. Ihre Phasengeschwindigkeit liegt über der Schallgeschwindigkeit und der *Alfvén-Geschwindigkeit*, mit der sich die transversalen Alfvén-Wellen ausbreiten. Bei hohen Frequenzen gehen sie stufenlos in die früher diskutierten unteren hybriden Wellen über. Kompressions-Alfvén-Wellen können sich auch schräg zum Magnetfeld ausbreiten und gehen mit abnehmendem Ausbreitungswinkel gegenüber diesem allmählich je nach den Umständen entweder in Scherungs-Alfvén- oder Ionenschall-Wellen über. Das heißt mit anderen Worten, daß man bei schräger Ausbreitung eine Mischform der betroffenen Wellentypen bekommt. Auch die Kompressions-Alfvén-Wellen sind mit an der Chromosphärenheizung beteiligt. Sie werden beim Aufstieg von der Photosphäre in die Chromosphäre immer schneller, steilen sich dabei zu Stoßwellen auf und heizen das Chromosphärenplasma hauptsächlich über die durch sie bewirkte Kompression.

18. Plasmaheizung

Das Prinzip des thermonuklearen Fusionsreaktors beruht auf einer extrem hohen Plasmatemperatur, die es einem ausreichend großen Bruchteil der Kerne (Ionen) ermöglicht, mit dem Schwung ihrer thermischen Bewegung und unter Beihilfe des Tunneleffekts die Barriere der wechselseitigen Coulomb-Abstoßung zu überwinden, um miteinander zu verschmelzen. Um das Erreichen und Halten dieser hohen Temperatur ist es im Prinzip genauso bestellt wie um die Temperatur eines Zimmers, das man im Winter beispielsweise 20 Grad weit über die Außentemperatur bringen und dabei halten möchte: Zur Aufheizung bedarf es zunächst eines besonders hohen Energieaufwands, und wenn die gewünschte Temperatur erreicht ist, muß man zum Ausgleich ständiger Wärmeverluste auf etwas niedrigerem Niveau permanent nachheizen.

In magnetisch eingeschlossenen Plasmen entstehen solche Verluste durch Wärmeleitung sowie dadurch, daß das Plasma bei der Diffusion die in ihm gespeicherte Wärme einfach mitnimmt. Diese *Transportverluste* werden mit zunehmender Plasmatemperatur natürlich immer größer (siehe Abb. 26.2), sogar im Idealfall verschwindender anomaler Verluste, wo Diffusion und Wärmeleitung senkrecht zum Magnetfeld mit steigender Temperatur immer schwächer werden. Die diffundierenden Teilchen transportieren nämlich mit zunehmender Plasmatemperatur selbst bei abnehmender Diffusionsgeschwindigkeit immer mehr Wärmeenergie, und sogar eine Abnahme der spezifischen Wärmeleitfähigkeit würde durch die Zunahme des Temperaturgefälles vom Plasmazentrum zum Plasmarand noch mehr als kompensiert. Zu den Transportverlusten kommen außerdem noch Strahlungsverluste auf Grund von Zyklotronstrahlung, Bremsstrahlung und von Linien- sowie Rekombinationsstrahlung nicht völlig ionisierter Verunreinigungsatome höherer Kernladungszahl. Auch diese Verluste nehmen, wie wir wissen, mit der Plasmatemperatur zu (siehe Abb. 26.2).

Solange das Plasma aufgeheizt wird, seine Temperatur also noch steigen soll, muß die Heizrate (= die dem Plasma

219

pro Zeiteinheit durch Heizung zugeführte Wärmeenergie) über der durch Transport und Strahlung hervorgerufenen Energieverlustrate liegen. Erst wenn eine Temperatur erreicht ist, bei der die durch Fusionsprozesse hervorgerufene Plasmaheizung alle Verluste kompensiert, beginnt das Plasma zu »brennen«, und alle externen Heizgeräte können abgeschaltet werden. Dies bedeutet, daß man mit zunehmender Plasmatemperatur fast bis zur Zündung immer wirkungsvollere Heizmethoden benötigt. Nun haben wir jedoch erfahren, daß die Effektivität der bei niedrigeren Temperaturen so erfolgreichen und einfach handhabbaren Ohmschen Stromheizung mit zunehmender Temperatur rapide abnimmt. Daher mußte man sich einiges einfallen lassen, um den letzten und größten Schritt zu der in einem Fusionsreaktor benötigten Temperatur tun zu können. Im folgenden diskutieren wir die wichtigsten und aussichtsreichsten Heizmethoden, wobei wir teilweise auf schon bekannte Tatsachen zurückgreifen und uns entsprechend kürzer fassen können.

Die Heizung durch den Plasmastrom

Es ist bekannt, daß der elektrische Strom seinen Leiter erwärmt – je nach den Umständen ist das mehr oder weniger erwünscht. Unsere früheren Überlegungen zur Erklärung des Plasmawiderstands enthalten in impliziter Weise, wie es zu dieser *Ohmschen Heizung* kommt: Die Ladungsträger werden durch das elektrische Feld beschleunigt und gewinnen dadurch Energie. Diese wird bei den Teilchenstößen in ungerichtete Wärmeenergie überführt. Je größer der Plasmawiderstand, umso häufiger sind die Zusammenstöße, und umso stärker ist bei gegebener Stromstärke die Heizwirkung des Stroms.

Da Tokamaks für ihr Gleichgewicht einen toroidalen Plasmastrom benötigen, stellt die Ohmsche Heizung in ihnen eine natürliche Heizquelle dar. Intuitiv wird man erwarten, daß ein stärkerer Strom das Plasma von einer gegebenen Temperatur aus besser weiterheizt als ein schwächerer, und durch die Praxis wird diese Erwartung auch bestätigt. Aber es lohnt sich, die Erklärung dafür etwas näher anzusehen, denn aus unseren bisherigen Erkenntnissen könnte man auch zu dem gegenteiligen Schluß verleitet werden.

Wir wissen bereits, daß der Plasmastrom hauptsächlich von den Elektronen getragen wird, weil diese von dem treibenden elektrischen Feld auf eine viel höhere Strömungsgeschwindigkeit als die Ionen gebracht werden. Die mittlere sekundliche Energieaufnahme geladener Teilchen in dem Feld ist proportional zu dessen Stärke sowie zur Ladung und zur Strömungsgeschwindigkeit der Teilchen. Da die Feldstärke und die Größe der Ladung für Elektronen und Wasserstoffionen dieselben sind, bewirkt die höhere Strömungsgeschwindigkeit der Elektronen auch eine sehr viel höhere Energieaufnahme durch diese. Sofern die Elektronen ihre aufgenommene Energie *thermalisieren*, also von gerichteter Strömungsenergie in ungerichtete thermische Energie umwandeln, bedeutet dies, daß sie auch viel stärker als die Ionen geheizt werden.

Nun haben wir erfahren, daß die Frequenz der Teilchenstöße mit wachsender Relativgeschwindigkeit zwischen den Teilchen so schnell abnimmt, daß trotz Zunahme der bei jedem Einzelstoß ausgetauschten Energie im zeitlichen Mittel immer weniger Energie übertragen wird. Da die Relativgeschwindigkeit zwischen der Elektronen- und Ionenströmung mit zunehmender Stromstärke aber immer größer wird, sieht es jetzt fast so aus, als würde die Ohmsche Heizung dabei immer ineffektiver. Dies wäre tatsächlich der Fall, wenn alle Elektronen bzw. Ionen dieselbe Geschwindigkeit hätten. Schlimmer noch: Bei einer Erhöhung der elektrischen Feldstärke würde gar kein an diese angepaßter stationärer Strom entstehen, vielmehr würden die Plasmateilchen im Feld immer mehr Energie aufsammeln und mit ständig wachsender Geschwindigkeit einfach davonlaufen. Daß dies nicht wirklich so passiert, hat seinen Grund darin, daß der mittleren Strömungsgeschwindigkeit noch die Geschwindigkeit der ungerichteten Wärmebewegung überlagert ist und in Tokamakplasmen sehr deutlich über der ersteren liegt – im JET z. B. haben die Elektronen bei einem Strom von 5 Megampere und einer Plasmatem-

221

peratur von 70 Millionen Grad eine Strömungsgeschwindigkeit von knapp 200 km/s, während ihre thermische Geschwindigkeit fast 60 000 km/s beträgt.

So ist die Geschwindigkeit der einzelnen Elektronen in Strömungsrichtung auch nicht die gemeinsame Strömungsgeschwindigkeit, sondern verteilt sich um diese in etwa mit einer Maxwell-Verteilung nach Art von Abbildung 12.1 c), nur daß die mittlere Geschwindigkeit nicht null, sondern eben die Strömungsgeschwindigkeit ist, während sich die Ionen sehr eng um eine gemeinsame, sehr kleine Strömungsgeschwindigkeit in der entgegengesetzten Richtung verteilen. Abbildung 18.1 zeigt diese Situation für zwei verschiedene Stromstärken.

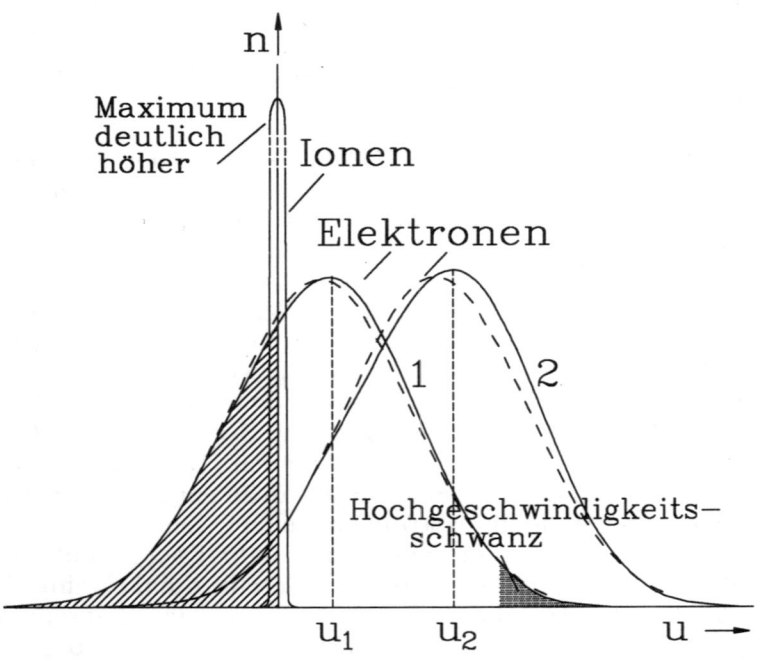

Abb. 18.1: *Verteilung der Geschwindigkeitskomponente u in Richtung des elektrischen Feldes für Ionen und Elektronen bei zwei verschiedenen Stromstärken. Die Geschwindigkeiten der Ionen ändern sich so wenig mit der Stromstärke, daß für diese nur eine Verteilungskurve gezeigt ist.*

Betrachten wir jetzt eine Gruppe von Elektronen mit der Geschwindigkeitskomponente u in Strömungsrichtung, und zwar aus dem Bereich, wo es relativ viele Elektronen gibt. Da sich ihrer Geschwindigkeit in Strömungsrichtung noch die viel größeren thermischen Geschwindigkeitskomponenten in den beiden anderen Raumrichtungen hinzuaddieren, ist ihre Relativgeschwindigkeit gegenüber den Ionen im Mittel sehr viel größer als u. Wenn wir daher verfolgen, wie sich die Stoßfrequenz zwischen der betrachteten Elektronengruppe und den Ionen mit wachsender Geschwindigkeit u verändert, so ist das sehr viel langsamer, als wenn u die volle Relativgeschwindigkeit wäre. Als Folge davon läßt sich ermitteln, daß der Impuls- und Energieaustausch zwischen Elektronen und Ionen nicht für die kleinste Differenz in der Geschwindigkeitskomponente u am größten wird, sondern für einen Wert von u, der bei der Impulsübertragung etwas unterhalb und bei der Energieübertragung etwas oberhalb der thermischen Elektronengeschwindigkeit liegt. Beim Übergang von der Elektronenverteilung *1* für die kleinere zu der Verteilung *2* für die größere Stromstärke wird die Zahl der Elektronen, bei denen die maximale Impulsübertragung stattfindet, daher ganz offensichtlich größer. Mit zunehmender Stromstärke wird also mehr Impuls an die Ionen abgegeben, was bedeutet, daß die Ionen mit wachsender elektrischer Feldstärke eine immer größere Bremswirkung auf die Elektronen ausüben: Diese laufen daher nicht davon, wie wir zuerst befürchtet haben.

Ein etwas subtiler Punkt muß dabei noch beachtet werden: Ganz unabhängig von ihrer Geschwindigkeit nehmen alle Elektronen im elektrischen Feld pro Sekunde gleichviel Impuls auf, und damit nicht einzelne von ihnen doch davonlaufen, müssen alle den aufgenommenen Impuls vollständig an die Ionen loswerden. Das ist für alle gleich viel, während wir doch gesehen hatten, daß einige das besser als andere können. Nun müssen sie die Ionen aber nicht unmittelbar bedienen, vielmehr können dazu weniger befähigte Elektronen ihren Impuls auch erst an andere Elektronen weitergeben, die hierzu besser in der Lage sind. Zu diesem Zweck müssen sich die Elektronen nur etwas umverteilen, so daß ihre Geschwindigkeitsverteilung nicht mehr eine exakte Maxwell-Verteilung ist.

Nachdem wir gesehen haben, wie sich ein dem elektrischen Feld angepaßter Strom einstellt, wenden wir uns jetzt der Frage zu, wie die Elektronen ihre im Feld aufgesammelte Energie thermalisieren. Dazu machen wir uns erst einmal deutlich, daß Elektronengruppen, die sich in der Geschwindigkeitskomponente u unterscheiden, auch nicht gleich viel Energie aufnehmen. Die Elektronen aus dem in Abb. 18.1 schraffierten Gebiet der Verteilung laufen nach links in Richtung des elektrischen Feldes, was wegen ihrer negativen Ladung heißt, daß sie durch dieses gebremst werden. Diese nehmen also gar keine Energie auf, sondern geben im Gegenteil sogar noch welche ab. Nur die nach rechts laufenden Elektronen gewinnen Energie, und zwar umso mehr, je größer ihre Geschwindigkeit u ist. Während die Elektronen zwar ihren Impuls vollständig an die Ionen loswerden müssen, ist das bei der aufgesammelten Energie nicht der Fall, diese muß vielmehr nur thermalisiert werden. Bei der durch Ionenstöße bewirkten Thermalisierung gelingt das am besten denjenigen Elektronen, welche die meisten Ionenstöße erfahren, also denen am linken Rand des unschraffierten Bereichs. Für die Thermalisierung sind jedoch die Stöße der Elektronen untereinander sogar noch wichtiger. Ein Problem entsteht allerdings in dem dünner besiedelten Bereich hoher Geschwindigkeiten u, wo pro Elektron immer mehr Energie zu thermalisieren ist, denn dort werden alle Stöße immer seltener. Damit die Thermalisierung auch dort funktioniert, muß sich die Geschwindigkeitsverteilung so umgruppieren, daß sich dort mehr Teilchen als bei einer Maxwell-Verteilung befinden und die Frequenz der Elektronenstöße entsprechend höher wird. Statt der (gestrichelten) Maxwell-Verteilung haben die Elektronen daher die in Abb. 18.1 mit einer durchgezogenen Kurve angegebene Verteilung.

Der Vergleich der Verteilungskurven für die zwei verschiedenen Stromstärken läßt übrigens klar erkennen, daß der stärkere Strom auch stärker heizt: Zum einen gibt es bei ihm nämlich weniger nach links laufende Elektronen, die an das elektrische Feld Energie abgeben, und mehr nach rechts laufende Elektronen, die im Durchschnitt schneller sind und daher mehr Energie aufnehmen als bei der niedrigeren Stromstärke. Zum anderen ist auch das elektrische Feld noch stärker, was ebenfalls die Energieaufnahme im Feld erhöht.

Wie schon erwähnt wurde und später noch erläutert werden wird, darf die Stromstärke in einem Tokamak aus Gründen der Plasmastabilität einen gewissen Maximalwert nicht überschreiten. Dieser wird durch die Stärke des toroidalen Magnetfelds festgelegt und wächst proportional zu dieser. Wenn man zur optimalen Plasmaheizung einen Strom dieser maximalen Stärke fließen läßt, nimmt die Plasmatemperatur sehr schnell zu. Hierdurch verringern sich alle Teilchenstoßfrequenzen und mit diesen der Plasmawiderstand, so daß der Strom zunehmen und seine stabilitätsbedingte Grenze überschreiten würde, wenn man die treibende Spannung beibehielte. Um das zu vermeiden, muß diese mit zunehmender Plasmatemperatur immer weiter herabgeregelt werden. So genügt z. B. im JET bei ca. 35 Millionen Grad schon eine Spannung von nur einem halben Volt, um einen Strom von 5 Megampere zu treiben. In dem immer schwächer werdenden elektrischen Feld können die Elektronen auch immer weniger Energie aufnehmen, so daß die Ohmsche Heizung mit zunehmender Temperatur immer ineffizienter wird. Gleichzeitig wird aber die Rate der durch Wärmeleitung und Lichtabstrahlung bedingten Energieverluste aus dem Plasma immer größer, so daß frühzeitig eine Grenztemperatur erreicht wird, bei der die schwächer gewordene Ohmsche Heizung gerade noch alle Verluste kompensiert, von der aus sie das Plasma aber nicht mehr weiterheizen kann.

Die mit Ohmscher Heizung bei der Maximalstromstärke erreichbare Maximaltemperatur ist in etwa zur Magnetfeldstärke proportional. In einem Feld von 5 Tesla Stärke beträgt sie ca. 10 Millionen Grad, und mit einem Feld von 20 Tesla Stärke sollte man dementsprechend etwa 40 Millionen Grad erreichen können. Da bei der zuletzt genannten Temperatur schon sehr viele Fusionsreaktionen stattfinden, die mit einem Teil der durch sie freigesetzten Energie die Plasmaheizung unterstützen, sieht es so aus, als käme man mit Hilfe sehr viel höherer als der gegenwärtig benutzten Toroidalfeldstärken in einem Tokamakreaktor schon alleine mit der Ohmschen Heizung aus. Entsprechend wurden auch Reaktorkonzepte entwickelt, die nur auf diese Möglichkeit setzen. Diese ist allerdings mit großen technischen Schwierigkeiten bei der Erzeugung stärkerer Magnetfelder und beim Antrieb entsprechend höherer Ströme verbunden; die heute vorherrschende Meinung ist daher, daß man bei niedrigeren Feldstärken bleiben sollte und dann auf zusätzliche Heizmethoden zurückgreifen muß.

Für unsere Überlegungen zur Ohmschen Heizung war es von ausschlaggebender Bedeutung, daß die Strömungsgeschwindigkeit der Elektronen weit unter ihrer thermischen Geschwindigkeit liegt. Läge sie nämlich über dieser, so nähme die Bremswirkung der Ionen mit zunehmender Stromstärke ab, und die Elektronen würden tatsächlich davonlaufen. Es ist allerdings praktisch unmöglich, in einem üblichen Fusionsplasma ein elektrisches Feld aufzubauen, welches so stark ist, daß es die Elektronen auf die hierfür erforderliche Strömungsgeschwindigkeit bringt. In nicht zu dichten Plasmen gelingt es allerdings einigen Elektronen aus dem Hochenergieschwanz der Maxwell-Verteilung (am rechten Rand in Abb. 18.1), im elektrischen Feld soviel Energie aufzusammeln, daß sie bei stetig wachsender Geschwindigkeit immer geringere Chancen zu Stößen bekommen und den übrigen Elektronen davonlaufen. Diese »Ausreißerelektronen« werden von Physikern als *Runaway-Elektronen* (engl. run away = davonlaufen) bezeichnet.

Heizung durch Plasmakompression

Wenn man ein Gas zusammenpreßt, muß man gegen dessen Druckkräfte Arbeit leisten. Diese kommt dem Gas zugute und erhöht dessen Energie. Aber in welcher Form? Betrachten wir zur Beantwortung dieser Frage Abb. 13.1, und stellen wir uns vor, daß der zur Druckmessung benutzte Stempel ins Gas hineingedrückt wird. Das an den Stempel angrenzende Gas wird mit der Stempelgeschwindigkeit in das Gefäß hineinströmen. Zusätzlich werden durch die Druckerhöhung Schallwellen erzeugt, die in das Gefäß eindringen und an dessen Wänden hin und her reflektiert werden. Nachdem der Stempel weiter links zur Ruhe gekommen ist, wird die durch ihn hervorgerufene Gasströmung allmählich verwirbelt und durch Reibung aufgezehrt, während die Schallwellen auf Grund von Dämpfung abklingen. Das Endergebnis ist also, daß die in der Strömung und den Schallwellen enthaltene Energie durch die Vermittlung von Teilchenstößen thermalisiert wurde. Sofern das Gas dabei durch Wärmeisolierung vor Verlusten geschützt war, hat sich seine Temperatur erhöht. Diese Erwärmung des Gases durch Kompression wird als *Kompressionsheizung* bezeichnet.

In einem Plasma ist die Situation ganz ähnlich, es wird durch Kompression erwärmt, wobei zur Thermalisierung außer den Teilchenstößen auch noch kollektive Teilchenwechselwirkungen beitragen können. Sofern das Plasma magnetisiert ist und die Kompression so schnell erfolgt, daß die Magnetfeldlinien dabei eingefroren bleiben, gibt es noch einen viel direkteren Mechanismus: Durch die Kompression werden dann nämlich auch die Feldlinien zusammengepreßt, das Magnetfeld wird stärker und induziert dabei ein elektrisches Feld, welches die auf den thermischen Bewegungen beruhenden Teilchengyrationen schneller werden läßt. Durch Umlenkungsstöße wird schließlich ein Teil der aufgesammelten Gyrationsenergie in die dritte Raumrichtung umgelenkt.

Ein Zahlenbeispiel soll die Wirksamkeit der Kompressionsheizung erläutern: Bei vollständiger Thermalisierung der bei einer Kompression auf ein Zehntel des ursprünglichen Volumens aufgewandten Energie erhöht sich die Plasmatemperatur etwa um den Faktor Fünf, bei hundertfacher Kompression um den Faktor Zwanzig.

Pinch-Experimente bieten ein Beispiel für die Kompressionsheizung von Plasmen. In ihnen wird der Plasmastrom sehr schnell erhöht, so daß die dabei ständig wachsenden magnetischen Kräfte das Plasma immer mehr zusammenpressen. Ein weiteres Beispiel liefert die Heizung der Chromosphäre durch Stoßwellen. Kompression und Thermalisierung passieren hier in einer dünnen Wellenfront, die in ein kühleres Plasma eindringt und dieses aufgeheizt hinter sich läßt, wobei allerdings auch Reibungswärme beteiligt ist. In Blitzen oder bei der Laserfusion spielt Kompressionsheizung eine entscheidende Rolle. Und sogar für den Tokamak wurde die Plasmakompression zum Nachheizen ins Auge gefaßt und experimentell untersucht. Allerdings ist sie für einen Tokamak-Fusionsreaktor sicher ungeeignet; in ihm wird man aus vielen Gründen den Platz innerhalb der Magnetfeldspulen so gut wie möglich nutzen, wogegen nach der Plasmakompression ein größeres Volumen ungenutzt bleibt.

Die Wellenheizung

Bei unserer Beschäftigung mit Plasmawellen haben wir gesehen, daß diese eine weitere Möglichkeit zur Plasmaheizung bieten. Diese Möglichkeit erscheint besonders deshalb attraktiv, weil man hochfrequente elektromagnetische Wellen sehr hoher Intensität zunächst einmal in bequemer Entfernung von der ganzen Plasmaeinschlußkonfiguration erzeugen und anschließend durch Wellenleiter[23] ohne dramatische Verluste ans Plasma heranführen kann. Von dort werden sie über Antennen auf dieses eingestrahlt.

Bei der Wellenheizung des Plasmas kann das elektrische Wechselfeld der Welle im Prinzip eine ähnliche Rolle spielen wie das treibende elektrische Feld bei der Stromheizung im Tokamak: Es beschleunigt die Ladungsträger, welche die hierdurch gewonnene Energie durch Stöße in Wärmeenergie umwandeln. Aber auch hier wird diese Umwandlung mit Abnahme der Teilchenstöße bzw. Zunahme der Plasmatemperatur immer ineffektiver, wobei die Situation sogar wesentlich ungünstiger ist: Da das elektrische

---

[23] Wellenleiter sind elektrisch gut leitfähige Metallrohre, die innen hohl gelassen oder mit einem für elektrische Felder durchlässigen *dielektrischen* Stoff gefüllt werden. Die elektromagnetischen Wellen werden in ihrem Inneren entlanggeführt. Größe und Form ihres Querschnitts werden der zu übertragenden Welle angepaßt.

Wellenfeld sehr schnell die Richtung wechselt, nehmen die Teilchen (mit Ausnahme der wenigen resonanten) nur während der kurzen Phasen gleichbleibender Feldrichtung Energie auf. Damit sie diese auch effizient thermalisieren können, muß ihre Stoßfrequenz über der Wellenfrequenz liegen. Diese Bedingung ist aber nur bei sehr niedrigen Temperaturen erfüllt – in Fusionsplasmen spielt Stoßdämpfung der Wellen keine wesentliche Rolle, jedenfalls keine, die sich für die Wellenheizung nutzen ließe. Wenn man zu höheren Temperaturen gelangen möchte, ist man daher auf Wellen angewiesen, bei denen Landau-Dämpfung oder mit dieser verwandte Dämpfungsmechanismen wie die Zyklotrondämpfung wirksam werden. Bei diesen wird die Wellenheizung aber mit steigender Temperatur sogar zunehmend effektiver, weil die Zahl der resonanten Teilchen größer wird: In Abb. 17.4 wird die Maxwell-Verteilung dann flacher und breiter, wodurch die Zahl der Teilchen bei v_{ph} vergrößert wird. Die früher besprochene Minderung der Wellendämpfung durch Abnahme der Teilchenstoßfrequenz würde sich natürlich auch ungünstig auf die Heizleistung der Wellen auswirken. Hier gibt es aber zwei Effekte, welche die Situation deutlich verbessern: Zum einen beeinflussen die sonst so unerwünschte anomale Diffusion und Wärmeleitung die resonanten Teilchen ähnlich wie die Stöße und werden hierin mit zunehmender Temperatur sogar noch effektiver. Zum anderen wird das Plasma nur lokal geheizt, und die für Dämpfungszwecke ungünstig umverteilten Teilchen (Abb. 17.4, gestrichelt) laufen längs magnetischer Feldlinien aus dem Heizgebiet heraus und werden durch Maxwell-verteilte Teilchen aus dem Restplasma ersetzt.

An dieser Stelle wollen wir nur die Wellenheizung magnetisch eingeschlossener Plasmen untersuchen – die Laserwellenheizung des Plasmas beim *Trägheitseinschluß* der Laserfusion, die nur eine Vermittlerrolle spielt, soll direkt im Zusammenhang mit diesem diskutiert werden. Für die Auswahl geeigneter Wellen sowie entsprechender Methoden zur Heizung gibt es drei wichtige Kriterien: die Anregung, die Ausbreitung und die Absorption der Welle. Natürlich kommen überhaupt nur Wellen in Betracht, die sich entweder senkrecht oder schräg zum Magnetfeld in einem Plasma der Dichte ausbreiten können, wie sie in einem Fusionsreaktor benötigt wird. Außerdem müssen die Wellen einem stoßfreien Dämpfungsmechanismus unterliegen, um sich zur Heizung auf höchste Temperaturen zu eignen. Schon diese Forderungen lassen die allermeisten Plasmawellen ausscheiden. Um eine Welle, die den genannten Kriterien genügt, schließlich im Plasma anzuregen, muß man nicht nur die Frequenz der auf das Plasma eingestrahlten elektromagnetischen Welle passend wählen; vielmehr muß auch die Antennenform auf die Polarisation und Wellenlänge der Welle, die man anregen möchte, abgestimmt sein.

In einem Fusionsplasma sind das Ziel aller Heizmethoden letzten Endes energiereiche Ionen, welche die Barriere der gegenseitigen Coulomb-Abstoßung thermisch überwinden können. Dies favorisiert natürlich Wellen, die direkt die Ionen heizen. Hier bietet sich an erster Stelle die Ionenzyklotronwelle an, weil sie bei der Zyklotronfrequenz der Ionen auf Grund von Resonanz viel Energie auf diese überträgt. Leider muß sie in Tokamaks aus technischen Gründen ausgeschieden werden: Damit sie nicht in den Randschichten, sondern im Zentrum des Plasmas absorbiert wird, muß ihre Frequenz mit dem dortigen Wert der Ionenzyklotronfrequenz übereinstimmen. Ausbreiten kann sie sich nur parallel oder schräg zum Magnetfeld in Gebieten, wo die Bedingungen für ihre Existenz gegeben sind, also nur dort, wo ihre Frequenz unterhalb der zur Magnetfeldstärke proportionalen lokalen Ionenzyklotronfrequenz liegt. Bei Abstimmung ihrer Frequenz aufs Plasmazentrum ist das in Tokamaks nur auf der Torusinnenseite der Fall (vgl. Abb. 21.3) – sie kann auch nur von dieser aus ins Plasma gestrahlt werden. Nun liegt die Ionenzyklotronfrequenz in einem Tokamak zwischen 30 und 60 MHz, und elektromagnetische Wellen dieses Frequenzbereiches haben Wellenlängen zwischen 5 und 10 m. Die zur Abstrahlung benutzte Antenne müßte in etwa dieselben Ausmaße besitzen, und dafür ist auf der Torusinnenseite eines Tokamaks nicht genügend Platz.

Eine Alternative bietet die Magnetschallwelle, die unterhalb und oberhalb der Ionenzyklotronfrequenz existiert und deshalb auch von der Torusaußenseite eingestrahlt werden kann. Ihr Nachteil besteht darin, daß sie schlechter absorbiert wird, da ihre der Ionengyration entgegengerichtete elliptische Polarisation mit der Gyration nur eine ziemlich schwache Resonanz bei der Ionenzyklotronfrequenz aufweist. Diese kann jedoch dadurch verstärkt werden, daß man dem Plasma in geringem Umfang eine zweite Sorte leichterer oder schwererer Ionen zusetzt, einem Deuteriumplasma z. B. normale Wasserstoffionen. Man spricht in diesem Fall von *Minoritätsheizung*.

Die genauere Untersuchung hat gezeigt, daß die Anregung der Magnetschallwelle innerhalb eines geschlossenen Metallgefäßes zum Auftreten einer Grenzfrequenz besonderer Art führt, das sie nur bei Frequenzen oberhalb von dieser existieren läßt. (Dies hat damit zu tun, daß Wellenlänge und Einschlußgefäß-Durchmesser aufeinander abgestimmt sein müssen.) Im Gegensatz zu den Verhältnissen beim Auftritt einer Grenzfrequenz üblicher Art kommt es dabei zur Wellenreflexion, wenn die Plasmadichte zu klein wird, was gleich bei ihrem Eindringen ins Plasma passiert. Nun erstreckt sich eine Reflexionsschicht ganz allgemein über den Bereich einiger Wellenlängen, in welchem die Welle immer schwächer wird. Wegen der großen Wellenlänge von Magnetschallwellen – sie ist mit der von Ionenzyklotronwellen vergleichbar – reicht dieser in unserem Fall aber bis in Zonen höherer Plasmadichte hinein, wo die Ausbreitung der Welle wieder möglich wird. Infolgedessen bekommt man einen beträchtlichen Teil der Wellenenergie durch die Reflexionsschicht hindurch. Dieses Phänomen wird als *Tunneleffekt* bezeichnet und entspricht genau dem Tunneleffekt, den wir beim Durchtunneln der Coulomb-Barriere durch die Ionen kennengelernt haben. (In der Wellenmechanik wird die Bewegung von Ionen durch die Ausbreitung von *Materiewellen* beschrieben.) Indem man die Strahlungsantennen sehr nahe an das eigentliche Plasma heranbringt, kann man den Anteil reflektierter Wellenenergie in akzeptablen Grenzen halten.

Die Plasmaheizung mittels Magnetschallwellen wurde mittlerweile in einer Reihe von Tokamakexperimenten erfolgreich eingesetzt, z. B. auch beim JET, wo bis zu 22 Megawatt Heizleistung ins Plasma eingebracht werden konnten.

Ähnliches gilt auch für die Mikrowellenheizung bei der Zyklotronfrequenz der Elektronen. Diese liegt sehr viel höher als die der Ionen, in typischen Tokamaks zwischen 100 und 200 GHz (1 GHz = 1 Gigahertz = 10^9 Hertz). Da die entsprechenden Wellenlängen nur 1–2 mm betragen, können die zur Einstrahlung auf das Plasma benutzten Antennen viel kleiner sein als bei der vorher besprochenen Ionenzyklotronresonanz-Heizung, so daß die Platzprobleme weniger gravierend sind. Man strahlt die Mikrowellen so auf das Plasma ein, daß in diesem entweder die ordentliche oder die außerordentliche Welle oder aber beide angeregt werden und sich entweder senkrecht oder schräg zum Magnetfeld ausbreiten. Da das bei der Ionenzyklotronresonanz-Heizung beschriebene Auftreten einer Randschicht-Grenzfrequenz hier wegen der kurzen Wellenlängen nicht auftritt, können die Antennen in sicherer Entfernung vom heißen Plasma plaziert werden. Die ordentliche Welle kann von der Innen- und Außenseite des Plasmatorus eingestrahlt werden, die außerordentliche nur von der Innenseite. Deren obere Grenzfrequenz nimmt nämlich mit der Magnetfeldstärke ab und liegt daher am äußeren Plasmarand unter der Elektronenzyklotronfrequenz des Plasmazentrums; um dort die stärkste Heizung zu bekommen, wird die Frequenz der eingestrahlten Welle aber auf diese abgestimmt. Bei der außerordentlichen Welle kommt zur Zyklotrondämpfung noch Absorption durch Modenkonversion und Dämpfung einer bei der lokalen oberen Hybridfrequenz angeregten Welle hinzu (vgl. Abb. 17.7).

Die Wellenabsorption erfolgt sowohl bei der ordentlichen als auch bei der außerordentlichen Welle in einer schmalen Resonanzschicht, in der die Wellenfrequenz etwa mit der – ortsabhängigen – Elektronenzyklotronfrequenz übereinstimmt. Da man deren Lage durch geeignete Festlegung der Wellenfrequenz auswählen kann, bietet sich hier die Möglichkeit zu einer gezielten Beeinflussung des Temperaturprofils. Geheizt werden bei den hohen Frequenzen der hier beschriebenen *Elektronenzyklotronreso-*

nanz-Heizung primär die Elektronen. Erst durch Stöße können sie Energie an die Ionen weitergeben.

Schließlich gibt es noch die Möglichkeit der Heizung bei der unteren Hybridfrequenz, die in Tokamaks zwischen 1 und 5 GHz beträgt. Die entsprechenden Wellenlängen liegen im Vakuum zwischen 6 und 30 cm, was wie bei der Elektronenzyklotronresonanz-Heizung die Zuführung der Wellenenergie durch Hohlleiter ermöglicht. In diesem Frequenzbereich werden die untere hybride Welle und die Magnetschallwelle im Plasma angeregt, wobei die erstere viel stärker absorbiert wird und auch viel leichter anzuregen ist. Um das zu tun, benutzt man für die Einstrahlung der Wellenenergie eine spezielle, als »Grill« bezeichnete Anordnung nebeneinanderliegender und in ihren Phasen aufeinander abgestimmter Antennen. Diese müssen nahe an das Plasma herangebracht werden, da die untere hybride Welle erst eine Grenzfrequenzschicht am Plasmarand durchtunneln muß. Nach deren Durchquerung und mit ihrer Annäherung ans Plasmazentrum stimmt die lokale untere Hybridfrequenz der von ihr erreichten Stelle immer besser mit ihrer eigenen Frequenz überein. Hierdurch wird ihre Ausbreitung senkrecht zum Magnetfeld immer stärker verlangsamt, so daß sie allmählich in die Richtung des Magnetfelds umschwenkt und sich, diesem beinah folgend, quasi ins Plasma hineinschraubt. Dabei umläuft sie mehrmals den Plasmatorus, bis sie schließlich vollständig absorbiert wird. Die Absorption erfolgt durch direkte Landau-Dämpfung mit Energieübertragung auf die Elektronen, durch Modenkonversion in eine Art von Langmuir-Welle, die ihre Energie durch Landau-Dämpfung an die Ionen abgibt, sowie durch turbulenten Wellenzerfall. Je nach Frequenz der Welle kann man bei der Heizung mehr die Ionen oder Elektronen bevorzugen. Der letzte Fall bietet eine interessante Möglichkeit für den Stromtrieb, mit dem wir uns später noch befassen werden.

★

Ein Resultat der Wellenheizung ist wahrscheinlich auch der *Kugelblitz*. Lange Zeit der mysteriösen Welt der Erdstrahlen und Wünschelrutenphänomene zugerechnet, steht die

Existenz dieser höchst seltenen Kuriosität heute außer Frage. Es handelt sich um meistens weiß, orange oder rot, manchmal aber auch gelb, blau oder grün und nicht besonders hell leuchtende Kugeln mit üblichen Durchmessern zwischen 10 und 100 cm, die in der Regel nach einem Blitzschlag auftreten, gelegentlich pulsieren, sich horizontal bewegen und nach etwa einer Sekunde Lebensdauer entweder zerplatzen oder einfach vergehen. In einigen Fällen wurden auch Durchmesser bis zu 10 m beobachtet. Kugelblitze wurden im Freien, in Häusern und sogar in Flugzeugen gesehen, dazu verwandte Phänomene auch im Bereich von Hochspannungsanlagen. Sie besitzen die erstaunliche Fähigkeit, sich gegen den Wind bewegen und unter Beibehaltung ihrer Form durch Hindernisse wie Fensterscheiben hindurchtreten zu können, ohne diese zu beschädigen. Es gibt Personen, die nach der Berührung eines Kugelblitzes von einem harmlosen Erlebnis sprachen, andere sollen eine derartige Begegnung mit dem Leben bezahlt haben. In einem besonders günstigen Fall landete ein Kugelblitz ausgerechnet im Wasserbassin eines Physikers, dem die Messung der Wassererwärmung gelang, woraus er einen Wärmeinhalt von 10 Millionen Joule[24] (etwa 100 Joule pro ccm) berechnete. Trotz einer Vielzahl übereinstimmender und z.T. Jahrhunderte alter Beobachtungen und trotz allgemeiner Anerkennung der Realität des Phänomens gibt es noch keine Übereinstimmung hinsichtlich seiner Deutung. Aller Wahrscheinlichkeit nach handelt es sich um Plasmakugeln. Der maßgeblich an der Entwicklung der sowjetischen Atomwaffen und Atomtechnik beteiligte Physiker Peter L. Kapitza (Physik-Nobelpreis 1978) machte für ihre Entstehung Regionen hoher Intensität bei stehenden elektromagnetischen Hochfrequenzwellen verantwortlich, die durch atmosphärische Elektrizität bei Gewittern hervorgerufen werden. Nach einer anderen Deutung handelt es sich um Leuchterscheinungen, die bei der Entladung eines durch Blitzschlag aufgeladenen Luft-Staub-Gemisches entstehen.

---

[24] Mit dieser Wärmemenge kann man eine Tonne Wasser um 2½ Grad erwärmen.

Es hat verschiedentlich Versuche gegeben, Kugelblitze durch Entladungen oder Mikrowellen künstlich im Labor zu erzeugen. Tatsächlich bekam man auch Leuchterscheinungen, die eine gewisse Verwandtschaft mit Kugelblitzen aufwiesen. Kürzlich haben zwei japanische Wissenschaftler in der renommierten Zeitschrift »Nature« über erfolgreiche Experimente mit kleinen »Plasma-Feuerkugeln« (Durchmesser: einige Zentimeter) berichtet, deren Eigenschaften den von Kugelblitzen berichteten besonders nahe kommen. Sie erzeugten die Plasmakugeln mit Mikrowellen, die sie durch Hohlleiter in einen luftgefüllten zylindrischen Käfig aus Kupfer oder gelochtem Aluminiumblech leiteten und dort zur Interferenz brachten. Hierdurch kam es zu verschiedenartigen Leuchterscheinungen, die von wenigen Sekunden bis zu einigen Minuten anhielten (Farbtafeln 7–9). Darunter gab es kurzlebige Feuerkugeln, deren Farbe von weiß-rot nach blau-orange wechselte, die sich aus dem zylindrischen Käfig in den Hohlleiter hineinbewegten und in diesem eine keramische Platte durchdrangen (Farbtafel 7). Andere bewegten sich entgegen einer durch einen Kompressor angetriebenen Luftströmung. Diese Experimente geben indirekt einen deutlichen Hinweis darauf, daß die Vorstellungen Kapitzas wohl in die richtige Richtung gingen.

Heizung mit energiereichen Neutralteilchen

Bei Fusionsexperimenten hat sich als eine sehr erfolgreiche Methode der Zusatzheizung in Ergänzung zur Ohmschen Heizung die *Neutralteilchenheizung* erwiesen. Bei ihr werden sehr schnelle neutrale Wasserstoff- oder Deuteriumatome – im Falle eines Fusionsreaktors die letzteren –, deren Energie weit über der thermischen Energie der Plasmateilchen liegt, ins Plasma eingeschossen (Abb. 18.2). Solange sie neutral sind, fliegen sie kerzengerade in dieses hinein, ohne dabei vom Einschlußmagnetfeld behindert zu werden. Sobald eines von ihnen durch einen Umladungsstoß mit einem Ion oder durch einen Ionisierungsstoß mit einem Ion oder Elektron in ein Ion verwandelt wurde, wird es sofort vom Magnetfeld auf eine Spiralbahn um eine Feldlinie umgelenkt und gibt längs dieser in einer Folge sukzessiver Stöße allmählich seine überschüssige Energie ab. Nur der noch nicht ionisierte Teil des Strahls kann noch weiter ins Plasma vordringen, wird dabei aber immer stärker ausgedünnt. Nach der Ionisation eines Neutralteilchens des Strahls steckt der wesentliche Teil seiner Energie in dem daraus hervorgegangenen Ion, so daß wir uns bei der Frage nach der Energiedeposition nur noch um dieses kümmern müssen. (Die bei Ionisierungsstößen abgetrennten Strahlelektronen werden auf Grund ihrer sehr hohen Stoßfrequenz mit Plasmaelektronen von diesen sehr schnell abgebremst.) Auch bei den höchsten heute erreichbaren Strahlenergien liegt die Neutralteilchengeschwindigkeit einerseits weit unter der thermischen Geschwindigkeit der Plasmaelektronen, andererseits deutlich über der der Plasmaionen. Wird z. B. ein Deuteriumstrahl mit einer Energie von 200 keV

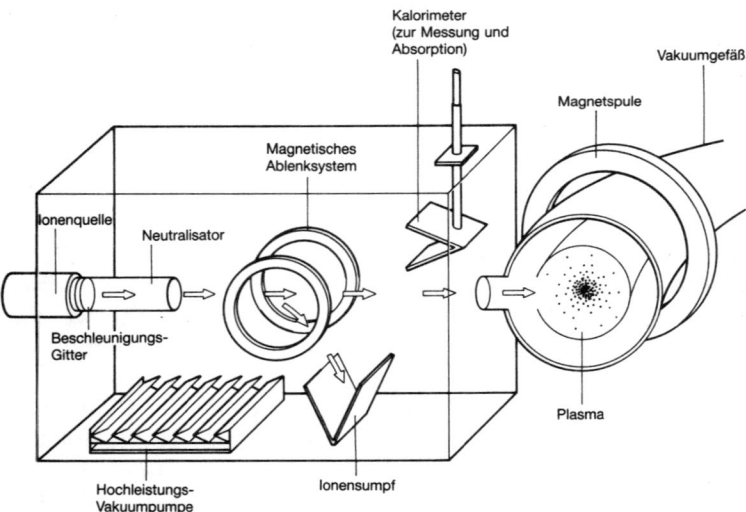

Abb. 18.2: *Neutralteilchenheizung: Im linken Teil der Abbildung ist schematisch die Erzeugung des Neutralteilchenstrahls gezeigt, rechts dessen Eindringen ins Plasma.*

pro Deuteriumkern in ein 80 Millionen Grad heißes Deuteriumplasma eingeschossen – die mittlere thermische Energie der Plasmateilchen beträgt in diesem Fall 10 keV –, so liegt seine Geschwindigkeit um den Faktor 13,5 unter der thermischen Elektronen- und um den Faktor 4,5 über der thermischen Ionengeschwindigkeit. Bei ihren Stößen mit den Plasmateilchen geben die aus dem Strahl stammenden Ionen auf Grund höherer Stoßfrequenz am meisten Energie an Teilchen ab, die sich ihnen gegenüber langsam bewegen, sie also auf ihrem Weg längs Feldlinien begleiten. Abb. 12.1 c) läßt erkennen, daß das zunächst sehr viel mehr Elektronen als Ionen betrifft. Daher werden bei sehr hoher Strahlgeschwindigkeit zunächst primär die Elektronen geheizt, die dabei den Heizionen Energie entziehen und sie langsamer werden lassen. Wegen der viel besseren Energieübertragung zwischen gleich schweren Teilchen erreichen diese aber bei einer noch ziemlich hohen Geschwindigkeit eine Grenze, wo sie die Plasmaionen trotz einer wesentlich kleineren Zahl von Wegbegleitern bereits genauso stark heizen wie die Elektronen. Dies ist in unserem Beispiel schon der Fall, sobald die Heizionenenergie auf das 12,5fache der thermischen Plasmateilchenenergie abgesunken ist. Mit weiter abnehmender Energie nimmt dann die Zahl von Begleitionen aus dem Plasma schneller als die von Begleitelektronen zu, und die Heizung bevorzugt immer mehr die Ionen.

Die angenommenen 200 keV Strahlteilchenenergie stellen eine Obergrenze dar, ab der die Neutralteilchenheizung wegen zu starker Energieverluste bei der Strahlerzeugung unrentabel wird. In den gegenwärtigen Experimenten benutzt man daher geringere Energien (im JET z.B. 140 keV) und erreicht damit schon den Bereich, wo überwiegend die Plasmaionen geheizt werden. Das gilt jedenfalls in den heißen Regionen um das Plasmazentrum – nur in den Randzonen des Plasmas, wo die Temperaturen niedriger sind, geht mehr Energie an die Elektronen. Je mehr Energie die Heizionen abgegeben haben, umso langsamer werden sie und umso mehr bevorzugen sie bei der Heizung die Plasmaionen, die daher insgesamt den größten Teil der Energie abbekommen. Bei den heute benutz-

237

ten Strahlenergien ist die Neutralteilchenheizung also in erster Linie eine Heizung der Ionen.

In Plasmen ausreichender Dicke stellt es kein Problem dar, den Strahl durch Ionisationsprozesse völlig auszudünnen und seine ganze Energie in Wärme umzuwandeln. Im Gegenteil, ein Strahl mit einer Teilchenenergie von beispielsweise 150 keV wird in einem Plasma der Dichte, wie sie in einem Fusionsreaktor benötigt wird (rund 10^{20} Teilchen pro Kubikmeter), auf einer Strecke von knapp einem halben Meter völlig ausgedünnt. In heutigen Experimenten, deren Plasmadichte noch etwas niedriger liegt, kommt man mit dem Strahl noch problemlos bis zur Plasmamitte, die man nach Möglichkeit am meisten heizen will. In einem Fusionsreaktor, der einen Plasmadurchmesser von 3–4 Metern haben wird, kommt man jedoch nicht mehr weit genug. Hier stellt sich also das Problem, Strahlen höherer Energien zu erzeugen, die erst nach einer größeren Strecke völlig ionisiert werden.

Natürlich kann man fragen, wieso eine Heizmethode, die wie die Ohmsche Heizung auf Teilchenstößen beruht, höhere Temperaturen als diese erzielen kann. Einerseits ist das darauf zurückzuführen, daß es, anders als bei der Ohmschen Heizung, keine stabilitätsbedingte Obergrenze für den Strom der Heizionen gibt – dieser wird vor der Ionisation durch die in den Atomen mitgeführten Elektronen und nach ihr durch die Mitnahme eines Stroms von Plasmaelektronen kompensiert, welche die Plasma-Quasineutralität erhalten; durch hohe Energie- und Teilchendichte kann er beliebig groß gemacht werden. Andererseits werden durch die Abbremsung der Heizionen die Stoßfrequenzen immer höher und damit die Energieübertragung immer effizienter. Auch das ist anders als bei der Ohmschen Heizung, wo die Energieverluste der heizenden Elektronen durch Energiezufuhr im elektrischen Feld immer wieder ausgeglichen werden, so daß die Stoßfrequenzen unverändert bleiben.

★

Die Erzeugung eines Neutralteilchenstrahls ist schematisch auf der linken Seite von Abb. 18.2 gezeigt. Aus einer Ionenquelle werden Ionen (Kanalstrahlen) abgesaugt und durch elektrisch aufgeladene Gitter auf sehr hohe Geschwindigkeiten beschleunigt. Der so erhaltene hochenergetische Ionenstrahl wird durch ein Gefäß hindurchgeführt, das mit einem Neutralteilchengas gefüllt ist. Dort wird ein Teil der Ionen durch Umladungsstöße neutralisiert und dadurch in hochenergetische Neutralteilchen verwandelt. Ionen, bei denen das nicht gelingt, werden in einer anschließenden Kammer magnetisch aus dem Strahl herausgelenkt und abgefangen. Wie wir das schon von vielen anderen Wechselwirkungsprozessen kennen, wird die Wahrscheinlichkeit für einen Umladungsstoß mit zunehmender Ionengeschwindigkeit immer geringer, weil für die Wechselwirkung der an der Umladung beteiligten Teilchen immer weniger Zeit zur Verfügung steht. Deuteriumionen werden bei einer Energie von 150 keV nur noch zu etwa 40 Prozent neutralisiert. Oberhalb dieser Energie ist das Verfahren nicht mehr lohnend, da für jedes Neutralteilchen zu viele nicht nutzbare Ionen mitbeschleunigt werden müssen und der Energieaufwand hierfür zu groß wird. Einen Weg zu höheren Strahlenergien verspricht man sich durch die Erzeugung, Beschleunigung und Umladung negativ geladener Deuteriumionen (Deuteriumkerne mit zwei Elektronen), deren locker gebundenes Überschußelektron sich relativ leicht abtrennen läßt, so daß man bei ihrer Umladung eine höhere Neutralteilchenausbeute als mit der heute üblichen Umladung nackter Deuteriumkerne bekommt.

Hochenergetische Ionenstrahlen, die natürlich sehr viel leichter zu erzeugen sind, kommen für eine Heizung des Plasmas leider nicht in Frage, selbst wenn man zur Neutralisierung ihres Stroms noch einen Elektronenstrahl mit in das Plasma schießen würde: Durch das Einschlußmagnetfeld würden die geladenen Teilchen auf die Wand des Zuführungsrohres oder des Plasmagefäßes abgelenkt und dort nur Unheil anrichten.

★

Die Neutralteilchenheizung ist heute zu einer Standardmethode der Plasmaheizung geworden, wobei die dem Plasma sekundlich zugeführten Energiemengen beträchtlich sind.

Im JET z. B. konnte eine Heizleistung von 20 Megawatt mehrere Sekunden lang aufrecht erhalten werden, und in Kombination mit Wellenheizung bei der Ionenzyklotronfrequenz kam man insgesamt bis auf 35 Megawatt. Mit derartigen Heizleistungen konnten die in einem Fusionsreaktor benötigten Temperaturen problemlos erreicht werden. Das Erzielen extrem hoher Temperaturen, früher einmal als das vielleicht schwierigste Problem der thermonuklearen Kernfusion erachtet, kann damit heute als gelöst betrachtet werden, jedenfalls für Plasmen der heute üblichen Größe.

Die Alphateilchenheizung

Bei der Verschmelzung von Deuterium- und Tritiumkernen, die als Energielieferanten für die erste Generation von Fusionsreaktoren vorgesehen sind, entstehen als *Alphateilchen* bezeichnete Heliumkerne sowie Neutronen. Die bei jeder Verschmelzungsreaktion freigesetzte Energie von 17,6 MeV verteilt sich so, daß jedes Alphateilchen 3,5 MeV und jedes Neutron 14,1 MeV als Bewegungsenergie mit auf den Weg bekommt. Während die elektrisch neutralen Neutronen sofort aus dem Plasma entweichen und ihre Energie mitnehmen, werden die zweifach geladenen Alphateilchen bei magnetischem Plasmaeinschluß vom Magnetfeld eingefangen und bleiben im Plasma. Ihr Gyrationsradius beträgt in einem Magnetfeld von 5 Tesla Stärke nämlich nur etwa 10 cm. Ihre Bewegungsenergie von 3,5 MeV entspricht einer thermischen Energie bei etwa 27 Milliarden Grad und liegt damit weit über der Energie der Plasmateilchen, an die sie daher bei Stößen sehr viel Energie abgeben können.

Die hierdurch bewirkte Plasmaheizung ist der eben besprochenen Heizung durch Ionen bei der Neutralteilcheninjektion sehr verwandt. Unterhalb von etwa 20 Millionen Grad sind Fusionsreaktionen allerdings so selten, daß die Heizleistung trotz der enormen Energie, die jedes Alphateilchen mit sich bringt, verschwindend klein ist. Erst oberhalb dieser Temperatur wird sie allmählich spürbar, um dann mit wachsender Temperatur sehr schnell an Wir-

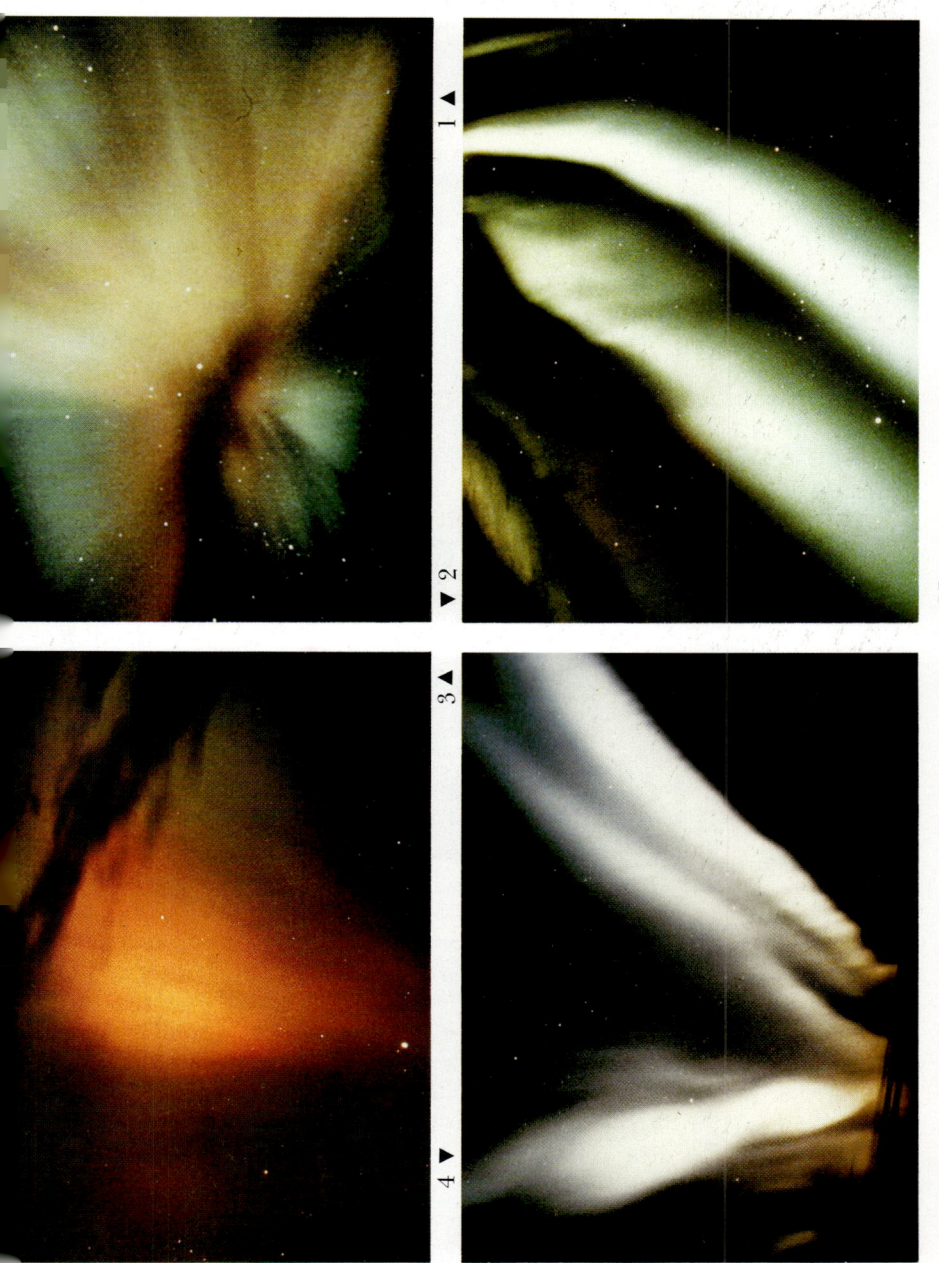

Farbtafeln 1-4: *In Island aufgenommene Polarlichter.*

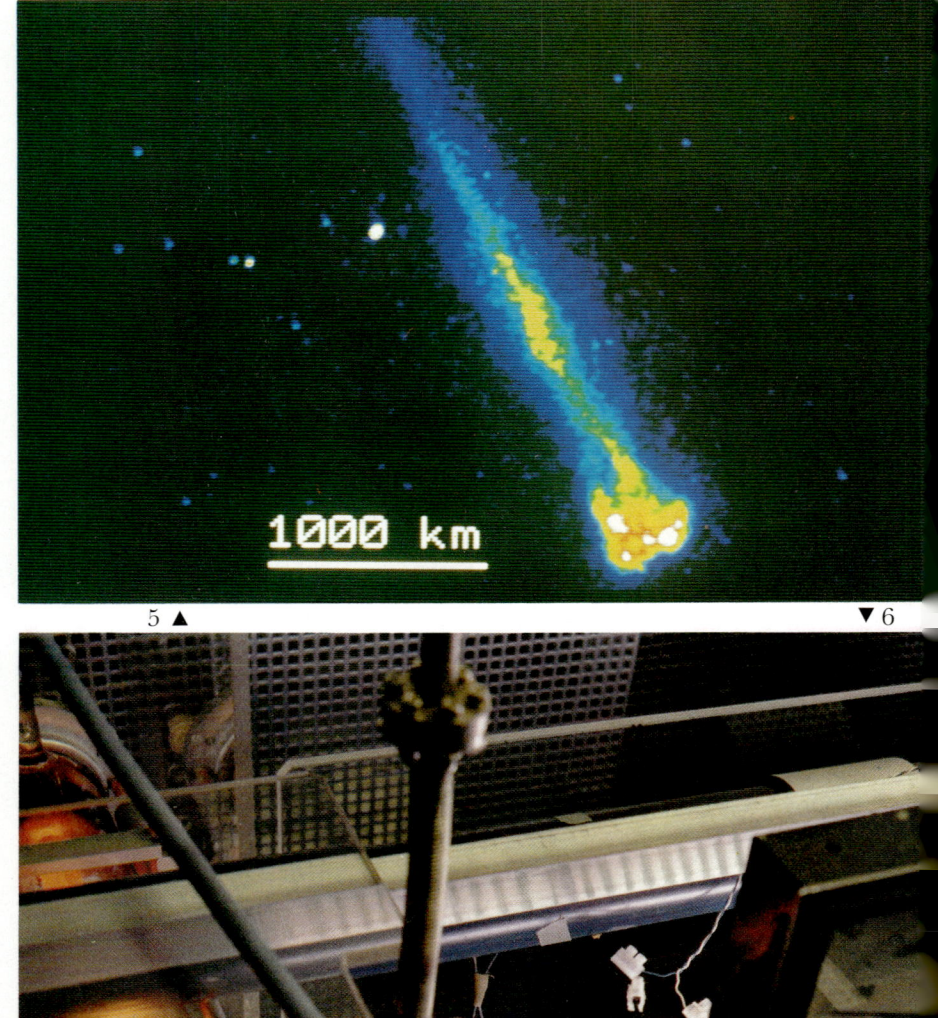

5 ▲   ▼ 6

Farbtafel 5: *Künstlicher Komet, Mitte 1985 im Abstand von rund 120 000 km von der Erde erzeugt und 2500 km westlich von Lima aus einem Flugzeug mit einem Videokamerasystem aufgenommen (Darstellung in Falschfarben).*
Farbtafel 6: *Glimmentladung (von links nach rechts) in einem Cyanwasserstoffgas, das als Lasermedium benutzt wird.*

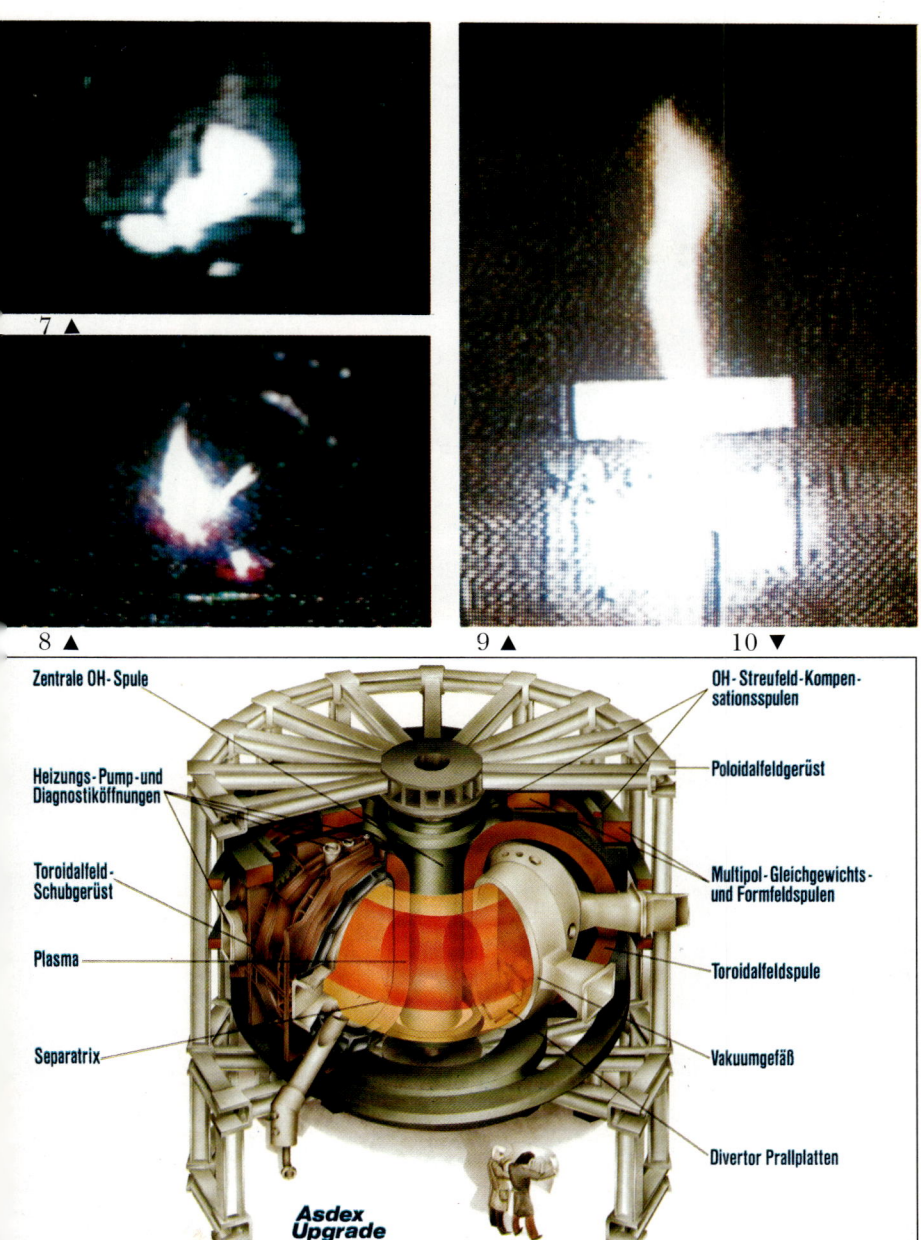

Farbtafel 7: *Eine im Labor erzeugte »Feuerkugel« durchdringt eine 3 mm dicke Keramikplatte von unten nach oben.*
Farbtafel 8: *Die hier gezeigte »Feuerkugel« rotiert entgegen dem Uhrzeigersinn.*
Farbtafel 9: *»Plasmaflamme«, die dadurch entstand, daß eine »Feuerkugel« durch die Käfigwand nach außen drang.*
Farbtafel 10: *Künstlerdarstellung des Garchinger Tokamaks ASDEX-UPGRADE.*

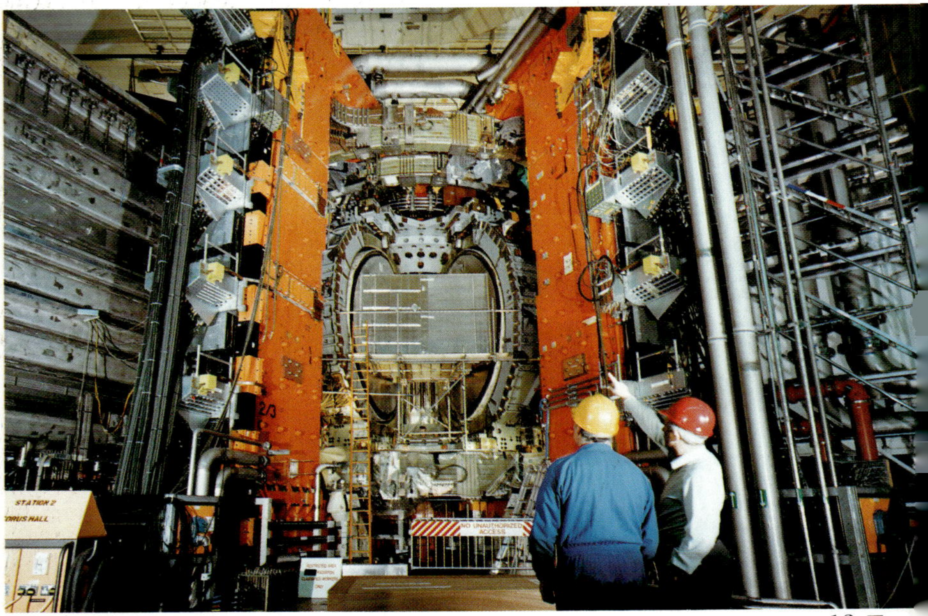

11 ▲ 12 ▼

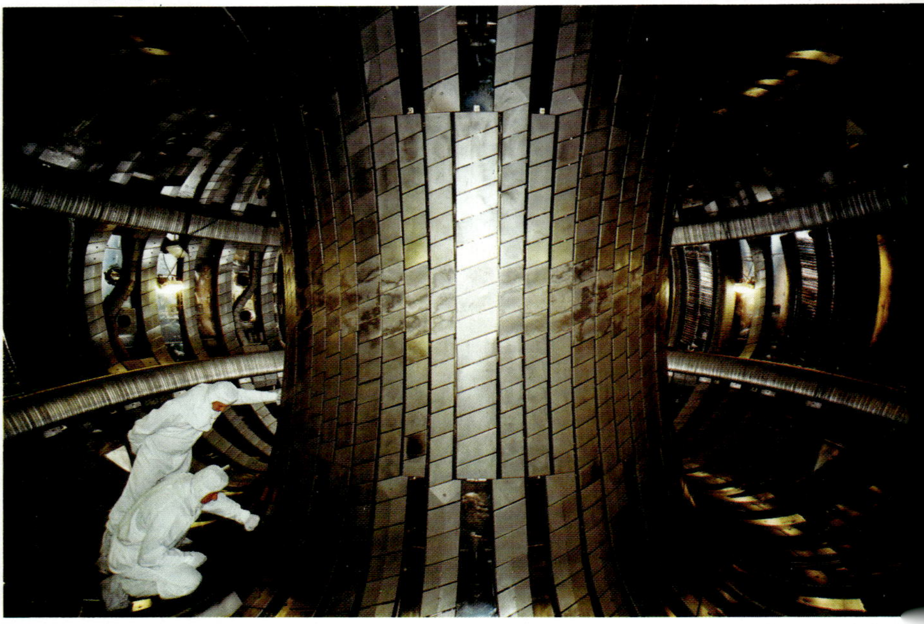

Farbtafel 11: *Joint European Torus (JET) mit geöffnetem Vakuumgefäß.*
Farbtafel 12: *Wartungsarbeiten im Vakuumgefäß des JET.*

Farbtafel 13: *Gesamtansicht des JET von schräg oben. Die Eisenjoche sind rot angestrichen.*

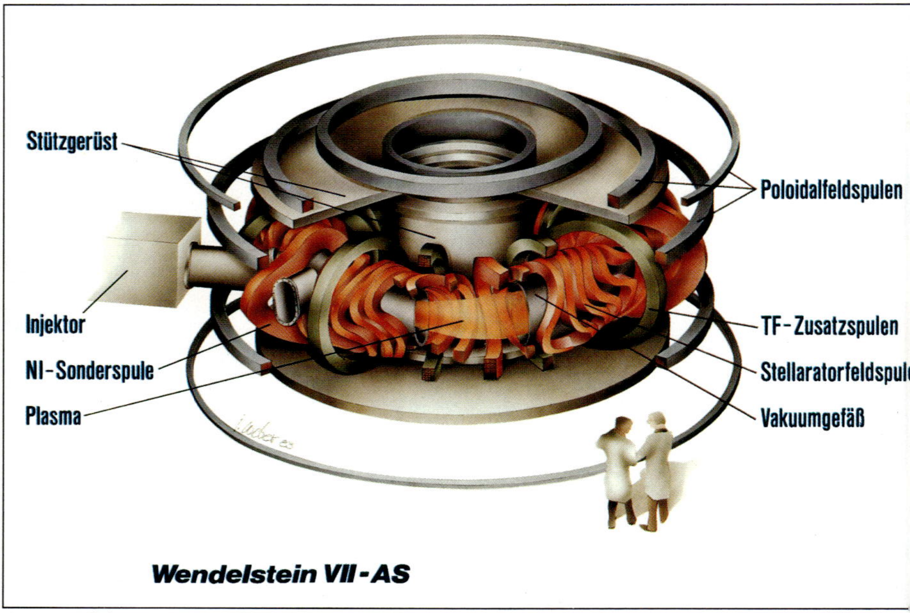

Stützgerüst

Poloidalfeldspulen

Injektor

TF-Zusatzspulen

NI-Sonderspule

Stellaratorfeldspule

Plasma

Vakuumgefäß

Wendelstein VII-AS

14 ▲   15 ▼

Farbtafel 14: *Künstlerdarstellung des Garchinger Stellarators W VII-AS.*
Farbtafel 15: *Eine Magnetfeldspule des W VII-AS.*

Farbtafel 16: *Verstärkerketten des weltgrößten Lasers NOVA.*
Farbtafel 17: *NOVA-Kapselbestrahlungsgefäß von außen.*

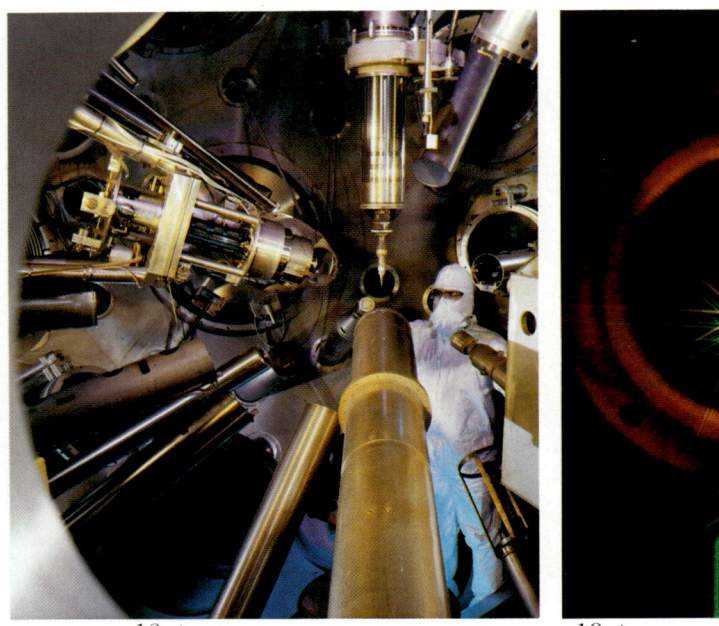
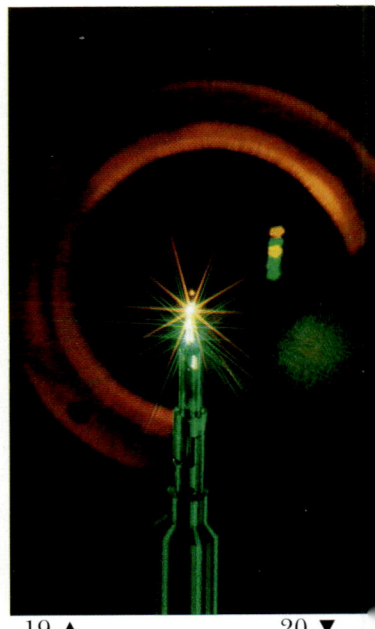

18 ▲

19 ▲   20 ▼

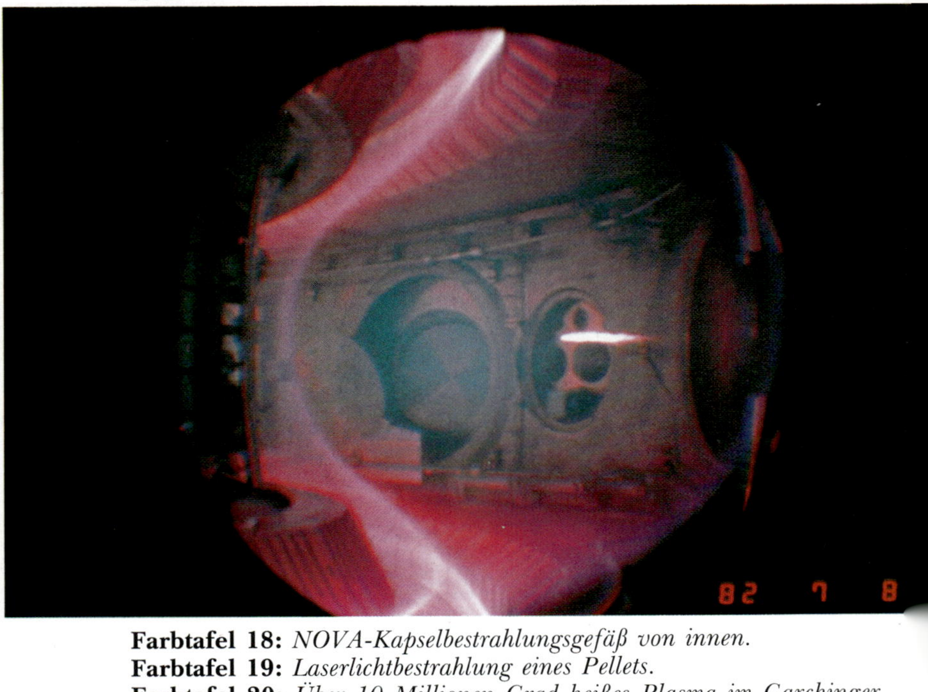

Farbtafel 18: *NOVA-Kapselbestrahlungsgefäß von innen.*
Farbtafel 19: *Laserlichtbestrahlung eines Pellets.*
Farbtafel 20: *Über 10 Millionen Grad heißes Plasma im Garchinger Tokamak ASDEX mit einem von rechts eingeschossenen, gefrorenen Wasserstoffkügelchen, das kometenartig verdampft. Sichtbar ist nur das relativ kalte Randschichtplasma außerhalb der Separatrix.*

kung zu gewinnen. Für die Berechnung der Zusatzheizung, die oberhalb von 10 Millionen Grad bis zum Erreichen der gewünschten Brenntemperatur des Fusionsplasmas benötigt wird, kann sie daher ab etwa 20 Millionen Grad als ein wichtiger Faktor mit einbezogen werden. Bei einer Temperatur, die im Idealfall ausschließlich strahlungsbedingter Energieverluste bei etwa 50 Millionen Grad, aber realiter noch deutlich höher liegen muß, kann sie dann schon alleine alle Energieverluste decken. Diese Temperatur kann ohne jede Zusatzheizung aufrecht erhalten werden und wird daher als *Zündtemperatur* bezeichnet.

Die Energie, bei der die Alphateilchen die Elektronen und Ionen eines 120 Millionen Grad heißen Deuterium-Tritium-Plasmas mit gleicher Stärke heizen, beträgt nur 0,34 MeV, also nur knapp ein Zehntel der Energie, mit der sie »geboren« werden. Daher heizen sie solange überwiegend die Elektronen, bis sie neun Zehntel ihrer Energie verloren haben, und erst die noch verbliebene Energie kommt dann mehr den Ionen zugute. Dies hat zur Folge, daß die Alphateilchenheizung überwiegend die Elektronen heizt, während die Ionen von ihr fast nur indirekt etwas über die Elektronen-Ionen-Stöße abbekommen.

Theoretisch können sich die hochenergetischen Alphateilchen auf eine Reihe von Plasmainstabilitäten ungünstig auswirken, indem sie entweder deren Eigenschaften verschlimmern oder durch Wechselwirkung mit ihnen neue Instabilitäten anregen. Man hofft, in dieser Hinsicht schon vor den ersten Experimenten mit einem Deuterium-Tritium-Plasma – denn erst in diesem werden genügend viele Alphateilchen erzeugt – erste Erfahrungen sammeln zu können, indem man ähnliche Situationen simuliert. Das könnte unter geeigneten Bedingungen durch den Einschuß von Neutralteilchen geschehen, aber auch die Minoritätsheizung bei der Ionenzyklotronfrequenz führt zu einer Population hochenergetischer Ionen vergleichbarer Konzentration.

19. Plasma, Wand und Sauberkeitsprobleme

Es gibt noch ein Problem, das allen Plasmaeinschlußkonzepten gemeinsam ist: die Notwendigkeit, das durch ein Magnetfeld oder seine Trägheit zusammengehaltene Plasma vor der Außenluft zu schützen. Beim Trägheitseinschluß ist dieses nicht ganz so gravierend. Hier wollen wir uns auf den Fall magnetisch eingeschlossener Plasmen konzentrieren.

Wir haben zwar schon wiederholt und beinahe wie selbstverständlich vom Plasmagefäß oder dessen Wand gesprochen, dies jedoch ohne nähere Begründung. Tatsächlich ist es außerordentlich wichtig, magnetisch eingeschlossene Plasmen in Gefäßen hervorragender Dichtigkeit einzuschließen, was bei den gewaltigen Ausmaßen mancher Einschlußexperimente – das Plasmavolumen des gemeinschaftlichen europäischen Tokamaks JET beträgt 150 Kubikmeter, und im Fusionsreaktor wird es sich auf etwa das Zehnfache belaufen – einen enormen technischen Aufwand darstellt. Dabei muß man bedenken, daß das Gefäß vielfach verschweißt und verschraubt ist, eine Fülle von Zuleitungen aufnehmen muß und viele Fenster zur Manipulation und Beobachtung des Plasmas enthält. Seine Aufgabe besteht darin, die Außenluft, deren Teilchendichte im Falle des magnetischen Einschlusses gut 200 000mal höher als die des Plasmas ist, sehr wirkungsvoll von der Vermischung mit dem »heißen Hochdruckvakuum« abzuhalten, als das man das Plasma bezeichnen könnte; denn das Einschlußmagnetfeld kann die elektrisch neutralen Luftmoleküle nicht zurückhalten. Dies setzt eine hervorragende Vakuumfestigkeit des Einschlußgefäßes voraus. Im Falle eines Deuterium-Tritium-Plasmas, wie man es in einem Fusionsreaktor haben wird, würde nämlich schon relativ wenig Luft zu einer außerordentlich starken Verdünnung der fusionsfähigen Kerne führen und dadurch die Fusionsenergieausbeute drastisch reduzieren: Ein Sauerstoffmolekül O_2 z. B. kann bei seiner Ionisation bis zu 16 Elektronen abgeben, und da das Plasma quasineutral bleiben muß, bedeutet dies, daß ein Sauerstoffion beim Eintritt in das Plasma bis zu 16 Deuterium- oder Tritiumkerne verdrängt.

Ein zweiter Grund, der den Zutritt der Außenluft verbietet, liegt darin, daß die Anwesenheit mehrfach geladener Atomkerne (der Stickstoffkern der Luft ist 7fach, der Sauerstoffkern 8fach geladen) im Plasma zu wesentlich höheren Strahlungsverlusten führen würde. Wir haben erfahren, daß z. B. die Bremsstrahlungsverluste mit dem Quadrat der Kernladungszahl zunehmen. Dies bedeutet, daß ein Elektron 64mal soviel Strahlung abgibt, wenn es durch einen Sauerstoffkern statt durch einen Deuterium- oder Tritiumkern gebremst wird. Die Anwesenheit von Elementen höherer Kernladungszahl im Plasma läßt auch die Bedeutung von Linien- und Rekombinationsstrahlung zunehmen, die beide ebenfalls rasch mit der Kernladungszahl anwachsende Verluste herbeiführen. Da die Strahlung all dieser Prozesse überwiegend Röntgenstrahlung ist, die vom Plasma praktisch nicht absorbiert wird, bedeutet sie einen Verlust, der nur durch erhöhte Plasmaheizung kompensiert werden kann.

Um die gesamten Strahlungsverluste des Plasmas zu ermitteln, muß man über alle Einzelprozesse aufsummieren, wobei jeder mit der für ihn zuständigen Kernladungszahl beiträgt. Die Kernladungszahl der Ionen eines Vergleichsplasmas derselben Temperatur und Dichte, das lauter gleiche Ionen besitzt und dieselben Strahlungsverluste aufweist, wird als *effektive Kernladungszahl* des betrachteten Plasmas bezeichnet. Als ein Mittelwert aus verschiedenen ganzen Zahlen muß diese selbst nicht ganz sein – die mittlere Kernladungszahl eines Gemischs gleich vieler Wasserstoff- (Kernladungszahl 1) und Heliumkerne (Kernladungszahl 2) ist z. B. 1,7. Um möglichst niedrige Strahlungsverluste zu bekommen, sollte sie so nahe wie möglich bei 1 gehalten werden. Wegen der hohen Ladung von Sauerstoffkernen würden schon relativ geringe Beimischungen von Luft die effektive Kernladungszahl des Plasmas kräftig in die Höhe treiben.

Indem man ein magnetisch eingeschlossenes Plasma zusätzlich mit einem dichten Vakuumgefäß umgibt, sind jedoch keineswegs schon alle angeführten Verunreinigungsprobleme gelöst. Denn wie wir ausführlich untersucht haben, ist der magnetische Plasmaeinschluß auf keinen Fall perfekt. Durch Diffusion gelangen laufend energiereiche Teilchen bis zur Wand des Vakuumgefäßes, und durch Strahlung (überwiegend Röntgenstrahlung) sowie Wärmeleitung werden dieser permanent erhebliche Energiemengen zugeführt. In einem Fusionsreaktor wird ein Fünftel der Fusionsenergie über die Alphateilchenheizung im Plasma deponiert, mit einer Leistung, die bei etwa sechshundert Megawatt liegen wird: Diese muß über Elemente der Wand aus dem Plasmagefäß ausgekoppelt werden! Zusätzlich wird die Wand auch noch von den energiereichen Fusionsneutronen bombardiert. Durch all das entsteht eine sehr intensive Wechselwirkung des Plasmas mit der Wand, die man in einem Fusionsreaktor verstehen und beherrschen muß, damit er funktioniert. Man kann sicher ohne Übertreibung sagen, daß die hiermit verbundenen Probleme in den kommenden Jahren eine zentrale Rolle in der Fusionsforschung spielen werden. Wir wollen uns im folgenden deshalb damit befassen, welche Prozesse sich hierbei an und in der Wand abspielen, wie diese auf das Plasma zurückwirken und durch welche Maßnahmen man die gegenseitige Beeinflussung in positivem Sinne steuern kann.

Durch das Bombardement der Wand mit hochenergetischen Photonen, Elektronen, Ionen, Neutralteilchen und Neutronen werden aus dieser Atome herausgeschlagen. Das führt einerseits zu einer allmählichen *Erosion* der Wand (lat. erosio = das Zerfressenwerden) – man spricht hier auch von *Wandzerstäubung* –, die zur Begrenzung der dabei entstehenden Schäden aus einem möglichst widerstandsfähigen Material bestehen muß. (In den gegenwärtigen Fusionsexperimenten benutzt man rostfreie Stähle.) Andererseits gelangt das herausgeschlagene Wandmaterial in das Plasma, wo es ionisiert wird. Dort wirkt sich seine Widerstandsfähigkeit sehr nachteilig aus, weil Metalle sehr hohe Kernladungszahlen besitzen. Wegen der großen Wandbelastung und weil ein Wandaustausch sehr schwierig ist, besitzt die Widerstandsfähigkeit jedoch Priorität. Deshalb muß man dafür sorgen, daß die Wandzerstäubungsrate so niedrig wie nur möglich bleibt. Damit das nukleare Feuer eines Fusionsreaktors nicht durch verunreinigungsbedingte Strahlungskühlung erstickt wird, dürfen belastungsfähige schwere Elemente wie Eisen, Wolfram, Niob oder Molybdän eine Beimischung zum Plasma von 0,1 Prozent oder noch weniger nicht überschreiten. Für Elemente niedriger Kernladungszahl wie Kohlenstoff, Bor oder Beryllium liegen die Konzentrationsgrenzen dagegen erst bei etwa 1 bis 3 Prozent.

Die Plasmarandschicht

Die Feldlinien des Einschlußmagnetfelds treffen im allgemeinen unter einem kleinen Winkel auf die Wand, entweder weil deren Form nicht exakt genug dem Feldlinienverlauf angepaßt ist, oder weil das so gewollt ist (siehe unten). Die beweglicheren Elektronen gelangen längs der Feldlinien sehr viel schneller als die trägen Ionen an die Wand. Hierdurch wird das Vakuumgefäß negativ gegen das Plasma aufgeladen, und es entsteht eine dünne Randschicht mit einem Spannungsabfall zwischen Wand und Plasma. Dieser bremst die Elektronen auf dem Weg zur Wand, während er die Ionen auf diese zu so stark beschleunigt, daß in der Folge gleich viele positive und negative Ladungen zur Wand gelangen.

Auf Grund dieser Beschleunigung prallen die Ionen viel fester auf die Wand, als es ihrer thermischen Energie am Plasmarand entspräche. Die durch Beschleunigung hinzugewonnene Energie kann bei mehrfach geladenen Ionen mehr als 100 eV betragen, was einer Temperatur von rund 1 Million Grad entspricht. Da die Wandzerstäubung mehrfach geladene Ionen in das Plasma bringt, die zu ihr wieder einen ganz besonders starken Beitrag liefern, kann es hier zu einer instabilen Selbstverstärkung kommen. Diese Gefahr besteht besonders dann, wenn die mit zunehmenden Plasmaverunreinigungen einhergehende Strahlungskühlung des Plasmas durch verstärkte Heizung kompensiert wird.

Der Spannungsabfall in der Plasmarandschicht stellt sich derart ein, daß die Elektronen den Ionen gerade noch mit ihrer thermischen Geschwindigkeit entkommen können. Mit ihm erhöht sich daher auch die Wandzerstäubungsrate, sobald die Elektronentemperatur am Rand des Plasmas steigt. Gerade das tut diese aber, wenn man bei fester Heizrate die Plasmadichte reduziert: Dann nimmt die Strahlungskühlung nämlich ab, und um dies auszugleichen, wird dem Plasmarand mehr Wärme über Wärmeleitung zugeführt. Bei konstanter Heizrate nimmt die Wandzerstäubungsrate also zu, wenn die Plasmadichte sinkt, und entsprechend nimmt sie ab, wenn diese steigt. Nun sind die Wandatome an das Metallgitter der Wand mit einer gewissen Bindungsenergie gebunden. Ein auf die Wand treffendes Ion muß mindestens diese Energie zur Verfügung stellen, damit es ein Wandatom herausschlagen kann. Nehmen wir die zuletzt genannten Tatsachen zusammen, so ergibt sich, daß der Spannungsabfall in der Randschicht oberhalb einer gewissen Plasmadichte zu klein dafür wird, den Ionen noch die zur Wandzerstäubung notwendige Mindestenergie vermitteln zu können. Sehr hohe Plasmadichten könnten daher im Prinzip die unerwünschte Wandzerstäubung unterbinden. Leider begrenzt in Tokamaks eine *Abbruchinstabilität* die Plasmadichte am größten Teil der Wand auf Werte, die unter der hierfür erforderlichen Mindestdichte liegen. Allerdings erhofft bzw. erwartet man, daß sich die erforderliche Dichte an besonders vorgesehenen Stellen erreichen läßt, auf die man die Wandberührung des Plasmas hauptsächlich konzentriert (siehe unten).

Der Spannungsabfall in der Plasmarandschicht kann an manchen Stellen so groß werden, daß er zwischen dem Plasma und der Wand einen Lichtbogen zündet. Derartige Lichtbögen werden als *Unipolarbögen* bezeichnet, weil sie nur einen metallischen Pol an der Gefäßwand haben. Unipolarbögen können die Wand lokal so stark aufheizen, daß es zu Abschmelzungen kommt, die das Plasma in starkem Maße verunreinigen. Sie werden überwiegend in der Anfangsphase von Tokamakentladungen beobachtet, andernfalls sind sie ein Indiz für stärkere Verunreinigungen der Wand.

Eine Metallwand kann an ihrer Oberfläche größere Gasmengen adsorbieren (anlagern, binden, von lat. ad = zu, heran, und sorbere = schlürfen), und sie wird das immer tun, wenn sie längere Zeit der Raumluft ausgesetzt ist. Schon wenn nur eine einzige Atomlage adsorbiert ist, werden auf einem Quadratmeter Wandfläche etwa 10^{19} Atome gebunden. Wenn diese von der Wand gelöst und in einem Kubikmeter Plasmavolumen verteilt werden – im JET kommen auf jeden Quadratmeter Wandfläche etwas mehr als ein halber Kubikmeter Plasmavolumen –, führen sie zu einer Verunreinigungsdichte von 10^{19} Atomen pro Kubikmeter, was nur wenig unter der heute maximal erreichbaren Plasmadichte liegt. Diese adsorbierten Gase – bei einer Stahlwand handelt es sich um Wasserdampf – müssen gründlich entfernt werden, bevor man ein Plasmaexperiment beginnt. Man tut dies durch Ausheizen der Wand, indem man diese für längere Zeit auf eine Temperatur von einigen hundert Grad bringt und die abgedampften Verunreinigungen abpumpt. Danach entfernt man chemisch fester adsorbierte Substanzen durch *Reinigungsentladungen*, in denen man ein instabiles Plasma erzeugt, das nicht so dicht und heiß ist, wie man es im eigentlichen Experiment haben möchte. Während dieser Reinigungsentladungen füllt man das Plasmagefäß mit einem Reinigungsgas (Wasserstoff, Helium oder anderen Edelgasen), das nur wenige Verunreinigungen enthalten darf. Erst mit einer gründlich gereinigten Gefäßwand, aus der alle Fremdgasspuren möglichst weitgehend entfernt sind, kann man die eigentliche Plasmaentladung starten. Auch dann sind immer noch erhebliche Mengen des Gases, mit dem zuletzt gereinigt wurde, an der Wand adsorbiert. Ein relativ sauberes Plasma bekommt man daher erst nach einer ganzen Reihe von Entladungen mit dem eigentlichen Füllgas. Natürlich muß man aus denselben Gründen bei allen Wartungs- und Reparaturarbeiten im Plasmagefäß auf peinlichste Sauberkeit achten. Im Garchinger Tokamak ASDEX dauerte es einmal eine ganze Woche, bis man die letzten Reste einer Rolle Tesafilm, die nach Reparaturarbeiten im Gefäß liegengeblieben war, schließlich entfernt hatte, und schon das Reinigen des Plasmagefäßes von den Spuren eines in ihm liegengebliebenen Haares benötigt einige Zeit. Daher werden alle derartigen Arbeiten heute in einer Art von Raumfahreranzug mit Kopfbedeckung durchgeführt.

Wir haben bisher nur davon gesprochen, daß Plasmaionen aus der Wand Atome freischlagen können, aber nicht nach ihrem weiteren Schicksal gefragt. Entweder werden sie nach ihrem Aufprall auf die Wand von dieser reflektiert, und zwar zumeist nach dem Einfangen eines Wandelektrons als Neutralteilchen; oder aber sie dringen in die Wand ein und setzen sich dort vorübergehend an freien Plätzen des Metallgitters fest, um danach per Diffusion wieder nach außen und ins Plasma zurückzukehren. Der letzte Prozeß kann ebenso viele Teilchen betreffen, wie direkt reflektiert werden. Die Dauer einer Plasmaentladung beträgt heute häufig schon mehr als das Zehnfache der Zeit, die ein Ion für die Diffusion vom Plasmazentrum bis zur Gefäßwand benötigt. Daher geht jedes Plasmaion während einer Entladung meist viele Male den Weg vom Plasma an die Wand und dann wieder zurück in das Plasma, es erlebt ein vielfaches *Recycling* (engl. recycle = wiederaufbereiten). Das Verhältnis der Teilchen, die von der Wand in das Plasma durch Reflexion, Desorption (= Gegenteil von Adsorption) und Diffusion gelangen, zu den aus dem Plasma herausdiffundierenden Teilchen wird als *Recycling-Koeffizient* bezeichnet. Dieser kann größer als 1 sein, d. h. es können mehr Teilchen ins Plasma eintreten, als es verlassen.

Die als Neutralteilchen ins Plasma zurückkehrenden Teilchen dringen in dieses nur ein Stück weit ein und werden dann ionisiert. Dies wird umso näher am Plasmarand geschehen, je höher dort die Dichte ist. Schon in der Randschicht ionisierte Teilchen werden gleich wieder zur Wand zurück diffundieren. Ein derart lokalisiertes Recyling führt zu einer kühlen Randschicht und einer niedrigen Zerstäubungsrate. Wir werden im folgenden Abschnitt einige Methoden besprechen, mit denen man die Eigenschaften der Randschicht in diesem Sinne zu beeinflussen versucht. Es ist sehr wichtig, daß das möglichst gut gelingt, denn die mehrfach geladenen Kerne schwerer Teilchen, die durch die Randschicht hindurch weiter nach innen gelangen, haben die Tendenz, sich im Plasmazentrum anzusammeln, wo sie wegen der besonders hohen Temperaturen zu einer überdurchschnittlichen Strahlungskühlung führen. In toroidalen Plasmen erzeugt nämlich die durch die Torusdrift hervorgerufene schwache Ladungstrennung, die sich wegen der Teilchenstöße nicht völlig längs magnetischer Feldlinien kurzschließen und ausgleichen kann (vgl. Kapitel 10), ein schwaches elektrisches Radialfeld, welches die Ionen nach innen zieht. Ähnlich, wie sich in einer Rüttelmaschine besonders schwere Brocken am Boden sammeln, konzentrieren sich die besonders schweren Ionen an den »Fußpunkten« dieses Feldes im Plasmazentrum. Allerdings wird ihnen das nicht ganz so leicht wie dort gemacht, vielmehr müssen sie sich den Weg ins Zentrum über komplizierte Driftbewegungen durch das Magnetfeld suchen.

Begrenzung des Plasmas

Am liebsten würde man die unvermeidliche Berührung des Plasmas mit der Wand auf dieser völlig gleichmäßig verteilen. Denn damit käme es zugleich zu einer ausgewogenen und durchaus tolerablen Wandbelastung durch die aus dem Plasma herausdiffundierende Wärmeenergie. Die Voraussetzung hierfür wäre jedoch, daß sich die Wand exakt der äußersten magnetischen Fläche des Plasmas anschmiegt, so daß sie an keiner Stelle von magnetischen Feldlinien schräg getroffen wird. Gäbe es nämlich eine derartige Stelle, dann würde fast die ganze aus dem Plasmainneren kommende Wärmeenergie sehr schnell per Längsdiffusion zu dieser strömen; denn auch am Plasmarand sind ergodische Feldlinien, die jedem Punkt ihrer magnetischen Fläche und damit auch dieser Stelle beliebig nahe kämen, dicht verteilt. Die Folgen wären katastrophal: Wie durch ein Brennglas fokussiert würde die aus dem Plasma kommende Wärme an dieser Stelle sofort ein Loch in die Wand des Gefäßes brennen. Die zur Vermeidung derartiger Katastrophen geforderte gleichmäßige Wandberührung des Plasmas ist in der Praxis leider nicht realisierbar. Selbst bei präzisester Abstimmung der Wandkonstruktion auf extrem genau realisierte magnetische Flächen ließe es sich nicht vermeiden, daß sich das Plasma an einigen Stellen doch an die Wand »lehnt« – nicht nur, weil die geforderten Toleranzgrenzen zu eng wären, sondern auch, weil die Plasmaposition zeitlich variiert und von außen gesteuert werden muß.

In dieser Situation hat es sich als sehr vorteilhaft erwiesen, die Wandberührung des Plasmas auf ausgesuchte, möglichst große Flächen zu konzentrieren, die man für diesen Zweck besonders präpariert. Hierzu läßt man geeignet geformte mechanische Hindernisse über die Wand hinaus in das Plasma ragen, die wie die oben beschriebenen Stellen von Feldlinien – möglichst flach – schräg getroffen werden und daher gezielt deren Funktion übernehmen. Ihre Aufgabe besteht darin, so viel wie möglich von der aus dem Plasma kommenden Wärme- und Teilchenströmung auf sich zu lenken, z. B. auch im Torus kreisende Ausreißerelektronen, die von der Zentrifugalkraft auf die Außenwand des Plasmagefäßes zugetrieben werden. Auch hier besteht noch immer das Problem, die Plasmaberührung möglichst gleichmäßig auf diese Hindernisse zu verteilen, was eine Kunst darstellt, doch nicht unmöglich ist. In der dünnen Schicht magnetischer Flächen, deren Feldlinien auf diese Hindernisse treffen, wird fast alle Energie sehr schnell zu diesen hingeleitet, d. h. das Plasma wird in dieser Schicht stark abgekühlt. In jeder der betroffenen magnetischen Flächen herrscht wegen der guten parallelen Wärmeleitung bis auf eine kurze Abfallzone vor den Hindernissen überall etwa dieselbe Temperatur. Diese nimmt aber wegen der starken Auskühlung von Fläche zu Fläche auf die Plasmawand hin so schnell ab, daß man die dünne Schicht der auf die Hindernisse stoßenden magnetischen Flächen als Grenze des Plasmas auffassen kann.

Die Hindernisse selbst werden aus dem zuletzt genannten Grund als *Limiter* (engl. = Begrenzer) bezeichnet. Abb. 19.1 zeigt am Beispiel eines Tokamakplasmas verschiedene Limiterkonzepte. Beim Raillimiter (Abb. b)) erfolgt die Plasmaberührung nur in einem Punkt, beim Poloidallimiter (Abb. a)) auf der schmalen Innenfläche eines kleinen Reifens und beim Toroidallimiter (Abb. c)) schließlich auf der eines großen Reifens. Beim letzteren ist es zwar schwieriger, das Plasma so zu positionieren, daß es sich nicht nur an einigen Stellen an den Limiter lehnt, sondern diesen auf seiner ganzen Länge gleichmäßig berührt. Wenn das jedoch gelungen ist, hat man den Vorteil einer viel größeren Berührungsfläche zur Verteilung der Wärmebelastung. Dies ist der Grund, warum trotz größerer Justierungsprobleme Toroidallimiter heute bevorzugt werden. Der Jülicher Tokamak TEXTOR und auch JET besitzen Toroidallimiter. Eine sehr aussichtsreiche Ergänzung des Limiterkonzepts wird im *Pumplimiter* (Abb. d)) realisiert: Er besteht aus einem Toroidallimiter, hinter dem in die Gefäßwand relativ enge Schlitze eingelassen sind. Durch diese wird das – am stärksten verunreinigte – Randplasma (später geplant: mitsamt den in ihm enthaltenen Verbrennungsrückständen der Fusion in Form von Alphateilchen) abgepumpt. Auch dieser Pumplimiter hat sich im TEXTOR schon praktisch bewährt.

Ein Limiter muß einerseits sehr starke thermische Belastungen aushalten, andererseits sollte er aber möglichst we-

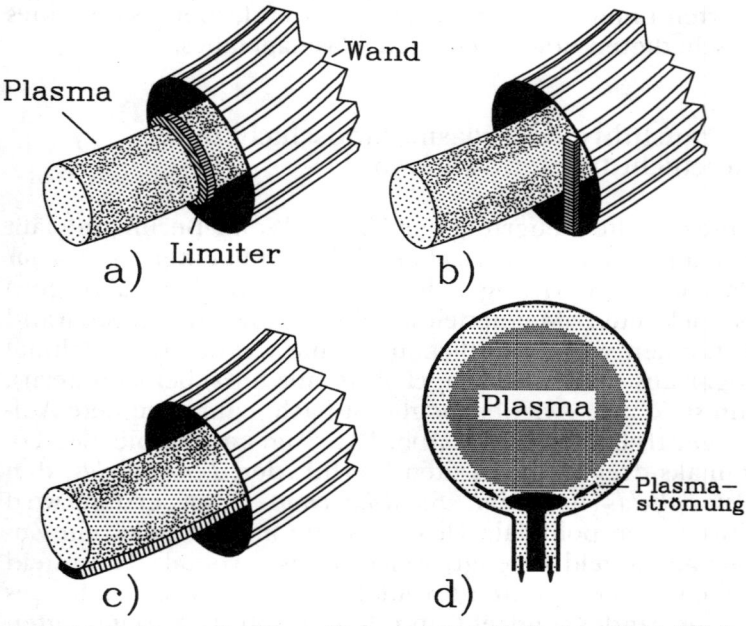

Abb. 19.1: *Materielle Plasmalimiter: a) Poloidallimiter, b) Raillimiter (engl. rail = Geländer), c) toroidaler Limiter, d) Pumplimiter (im Querschnitt).*

251

nige Verunreinigungen hoher Kernladungszahl freisetzen. Dies sind extrem unterschiedliche Anforderungen, die kaum miteinander vereinbar sind. Dem ersten Gesichtspunkt würden Limiter aus Wolfram, Tantal, Molybdän und anderen Metallen Rechnung tragen, die aber zu viele schwere Kerne ins Plasma brächten, dem zweiten viel schneller zerstäubende Graphitlimiter. Zur Zeit werden Graphitlimiter bevorzugt, die man durch eine Schicht Bor »versiegelt«. Einen nicht ganz ungefährlichen Kompromiß bilden Limiter aus dem giftigen Metall Beryllium (Kernladungszahl 4). Doch auch bei günstiger Materialauswahl ist die Belastung von Limitern ganz enorm. Ihr Zweck ist zwar die Schonung der Gefäßwand, die bei einer schweren Beschädigung nur mitsamt dem ganzen Plasmagefäß ausgetauscht werden könnte. Sie werden selbst aber derart beansprucht, daß sie in einem Reaktor sicher öfter ausgewechselt werden müssen. Dennoch ist der Austausch eines zerstörten Limiters natürlich um vieles einfacher als der eines beschädigten oder zerstörten Plasmagefäßes.

Herausführen der Plasmarandschicht und Beschichtung der Gefäßwand

Eine gezielte Steuerung der Plasma-Wand-Berührung läßt sich auch dadurch erreichen, daß man in einer als *Divertor* (lat. divertere, richtiger devertere = vom Wege abbiegen) bezeichneten Magnetfeldkonfiguration am Plasmarand Feldlinien vom eigentlichen Plasma wegführt (manchmal sogar aus dem Vakuumgefäß heraus in Nebenkammern), um sie dann – wieder möglichst flach – auf geeignete Auffänger treffen zu lassen. Abb. 19.2 zeigt am Beispiel des Tokamaks drei Möglichkeiten hierfür, den *Toroidalfeld*-, den *Poloidalfeld*- und den *Bündeldivertor*. Beim ersten wird durch eine poloidale Divertorspule im Tokamak ein Zusatzmagnetfeld erzeugt, welches das toroidale Hauptfeld bei einem bestimmten toroidalen Winkel in der Nähe des Plasmarandes umdreht und den in Abb. 19.2 a) gezeigten Feldlinienverlauf erzeugt. Ein Nachteil dieses Konzepts ist, daß man zum Umdrehen des sehr starken Toroidalfelds auch sehr starke Spulenströme braucht. Außerdem wird hierdurch die *Axialsymmetrie* des Tokamaks (er besitzt eine Symmetrieachse, um die man ihn drehen kann, ohne etwas an seinem Erscheinungsbild zu ändern) sehr stark gestört. Beim Poloidalfelddivertor, c), wird das Poloidalfeld um den ganzen Torus herum in der Nähe des Plasmarandes umgedreht. Dies besorgen toroidale Spulenströme, die schwächer als die Ströme eines Toroidalfelddivertors sind. Feldlinien, die innerhalb der als *Separatrix* bezeichneten magnetischen Fläche starten, verlaufen auf Torusflächen, die ineinander geschachtelt sind und den Einschlußbereich des Plasmas definieren. Feldlinien außerhalb der Separatrix werden abgelenkt, in dem gezeigten Beispiel aus dem eigentlichen Entladungsgefäß heraus in eine *Divertorkammer*. Beim *Bündeldivertor*, b), wird schließlich ein eng begrenztes Bündel von Feldlinien – eine Flußröhre – durch geeignete Spulenströme aus dem Entladungsgefäß herausgeführt.

In allen Fällen strömt das Randplasma der sogenannten *Abschälschicht* längs der aus dem Entladungsgefäß abzwei-

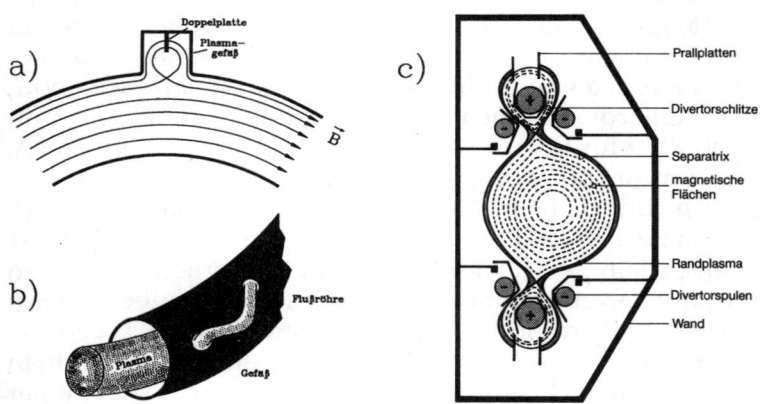

Abb. 19.2: *Divertoren: a) Toroidalfelddivertor (Aufsicht auf ein durchgeschnittenes Stück des Torus), b) Bündeldivertor, c) Poloidalfelddivertor des Garchinger Tokamaks ASDEX (Torusquerschnitt).*

253

genden Feldlinien in den Nebenkammern auf *Prallplatten* (manchmal auch *Divertorplatten* genannt). Dort wird es neutralisiert und mitsamt den in ihm enthaltenen Verunreinigungen und Fusionsabfällen abgepumpt. Der größte Teil der Wechselwirkungen des Plasmas mit materiellen Wänden ist auf diese Weise aus dem Entladungsgefäß herausverlegt. Verunreinigungen, die dennoch von dessen Wand her ins Plasma dringen möchten, werden zum großen Teil schon in der Abschälschicht ionisiert und von deren Strömung in die Nebenkammern abtransportiert. Die letzte magnetische Fläche, deren Feldlinien nicht nach außen weggeführt werden, definiert die Grenze des eigentlichen Plasmas und wird oft als *magnetischer Limiter* bezeichnet. An ihr bildet sich ein starkes Dichtegefälle aus, da das weiter außen befindliche Plasma der Abschälschicht durch die Abströmung in die Divertorkammern sehr stark verdünnt wird.

Sehr erfolgreiche Tokamakexperimente mit Poloidalfelddivertoren sind ASDEX (Garching) und PDX (**P**rinceton **D**ivertor **EX**periment). Hier wurde das Ziel erreicht, ein Plasma möglichst niedriger effektiver Kernladungszahl zu erzeugen: In beiden Experimenten liegt diese bei Wasserstoff- oder Deuteriumentladungen nur knapp über 1. Für den Fusionsreaktor stellt das so erfolgreiche Konzept des Magnetfelddivertors allerdings ein Problem dar: In ihm wird nämlich auch das Poloidalfeld ziemlich stark sein und daher zu seiner Ablenkung sehr starke Ströme benötigen. Außerdem ist nicht abzusehen, daß man in ihm genügend Platz für Divertorkammern vorsehen kann, und auch die zum Ablenken der Feldlinien benötigten Spulen wird man nicht, wie beim ASDEX (Abb. 19.2 c)), innerhalb des Plasmagefäßes und der Spulen für das Toroidalfeld unterbringen können. Aber auch schon ein magnetischer Limiter ohne Divertorkammern bietet für einen sauberen Plasmaeinschluß große Vorteile. Dies wurde am JET demonstriert, bei dem es nachträglich gelang, mit Hilfe außerhalb der Toroidalfeldspulen zugefügter Divertorspulen im Plasma noch kurz vor der Wand einen magnetischen Limiter einzubringen und einen *offenen Divertor* zu erzeugen, bei dem sich die divertierten Feldlinien nicht mehr innerhalb des Plasmagefäßes schließen. Auch das 1991 in Betrieb gegangene Nachfolgeexperiment von ASDEX, ASDEX UP-GRADE (Farbtafel 10), hat einen offenen Divertor so wie JET. Den JET-Divertor soll der für die nächste Zukunft geplante Einbau von Pumpen mit der Aufgabe, die von den Divertorplatten abgeprallte Teilchen abzusaugen, in einen *gepumpten Divertor* mit einer ähnlichen Funktion wie der eines Pumplimiters verwandeln.

Eine weitere und sehr erfolgreiche Maßnahme zur Reduzierung der Verunreinigungen besteht darin, daß man die Innenwand des Plasmagefäßes mit Elementen niedriger Kernladungszahl schützt. Das tut man z. B., indem man große Teile von ihr mit Graphitziegeln (chemisch: Kohlenstoff) abdeckt. Eine andere Methode besteht darin, daß man die Gefäßwand und eventuell vorhandene Limiter mit einer dünnen Schicht geeigneter Stoffe überzieht, manchmal sogar zusätzlich zu einer Abdeckung mit Graphitziegeln. Kohlenstoff besitzt im Vergleich zu Eisen (Kernladungszahl 26) die niedrige Kernladungszahl 6 und läßt sich mit Hilfe von Glimmentladungen so fest auf die Wand aufbringen, daß die Schicht eine diamantähnliche Struktur hoher Belastbarkeit erhält. (Auch Diamant ist reiner Kohlenstoff!) Diese Methode wurde Anfang der achtziger Jahre im Jülicher Institut für Plasmaphysik entwickelt und wird seit etwa 1985 weltweit eingesetzt. Eine weitere Verbesserung brachte die Beschichtung der Wand mit Borkarbid (Kernladungszahl von Bor = 5, von Kohlenstoff = 6), da dieses chemisch Sauerstoff an sich bindet, der durch den Wasserstoff des Plasmas aus Metalloxiden in nicht beschichtbaren Wandelementen herausgelöst wird. Auch diese Methode wurde in Jülich entwickelt, in Zusammenarbeit mit einem Schweizer Fusionsforschungsinstitut. Beim JET hat man sich schließlich sogar an das hochgiftige Beryllium (Kernladungszahl 4) herangewagt, das nicht nur zur Beschichtung der Wand, sondern sogar zur Herstellung massiver Limiter herangezogen wurde (Farbtafel 12). Bei dem großen Plasmagefäß des JET kann man sich das erlauben, da man dieses zu Reparaturarbeiten – natürlich nur nach dessen gründlicher Reinigung und nur in speziellen Schutzanzügen – betreten kann, ohne in allzu intensiven

255

Kontakt mit der Wand zu geraten. Der wesentliche Gesichtspunkt bei der Beschichtung besteht darin, eine gegenüber Stahl möglichst geringfügig erhöhte Zerstäubungsrate durch die Vorteile der niedrigeren Kernladungszahl wettzumachen.

20. Wie untersucht man Plasmen?

Wir haben von vielen Vorstellungen und Ideen über Prozesse in Plasmen erfahren, wodurch sie begründet sind und wie wichtig ihr Verständnis für die Beherrschung von Plasmen ist. Aber selbst wenn man die schönsten Phantasien entwickelt und sich zu ausgeklügelten Theorien inspirieren läßt – wie weiß man, ob diese auch stimmen? Der unerbittliche Prüfstein aller Gedankengebäude ist in der Physik stets die Erfahrung, die durch Messungen gewonnen wird, und alles, was dieser Prüfung nicht standhält, muß verworfen werden. So mancher Physiker, der eine ihm ans Herz gewachsene Idee nach der harten Konfrontation mit der Realität aufgeben mußte, wird die Protesthaltung des Philosophen Georg Wilhelm Friedrich Hegel nachvollziehen können, die in der folgenden Episode zum Ausdruck kommt: Als Hegel von der Entdeckung eines weiteren Planeten erfuhr, äußerte er, dies stünde im Widerspruch zur Theorie über die Planeten; und auf die Bemerkung, daß die Tatsachen aber gegen die Theorie sprächen, entgegnete er: »Umso schlimmer für die Tatsachen!«

Bei einem so heißen, flüchtigen und extrem reagiblen Medium, wie es ein Plasma darstellt, einem Medium, in welchem sich oft in winzigsten Bruchteilen einer Sekunde dramatische Veränderungen vollziehen, ist die Bestimmung und Verfolgung seines Zustands eine besonders heikle und schwierige Aufgabe. Wichtige Kenngrößen, die es zu bestimmen gilt, sind seine Zusammensetzung, die Temperatur und Dichte seiner verschiedenen Komponenten, Ströme, die in ihm fließen, elektrische und magnetische Felder, Strömungsgeschwindigkeiten und Geschwindigkeitsverteilungen von Teilchen, alles Größen, die räumlich und zeitlich variieren und die man in möglichst guter

256

Auflösung einzelnen Raum- und Zeitpunkten zuordnen möchte.

Eine Methode, die sich unmittelbar zu Meßzwecken anbietet, besteht darin, sich das Plasma »sehr genau anzusehen«, also die aus dem Plasma herauskommende elektromagnetische Strahlung zu analysieren. Diese erstreckt sich von sehr niedrigen Frequenzen, die durch Plasmainstabilitäten angeregt werden, über den sichtbaren Bereich bis hin zum Röntgenlicht der Bremsstrahlung. Dabei können auf einem stetigen Hintergrund variabler Intensität auch scharfe helle und dunkle Linien auftreten, die von der Emission bzw. Absorption von Linienstrahlung durch Atome oder Ionen im Plasma stammen und deren Intensitäten Rückschlüsse auf ihre Konzentrationen zulassen. Die Anfangsgründe der Analyse dieser Linienstrahlung gehen auf Kirchhoff und Bunsen zurück, die mit ihrer Entdeckung auch die Bedeutung der 1814 von Fraunhofer im Spektrum des Sonnenlichts gefundenen Fraunhofer-Linien entschlüsselt haben: Es handelt sich dabei um Absorptionslinien von Elementen in der Sonnenphotosphäre. Vermutlich wurden die beiden Wissenschaftler zu ihrer Entdeckung durch eine zufällige Beobachtung angeregt, denn folgende Geschichte wird überliefert: Als sie sich eines Abends in ihrem Labor aufhielten, brach in ein paar Kilometern Entfernung ein Feuer aus. Aus Neugier analysierten sie dessen Licht mit ihrem Spektroskop und fanden in seinem Spektrum die Linien einiger Elemente, die sie nachträglich als Bestandteile verbrannten Materials identifizieren konnten. Diese Erfahrung brachte sie auf die Idee, dasselbe über weit größere Distanz mit dem Licht der Sonne zu versuchen. Ihr Erfolg begründete die Spektralanalyse des Sonnen- und des Sternenlichts. Alle Erkenntnisse, die man bis heute über die Zusammensetzung und den Aufbau der Sterne gewonnen hat, stammen aus der Analyse von deren Licht, das sozusagen den Fingerabdruck aller in ihnen enthaltenen Elemente enthält. Selbstverständlich lassen sich mit dieser Methode auch Laborplasmen untersuchen.

Aber man kann auf diese Weise nicht nur die chemische Natur und Konzentration etwa im Plasma vorhandener

Atome und Ionen herausfinden – der in der Plasmastrahlung verborgene Informationsgehalt geht noch viel weiter. Wir alle kennen das Phänomen des *Doppler-Effekts*: Wenn ein hupendes Auto auf uns zufährt, ist sein Hupton höher (kurzwelliger), als wenn es sich von uns entfernt. Dieser Effekt wurde zum ersten Mal zu Beginn des neunzehnten Jahrhunderts von dem österreichischen Physiker C. Doppler analysiert. Etwas ganz ähnliches beobachtet man auch beim Licht. Das Licht einer monochromatischen (spektral einfarbigen) Lichtquelle erscheint einem Beobachter kurzwelliger – zum Blauen hin verschoben –, wenn sich diese auf ihn zubewegt, und langwelliger – nach rot verschoben –, wenn sie sich fortbewegt. Dieser *longitudinale* Doppler-Effekt, bei dem sich die Lichtquelle auf der Verbindungslinie zum Beobachter bewegt, kann dazu benutzt werden, um sehr genau die Geschwindigkeit der Lichtquelle zu messen. Auf Grund ihrer thermischen Geschwindigkeitsverteilung gibt es in einem Plasma sowohl Ionen und Atome, die sich auf den Beobachter zu-, als auch solche, die sich von ihm wegbewegen, und zwar mit kleinerer und größerer Geschwindigkeit. Dies führt dazu, daß alle Spektrallinien Verschiebungen zum Roten und zum Blauen hin, also eine gewisse Verbreiterung aufweisen. Diese läßt Rückschlüsse auf die Geschwindigkeitsverteilung und damit auf die Temperatur der untersuchten Teilchensorte zu.

Die Intensität und Frequenzverteilung der Bremsstrahlung aus dem Plasma hängt von der Dichte und Temperatur der Elektronen ab, so daß man durch deren Messung Informationen über wichtige Kenngrößen von Teilchen bekommt, die keine Linienstrahlung erzeugen. Die niederfrequenten Wellen, welche Plasmainstabilitäten hervorrufen, werden mit Hilfe kleiner Induktionssonden am Plasmarand gemessen und lassen Rückschlüsse auf Art und Intensität der Instabilitäten zu. Schließlich hinterlassen auch Magnetfelder ihre Spuren im Plasmalicht, indem sie z.B. die Elektronen zur Zyklotronstrahlung anregen, deren Polarisation sogar auf die Richtung des Magnetfelds schließen läßt (*Polarimetrie*), oder indem sie einzelne Spektrallinien von Atomen oder Ionen im *Zeemann-Effekt* in mehrere aufspalten – der holländische Physiker Pieter Zeemann erhielt für dessen Entdeckung 1902 den Physik-Nobelpreis. Hierdurch können im Plasma Magnetfelder und über diese indirekt auch elektrische Ströme mitsamt ihrer räumlichen Verteilung vermessen werden. Aber nicht nur Lichtstrahlen tragen verschlüsselte Botschaften aus dem Plasma heraus, sondern z. B. auch Neutralteilchen, die durch Umladungsstöße im Plasmainneren entstehen und dieses im Gegensatz zu den geladenen Teilchen, die im allgemeinen von Magnetfeldern festgehalten werden, ungehindert verlassen können. Die Messung ihrer Geschwindigkeit verschafft den Zugang zu Informationen über die Ionengeschwindigkeiten im Plasmainneren. Durch das – allerdings sehr schwierige – Vermessen von Feinheiten der Geschwindigkeitsverteilung von Fusionsneutronen läßt sich auf die Dichte und Temperatur der miteinander verschmelzenden Kerne rückschließen. Veränderungen der durch Plasmaströme hervorgerufenen Magnetfelder werden durch die Induktion von Strömen in kleinen Spulen gemessen, die in das Plasmagefäß integriert sind. Aus Messungen an vielen derartigen Spulen oder Drahtschleifen können die Stärke des Plasmastroms, die Position der Plasmasäule und Informationen über Lage und Struktur magnetischer Flächen abgeleitet werden.

Bei den bisher geschilderten Meßmethoden analysiert man vom Plasma selbst ausgesandte Signale, wobei keinerlei Beeinflussung des Plasmas stattfindet. Es gibt aber auch »aktive« Methoden, bei denen man ins Plasma Sonden einführt, Teilchen einschießt oder Wellen einstrahlt und die Veränderungen untersucht, die an diesen durch das Plasma hervorgerufen werden oder die sie selbst im Plasma bewirken. Eine besonders erfolgreiche Methode ruft die Erinnerung an eine polizeiliche Ermittlungsmethode wach, die Radarkontrolle von Automobilen: Wenn man intensives Laserlicht ins Plasma einstrahlt, wird dieses an den Elektronen gestreut, indem es selbige zu Schwingungen anregt und sie wie kleine Antennen Streulicht abstrahlen läßt – die sehr viel schwereren Ionen schwingen zwar auch, aber mit so kleiner Amplitude, daß das von ihnen erzeugte Streulicht für eine Messung zu schwach ist. Auf Grund der

259

Doppler-Verschiebung hängt die von einem Elektron wahrgenommene Laserlichtfrequenz von seiner Geschwindigkeit ab und beeinflußt damit auch die Frequenz des Streulichts. Dessen Frequenzverteilung spiegelt daher die Geschwindigkeitsverteilung der Elektronen und damit auch deren Temperatur wider. Diese Methode ist so genau, daß sich sogar der Einfluß eines Magnetfelds auf die Elektronenbahnen feststellen läßt und hierüber indirekt dessen Messung ermöglicht. Wichtig ist, daß das Plasma durch das Laserlicht nicht wesentlich verändert wird, so daß die gewonnenen Meßdaten einen Zustand widerspiegeln, wie er auch ohne die Bestrahlung vorhanden wäre. Dasselbe gilt auch für eine interferometrische Messung der Elektronendichte (*Interferometrie*). Bei dieser wird ein Mikrowellen- oder Infrarotlichtstrahl durchs Plasma hindurchgeschickt. Die Plasmaelektronen bewirken eine Verzögerung seiner Laufzeit gegenüber einem Referenzstrahl, der dieselbe Strecke außerhalb des Plasmas zurücklegt. Diese Verzögerung hängt von der Elektronendichte ab und kann sehr genau durch Interferenz (= Überlagerung) der beiden Strahlen am Ende ihres Wegs in einem Interferometer gemessen werden.

Genauere Einsichten in die Art, wie das Material der Plasmawand durch die Wechselwirkung mit dem Plasma beeinflußt wird, bekommt man, indem man saubere Probestückchen des Wandmaterials nur kurzfristig der Einwirkung des Plasmas aussetzt und ihre Oberfläche dann außerhalb des Plasmas analysiert.

Bei der Laserfusion stellt sich das Problem, Vorgänge zu verfolgen, die sich im Zeitraum von etwa 10^{-9} Sekunden abspielen. Hier wurden Kameras entwickelt, die in diesem kurzen Zeitraum mehrere Bilder aufzeichnen, die auf Grund einer geschickten Verzögerung nacheinander von den Teilstrahlen eines zerlegten $3 \cdot 10^{-12}$-Sekunden-Laserpulses erzeugt werden. Das Eigenlicht von Laserfusionsplasmen ist Röntgenlicht, das man in einer *Bildwandlerröhre* in Elektronenstrahlen überführt, die anschließend wie in einem Fernsehgerät Bilder auf einem Bildschirm erzeugen. Durch rasche seitliche Ablenkung der Elektronenstrahlen erhält man ein *Schmierbild*, das die schnellen zeitlichen Veränderungen in der Röntgenlichtquelle erkennen läßt.

Die hier angegebenen Meßverfahren bilden nur eine kleine Auswahl aus einer großen Vielfalt weiterer Methoden. Aus der Beschreibung einiger von ihnen geht hervor, daß sie nur indirekte Schlüsse auf die zu messenden Größen zulassen. So wird z. B. bei vielen Lichtmessungen nicht Licht einer bestimmten Plasmastelle, sondern vieler gleichzeitig aufgefangen. Bei diesem Beispiel geht man so vor, daß man mehrere Lichtstrahlen analysiert, die das Plasma auf verschiedenen Wegen durchqueren, und aus den so gewonnenen Informationen den Beitrag einer bestimmten Raumstelle rechnerisch extrahiert. Bei anderen Messungen wird man von direkt gemessenen Daten auf eine indirekt erfaßte Größe schließen. Diese Vorgehensweisen setzen natürlich schon wieder gewisse Vorstellungen oder Theorien über die Plasmaeigenschaften voraus, also gerade etwas von dem, was eigentlich durch Messung überprüft werden sollte. Hier ist ein praktikabler Weg die Kombination verschiedener, voneinander unabhängiger Meßmethoden. Wenn sie zum selben Ergebnis führen, kann man davon ausgehen, daß die zugrunde gelegten Vorstellungen richtig sind, und wenn sie es nicht tun, muß man die letzteren revidieren.

IV. Thermonukleare Plasmen

Die bisher vorgestellten Plasmaeinschlußkonzepte bilden nur eine kleine Auswahl von dem, was Erfindungsgeist in den Anfangsjahren der Fusionsforschung hervorgebracht hat. In allen spielen sämtliche Gesichtspunkte, die uns in den beiden letzten Teilen des Buches beschäftigt haben, eine Rolle. Die Entwicklung in Richtung Fusionsreaktor besteht bei jedem Konzept darin, diese Gesichtspunkte unter Anpassung an die jeweiligen Besonderheiten auszuarbeiten und den Einschluß des Plasmas derart zu optimieren, daß man für möglichst lange Zeit ein möglichst heißes und dichtes Plasma bekommt. Dies stellt eine äußerst aufwendige und mühsame Aufgabe dar, die für jeden Fall separat gelöst werden muß. Die dabei auftretenden Probleme sollen hier nur am Beispiel des besonders erfolgreichen Tokamakkonzepts, des Stellaratorkonzepts und des davon extrem verschiedenen Konzepts der Laserfusion vorgestellt werden.

21. Der Tokamak

Gleichgewicht

Die wesentlichen Prinzipien des Plasmaeinschlusses in einem Tokamak haben wir uns schon an Hand des Einzelteilchenbildes klargemacht. Abb. 21.1 zeigt noch einmal die wichtigsten Komponenten eines Tokamaks am Beispiel des Garchinger Experiments ASDEX. Der toroidale Tokamakstrom wird von einem toroidalen elektrischen Feld getrieben, das von der im Zentrum des Tokamaks befindlichen Primärspule eines Transformators nach dem in Abb. 8.4 a) gezeigten Induktionsprinzip erzeugt wird. Oft wird der magnetische Fluß der Primärspule des Transformators in einem *Eisenkern* gebündelt, der sich an den beiden Spulen-

262

enden in mächtige, das Plasma umschließende Eisenjoche aufspaltet und den Fluß an diesem vorbeiführt, z. B. so im JET (Farbtafeln 11 und 13) – ASDEX kommt ohne diese Eisenführung aus und besitzt einen *Lufttransformator* (Abb. 21.1). Das Plasma bildet die – einwindige – Sekundärspule dieses Transformators. Der Plasmastrom umgibt sich mit einem poloidalen Magnetfeld, das zusammen mit dem Strom Lorentz-Kräfte auf das Plasma ausübt. Diese sind den Druckkräften entgegen-, also auf das Plasmazentrum gerichtet und halten jenen das Gleichgewicht. In der Abbildung sind außerhalb des Entladungsgefäßes auch die Vertikalfeldspulen zu finden, deren Magnetfeld zusammen mit dem Plasmastrom dessen »Selbstkräfte« kompensiert und so die Ausweitung des Plasmarings unterbindet.

Die *Hauptfeldspulen* erzeugen das toroidale Magnetfeld. Da dieses parallel zum toroidalen Plasmastrom verläuft, bewirkt es in Verbindung mit diesem keine Kräfte auf das Plasma und ist daher für dessen Gleichgewicht nicht not-

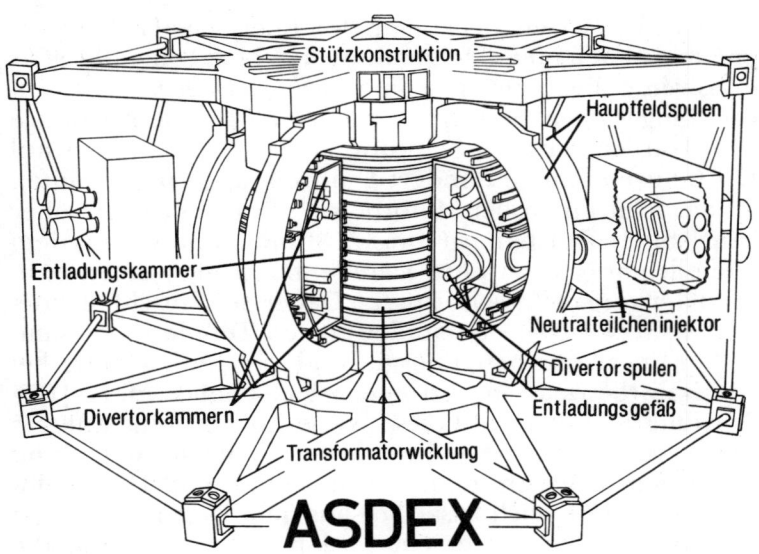

Abb. 21.1: *Prinzipieller Aufbau des Garchinger Tokamakexperiments ASDEX.*

wendig. Ohne das Hauptfeld bekäme man eine als *toroidaler z-Pinch* bezeichnete Plasmakonfiguration, die, wie wir sehen werden, instabil ist. Eine sehr wichtige Aufgabe des Hauptfelds besteht daher in der Stabilisierung des Plasmas. Dazu kommt die ebenso wichtige Rolle als Wärmeisolator, die ihm seine Fähigkeit zur Reduktion der senkrechten Wärmeleitfähigkeit vermittelt. Das Hauptfeld bezieht seinen Namen aus dem Umstand, daß es deutlich stärker als das vom Plasmastrom erzeugte *Poloidalfeld* sein muß. In ihm sind gewaltige Energien gespeichert, in JET z. B. etwa 1000 Kilowattstunden (= 3,6 Gigajoule). Die Hauptfeldspulen sind heute noch meist Kupferspulen. Trotz der sehr guten Leitfähigkeit von Kupfer sind die erforderlichen Ströme so hoch, daß die Spulen sehr heiß werden, wobei immense Wärmeverluste (*Ohmsche Verluste*) auftreten. Um die letzteren auszugleichen, müssen z. B. den Hauptfeldspulen des JET im Experimentierbetrieb bis zu 380 Megawatt Stromleistung zugeführt werden. Dies entspricht dem Energiebedarf einer mittleren Großstadt! Um das öffentliche Netz nicht derartigen Belastungsstößen auszusetzen, deckt man den Energiebedarf der Magnetfeldspulen oft auf folgende Weise: Man bringt die sehr massiven Schwungräder von *Schwungrad-Generatoren* – in Garching wiegen diese 225 Tonnen, und JET besitzt zwei je 775 Tonnen schwere Schwungräder – erst langsam auf Hochtouren (einige hundert Umdrehungen pro Minute), indem man ihnen bei Motorbetrieb des Generators über eine längere Zeitspanne (etwa 1/2 Stunde) Energie aus dem öffentlichen Netz zuführt. Dann entzieht man ihnen während der vergleichsweise kurzen Dauer des Einschlußexperiments (etwa 10–15 Sekunden) einen Teil der aufgesammelten mechanischen Energie und verwandelt diese bei Generatorbetrieb in Stromenergie. Jedes der JET-Schwungräder kann auf diese Weise 2,6 Gigajoule Energie speichern und davon während einer Tokamakentladung 75 Prozent abgeben; dennoch müssen die 32 Hauptfeldspulen des JET noch zusätzlich aus dem Netz mit Energie versorgt werden. In einem Fusionsreaktor würden die Ohmschen Verluste von Kupferspulen eine zu große Energieeinbuße hervorrufen. Daher müssen die Spulen eines

264

Fusionsreaktors supraleitend sein. ASDEX besitzt einen magnetischen Limiter und Divertorkammern. Die – toroidalen – Divertorspulen, die das Poloidalfeld nach außen lenken, sind in Abb. 21.1 eingezeichnet. Sie befinden sich bei ASDEX innerhalb des Vakuumgefäßes in den Divertorkammern.

Bis auf die Hauptfeldspulen werden die angeführten Komponenten des Tokamaks bei einer beliebigen Drehung um dessen Symmetrieachse mit sich selbst zur Deckung gebracht, sie sind *axialsymmetrisch* (= *rotationssymmetrisch*), und das gilt auch für die durch sie hervorgerufenen Felder. Dies würde auch auf das Hauptfeld zutreffen, wenn es von unendlich vielen unendlich dünnen und gleichmäßig verteilten Spulen erzeugt würde. Durch die in der Praxis vorhandenen Lücken zwischen den massiven Spulen kommt es zu Störungen der Rotationssymmetrie, die allerdings recht klein sind und für die meisten Zwecke vernachlässigt werden können.

Die – im wesentlichen bestehende – Rotationssymmetrie des Tokamaks bringt erhebliche Vorteile mit sich. Zum einen hat sie die Konsequenz, daß alle Hauptfeldspulen baugleich sind und alle toroidalen Spulen wie beispielsweise die Divertorspulen Kreisform besitzen. Zum anderen macht sie die Tokamakkonfiguration sehr übersichtlich und führt bei der Konstruktion sowie bei theoretischen Berechnungen zu ganz erheblichen Vereinfachungen: Bei allen Größen genügt es schon, wenn man sie auf nur einem Poloidalquerschnitt durch den Plasmatorus kennt; auf alle anderen Querschnitte lassen sie sich dann einfach durch Rotation um die Symmetrieachse übertragen.

Wegen der Rotationssymmetrie des Plasmas besitzt das Hauptfeld keinen direkten Einfluß auf die Gestalt der – natürlich ebenfalls rotationssymmetrischen – magnetischen Flächen. Seine Feldlinien verlaufen nämlich bei jeder Querschnittsform in diesen, und daher bestimmt allein das Poloidalfeld ihre Form. Dies eröffnet einfache Möglichkeiten, sie hinsichtlich der Stabilitätseigenschaften des Plasmas möglichst günstig zu gestalten. Zu diesem Zweck läßt man außer dem Plasmastrom noch weitere toroidale Ströme in *Formspulen* außerhalb des Plasmas fließen (einige

265

der in Abb. 21.1 gezeigten Spulen außerhalb des Entladungsgefäßes sind Formspulen). Man hat auf diese Weise Tokamakplasmen mit sehr unterschiedlichen Querschnittsformen der magnetischen Flächen erzeugt (siehe Abb. 21.2). ASDEX hat magnetische Flächen mit kreisähnlichen Querschnitten, JET mit D-förmigen. Der Vorteil der »elongierten« Querschnitte b) – e) besteht darin, daß sich mit ihnen höhere Beta-Werte bei dennoch stabilem Plasmaverhalten erreichen lassen. Besonders günstig ist es dabei, wenn der Plasmatorus möglichst »fett« ist, also, relativ gesehen, einen kleinen, aber dicken Ring bildet. In einem amerikanischen Experiment namens *Doublet* (San Diego, Kalifornien) waren ursprünglich Querschnitte der Form e) geplant, was jedoch nicht zufriedenstellend gelang: Das Plasma teilte sich im Inneren in zwei Plasmasäulen mit je einer eigenen magnetischen Achse auf, die sich erst außerhalb einer *Separatrix* zu einer einzigen Säule mit gemeinsamen magnetischen Flächen verbanden, d). Mittlerweile ist man in einem Nachfolgeexperiment DIII-D auf sehr elongierte Querschnitte der Form c) übergegangen, die 2,35-mal so hoch wie breit sind, und hat damit für das – über das Plasmavolumen gemittelte – Beta den Rekordwert von 11 Prozent erzielt. Von Elongationen oberhalb von 3 erwartet man sich keine wesentlichen Vorteile mehr, außerdem sind zu elongierte Plasmen für einen Fusionsreaktor auch nicht praktikabel. (Das gilt sogar schon für Elongation des DIII-D.) Im

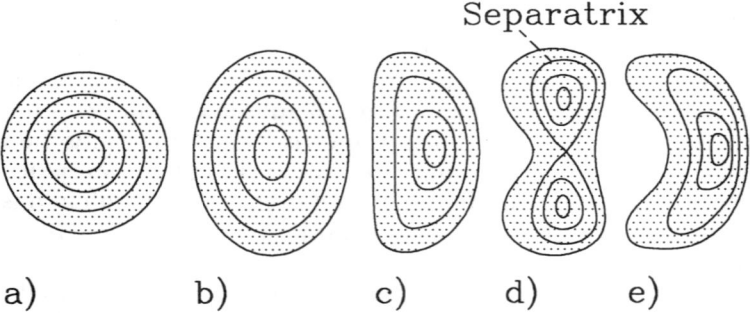

Abb. 21.2: *Querschnittsformen der magnetischen Flächen in Tokamaks: a) Kreisform, b) Ellipsenform, c) D-Form, d) Doublet, e) Bohnenform.*

JET mit seiner Plasmaelongation zwischen 1,4 und 1,8 wurden gemittelte Betawerte bis zu 5,5 Prozent erreicht, was für einen Fusionsreaktor schon ausreichend wäre. In den meisten heutigen Tokamaks ist der – diamagnetische – Poloidalstrom (vgl. Abb. 14.2) vernachlässigbar klein. Dies hat zur Folge, daß das Hauptfeld praktisch ein Vakuumfeld ist, das radial nach außen umgekehrt proportional zum Abstand von der Symmetrieachse abfällt, wie es auch das Feld eines längs der Symmetrieachse fließenden Stroms tun würde (vgl. Abb. 8.1 c)). Abb. 21.3 a) zeigt den radialen Abfall eines derartigen Hauptfelds zusammen mit dem Dichteprofil (Dichteverlauf vom Plasmazentrum bis zum Plasmarand) des Plasmas. Instabilitäten begrenzen den theoretischen Maximalwert des erreichbaren Plasma-Betas in derartigen Tokamaks auf relativ niedrige Werte (bis rund 10 Prozent), wobei *Aufblähinstabilitäten* eine entscheidende Rolle spielen. Hierbei handelt es sich um – uns schon bekannte – Rilleninstabilitäten, die das Tokamakplasma bevorzugt auf der Torusaußenseite, wo die Feldlinienkrümmung ungünstig ist, wulstartig ausbeulen. Diese

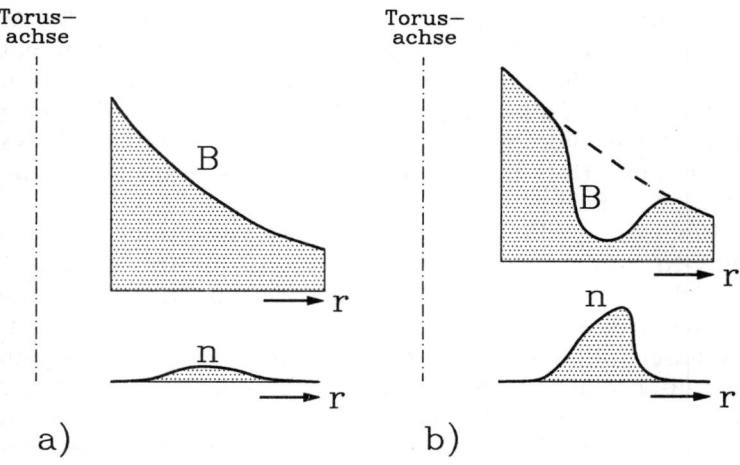

Abb. 21.3: *Radialer Abfall des Tokamak-Hauptfelds a) ohne diamagnetische Poloidalströme, b) mit starken Strömen dieser Art im Hoch-Beta-Tokamak. r = radialer Abstand von der Torusachse, n = Plasmateilchendichte, B = Stärke des (toroidalen) Hauptfelds (nach R. A. Gross).*

können sehr lokalisiert auftreten, was ihnen die Möglichkeit zu sehr geschickten Ausweichmanövern bietet und sie daher sehr schwer beeinflußbar macht. Theoretisch gibt es für sie in Tokamaks einen zweiten stabilen Bereich, der im Prinzip beliebig hohe Betawerte zuläßt, sofern es nur gelingt, andere und leichter beeinflußbare Instabilitäten, die immer noch auftreten können, durch äußere Maßnahmen zu unterdrücken. In diesem *zweiten Stabilitätsbereich* wird der Plasmadruck zum großen Teil durch Lorentz-Kräfte aufgefangen, die durch die Zusammenwirkung starker diamagnetischer Poloidalströme mit dem Hauptfeld zustandekommen. Das Hauptfeld wird durch diese Ströme sehr stark verändert und bekommt gegenüber dem radialen Verlauf eines Vakuumfeldes eine deutliche Mulde (Abb. 21.3 b)). Computerrechnungen zeigen, daß man ein derartiges Plasma bekommt, wenn man z. B. ein Niedrig-Beta-Plasma mit fast kreisförmigen Querschnitten der magnetischen Flächen so schnell aufheizt, daß diese im Plasma eingefroren bleiben. Dabei verformen sie sich und nehmen die D-Form der Abb. 21.2 c) an. (Im Gegensatz zum ersten Stabilitätsregime erweisen sich im zweiten »schlanke« Tori als die günstigeren.) In den USA wurde ein Tokamak PBX-M (**P**rinceton **B**eta **EX**periment) gebaut, der die Existenz des zweiten Stabilitätsregimes mit hohen Betawerten beweisen soll, was bisher allerdings noch nicht gelang. Man vermutet aber, daß er diesem ziemlich nahe kommt und daß sich das Plasma des DIII-D – zumindest teilweise – am Übergang dorthin befindet.

Ein prinzipieller Nachteil des hier vorgestellten Tokamak-Konzepts besteht darin, daß man zum Antrieb des toroidalen Plasmastroms den magnetischen Fluß durch die Primärspule des Induktionstransformators permanent entweder erhöhen oder erniedrigen muß. Wenn dieser seinen technisch machbaren Maximalwert erreicht hat, setzt der induktive Antrieb des Plasmastroms aus, der daraufhin recht schnell durch den Plasmawiderstand aufgezehrt wird. Man kommt zwar zu einer Verdoppelung der Stromflußzeit, wenn man den magnetischen Fluß nicht von null, sondern vom Negativen des Maximalwerts aus bis auf den positiven Maximalwert wachsen läßt. Und da der Plasmawiderstand mit zunehmender Plasmatemperatur immer kleiner wird, werden bei hohen Temperaturen zum Stromtrieb nur sehr schwache elektrische Felder benötigt. Im JET treibt z. B. in einem Deuteriumplasma bei einer mittleren Elektronentemperatur von 35 Millionen Grad eine Ringspannung von nur einem halben Volt einen Strom von 5 Megampere, und in einem Reaktor wird man für noch viel größere Ströme nur etwa $\frac{1}{10}$ Volt benötigen. Dennoch bricht der Strom nach Ausschöpfen des vollen *Transformator-Flußhubs* (= Anheben des Flusses auf seinen Maximalwert) ab, d. h. ein Tokamak mit induktivem Stromtrieb muß prinzipiell im *Pulsbetrieb* arbeiten. Bei dem internationalen Tokamakexperiment ITER rechnet man bei induktivem Stromtrieb immerhin mit einer Pulsdauer von etwa 15 Minuten – in einem Reaktor sollte sie allerdings aus Wirtschaftlichkeitsgründen etwa ein bis zwei Stunden betragen.

Stromtrieb durch Neutralteilchen oder Mikrowellen

Für einen Fusionsreaktor wäre ein Pulsbetrieb mit großen Nachteilen verbunden: Zum einen müßte das Plasma immer wieder von neuem aufgeheizt und »angezündet« werden, zum anderen würden die damit verbundenen Temperaturschwankungen eine große Belastung für das Plasmagefäß darstellen und dessen Haltbarkeit erheblich reduzieren. Daher hat man nach Auswegen gesucht, die auch im Tokamak einen Permanentbetrieb ermöglichen. Mehrere Methoden wurden hierfür entwickelt und erprobt.
    Eine besteht darin, bei der Neutralteilchenheizung den Teilchenstrahl so schräg ins Plasma einzuschießen, daß er eine große Geschwindigkeitskomponente in toroidaler Richtung erhält. Dies hat zur Folge, daß die eingeschossenen Teilchen nach der Ionisierung und ihrem Einfang durch das Magnetfeld den Torus umrunden. Leider wird der hierdurch erzeugte toroidale Ionenstrom zum großen Teil durch einen Strom von Elektronen kompensiert, die von den Ionen mitgenommen werden. Wir hatten bei der Neutralteilchenheizung sogar angenommen, daß sich die

269

durch sie hervorgerufenen Elektronen- und Ionenströme völlig kompensieren. Magnetische Spiegel, die es auch im Magnetfeld eines Tokamaks gibt (siehe unten), stellen für einen Teil der beschleunigten Elektronen jedoch ein Hindernis dar, das eine kleine Differenz der gegenläufigen Ströme übrigläßt. Zusätzlich führt eine Verunreinigung des Plasmahintergrunds mit mehrfach geladenen Ionen durch Verstärkung der Reibungskräfte auf den Kompensationsstrom der Elektronen zu einer Dominanz des Ionenstroms. Bei dem amerikanischen Tokamak DIII-D gelang es so, den Plasmastrom in relativ stark verunreinigten Plasmen der effektiven Kernladungszahl 4 bis 5 vollständig durch Neutralteilcheninjektion anzutreiben.

Noch größere Hoffnungen setzt man auf einen permanenten Stromtrieb durch untere hybride Wellen, die man durch möglichst flache Einstrahlung elektromagnetischer Wellen geeigneter Frequenz ins Plasma so anregt, daß sie beinahe parallel zu den magnetischen Feldlinien im Plasmatorus umlaufen. Es sei daran erinnert, daß es sich hierbei um Wellen handelt, die ein zur Ausbreitungsrichtung paralleles bzw. antiparalleles elektrisches Feld mit sich führen. Resonante Elektronen werden von der Welle eingefangen und mit ihr im Torus herumgeführt. Diese sehr schnellen Elektronen bilden einen toroidalen Strom, der mit der absorbierten Wellenenergie zunimmt. Im Princetoner Tokamak PLT (**P**rinceton **L**arge **T**orus) gelang auf diese Weise erstmalig ein vollständiger nichtinduktiver Stromtrieb während der ganzen Entladung einschließlich der Startphase. Da die Absorption der unteren hybriden Wellen in heißen Plasmen sehr stark ist, kommen diese in einem Fusionsreaktor womöglich nicht weit genug voran auf ihrem Weg zum Plasmazentrum. Die schwächer absorbierten Magnetschallwellen würden sich hier für den Stromtrieb besser eignen, nur hat man bisher noch keinen effizienten Weg gefunden, um sie anzuregen.

Die Hauptschwierigkeit des nichtinduktiven Stromtriebs besteht bei beiden angeführten Methoden darin, daß die Effizienz mit zunehmender Plasmadichte abnimmt: In beiden Fällen ist der Strom nämlich bei vorgegebener Antriebsleistung proportional zum Kehrwert der Elektronendichte. Eine um den Faktor 2 bis 3 über den üblichen Werten liegende Rekordeffizienz wurde in dem japanischen Tokamak JT-60 beim Antrieb eines Stroms von 2 Megampere mit unteren hybriden Wellen erzielt. Und in dem japanischen Tokamak TRIAM-1M, der sein Hauptfeld mit supraleitenden Spulen erzeugt, wurde auf diese Weise der Plasmastrom eine volle Stunde lang gehalten. Dennoch sieht die Situation im Hinblick auf den Fusionsreaktor nicht günstig aus: Abschätzungen haben ergeben, daß man in diesem für einen permanenten Stromtrieb mit den gegenwärtigen Methoden einen erheblichen und eventuell inakzeptablen Teil der gewonnenen elektrischen Energie – bis zu 20 Prozent werden genannt – abzweigen müßte. Daher ist man noch auf der Suche nach weniger kostspieligen Methoden.

Beim induktiven Stromtrieb wird ein großer Teil des verfügbaren Flußhubs schon in der Startphase für den Aufbau des mit dem Plasmastrom verknüpften Poloidalfelds aufgebraucht. Während dieser muß die Dichte des Plasmas noch nicht besonders hoch sein, so daß es sich anbietet, sie im Reaktor zum nichtinduktiven Stromtrieb bei noch relativ hoher Effizienz zu nutzen und dadurch den Flußhub für die Zeit zu sparen, wo der Strom schon seine volle Stärke erreicht hat und bei kleinem Plasmawiderstand zum Gehaltenwerden nur noch relativ wenig Fluß verbraucht.

Diffusion, Wärmeleitung und Resistivität im Tokamak

Wir hatten unsere Überlegungen zur Querdiffusion von Plasmateilchen in Magnetfeldern an dem einfachen Beispiel eines Plasmas in einem homogenen Magnetfeld angestellt. Im Tokamak ist das Magnetfeld sehr viel komplizierter strukturiert, und man muß davon ausgehen, daß das nicht ohne Einfluß auf die Diffusion des Plasmas bleibt. Leider stellt sich heraus, daß diese gegenüber der *klassischen Diffusion*, wie sie ein Plasma im homogenen Magnetfeld oder auch ein zu einem Zylinder geradegebogenes Tokamakplasma aufweisen, beträchtlich höher liegt.

Als erste haben 1962 D. Pfirsch und A. Schlüter theoretisch eine Zunahme der Diffusion in Tokamaks entdeckt. Die von ihnen gefundene Erhöhung beruht darauf, daß sich die Plasmateilchen bei ihrer Bewegung im Magnetfeld nicht nur um einen Gyrationskreisdurchmesser von einer magnetischen Fläche entfernen können, sondern auf Grund ihrer Driftbewegung um vieles weiter. Abb. 21.4 zeigt den poloidalen Anteil der Driftbewegung einiger Ionen und Elektronen. Wegen der Torusdrift, die mit etwa gleicher Geschwindigkeit z. B. die Ionen nach oben und die Elektronen nach unten führt, bewegen sich die Teilchen nicht auf magnetischen Flächen, sondern auf *Driftflächen*, die ähnlich wie magnetische Flächen aussehen und gegenüber diesen je nach Laufrichtung der Teilchen entweder zur Torusachse hin oder von dieser weg verschoben sind. Dabei benutzen Ionen und Elektronen in etwa dieselben Driftflächen, durchlaufen sie aber wegen der Gegenläufigkeit ihrer Drift poloidal in entgegengesetzten Richtungen. Wenn nun ein Teilchen durch einen Stoß aus seiner Bahn geworfen wird, ändert es nicht nur seinen Gyrationskreis, sondern auch seine Driftbahn. Daher ist für seine Stoßversetzung auf eine andere Driftfläche nicht der Gyrations-

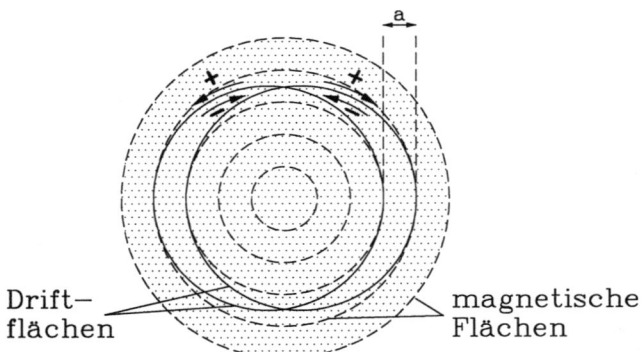

Drift— / magnetische
flächen \ Flächen

Abb. 21.4: *Poloidale Projektion der Driftbahnen (die Gyration ist nicht gezeigt) von Ionen und Elektronen im Falle magnetischer Flächen mit kreisförmigen Querschnitten. a ist der für die Stoßversetzungen von Teilchen maßgebliche Abstand.*

kreisdurchmesser, sondern der viel größere Maximalabstand von seiner Driftbahn berührter magnetischer Flächen (*a* in Abb. 21.4) maßgeblich. Größere Versetzungen der Teilchen bei den Stößen haben aber eine erhöhte Diffusionsgeschwindigkeit zur Folge. Quantitativ ist die daraus resultierende *Pfirsch-Schlüter-Diffusion* etwa zehnmal schneller als die klassische Diffusion. Aber wie jene wird sie mit abnehmender Stoßfrequenz schwächer und verschwindet in einem stoßfreien Plasma völlig (Abb. 21.6).

Bei niedrigen Stoßfrequenzen kommt es zu einer weiteren Erhöhung der Diffusion, die wir uns im folgenden klarmachen wollen. Das Hauptfeld des Tokamaks ist auf der Innenseite des Torus stärker als weiter außen (Abb. 21.3), und daher kommen sich die magnetischen Feldlinien innen näher als außen. Infolgedessen laufen die gyrierenden Plasmateilchen, die von den Feldlinien bei deren Windung um die magnetische Achse stets auch zur Innenseite geführt werden, dort in magnetische Spiegel hinein. Teilchen, deren Parallelgeschwindigkeit zu klein ist, werden an diesen reflektiert und auf der Torusaußenseite gefangen. Solche *gefangenen Teilchen* führen eine außerordentlich komplizierte Bewegung aus, deren in Abb. 21.5 a) gezeigte poloidale Projektion, die wieder durch die Torusdrift zustande kommt, wegen ihrer Form als *Bananenbahn* bezeichnet wird. Hinzu kommt noch eine toroidale Bewegung, die dazu führt, daß die Teilchen insgesamt näherungsweise den verschraubten Feldlinien folgen, wobei sie bei der Reflexion an den magnetischen Spiegeln auch ihre toroidale Bewegungsrichtung umkehren. Auf der Innenseite der Bananenbahn folgen sie Feldlinien, die näher an der magnetischen Achse liegen und stärker verschraubt sind als die weiter außen liegenden Feldlinien (siehe unten), denen sie auf der Außenseite der Bananenbahn bei umgedrehter Toroidalbewegungsrichtung folgen. Daher werden sie nicht zwischen zwei festen toroidalen Winkeln hin und her reflektiert, sondern zwischen Winkeln, die langsam in toroidaler Richtung wandern (Abb. 21.5 b)).

Der in Abb. 21.5 c) eingezeichnete Bananendurchmesser *d* ist in typischen Tokamaks etwa zehnmal so groß wie der Gyrationsradius. Er legt in etwa fest, wie weit gefangene

273

Teilchen durch einen Stoß poloidal aus ihrer Bahn geworfen werden, und ist noch größer als der für die Pfirsch-Schlüter-Diffusion maßgebliche Abstand (*a* in Abb. 21.4). Dies hat zur Folge, daß bei gleicher Stoßfrequenz gefangene Teilchen noch schneller aus dem Magnetfeld herausdiffundieren als freie, die das mit der Pfirsch-Schlüter-Diffusionsgeschwindigkeit tun. Der hierdurch hervorgerufene Verlust an gefangenen Teilchen wird dadurch ausgeglichen, daß immer wieder durch Stöße freie in gefangene Teilchen umgewandelt werden. Damit wird klar, daß die Diffusion in Tokamaks sogar noch höher als die Pfirsch-Schlüter-Diffusion sein muß. Allerdings gibt es hier eine Einschränkung: Wenn die Stoßfrequenz so hoch ist, daß ein gefangenes Teilchen während einer Bananenbahn sehr

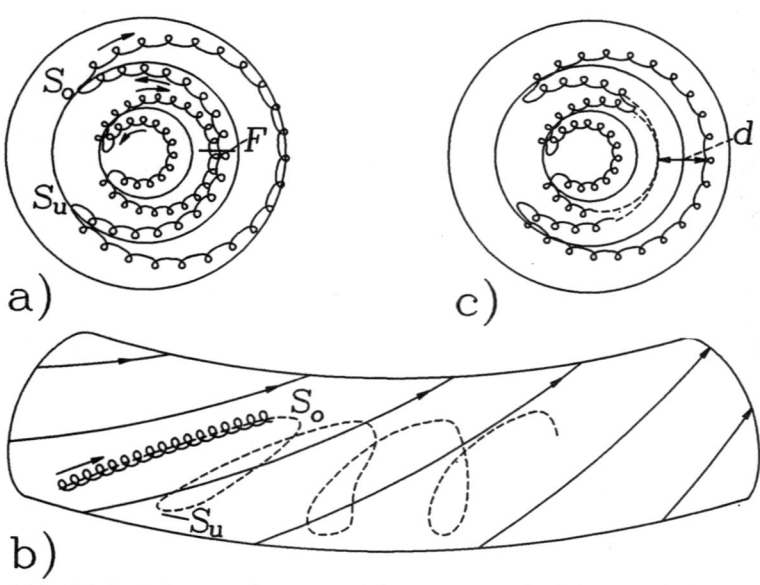

Abb. 21.5: *Bahnen gefangener Elektronen: a) poloidaler Anteil, die Bananenbahn (2 Bahnen sind gezeigt). Je weiter das Elektron nach innen (links) kommt, umso tiefer gerät es in einen Spiegel zusammenrückender Feldlinien, bis es bei S_o bzw. S_u reflektiert wird; b) Gesamtbewegung inklusive Toroidalanteil. c) Typische Stoßversetzung eines Elektrons.*

viele Stöße erleiden würde, wird diese gar nicht voll durchlaufen: Es gibt dann keine gefangenen Teilchen und keine noch weiter erhöhte Diffusion. Hierfür muß die Stoßfrequenz schon so niedrig sein, daß jedes potentiell gefangene Teilchen zwischen zwei Stößen im Mittel wenigstens eine halbe Bananenbahn durchläuft. Dies bedeutet, daß man bei hohen Stoßfrequenzen (niedrigen Temperaturen) die Pfirsch-Schlüter-Diffusion bekommt, während die schnellere *Bananendiffusion*, die 1968 von den beiden russischen Physikern A. A. Galeev und R. Z. Sagdeev gefunden wurde, auf niedrige Frequenzen bzw. hohe Temperaturen eingeschränkt ist. Aber auch letztere ist stoßbedingt und muß daher mit abnehmender Stoßfrequenz nach null gehen. Die ausgezogene Kurve in Abb. 21.6 zeigt, wie die Diffusionsgeschwindigkeit bei Berücksichtigung der Bananenbahnen gefangener Teilchen von der Stoßfrequenz abhängt. Man unterscheidet drei Bereiche: Das *Bananenregime*, in welchem die Diffusion von den Bananenbahnen dominiert wird, das *Pfirsch-Schlüter-Regime*, wo diese keine Rolle spielen, und das *Plateauregime*, das den allmählichen Übergang zwischen den beiden Diffusionsarten vermittelt. Der gesamte, durch die ausgezogene Kurve beschriebene diffusive Transport des Plasmas wird im Kontrast zum klassischen Transport als *neoklassisch* bezeichnet. Wie in einem homogenen Magnetfeld spielen dabei Elektronen-Ionen-Stöße die maßgebliche Rolle, weshalb er ambipolar ist, d. h. Ionen und Elektronen diffundieren gemeinsam mit derselben Geschwindigkeit.

Für die Wärmeleitfähigkeit, also den Transport von Wärmeenergie, gelten ganz ähnliche Betrachtungen: Auch hier gibt es in Tokamaks einen neoklassischen Transport, der viel schneller ist als der klassische in einem homogenen Magnetfeld oder in einem geraden, magnetisierten Plasmazylinder. Die Abhängigkeit der Wärmeleitfähigkeit von der Stoßfrequenz wird durch eine Kurve beschrieben, die der von Abb. 21.6 ganz ähnlich ist. Auch für dieses Ergebnis spielen die komplizierten Driftbahnen der Teilchen die entscheidende Rolle, weil sie den Energieaustausch zwischen weiter voneinander entfernten magnetischen Flächen ermöglichen. Im Unterschied zur Teilchendiffusion ist der Anteil der Ionen aber wegen ihres viel größeren Gyrationsradius wie bei der Wärmeleitung in einem homogenen Magnetfeld erheblich größer, in einem Deuteriumplasma z. B. etwa um den Faktor 60.

Unter der Einwirkung des elektrischen Feldes, das den Plasmastrom antreibt, können sich die gefangenen Elektronen nicht so unbehindert, wie ihre ungefangenen »Kollegen« längs der magnetischen Feldlinien fortbewegen, vielmehr werden sie immer wieder durch das Hineinlaufen in magnetische Spiegel zu Umkehrmanövern gezwungen. Die gefangenen Elektronen setzen dem Stromtrieb durch das elektrische Feld also einen erhöhten Widerstand entgegen, der allerdings an verschiedenen Stellen des Plasmaquerschnitts unterschiedlich ausfällt: Im Mittel liegt die hierdurch bewirkte *neoklassische Leitfähigkeit* des Plasmas etwa um den Faktor 7 unter dem klassischen Wert.

Der oben beschriebene neoklassische Transport von Energie und Teilchen stellt nur das unvermeidliche Minimum an Energie- und Teilchenverlusten dar, das prinzipiell nicht unterschritten werden kann; hätte man es allein

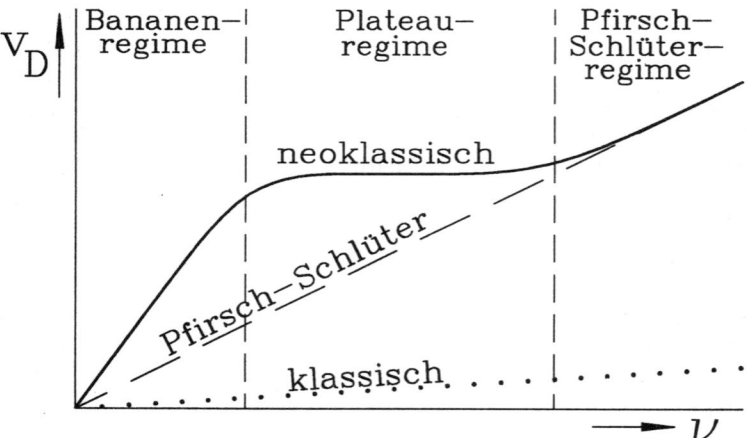

Abb. 21.6: *Neoklassischer Transport (ausgezogene Kurve), Pfirsch-Schlüter-Diffusion (gestrichelt) und klassische Diffusion (gepunktet) im Tokamak. Aufgetragen ist die Diffusionsgeschwindigkeit v_D über der Stoßfrequenz ν.*

276

mit ihm zu tun, so wäre das Ziel der Plasmazündung im Tokamak schon längst erreicht worden. Im Experiment findet man leider erheblich höhere Transportverluste. Am besten treffen noch die Voraussagen der neoklassischen Theorie auf die Ionenwärmeleitung zu, deren experimenteller Wert nur etwa um den Faktor 2 bis 3 über dem theoretischen Minimalwert liegt. Dagegen übersteigt die Wärmeleitfähigkeit der Elektronen den theoretischen Minimalwert bei Reaktortemperaturen um mehr als den Faktor 100, so daß die Elektronen mindestens im gleichen Maße wie die Ionen zu den Wärmeverlusten beitragen; und auch der Teilchentransport liegt weit über seinem neoklassischen Minimalwert. Schließlich kann auch der Plasmawiderstand nochmals höher als neoklassisch sein: Für Ströme, die senkrecht zum Magnetfeld fließen, findet man einen erhöhten *anomalen Widerstand*, während die Stromleitung parallel zum Magnetfeld sehr gut neoklassisch beschrieben wird.

Auch der gegenüber den neoklassischen Voraussagen erhöhte Transport von Energie und Teilchen wird als *anomal* bezeichnet. Zur Deutung dieser Anomalien werden unter anderem Erklärungen gegeben, wie wir sie im Zusammenhang mit der Bohm-Diffusion angedeutet haben: Mikroinstabilitäten, die turbulente elektrische Felder erzeugen, können im zeitlichen Mittel eine zum Plasmarand hinführende E-kreuz-B-Drift im Gefolge haben. Aber auch Instabilitäten, die das Plasma längs gestörter Magnetfeldlinien schneller zum Plasmarand gelangen lassen, werden als mögliche Ursachen genannt. Experimentell hat man tatsächlich eine Reihe verschiedener Mikroinstabilitäten gefunden, die in Frage kommen. Wegen der großen Fülle verschiedener Möglichkeiten, aber auch weil die Theorie turbulenter Instabilitäten zu einem der schwierigsten Kapitel der Physik zählt und trotz intensiver Bemühungen bis heute noch voll ungelöster Rätsel steckt, ist die Übereinstimmung zwischen theoretischen Vorhersagen und experimentellen Ergebnissen ziemlich schlecht; man kann sogar sagen, daß der anomale Transport noch nicht wirklich verstanden ist.

Diese Situation stellt natürlich für die Planung neuer Ex-

277

perimente und eines Fusionsreaktors eine erhebliche Schwierigkeit dar. Um dennoch zu einigermaßen zuverlässigen Voraussagen zu kommen, verläßt man sich weitgehend auf empirische *Skalierungsgesetze* (von lat. scalae = Treppe, Leiter), welche die experimentellen Erfahrungen aus möglichst großen Bereichen verschiedener Parameter wie Temperatur, Dichte oder Magnetfeldstärke zusammenfassen, sie gewissermaßen zu einer »Treppe« verbinden, und, wo möglich, theoretische Erwägungen mit einbeziehen. Diese Gesetze wendet man dann auf Bereiche an, in denen noch keine Erfahrungen vorliegen, in der Hoffnung, daß sie dort wenigstens näherungsweise gelten.

Obwohl Diffusion und Wärmeleitung lokale Prozesse sind, die im Plasma möglicherweise von Ort zu Ort verschieden sind, hat sich für sie eine globale Beschreibungsweise bewährt, die das mittlere Transportverhalten im ganzen Plasma zusammenfaßt. Für den Teilchentransport benutzt man in diesem Sinn die *Teilcheneinschlußzeit*: Diese gibt an, wie lange es dauert, bis aus dem Plasma gerade so viele Teilchen durch Diffusion verloren gehen, wie in ihm insgesamt momentan enthalten sind. Und ganz entsprechend mißt die *Energieeinschlußzeit*, wieviel an Zeit vergeht, bis das Plasma die seinem momentanen Wärmeinhalt entsprechende Wärmeenergie durch den teilchenvermittelten Wärmetransport verliert. Je länger diese Zeiten sind, desto besser der Einschluß und umso geringer die Transportverluste. Allerdings kommt diesen beiden Zeiten eine etwas unterschiedliche Bedeutung zu. Für das Zünden des Plasmas muß die Energieeinschlußzeit möglichst groß sein: je größer, umso besser. Demselben Zweck dient eine möglichst hohe Plasmadichte, die eine möglichst hohe Teilcheneinschlußzeit voraussetzt. Die letztere führt allerdings auch zu erhöhten Verunreinigungskonzentrationen, was über erhöhte Strahlungsverluste zu einer Verschlechterung des Energieeinschlusses führt. (In einem Fusionsreaktor kommen noch weitere Nachteile durch eine Ansammlung der »Verbrennungsasche« hinzu, auf die wir weiter unten kommen werden.) Daher muß man bei der Teilcheneinschlußzeit Kompromisse eingehen und einen Optimalwert suchen, der in Relation zur Energieeinschluß-

278

zeit, welche die Strahlungsverluste nicht berücksichtigt, weder zu niedrig noch zu hoch sein darf. Allerdings sind der Teilchen- und der Energieeinschluß sehr eng miteinander verkoppelt, so daß es äußerst schwierig ist, sie unabhängig voneinander zu beeinflussen. Im JET wurde als längste Energieeinschlußzeit 1,8 Sekunden erreicht, bei etwa fünfmal so langer Teilcheneinschlußzeit.

Die Anomalität des Energietransports äußert sich darin, daß sich der Energieeinschluß des Plasmas bei Temperaturerhöhung und der damit einhergehenden Verringerung der Teilchenstoßfrequenzen nicht, wie man an sich erwarten würde, verbessert, sondern im Gegenteil verschlechtert. Abb. 21.7 zeigt dieses Phänomen, das in allen Tokamaks ganz unabhängig von der zur Temperaturerhöhung angewandten Heizmethode festgestellt wird. Dabei ist die Energieeinschlußzeit über der zum Halten einer hö-

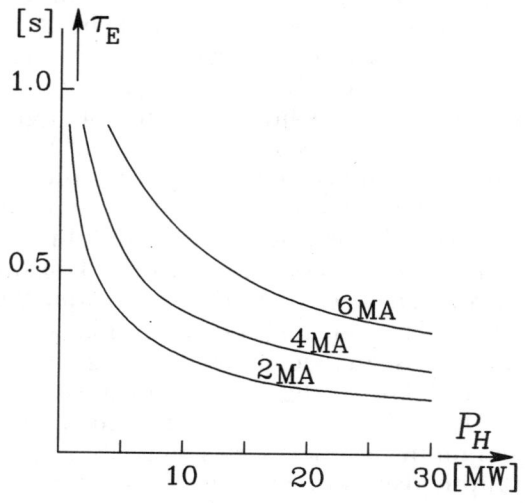

Abb. 21.7: *Energieeinschlußzeit τ_E in Abhängigkeit von der zum Halten einer erhöhten Temperatur benötigten Zusatzheizleistung P_H am Beispiel des JET. Gezeigt sind drei verschiedene Kurven für drei verschiedene Stromstärken. Bei jeder Stromstärke verringert sich die Einschlußzeit mit zunehmender Heizleistung P_H, während sie bei jeder Heizleistung mit zunehmender Stromstärke höher wird.*

279

heren Temperatur benötigten Zusatzheizleistung P_H statt über der entsprechenden Temperatur aufgetragen, weil letztere im Plasma variiert und sich ihr Mittelwert, der eigentlich die sinnvollere Bezugsgröße wäre, nur mit einiger Unsicherheit bestimmen läßt. Die Ursache für die Verschlechterung des Energieeinschlusses könnte darin bestehen, daß sich in heißeren Plasmen stärkere Fluktuationen der elektrischen Feldstärke mit der Folge schnellerer E-kreuz-B-Driften ausbilden können als in kühlen. Abb. 21.7 zeigt aber auch, daß sich die Energieeinschlußzeit mit zunehmender Stärke des toroidalen Plasmastroms erhöht. Hier hat man zwar einerseits den Effekt einer Erhöhung der Ohmschen Heizleistung, der aus den schon genannten Gründen eine Verschlechterung des Energieeinschlusses bewirken sollte. Da der Strom das Plasma bei hohen Temperaturen aber nur noch sehr schlecht heizt, ist dies ein kleinerer Effekt. Stärker wirkt sich dagegen aus, daß mit zunehmender Stärke des Stroms auch das von diesem erzeugte poloidale Magnetfeld wächst und die Wärmeisolation des Plasmas verbessert. Insgesamt resultiert daher eine Erhöhung der Energieeinschlußzeit.

Es ist unmittelbar einleuchtend, daß unabhängig von der Art der Transportmechanismen Teilchen und Wärmeenergie im Plasma umso länger bleiben, je weiter die Strecke ist, die bei ihrem Transport vom Plasmazentrum bis zum Plasmarand zu überwinden ist: Der Plasmaeinschluß verbessert sich mit der Dicke der Plasmasäule. Dieser Umstand weist zwar einen probaten Weg zur Verbesserung der Einschlußzeiten, birgt in sich aber auch ein Dilemma: Der Weg zu dickeren Plasmen ist zugleich auch der Weg zu immer aufwendigeren und kostspieligeren Experimenten. Mit zunehmender Dicke der Plasmasäule braucht man nämlich nicht nur ein immer größeres Plasmagefäß, sondern auch größere Hauptfeldspulen, einen größeren Transformator zum Treiben des Plasmastroms, leistungsstärkere Geräte für die Zusatzheizung usw. Ein Plasma, das magnetisch so gut eingeschlossen ist, daß in ihm das nukleare Feuer zündet, bekommt man erst bei einem Durchmesser der Plasmasäule, wie er beinahe in einem Fusionskraftwerk benötigt wird: Man hat errechnet, daß seine Abmessungen nur etwa um ein Drittel kleiner wären als die eines Reaktorplasmas in einem Kraftwerk mit 1 Gigawatt elektrischer Leistung. Es ist bei der Fusion also nicht möglich, kleine Modellreaktoren zu entwickeln, an denen sich Studien zum Herausfinden der optimalen Bedingungen für einen Fusionsreaktor treiben ließen; der erste Probereaktor wird schon fast die Größe eines ausgewachsenen Kraftwerksreaktors haben müssen. Es ist wohl dieser etwas ungewohnte Weg des »Alles oder Nichts«, der Außenstehenden bei der Akzeptanz der Fusionsforschung Probleme bereitet und oft dazu geführt hat, daß deren Schwierigkeiten negative Schlagzeilen machten, während ihre gewaltigen Fortschritte eher unbeachtet blieben.

Münchhausen-Strom

Im Bananen-Regime gibt es ein weiteres sehr interessantes Phänomen. Wir erkennen in Abb. 21.5 b), daß gefangene Elektronen allmählich in toroidaler Richtung um den Torus herumwandern. Zwar tun das auch gefangene Ionen, und das in der entgegengesetzten Richtung. Von diesen gibt es allerdings viel weniger, und sie sind zudem langsamer. Daher verbleibt im wesentlichen ein Toroidalstrom gefangener Elektronen, der aber extrem schwach ist, da er nur durch die sehr langsame toroidale Wanderung der Spiegelpunkte zustandekommt. Der Dichteabfall der gefangenen Elektronen vom Plasmazentrum bis zum Plasmarand läßt jedoch auf andere Weise einen viel stärkeren Toroidalstrom entstehen: Durch die kleine, in Abb. 21.5 a) eingezeichnete Fläche F fliegen mehr Elektronen aus den inneren Plasmaregionen höherer Dichte mit der Außenseite ihrer Bananenbahn hindurch, als das Elektronen aus den weniger dichten Außenregionen mit der Innenseite ihrer Bananenbahn tun. Nun ist die toroidale Flugrichtung aller gefangenen Elektronen auf der Außenseite ihrer Bananenbahn dieselbe und derjenigen auf ihrer Innenseite entgegengerichtet. Hierdurch kommt es zu einem dem Dichteabfall proportionalen diamagnetischen Strom (vgl. Abb. 14.2), für den die hohe thermische Geschwindigkeit

281

der Elektronen maßgeblich ist. Die freien Elektronen werden von dieser lokalen Toroidalströmung gefangener Elektronen auf Grund von stoßbedingten Reibungskräften mitgezogen, wobei sie allerdings, durch Stöße mit den Ionen etwas abgebremst, nicht ganz so schnell sind. Der hierdurch hervorgerufene Toroidalstrom freier Elektronen wird als *Bootstrap-Strom* (engl. bootstrap = Schnürsenkel) bezeichnet, weil er ohne äußeren Antrieb quasi von selbst entsteht, sich sozusagen wie Münchhausen selbst am Schopfe zieht. (Im englischen Sprachraum zieht man sich nicht am Schopf, sondern an den Schnürsenkeln aus dem Sumpf.) Trotz ihres diamagnetischen Stroms stellen die gefangenen Elektronen für den Stromtrieb ein – schon besprochenes – Hindernis dar. Ihr diamagnetischer Strom addiert sich daher nicht einfach zu dem getriebenen Strom, dieser wird durch sie vielmehr sogar reduziert. Ganz anders tritt bei den freien Teilchen der Antrieb durch die gefangenen Teilchen zu dem Feldantrieb hinzu, so daß ihr Strom vergrößert wird. Dies ist der Grund, warum der Name Bootstrap-Strom nur für sie reserviert wurde. Da die für den Bootstrap-Strom verantwortlichen Bananenbahnen gleichzeitig auch Diffusion bewirken, ist dieser mit der letzteren untrennbar verknüpft. Man könnte daher auch sagen, daß er durch die Diffusion des Plasmas angetrieben wird.

Der Bootstrap-Strom wurde erst kürzlich, lange nach seiner theoretischen Entdeckung, auch in Experimenten nachgewiesen – er tritt erst bei sehr hohen Temperaturen in merklicher Stärke auf. Vor kurzem konnten bei dem großen japanischen Tokamak JT-60 sogar Situationen herbeigeführt werden, in denen er bis zu 80 Prozent des Gesamtstroms ausmachte. Es besteht daher die Hoffnung, daß er in einem Fusionsreaktor einen wesentlichen Beitrag zum toroidalen Plasmastrom liefern wird. Ganz ohne Stromtrieb geht es jedoch nicht, denn die genauere Untersuchung zeigt, daß der Bootstrap-Strom auf der magnetischen Achse ganz verschwindet, während zur Existenz magnetischer Flächen auch dort ein Toroidalstrom fließen muß.

Ideale magnetohydrodynamische Instabilitäten

Würde man im Tokamak das (toroidale) Hauptfeld weglassen, so hätte man eine Konfiguration, wie wir sie von einem *toroidalen z-Pinch* kennen. Der einzige Unterschied zu diesem bestünde darin, daß die durch den Plasmastrom bewirkten magnetischen Kräfte den Druckkräften genau die Waage halten würden, während diese im Pinch dank eines stärkeren Stromes überwiegen und das Plasma zusammenquetschen. Beide Konfigurationen sind jedoch – aus beinahe denselben Gründen – instabil. Wir wollen uns das am Beispiel des hauptfeldfreien Tokamaks vor Augen führen: Wenn sich das Plasma z. B. an einer Stelle einschnürt und an einer anderen zum Ausgleich dafür aufbläht (Abb. 21.8 a)), wird das Gleichgewicht zwischen magnetischen und Druck-Kräften aufgehoben. Wo sich das Plasma einschnürt, wächst die Magnetfeldstärke an, da durch den Plasmaquerschnitt derselbe Strom wie vor der Einschnürung fließt und auf dem Rand eines verengten Querschnitts natürlich ein stärkeres Magnetfeld hervorruft. Dagegen bleibt der Plasmadruck am Plasmarand und in der Plasmamitte beinahe unverändert, weil er sich durch die benachbarte Aufblähung des Plasmas ausgleichen kann. Infolgedessen wird der Abfall des magnetischen Drucks vom Rand des Plasmas bis zum Zentrum stärker als der entgegengerichtete Abfall des Plasmadrucks vom Zentrum bis zum Rand; die nach innen gerichteten magnetischen Kräfte gewinnen die Oberhand und pressen das Plasma noch weiter zusammen. Ganz ähnlich überwiegen die vom Plasmadruck ausgeübten Kräfte an den aufgeblähten Stellen und weiten diese noch mehr aus. Zufällig vorhandene Einschnürungen und Ausbuchtungen der geschilderten Art haben also die Tendenz, sich von selbst weiter zu verstärken.[25] Weil das Plasma hierbei die Form einer Kette aneinandergereihter Würstchen annimmt, spricht man von einer *Würstcheninstabilität*.

---

[25] Beim Pinch sind die Überlegungen ganz ähnlich, nur müssen in die Betrachtung noch Trägheitskräfte mit einbezogen werden.

Ganz ähnlich ist das Plasma auch gegenüber seitlichem Einknicken (Abb. 21.8 b)) instabil. Auf der Innenseite der Einknickung (bei i) kommen die Feldlinien einander näher, das Magnetfeld und der magnetische Druck werden hier stärker, während die Feldlinien auf der Außenseite (bei a) auseinanderrücken und den magnetischen Druck abnehmen lassen. Hierdurch entstehen nach außen gerichtete Kräfte $\vec{K}$, die den Knick noch verstärken. Die hierdurch hervorgerufene Instabilität heißt *Knickinstabilität* (Plasmaphysiker sprechen von einer Kinkinstabilität, von engl. kink = Knick).

Um Würstchen- und Knickinstabilitäten zu unterdrükken, benötigt man im Tokamak das toroidale Hauptfeld. Bei den Einschnürungen und Aufweitungen der Würstcheninstabilität werden die im Plasma eingefrorenen magnetischen Feldlinien zusammengepreßt und verbogen. Sie reagieren hierauf mit magnetischen Druck- und Spannungskräften, die dem entgegenwirken. Bei der Knickinstabilität muß das Hauptfeld verbogen werden, wogegen es sich mit Zugspannungen wehrt. Es ist einleuchtend, daß das Hauptfeld eine gewisse Mindeststärke erreichen muß, bis sein stabilisierender Einfluß die destabilisierenden

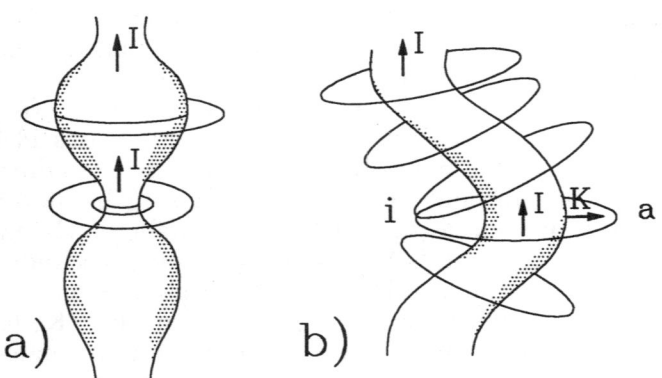

Abb. 21.8: *Instabilitäten in einem – der Übersichtlichkeit halber zum Zylinder geradegebogenen – Tokamak ohne Hauptfeld bzw. in einem z-Pinch: a) Würstcheninstabilität, b) Knickinstabilität.* I = *Plasmastrom,* $\vec{K}$ = *Kraft.*

Kräfte dominiert. Dabei stellt sich heraus, daß die Knickinstabilität die kritischere ist und die zur Stabilisierung benötigte Mindeststärke des Hauptfeldes festlegt.

Würstchen- und Knickinstabilitäten waren das Hauptproblem der frühen Pinchexperimente, deren Stabilität
später durch extern erzeugte Magnetfelder in Richtung
des Plasmastroms deutlich verbessert werden konnte. Deren magnetischer Druck stellt allerdings beim Zusammenpressen des Plasmas ein zusätzliches Hindernis dar,
das nur durch eine Erhöhung des Plasmastroms überwun-

a)

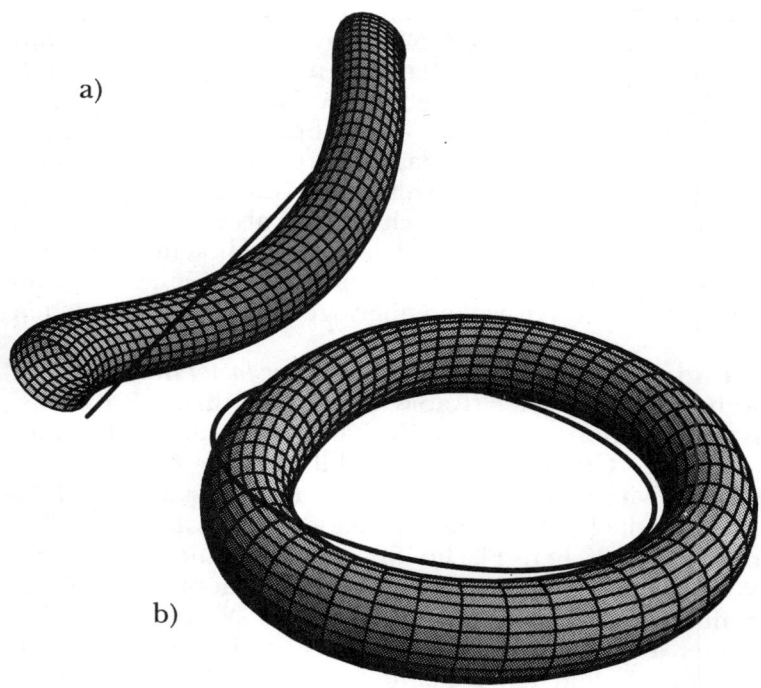

b)

Abb. 21.9: *Äußere Knickinstabilität des Tokamakplasmas. a) Schematische Darstellung: Das Plasma ist der Deutlichkeit halber auseinanderge-
schnitten und gerade gebogen. Es windet sich um die – als gerade Linie
gezeichnete – ursprüngliche Lage der magnetischen Achse. b) Weniger
deutliche Darstellung der eigentlichen toroidalen Situation. Gezeigt ist die
für die Kruskal-Schafranow-Grenze verantwortliche Instabilität.*

den werden kann. Wie wir gleich sehen werden, kommt es aber bei zu hohem Plasmastrom trotz des zur Stabilisierung eingesetzten Magnetfelds zu weiteren Instabilitäten. Der Tokamak hat gegenüber dem Pinch den Vorteil, daß das Plasmaeinschlußkonzept auch dann noch gut funktioniert, wenn man den Plasmastrom in Relation zum toroidalen Magnetfeld so niedrig wählt, daß derartige Instabilitäten vermieden werden.

Betrachten wir jetzt in einem richtigen Tokamak mit Hauptfeld das Schicksal einer zufällig zustandegekommenen schraubenförmigen Verknickung des Plasmas (Abb. 21.9). Wenn sich in dem Magnetfeld außerhalb des eigentlichen Plasmas – auch in ihm schwirren noch Teilchen eines sehr dünnen, relativ kühlen und nur teilweise ionisierten Plasmas herum – eine magnetische Fläche befindet, deren Feldlinien mit derselben Ganghöhe wie das Plasma verschraubt sind, kann sich das letztere zwischen diesen hindurchquetschen, ohne sie allzusehr verbiegen zu müssen. Auch diesen Vorgang bezeichnet man als Knickinstabilität, genauer *äußere Knickinstabilität*. Damit sich keine derartige Instabilität entwickeln kann, darf diese Möglichkeit also nicht bestehen. Wir wollen überlegen, wie das zu erreichen ist.

Dazu betrachten wir den als *Sicherheitsfaktor* bezeichneten Kehrwert der früher (Kapitel 15) eingeführten Rotationstransformation, also das Verhältnis aus toroidaler und poloidaler Umlaufzahl einer Feldlinie. Der Kürze halber werden wir ihn im folgenden mit dem Buchstaben q abkürzen. Wie die Rotationstransformation besitzt auch er auf jeder magnetischen Fläche für alle Feldlinien denselben Wert, der für geschlossene Feldlinien rational und für ergodische irrational ist. Wenn q z. B. den Wert $\frac{2}{3}$ besitzt, bedeutet dies, daß sich die Feldlinien nach zwei toroidalen und drei poloidalen Umläufen schließen. Nun ist es klar, daß sich der Plasmaschlauch schon nach einem einzigen toroidalen Umlauf schließen muß, wobei er sich in ein, zwei, drei oder auch mehr poloidalen Windungen schlängeln kann. Demnach kann das Plasma nur zwischen den Feldlinien solcher magnetischer Flächen hindurchschlüpfen, auf denen $q = 1$, $\frac{1}{2}$, $\frac{1}{3}$ usw. ist.

Überlegen wir uns jetzt, wie die Werte von q über die magnetischen Flächen des Plasmas und dessen Umgebung verteilt sind. Beim Tokamak ist der Strom im Zentrum der Plasmasäule am stärksten, weil dort wegen der hohen Temperaturen der spezifische Plasmawiderstand am geringsten ist. Nach außen hin nimmt er rasch ab (Abb. 21.10). Da der Plasmastrom aber die Ursache für die Verschraubung der Feldlinien ist, nimmt diese ebenfalls nach außen ab, ihr Kehrwert q also zu. Dies gilt auch im Magnetfeld der Außenregion, weil dort überhaupt kein Strom mehr fließt, so daß q dort noch größer als am Plasmarand wird. Wenn q nun schon am Plasmarand größer als 1 ist, kann es außerhalb des Plasmas keinen der gefährlichen Werte 1, ½, ⅓ usw. annehmen. Damit ist die zur Vermeidung von Knickinstabilitäten erforderliche Bedingung gefunden: *Der Sicherheitsfaktor q muß am Plasmarand oberhalb von 1 liegen.* Die Grenze $q = 1$ wurde 1954 von dem Mathematiker und Physiker M. Kruskal (USA) und unabhängig von dem Physiker V. D. Schafranow (UdSSR) entdeckt und wird als *Kruskal-Schafranow-Grenze* bezeichnet. (Qualitativ wurde ihre Existenz ohne Kenntnis hiervon im Jahre 1957, also vor Aufhebung der Geheimhaltung, auch von Biermann und Schlüter in deren Arbeit über das Tokamakprinzip angegeben. Abb. 21.9 zeigt die für sie maßgebliche Instabili-

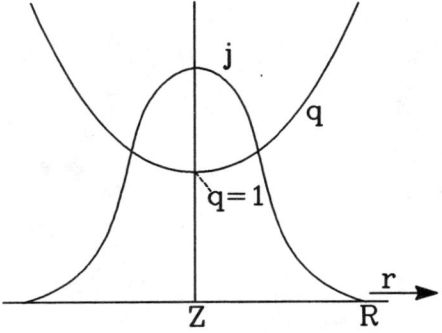

Abb. 21.10: *Stromverteilung* j *und Sicherheitsfaktor* q *im Tokamakplasma, aufgetragen über dem radialen Abstand* r *vom Plasmazentrum Z;* R = *Plasmarand.*

tät.) Für Einschlußexperimente hat sie folgende Bedeutung: Da der Sicherheitsfaktor als Kehrwert der Rotationstransformation bei vorgegebenem Plasmastrom bzw. Poloidalfeld zusammen mit der Hauptfeldstärke zunimmt oder fällt, darf diese einen von der Stromstärke abhängigen Mindestwert nicht unterschreiten. Qualitativ ergibt sich, daß das Hauptfeld deutlich stärker als das Poloidalfeld sein muß. Ist umgekehrt das Hauptfeld vorgegeben, so darf der Plasmastrom eine gewisse, von der Hauptfeldstärke abhängige und mit dieser anwachsende Maximalstärke nicht überschreiten.

Aber auch wenn die eben gefundene Stabilitätsbedingung erfüllt wird, ist das Plasma noch nicht gegenüber allen möglichen idealen magnetohydrodynamischen Instabilitäten stabil. Es kann sich nämlich auch noch ohne Einknickung verformen, wobei auf seiner Oberfläche sich verstärkende Ausbuchtungen hervortreten (Abb. 21.11). Auch hierbei muß wieder das externe Magnetfeld beiseite gedrückt werden, und das Plasma tut sich dabei besonders leicht, wenn sich in der Nähe seines Randes Feldlinien befinden, die sich nach zwei, drei oder mehr toroidalen Umläufen schließen. Ausbuchtungen, die den Feldlinien in der Ganghöhe der Verschraubung folgen, können sich dann nämlich zwischen diesen hindurchquetschen. Auch die im

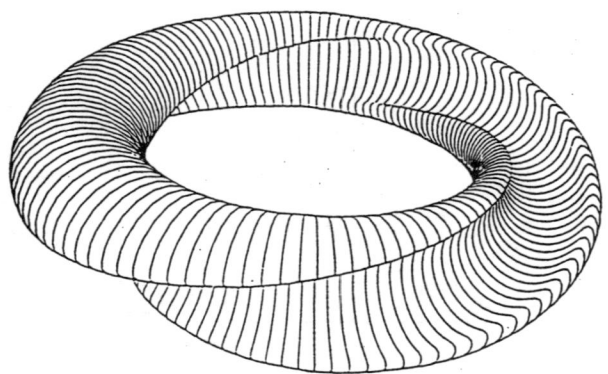

Abb. 21.11: *Beispiel einer äußeren Knickinstabilität mit Randausbuchtungen.*

Plasma eingefrorenen Feldlinien folgen in der Nähe des Plasmarandes in etwa diesen Ausbuchtungen, weil sich die Rotationstransformation beim Übergang vom Außenfeld zum Feld im Plasma nur relativ wenig ändert. Wenn die Feldlinien im Plasma allerdings sehr stark verschert sind, werden von den Ausbuchtungen auch solche mit deutlich anderer Ganghöhe der Verwindung erfaßt. Diese müssen dann bei der Ausbuchtung sehr stark verbogen werden, wogegen sie sich durch Spannungskräfte wehren. Starke Verscherung der Feldlinien im Plasma stellt also eine Möglichkeit dar, die jetzt betrachteten Instabilitäten zu verhindern. Das Verhältnis des q-Wertes am Plasmarand (q_R) zu dem im Plasmazentrum (q_Z) stellt ein Maß für die Verscherung der Feldlinien dar. Die genauere Untersuchung zeigt, daß dieses Verhältnis mindestens 2 betragen muß, um die Stabilisierung des Plasmas zu bewirken.

Unsere bisherigen Erkenntnisse sind in dem Stabilitätsdiagramm der Abb. 21.12 eingetragen. In dem vertikal schraffierten Gebiet ist das Plasma instabil, weil entweder die Verscherung der Feldlinien oder der Sicherheitsfaktor am Plasmarand zu klein ist.

Die zackenförmigen Einbuchtungen der horizontalen Stabilitätsgrenze werden dadurch hervorgerufen, daß Feldlinien des Außenbereichs, die sich nach mehreren toroidalen Umläufen schließen, dem Plasmarand sehr nahe kommen, was die Bildung von Ausbuchtungen erleichtert. Die Verscherung der Feldlinien im Plasma muß dann besonders groß werden, was bei Feldlinien, die sich nach zwei toroidalen Umläufen schließen ($q_R = 2$), besonders auffällig ist. Am rechten Rand unseres Stabilitätsdiagramms ist noch eingetragen, wie die Verscherung der Feldlinien mit der radialen Verteilung des Plasmastroms zusammenhängt. Wenn dieser überall mit gleicher Dichte fließt, gibt es überhaupt keine Verscherung, und je mehr er im Plasmazentrum konzentriert ist, umso stärker wird die Verscherung.

Für das Plasma ist es nicht nur gefährlich, wenn q in seiner Nähe 1 wird, sondern auch, wenn das auf einer in ihm liegenden magnetischen Fläche passiert. Die von dieser Fläche eingeschlossene Plasmasäule kann sich dann nämlich schraubenförmig so verbiegen, daß sie die Form der angrenzenden Feldlinien annimmt, mit dem Ziel, sich zwischen diesen durchzuquetschen. Das gelingt ihr zwar nicht, aber es kommt zu einer Plasmaströmung mit zwei Wirbelzellen (Abb. 21.13), welche die Plasmasäule gegen die Begrenzungsfläche drückt. Wohl stellt es sich heraus, daß das Wachstum dieser *internen Knickinstabilität* relativ bald gestoppt wird oder, wie man auch sagt, in *Sättigung* übergeht. Zudem wird es durch mikroskopische Effekte – z. B. bei hohen Temperaturen durch große Gyrationsradien der Teilchen – verlangsamt. Wir werden aber später sehen, daß diese Instabilität dennoch für den Plasmaeinschluß sehr negative Folgen haben kann.

Um sie zu unterdrücken, ist es erforderlich, aber auch ausreichend, daß der Sicherheitsfaktor im Plasmazentrum

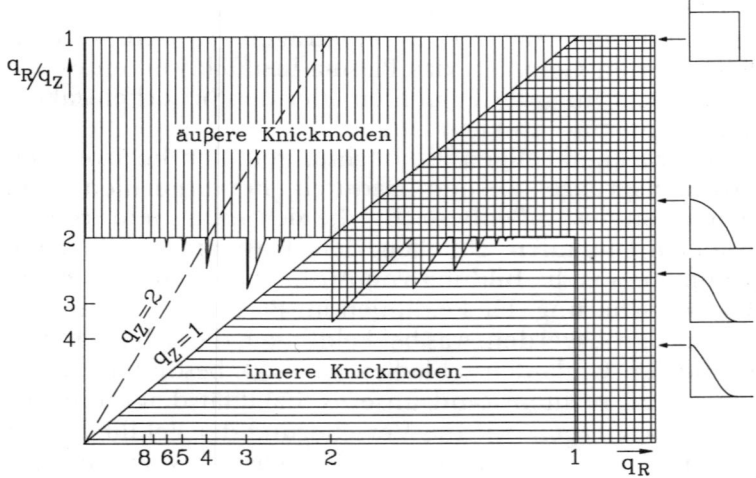

Abb. 21.12: *Stabilitätsdiagramm des Tokamaks (nach J. Wesson).* q_R = *Wert des Sicherheitsfaktors am Plasmarand,* q_Z = *Wert im Plasmazentrum,* q_R/q_Z = *Maß für die Verscherung. Angegeben sind die Bereiche von* q_R *und der Verscherung, in denen das Plasma stabil (unschraffiert) bzw. instabil (schraffiert) ist. An der rechten Seite sind die Stromprofile gezeigt, welche die durch die Pfeile markierten Werte der Verscherung hervorrufen. (Aufgetragen sind* $1/q_R$ *und* q_Z/q_R, *angegeben jedoch deren Kehrwerte.)*

über 1 liegt. Weil dieser dort am kleinsten ist (Abb. 21.10), kann er dann nämlich nirgends mehr den unerwünschten Wert 1 annehmen. Wenn er im Plasmazentrum gerade den Wert 1 besitzt, stimmt die Verscherung als Verhältnis seines Werts am Plasmarand und des Zentralwerts 1 mit dem ersteren überein. Dies führt auf die in Abb. 21.12 eingezeichnete Stabilitätsgrenze $q_Z = 1$.

Damit ist das Operationsgebiet für einen stabilen Tokamakbetrieb auf das weiß gelassene dreieckige Gebiet am linken Rand unseres Stabilitätsdiagramms eingeschränkt. Eigentlich müßten noch weitere interne Knickmoden mit in Betracht gezogen werden, die das Plasma innerhalb weiter außen gelegener magnetischer Flächen mit höheren rationalen q-Werten betreffen. Hier erweist sich jedoch, daß diese durch Verscherungswerte über 2 stabilisiert werden.

Es stellt sich noch die Frage, wie man es in der Praxis anstellt, das Plasma in das stabile Operationsgebiet zu bringen. Die Forderung, daß q im Plasmazentrum (q_Z) größer als 1 sein muß, ist leicht zu erfüllen. Bei gegebener zentraler Stromstärke ist q_Z nämlich proportional zur Hauptfeldstärke, und diese muß nur groß genug gewählt werden. Um ein möglichst hohes Plasmabeta zu bekommen – dieses wird bei zu starkem Hauptfeld schnell zu klein –, geht man allerdings so nahe wie möglich an die Grenze 1. Dann kommt es allerdings auf Grund anderer Instabilitäten zu lokalen Veränderungen des Plasmastroms, die q_Z unter 1 drücken und eine interne Knickinstabilität hochkommen

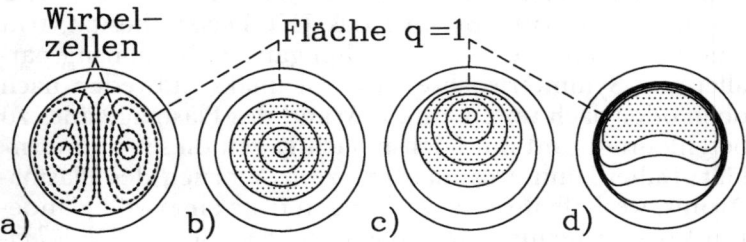

Abb. 21.13: *Querschnittsdarstellung der internen Knickinstabilität innerhalb einer Fläche* q = 1 *: a) dadurch hervorgerufene Strömung mit zwei Wirbelzellen, b)–d) drei zeitlich aufeinanderfolgende Bilder der durch diese hervorgerufenen Verschiebung der magnetischen Flächen.*

291

lassen; das führt zu Konsequenzen, die wir später kennenlernen werden. Neuerdings geht man allerdings auch manchmal mit q_z absichtlich unter 1.

Ganz anders steht es mit der Verscherung, für die es sozusagen keinen »Knopf« zum Drehen gibt, um sie geeignet einzustellen. In unserem Stabilitätsdiagramm ist angegeben, wie sie mit der Stromverteilung zusammenhängt. Nur die den Strom treibende Ringspannung kann hier von außen vorgegeben werden. Die Stromverteilung stellt sich dann über den – temperaturabhängigen – lokalen Plasmawiderstand von selbst ein, wobei das Temperaturprofil durch den Teilchentransport, den Energietransport, die Konzentration der Verunreinigungen und die Plasmastrahlung festgelegt wird. Dies sind Faktoren, die wegen ihrer großen Komplexität bestenfalls qualitativ verstanden und nur sehr schwer zu beeinflussen sind. Tatsächlich stellen sich im Experiment Stromprofile ein, die eine zur Stabilisierung der bisher betrachteten Instabilitäten ausreichende Verscherung hervorrufen.

Für andere Instabilitäten, die wir im folgenden besprechen werden, darf die Verscherung aber wiederum auch nicht zu groß sein. Hier stellt sich die schlechte Beeinflußbarkeit des Stromprofils als sehr nachteilig heraus. Mit Hilfe einer gezielt lokalisierten Plasmaheizung und Plasmanachfüllung durch Neutralteilcheninjektion ließe sich hier Abhilfe schaffen. Derartige Methoden befinden sich zur Zeit in der Entwicklung.

Bei stärker elongierten Plasmaquerschnitten (Abb. 21.2 b)–e)), wie sie zum Beispiel das JET-Plasma besitzt, tritt eine *Vertikalinstabilität* auf, die den ganzen Plasmaring parallel zur Symmetrieachse des Tokamaks entweder nach oben oder nach unten auf die Wand des Plasmagefäßes zu beschleunigt und ihn buchstäblich gegen diese »donnern« läßt. Dabei kommt es meistens zum Abbruch des Plasmastroms, weshalb ihre Auswirkungen trotz einer völlig anderen Vorgeschichte ganz ähnlich sind wie die der *Abbruchinstabilität*, die wir unten ausführlich besprechen werden. Wie bei dieser werden durch den Stromabbruch im Plasmagefäß und anderen Komponenten der Plasmaumgebung Ströme induziert, die im Zusammenwirken mit dem magnetischen Hauptfeld extreme Kräfte hervorrufen und zu gewaltigen Erschütterungen der ganzen Tokamakstruktur führen können. Außerdem wird womöglich ein erheblicher Teil der gesamten Plasmaenergie sehr schnell auf einen kleinen Teil der Plasmaumgebung abgeladen, wo sie durch übermäßige thermische Belastung große Schäden hervorrufen kann.

Die Vertikalinstabilität ist unausweichlich mit der Elongation des Plasmaquerschnitts verbunden, die andererseits zur Stabilisierung noch unangenehmerer Plasmainstabilitäten bei höheren Betawerten sehr erwünscht ist. Aus diesem Grunde wird sie denn auch in Kauf genommen, da sie selbst kein prinzipielles Problem darstellt: Sobald ihr Auftreten durch optische oder magnetische Sensoren festgestellt wurde, kann das Plasma durch eine aktiv gesteuerte oder passive (induktive) Nachregelung von Strömen in geeigneten Poloidalfeldspulen in seine ursprüngliche Lage zurückgezwungen werden. Diese Methode der Stabilisierung hat sich bisher recht gut bewährt, wenn auch in den gegenwärtigen Experimenten ein kleiner Prozentsatz aller Entladungen letztlich durch diese Art des Stromabbruchs beendet wird. In einem Reaktor mit seinem höheren Plasmastrom muß man mit noch heftigeren Auswirkungen der Vertikalinstabilität rechnen und sie deshalb unter allen Umständen vermeiden. Man rechnet damit, daß das mit Hilfe eines ausreichend starken – und entsprechend teuren – Kontrollsystems zur Plasmapositionierung zu bewerkstelligen sein wird.

Abreißinstabilitäten

Wir haben bei unseren allgemeinen Betrachtungen zur Stabilität des Plasmas (Kapitel 16) schon festgestellt, daß der Plasmawiderstand die Bewegungsmöglichkeiten des Plasmas erweitert, weil die magnetischen Feldlinien auf einer langsameren Zeitskala nicht mehr im Plasma eingefroren sind und sich z. B. kurzschließen (abreißen und zu kürzeren Feldlinien zusammenschließen) können. Im Tokamak treten in der Nachbarschaft geschlossener Feldlinien

Abreißinstabilitäten auf, und die Nachbarschaft von Feldlinien, die sich nach nur einem oder wenigen toroidalen und poloidalen Umläufen schließen, ist für diese besonders anfällig. Dort können sich benachbarte Feldlinien in der Weise miteinander verbinden, daß ihre ursprüngliche magnetische Fläche zerstört wird, während sich um eine oder mehrere geschlossene Feldlinien jeweils neue magnetische Flächen ausbilden, die diese als magnetische Achsen benutzen und als *magnetische Inseln* bezeichnet werden (Abb. 21.14). Die neuen magnetischen Flächen winden sich mit ihren magnetischen Achsen um die zentrale magnetische Achse des Plasmas, wie das in Abb. 21.14 b) gezeigt ist. Wenn der Sicherheitsfaktor einer ungestörten magnetischen Fläche z. B. wie in unserer Abbildung den Wert 2 besitzt, durchstößt jede ihrer Feldlinien einen gegebenen poloidalen Plasmaquerschnitt in zwei verschiedenen Punkten, bevor sie sich schließt. Dasselbe muß natürlich auch die zugehörige magnetische Insel tun, d. h. ihr nächster Durchstoß durch die Querschnittsfläche führt zwangsläufig zu einer zweiten Insel. Die Zahl der Inseln, die sich in der Nachbarschaft einer magnetischen Fläche mit $q = 2$ ausbilden können, ist daher 2, 4, 6 oder eine noch größere gerade Zahl. Weil bei der kleinskaligen Struktur einer Inselkette mit vielen Inseln verschiedene Stabilisierungseffekte zur Auswirkung kommen, bevorzugt die Abreißinstabilität die Kette mit der kleinsten Inselzahl, in dem zuletzt betrachteten Falle also gerade zwei.

Während die Verscherung der Feldlinien auf interne Knickinstabilitäten einen stabilisierenden Einfluß hat, bewirkt sie bei den Abreißmoden gerade das Gegenteil. Die Ursache hierfür kann man sich so vorstellen: Abreißinstabilitäten entstehen aus verscherungsstabilisierten Knickmoden dadurch, daß besonders stark gespannte Feldlinien auf Grund des Plasmawiderstands entweder »abreißen« oder sich durch das Plasma »hindurchschneiden«. Gerade die Ursache der Knickmodenstabilisierung ist also der Auslöser der Abreißinstabilität. Die nähere Untersuchung zeigt tatsächlich, daß Abreißinstabilitäten fast überall wie Knickmoden aussehen und sich von solchen nur in einer dünnen

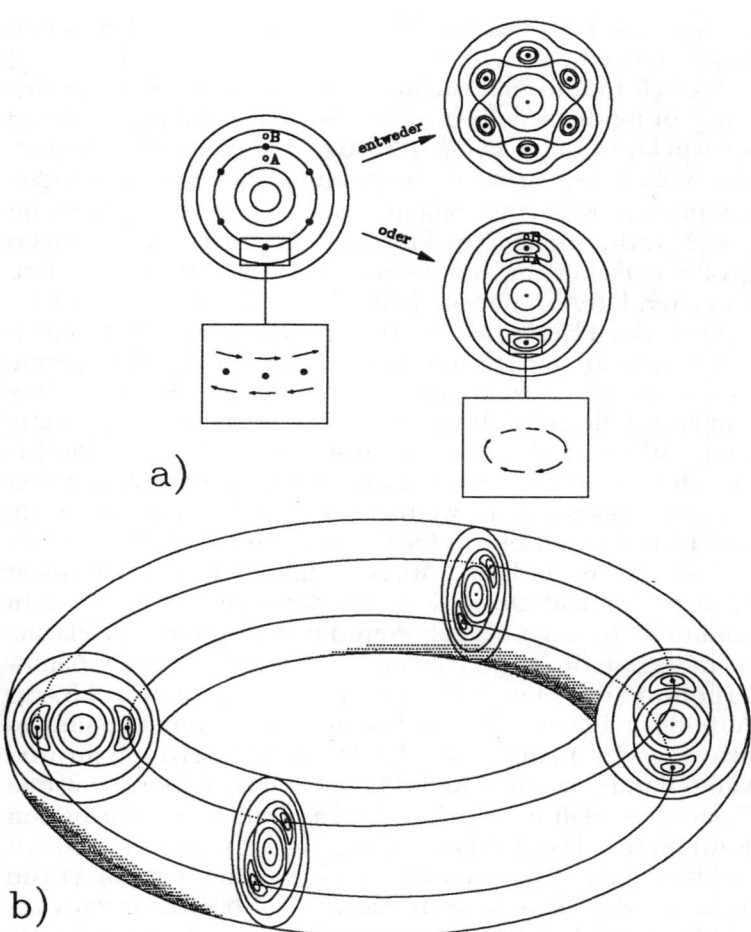

Abb. 21.14: *Inselbildung durch eine Abreißinstabilität: a) Querschnitt durch den Plasmatorus. Die links gezeigte Konfiguration ineinandergeschachtelter magnetischer Flächen geht entweder in die obere oder untere rechte Konfiguration mit Inseln über. In den vergrößerten Ausschnitten sind einzelne Feldlinienstücke gezeigt, die durch die Aufsicht stark verkürzt erscheinen. Man erkennt, daß einige Feldlinien nur schwach verändert werden müssen, um den Übergang von der ursprünglichen Struktur zur Inselstruktur zu bewirken. b) (Nach H. P. Furth:) Perspektivische Darstellung toroidaler magnetischer Flächen mit Inselstruktur (zwei Inseln). Man erkennt, daß sich die Inseln um die magnetische Achse winden.*

resistiven Schicht unterscheiden, in der sich die Feldlinien kurzschließen.

Da sich die Abreißinstabilität mit nur einer Insel in der Umgebung der Fläche $q = 1$ entwickelt, wird sie dann unterdrückt, wenn es keine derartige Fläche im Plasma gibt. Die Stabilitätsgrenze für sie stimmt daher mit derjenigen für interne Knickinstabilitäten überein. Während die mit $q = 2$ verbundene Knickinstabiltität durch hinreichend große Verscherung stabilisiert wird, passiert mit der entsprechenden Abreißinstabilität, die zwei Inseln in der Umgebung der Fläche $q = 2$ entstehen läßt, genau das Gegenteil. Um sie zu unterdrücken, müßte man daher verlangen, daß q im Plasmazentrum mindestens gleich 2 ist. Dies würde auf die gestrichelte Stabilitätsgrenze ($q_Z = 2$) in Abb. 21.12 führen und nur noch ein sehr kleines Operationsgebiet des Tokamaks übriglassen. Noch stärkere Einschränkungen ergäben sich, wenn man Abreißinstabilitäten mit mehr als zwei Inseln unterdrücken wollte.

Tatsächlich sind die Abreißinstabilitäten jedoch nicht allzu problematisch, weil sie nur langsam wachsen, recht bald in Sättigung übergehen und insbesondere das Plasma nicht gegen die Wand treiben. Die Einbußen, die mit einer Erhöhung des Hauptfelds verbunden wären, um z. B. die Abreißinstabilität mit zwei Inseln zu unterbinden, sind so gravierend – man müßte das Hauptfeld verdoppeln und käme damit zu einer Reduktion des Plasmabetas um den Faktor 4 –, daß man lieber die Instabilität des Plasmas in Kauf nimmt. Diese Inkaufnahme bringt natürlich ebenfalls Nachteile mit sich. Einer davon ist, daß der Transport von Teilchen und Wärme zum Plasmarand beschleunigt wird. Ein Blick auf Abb. 21.14 a) macht das sofort deutlich: In der ungestörten Magnetfeldkonfiguration (links) muß sich der Transport von dem inneren Punkt A zu dem weiter außen gelegenen Punkt B mühsam von einer zur nächsten magnetischen Fläche durchkämpfen. In der durch die Abreißinstabilität veränderten Konfiguration (rechts unten) kann dies viel schneller längs der neuen Feldlinien der Inselstruktur geschehen, die eine direkte magnetische Verbindung zwischen den Punkten A und B herstellen.

Magnetische Inseln in der Nähe des Plasmarandes machen sich auch außerhalb des Plasmas durch Störungen des poloidalen Magnetfelds bemerkbar, die mit Magnetfeldsonden nachgewiesen werden können. Dabei hat sich herausgestellt, daß diese Störungen rasch oszillieren – man spricht von *Mirnow-Oszillationen*, da sie erstmals von den russischen Physikern F. S. Mirnow und I. B. Semenow experimentell untersucht wurden –, was man auf eine Rotation der Inseln zurückführt. Quantitativ ist diese noch nicht ganz erfaßt. Qualitativ hat man die folgende Erklärung: Die beobachteten Oszillationen sind viel schneller als das Wachstum der Instabilität, so daß man für die Dauer einer Oszillation die Magnetfeldlinien als im Plasma eingefroren ansehen kann. Nun wird der Tokamakstrom, wie geschildert, von den Elektronen fast allein getragen, und die verschraubte Inselstruktur wird von Strömen generiert, die ebenfalls hauptsächlich Elektronenströme sind. Daher ist es naheliegend, daß sie ins Elektronengas »gefroren« ist. Bei Elektronenbewegungen längs der Magnetfeldlinien entsteht ein Strom, der parallel zum Magnetfeld ist und keine Kräfte auf das Plasma ausübt; durch ihn kann daher keine Instabilität entstehen. Diese kann nur von diamagnetischen Strömen senkrecht zum Magnetfeld angetrieben werden, die einer schraubenförmigen Poloidalströmung der Elektronenflüssigkeit gleichzusetzen sind. Aus der Stromstärke und der Elektronendichte berechnet sich für diese in Randnähe eines großen Tokamakplasmas eine Rotationsgeschwindigkeit von einigen zig Kilometern pro Sekunde. Mit dieser Rotationsgeschwindigkeit wird die Inselstruktur in der Sekunde einige tausend Mal an einer festen Stelle des ein paar Meter langen Poloidalumfangs vorbeigetragen. Dies führt in etwa zu Frequenzen, wie man sie bei den Poloidalfeldoszillationen auch tatsächlich mißt.

Sägezahnoszillationen

Ein Phänomen, das – zumindest in kleineren Tokamaks – eng mit der Ausbildung einer Abreißinstabilität verknüpft ist, sind *Sägezahnoszillationen*. Sie wurden erstmals 1974 in dem aus einem einstigen Stellarator hervorgegangenen

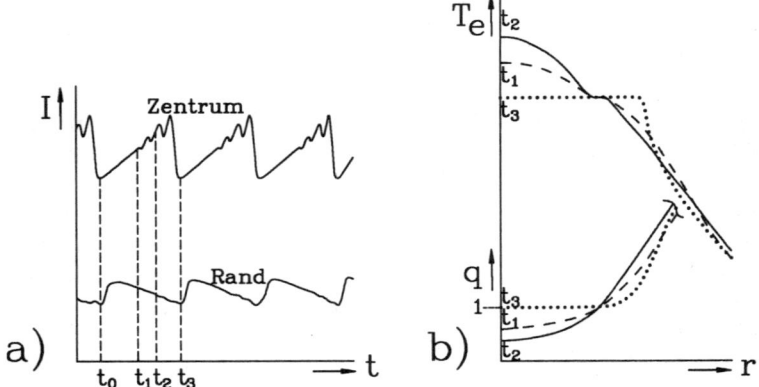

Abb. 21.15: *Sägezahnoszillationen: a) zeitliche Intensitätsschwankungen der Röntgenstrahlung aus dem Plasmazentrum (oben) und vom Plasmarand (unten), b) radiales Temperatur- (oben) und q-Profil (unten) zu drei verschiedenen Zeitpunkten t_1, t_2 und t_3, die auch in a) eingetragen sind (nach G. Bateman).*

Princetoner Tokamak ST beobachtet und machen sich auf folgende Weise bemerkbar: Aus dem Plasma von Tokamaks wird weiche Röntgenstrahlung emittiert, bei der es sich um Elektronenbremsstrahlung und Linienstrahlung von Verunreinigungsionen handelt; ihre Intensität ist zeitlichen Schwankungen unterworfen, deren Aufzeichnung (Abb. 21.15 a)) an die Zähne einer Säge erinnert. Im Plasmazentrum nimmt die Intensität abwechselnd erst relativ langsam zu, um dann ziemlich abrupt zurückzugehen, worauf das Spiel sich wiederholt. In weiter außen liegenden Regionen verhält es sich gerade umgekehrt: Auf eine langsame Abnahme der Intensität folgt eine rasche Zunahme. Diesen sägezahnförmigen Zeitverläufen sind rasche, kleine Oszillationen überlagert, was bei dem Licht, das aus dem Zentrum kommt, besonders ausgeprägt ist.

Für dieses merkwürdige Phänomen hat der sowjetische Physiker B. B. Kadomtsew folgende Erklärung vorgeschlagen: Infolge einer *thermischen Instabilität*, die durch die radiale Variation der Plasmaheizung hervorgerufen wird, spitzt sich das Temperaturprofil des Plasmas im Zentrum

298

der in Abb. 21.16 dargestellten Tokamakentladung allmählich relativ langsam zu. Wegen der damit verbundenen Zunahme der elektrischen Leitfähigkeit führt dies gleichfalls zu einer Zuspitzung des Stromprofils. Hierbei erhöht sich auch die Emission von Röntgenstrahlung aus dem Plasmazentrum, wogegen sie in den äußeren Schichten des Plasmas bei abfallender Temperatur zurückgeht (Abb. 21.15 b)). Die Stromstärke im Zentrum wird dabei lokal so hoch, daß der Sicherheitsfaktor unter 1 abfällt und eine magnetische Fläche $q = 1$ auftaucht (Abb. 21.16, Zeitpunkt t'_2). Nun folgt ein rascher Kollaps des zugespitzten Temperaturprofils, der durch die folgenden Vorgänge hervorgerufen wird: Innerhalb der Fläche $q = 1$ entwickelt sich eine interne Knickinstabilität, die das heiße Zentralplasma zur Seite schiebt. Gleichzeitig wird in der kühleren Nachbarschaft des Zentrums bei der Fläche $q = 1$ eine Abreißinstabilität mit einer sichelförmigen Insel angefacht (Abb. 21.16, Zeitpunkt t'_3). Die kühlere Insel weitet sich auf Kosten der

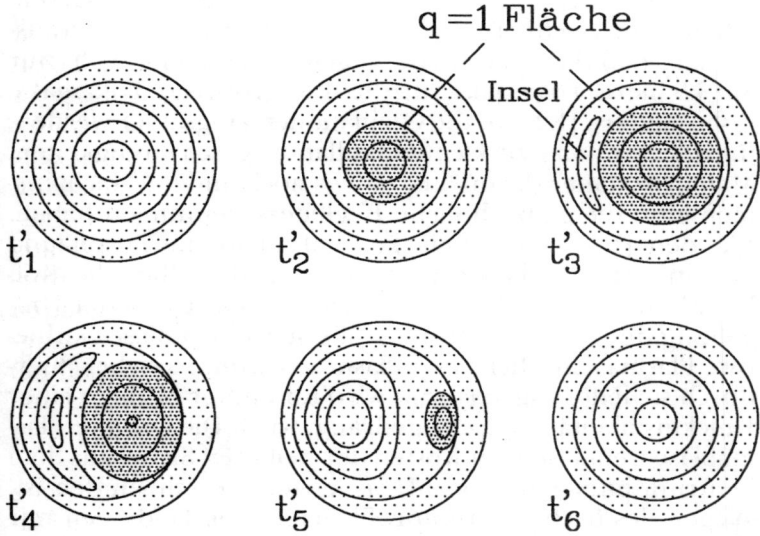

Abb. 21.16: *Zeitfolge der Vorgänge während einer Sägezahnoszillation (Darstellung im Plasmaquerschnitt nach J. Wesson).*

heißeren »Plasmablase« aus dem Zentrum auf (Abb. 21.16, Zeitpunkte t'_4 bis t'_5), wodurch diese zur Seite gedrängt und auf Grund einer resistiv bedingten Umgruppierung von Feldlinienverbindungen immer kleiner wird. Dabei gibt sie die in ihr gespeicherte Wärme über den Rand der Fläche $q = 1$ hinweg an das umgebende Plasma ab. Schließlich füllt die kühlere Insel den ganzen Innenbereich (Abb. 21.16, Zeitpunkt t'_6), was zu dem in Abb. 21.15 mit t_3 gekennzeichneten, im Zentrum flachen Temperaturprofil führt. Nach dieser raschen Kollapsphase geht der ganze Prozeß wieder von vorne los. Die schraubenförmige Rotation der Insel führt zu den kleinen Oszillationen, die der Sägezahnstruktur überlagert sind.

Ähnlich wie bei den Mirnow-Oszillationen ist die hier wiedergegebene einfache Deutung der Sägezahnoszillationen sehr grob und wurde mittlerweile wesentlich verfeinert. Auf der experimentellen Seite haben Untersuchungen am Institut für Plasmaphysik in Jülich (KFA) zu ihrem Verständnis wesentliche Beiträge geliefert, die 1989 mit dem Physikpreis der Deutschen Physikalischen Gesellschaft ausgezeichnet wurden. Inzwischen hat sich herausgestellt, daß die oben wiedergegebene Deutung wohl nur auf kleinere Tokamaks zutrifft. Bei größeren Tokamaks, insbesondere JET, wo die Oszillationen langsamer werden, führt sie auf viel zu kleine Oszillationsgeschwindigkeiten. Man geht daher davon aus, daß es noch andere Mechanismen gibt, die ganz ähnliche Begleiterscheinungen haben. Für den JET, in welchem keine dramatische Zuspitzung des Stromprofils beobachtet wird, wurden über die Kollapsphase folgende Vorstellungen entwickelt: Aus der Umgebung des Plasmazentrums wölbt sich eine »Blase« kühleren Plasmas in Richtung Plasmazentrum, welches hierdurch sichelförmig verformt wird und unter Mithilfe einer Knickinstabilität zur Seite gedrängt wird. Die kühlere Plasmablase weitet sich auf Kosten der heißeren Sichel aus dem Zentrum immer weiter auf, bis letztere verschwunden ist. Wegen des flachen Stromprofils haben die Feldlinien nur eine geringe Verscherung, so daß sich diese Vorgänge ohne die zeitaufwendige resistive Umverbindung von Feldlinien ziemlich rasch abspielen können.

Die mit den Sägezahnoszillationen einhergehenden Turbulenzen im Plasmazentrum führen nicht nur immer wieder zu dessen Abkühlung, sondern auch zu einer periodisch wiederkehrenden Erhöhung des Teilchenverlustes durch eine erheblich verstärkte anomale Diffusion. Wenn wir uns jetzt daran erinnern, daß das Plasmazentrum auch der bevorzugte Ort für die Ansammlung von Verunreinigungen hoher Kernladungszahl ist (Kapitel 19), erkennen wir, daß die Sägezahnoszillationen mit einem durchaus positiv zu bewertenden Reinigungseffekt verbunden sind.

Durch Wellenheizung des Plasmazentrums oder Stromtrieb mit unteren hybriden Wellen kann man eine Verlangsamung der Sägezahnoszillationen herbeiführen, die mit zunehmender Stärke dieser Maßnahmen dramatische Züge annimmt. Im JET erhielt man auf diese Weise »Monster-Sägezähne«, die bis zu fünf Sekunden anhielten und die Temperatur im Plasmazentrum um bis zu 40 Prozent ansteigen ließen. Offensichtlich werden während dieser langen Phase die zum Kollaps führenden Instabilitäten unterdrückt. Bei der qualitativen und zur Zeit noch als vorläufig angesehenen Deutung dieser unerwarteten Stabilisierung nimmt man an, daß durch die Wellen hoch beschleunigte Teilchen auf Bananenbahnen laufen und dem Plasma eine »Steifigkeit« verleihen, die es gegen die Instabilitäten der Sägezahnoszillation widerstandsfähig macht.

Beobachtet werden Sägezahnoszillationen in allen Tokamaks, und weil sie nur den Innenbereich des Plasmas betreffen, beurteilt man sie im allgemeinen als unproblematisch bzw. sogar als wünschenswert, weil sie Verunreinigungen entfernen können. Wir werden aber gleich erkennen, daß sie in Kooperation mit einer weiteren Abreißinstabilität mitunter auch den Plasmaeinschluß stark gefährden können.

Die Abbruchinstabilität

Wie wir erfahren haben, kann die Wechselwirkung an sich harmloser Instabilitäten in einem Prozeß gegenseitiger Aufschaukelung ein völlig verändertes Plasmaverhalten mit explosivem Wachstum auslösen. Man glaubt, daß ein derartiger Prozeß an der dramatischsten aller Tokamakinstabilitäten, der *Abbruchinstabilität*, beteiligt ist. Wie ihr Name zum Ausdruck bringt, führt diese dazu, daß der toroidale Plasmastrom und mit ihm die ganze Tokamakentladung innerhalb eines Sekundenbruchteils vollständig abbricht. Die Geschwindigkeit des Stromabbruchs hängt von den besonderen Umständen der jeweiligen Abbruchinstabilität ab und kann bis zu 100 Megampere pro Sekunde betragen, d. h. ein Strom von 1 Megampere kann in einer hundertstel und ein Strom von 5 Megampere in einer zwanzigstel Sekunde zusammenbrechen. Die Abbruchinstabilität wurde schon in den allerersten Tokamakexperimenten beobachtet und tritt dann auf, wenn entweder die Plasmadichte zu hoch oder der Plasmastrom zu stark wird. In beiden Fällen, die wir im folgenden getrennt behandeln werden, stellt sie für das Ziel der kontrollierten Kernfusion ein äußerst unangenehmes Hindernis dar: In einem Fusionsreaktor ist nämlich die Rate der Fusionsreaktionen proportional zu dem Quadrat der Plasmadichte, weshalb die letztere möglichst hoch sein sollte; und auch den Plasmastrom hätte man gern so stark wie möglich, da mit ihm bei gegebener Hauptfeldstärke die Energieeinschlußzeit, die Ohmsche Heizleistung und das Plasmabeta zunehmen.

Die durch zu hohe Dichte ausgelöste Abbruchinstabilität ist der komplexere Fall; er soll zuerst und etwas ausführlicher besprochen werden. Abb. 21.17 zeigt für die Zeit vor und während ihres Auftretens von oben nach unten die zeitliche Entwicklung des Tokamakstroms, von Schwankungen der magnetischen Poloidalfeldstärke, der Elektronentemperatur im Plasmazentrum und der den Plasmastrom treibenden Ringspannung. Vier qualitativ verschiedene Phasen lassen sich unterscheiden. In einer längeren *Vorlaufphase* weist der Temperaturverlauf im Plasmazentrum die regelmäßigen Sägezahnoszillationen auf, die wir zuletzt besprochen haben, und bekundet damit die Präsenz der entsprechenden Instabilitäten. Aus den Poloidalfeldoszillationen (Kurve b)) läßt sich außerdem auf die Anwesenheit einer Abreißinstabilität mit zwei Inseln schließen, die in der Nachbarschaft der Fläche $q = 2$ angesiedelt ist und in einigem Abstand ringförmig das Zentralgebiet mit den Sägezahnoszillationen umgibt. In der anschließenden *Anlaufphase* von etwa fünf bis zwanzig Millisekunden Dauer schaukelt sich die Amplitude der zweiinseligen Abreißinstabilität ganz plötzlich auf und koppelt sich gegen Ende dieses Prozesses in Frequenz und Phase an die Sägezahnoszillationen an. Das Ende der Anlaufphase wird durch einen Ausbruch ziemlich harter Röntgenstrahlung am Limiter oder der Wand des Plasmagefäßes signalisiert. Fast unmittelbar nach diesem Ausbruch (10 bis 30 Mikrosekunden, 1 Mikrosekunde = 10^{-6} Sekunden) sinkt die Elektronentemperatur im Plasmazentrum innerhalb einer sehr kurzen *Kollapsphase* von nur rund einer Millisekunde Dauer um bis zu 90 Prozent ihres Werts. Dabei kommt es zu einer starken Abflachung des Temperatur- und Stromprofils. Letztere ruft als Abschluß dieser Kollapsphase ruckartig einen vor-

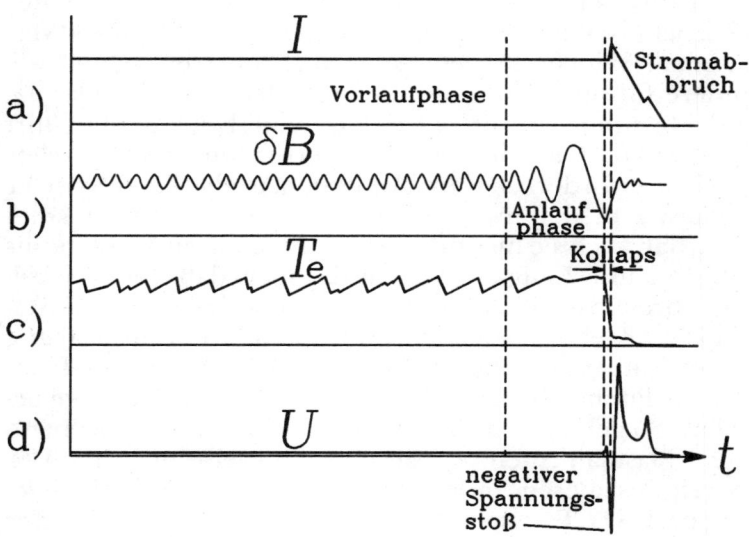

Abb. 21.17: *Dynamische Vorgänge vor und bei der Abbruchinstabilität. In Abhängigkeit von der Zeit t sind gezeigt: a) der Tokamakstrom I, b) Schwankungen δB der poloidalen Magnetfeldstärke, c) die Elektronentemperatur T$_e$ im Plasmazentrum und d) die toroidale Ringspannung U (nach J. Wesson).*

übergehenden Anstieg des Plasmastroms sowie einen *negativen Spannungsstoß* hervor, welcher der angelegten Ringspannung entgegengerichtet ist und diese dem Betrage nach um den Faktor 10 bis 100 übertrifft. Dies ist das charakteristische Signal für den eigentlichen *Stromein-* oder *-abbruch*, der unmittelbar darauf folgt. Manchmal erholt sich das Plasma von einem Stromeinbruch, und man spricht dann von einer *kleinen Disruption* (engl. disruption = Zerreißen, Auseinanderbersten). Bei einer *starken Disruption*, der viele kleine Disruptionen vorangehen können, aber nicht müssen, bricht der Plasmastrom dagegen völlig ab. Dabei können auf einen Schlag sehr große Plasma- und Energiemengen an die Wand des Entladungsgefäßes gelangen – 50 bis 80 Prozent der gesamten Wärmeenergie des Plasmas innerhalb der kurzen Zeit von 0,1 bis 1 Millisekunden bei einer Plasmagröße wie im JET –, um dort mitunter großen Schaden anzurichten.

Die physikalischen Vorgänge im Zusammenhang mit der Abbruchinstabilität sind bisher keineswegs in allem voll verstanden. Manche Prozesse spielen sich extrem schnell ab, andere führen zu so minutiösen Änderungen im Plasma, daß Messungen nicht mit der Genauigkeit durchgeführt werden können, wie das zur Überprüfung theoretischer Modelle erforderlich wäre. Außerdem ist die Theorie vieler Details, z. B. der involvierten Turbulenzen, derart komplex, daß auch sie nur zu einem rudimentären Verständnis führen kann. Einigkeit besteht darüber, daß die zweiinselige Abreißinstabilität an der Auslösung der Abbruchinstabilität maßgeblich beteiligt ist. Unter anderem zur Klärung dieses Tatbestands haben Physiker des Max-Planck-Instituts für Plasmaphysik in Garching wesentliche Beiträge geliefert. So gelang es ihnen, die Abbruchinstabilität bei niedrigen Plasmadichten, wo sie normalerweise nicht auftritt, extern auszulösen, indem sie mit Hilfe stromdurchflossener und das Torusgefäß schraubenförmig umwindender Drähte im Plasma künstlich zwei Inseln erzeugten.

Wenden wir uns jetzt der Deutung der Vorgänge vor und in der Vorlaufphase zu. Hier besteht die wesentliche Idee in der Annahme, daß eine Erhöhung der Elektronendichte (und damit der Gesamtdichte) das Plasma immer mehr Energie in Form von Strahlung abgeben läßt, bis diese Energieabgabe die Energiezufuhr durch Heizung übertrifft. Dies betrachtet man als auslösende Bedingung für eine langsame thermische Instabilität, die ähnlich wie bei den Sägezahnoszillationen zu einer Zuspitzung des Temperaturprofils führt. Man glaubt, daß das Überschreiten dieser Stabilitätsgrenze eine *Marfe* auslöst: Dabei handelt es sich um eine nach den amerikanischen Plasmaphysikern E. **Mar**mar und S. **Wo**lfe benannte Strahlungsinstabilität, die eine kühle Randzone des Plasmas auf der ganzen Torusinnenseite plötzlich besonders viel Strahlung emittieren und damit die Energieabgabe aus dem Plasma noch beschleunigen läßt. Die hierdurch bewirkte schnelle Auskühlung einer breiten Randschicht läßt den Temperaturabfall vom Plasmazentrum aus schon weiter innerhalb des Plasmas auf kürzerer Distanz erfolgen: daher die Zuspitzung des Temperaturprofils. Die damit einhergehende Zuspitzung des Stromprofils und Zunahme der Verscherung (vgl. Abb. 21.12) läßt das Plasma instabil gegen Abreißinstabilitäten werden, von denen insbesondere die mit zwei Inseln auftritt.

Je weiter sich das Stromprofil zuspitzt, desto weiter rücken die magnetischen Flächen nach außen, die inneren schneller als die äußeren, und umso instabiler werden Abreißinstabilitäten auf Grund der zunehmenden Verscherung. Dies führt dazu, daß einerseits die Flächen $q = 1$ und $q = 2$ einander näher rücken und andererseits die dort lokalisierten magnetischen Inseln der Sägezahnoszillationen bzw. der zweiinseligen Abreißinstabilität auch immer breiter werden. Hierdurch kommt es zu einer immer intensiveren Wechselwirkung zwischen den beiden Instabilitäten, die sich während der Vorlaufphase in Sättigung befunden haben. Schließlich wird eine Grenze überschritten, bei der sich diese gegenseitig anzufachen beginnen. Damit vollziehen sie den Übergang in die Anlaufphase der Abbruchinstabilität. Es kommt auch vor, daß keine Sägezahnoszillationen an dem Prozeß beteiligt sind. Dann spielen sich ganz ähnliche Vorgänge zwischen der Abreißinstabilität mit den zwei Inseln und einer weiter außen lokalisierten mit noch mehr Inseln ab.

In der *Theorie dynamischer Systeme* hat man herausgefunden, daß beim Zusammenrücken zweier Inselketten – in unserem Fall z. B. einer inneren Kette mit nur einer und einer äußeren mit zwei Inseln – *chaotische Feldlinien* entstehen. Dabei handelt es sich um Feldlinien, die nicht mehr an eine magnetische Fläche gebunden sind, sondern sich im ganzen Raum zwischen den Inselketten ausbreiten. Ihr Verlauf ist zwar lokal glatt und regelmäßig, auf größeren Distanzen aber stark erratisch. Durch den schnellen Paralleltransport längs solcher Feldlinien und außerdem oder auch überwiegend auf Grund von Turbulenzen, die durch die Wechselwirkung zweier Instabilitäten ebenfalls hervorgerufen werden können, gelangen plötzlich Teilchen sowie Wärme viel schneller nach außen, und das Magnetfeld des Plasmastroms wird turbulent durchmischt. Diese Vorgänge können erklären, warum in der jetzt erreichten Kollapsphase das Temperatur- und Stromprofil plötzlich so stark und schnell »in die Knie gezwungen« werden. Insbesondere gehen auf diese Weise auch die Einschlußeigenschaften des Magnetfelds gegenüber Ausreißerelektronen im Plasmazentrum verloren: Diese werden durch ihre Trägheit nach außen auf den Limiter oder die Wand getragen, dort plötzlich abgebremst und emittieren dabei Röntgenstrahlung.

Der durch die Abflachung des Stromprofils weniger konzentriert fließende Plasmastrom führt nicht mehr zu so hohen Poloidalfeldstärken wie zuvor. Da die im Poloidalfeld steckende Energie aber in der extrem kurzen Umverteilungszeit des Stroms nicht in Wärme umgewandelt werden kann, muß der Gesamtstrom aus Gründen der Energieerhaltung etwas zunehmen. Diese Zunahme des toroidalen Plasmastroms induziert nach dem Transformatorprinzip den negativen Spannungsstoß. (Hierzu sei angemerkt, daß eine kurze Verzögerung des Strom- und Spannungsstoßes gegenüber dem Temperaturkollaps im JET diese Deutung – jedenfalls für den JET – etwas in Frage stellt.)

Der durch den Temperaturkollaps hervorgerufene Wärmestrom auf die Gefäßwand und die geschilderten Turbulenzen lassen Verunreinigungen vom Plasmarand in das Plasma dringen, die zu erhöhter Strahlungskühlung führen. Hierdurch und durch den vorangegangenen Temperaturkollaps wird das Plasma dermaßen abgekühlt, daß sich sein elektrischer Widerstand auf das Hundert- bis Tausendfache erhöht, obwohl eine jetzt wesentlich höhere Ringspannung Ausreißerelektronen erzeugt, die dem Stromabbau sogar entgegenwirken. Es ist der stark erhöhte Widerstand, der rasch den Strom aufzehrt. Wenn die Ringspannung schnell genug ansteigt, kann sie den Strom wieder nach oben treiben, es gibt nur eine kleine Disruption. Wenn ihr das nicht gelingt, bricht der Strom völlig ab.

Bei der durch überhöhten Plasmastrom herbeigeführten Abbruchinstabilität, der wir uns jetzt zuwenden wollen, entfällt die Vorlaufphase mit der strahlungsbedingten Aufsteilung des Stromprofils. Wenn man den Plasmastrom erhöht, sinkt im Plasma der Sicherheitsfaktor. Sobald dessen Randwert q_R unter 2 abfällt, entwickeln sich starke Plasmainstabilitäten, die schließlich wieder die Temperatur im Plasmazentrum rapide kollabieren lassen. Alles weitere verläuft im wesentlichen wie bei zu hoher Dichte, nur daß der Strom stets voll zusammenbricht – kleinere Disruptionen unterbleiben.

Ein Blick auf unser Stabilitätsdiagramm in Abb. 21.12 läßt erkennen, daß der Tokamak das stabile Operationsgebiet verläßt, sobald q_R unter 2 absinkt. Insbesondere rückt aber mit zunehmendem Plasmastrom die Fläche $q = 2$ mit den Inseln der – in unserem Diagramm nicht berücksichtigten – zweiinseligen Abreißinstabilität, die auch hier wieder die zentrale Rolle spielt, gegen den Plasmarand. Damit kommt sie in ein Gebiet, wo das Stromprofil besonders steil und dementsprechend die Verscherung der Feldlinien besonders groß und für Abreißinstabilitäten destabilisierend ist. Außerdem breiten sich die Sägezahnoszillationen weiter zum Rand hin aus. Schließlich werden durch die Instabilitäten hervorgerufene turbulente Aktivitäten in der Nähe des Plasmarands auch in besonderem Maße für Plasmaverunreinigungen sorgen. Damit sind ähnlich wie bei der durch zu hohe Dichte ausgelösten Abbruchinstabilität alle Bedingungen gegeben, die zum Temperaturkollaps und in der Folge zum Stromabbruch führen.

Wir haben früher schon erfahren, daß auch die Vertikalinstabilität trotz einer gänzlich anderen Vorgeschichte letztlich den Strom zusammenbrechen läßt. Warum das so ist, läßt sich jetzt recht leicht einsehen: Wenn das Plasma durch die Vertikalinstabilität gegen die Wand des Plasmagefäßes gedrückt wird, wirkt diese wie ein Limiter und »schneidet« nacheinander durch Auskühlung die äußeren Plasmazonen ab, bis die vorher im Inneren gelegene Fläche $q = 2$ die Plasmagrenze bildet. Dann haben wir dieselbe Situation wie bei der durch zu hohen Strom herbeigeführten Abbruchinstabilität, und dieselben Vorgänge wie bei dieser führen zum Stromabbruch.

Abb. 21.18 zeigt die Einschränkungen, welche die Abbruchinstabilität dem Betrieb von Tokamaks hinsichtlich der Plasmadichte (genauer: ihrem Mittelwert) und des Sicherheitsfaktors auferlegt. »Oberhalb« der Grenze $q_R = 2$ und rechts der Dichtegrenze treten immer Abbruchinstabilitäten auf. Da diese allerdings auch manchmal unterhalb bzw. links davon beobachtet werden, sind diese Grenzen nicht besonders scharf. Hierbei spielen offensichtlich noch andere Parameter wie z. B. die Konzentration von Verunreinigungen eine Rolle. Es hat sich gezeigt, daß die Dichtegrenze zu etwas höheren Dichtewerten verschoben wird, wenn das Plasma zusätzlich mit Wellen oder durch Neutralteilcheninjektion geheizt wird. Dieselbe Wirkung hat es, wenn man die Dichte des Plasmas von innen her erhöht, indem man gefrorene Deuteriumkügelchen – *Pellets* – ins Plasma schießt. (Diese verdampfen und lösen sich im Plasma auf, ähnlich wie das Kometen im Licht der Sonne tun.) Die letzte Beobachtung weist darauf hin, daß für die Dichtegrenze die Randdichte wohl die maßgebliche Rolle spielt.

Wir haben schon bei der Vertikalinstabilität von den unangenehmen Begleiterscheinungen des Plasmastromabbruchs erfahren: Er kann durch Induktion von Strömen im Vakuumgefäß zu Kräften auf dieses führen, die z. B. im JET einem Druck von über 10 Tonnen pro Quadratmeter entsprechen. Dies ist schon schlimm genug, wenn auch gerade noch tolerabel. In noch größeren Tokamaks und einem Fusionsreaktor können die Auswirkungen eines Stromabbruchs aber so katastrophal werden, daß man ihn unbedingt vermeiden muß, möglicherweise durch aktive Maßnahmen zur Stabilisierung ihn auslösender Instabilitäten.

Verbesserter Plasmaeinschluß

Mit der früher geschilderten Degradation des Energieeinschlusses bei zunehmender Heizleistung (Abb. 21.7) wurde man erstmalig konfrontiert, als man um 1980 damit begann, die Stromheizung des Plasmas durch Neutralteilchenheizung zu ergänzen. Im Jahre 1982 lieferte dann das

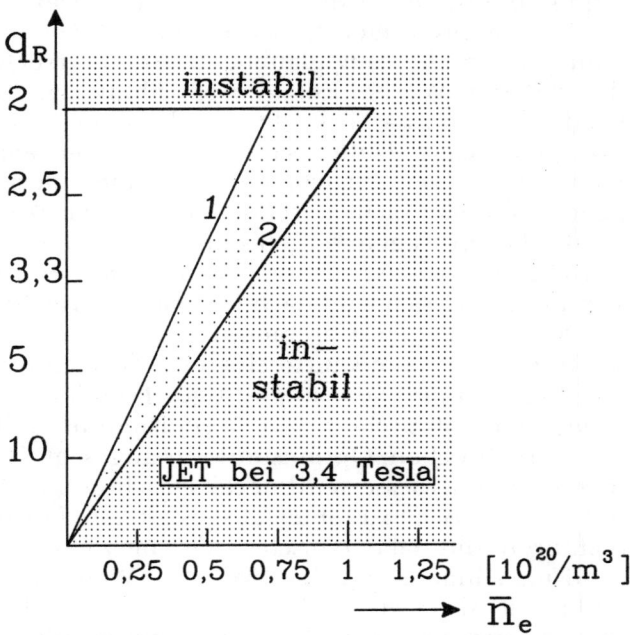

Abb. 21.18: *Durch die Abbruchinstabilität gesetzte Grenzen für die mittlere Elektronendichte $\bar{n}_e$ und den Randwert q_R des Sicherheitsfaktors in Tokamaks. Auf der Ordinate ist die Plasmadichte, auf der Abszisse der Kehrwert des Sicherheitsfaktors q_R am Plasmarand aufgetragen (angegeben sind allerdings die Werte von q_R). Die Dichtegrenze 1 wird ohne Zusatzheizung erhalten, d.h. ohne die letztere ist das Plasma schon rechts der Grenze 1 instabil. Die Grenze 2 bekommt man mit Zusatzheizung. (Daten nach JET bei einem Magnetfeld B von 3,4 Tesla.)*

Garchinger Tokamakexperiment ASDEX eines Tages sehr merkwürdige Ergebnisse: Das Plasma zeigte in seinen Randzonen bis dahin unbekannte Fluktuationen, die zunächst als Auswirkungen überdimensionierter Sägezahnoszillationen gedeutet wurden. Sie ließen die Befürchtung aufkommen, daß sich der Plasmaeinschluß aus irgendeinem mysteriösen Grund plötzlich verschlechtert habe. Dies spielte sich kurz vor einem Wochenende ab, und die beteiligten Physiker waren durch ihre letzten Messungen so beunruhigt, daß sie diese noch während des Wochenendes im Detail auswerteten. Zu ihrer nicht geringen Überraschung sah es so aus, als sei die Energieeinschlußzeit doppelt so hoch wie in bisherigen Entladungen gewesen, und das erschien natürlich wenig glaubhaft. Daher versuchten sie in der nächsten Woche, Entladungen ähnlichen Typs zu reproduzieren, was – Tücke des Objekts – zunächst natürlich prompt mißlang. Hatten sie sich geirrt oder beim Experimentieren Fehler gemacht? Aber bei einem derartigen Ergebnis gibt man nicht so schnell auf. Mit viel Geduld und nach etlichen Tagen vergeblichen Herumprobierens war das Ergebnis wieder da: Ein Faktor 2 in der Energieeinschlußzeit, der sich bald nach Belieben reproduzieren ließ. Zuerst wurde den Garchinger Ergebnissen andernorts mißtraut, aber dann kam auch von anderen Experimenten die Bestätigung. Der ungünstige Trend abnehmender Energieeinschlußzeiten beim Weiterheizen des Tokamaks war durchbrochen, Optimismus war angesagt. Heute kann man diesen verbesserten Energieeinschluß in allen mit einem magnetischen Limiter ausgestatteten Tokamaks herbeiführen und dabei typischerweise bis zu einem Faktor 2 (und manchmal sogar 3) gewinnen. (Wenn man die Einschlußzeit nicht wie in Abb. 21.7 über der Heizleistung, sondern der mittleren Plasmatemperatur auftrüge, würde man statt des Faktors 2 sogar noch einen höheren Faktor – bis maximal knapp 6 – bekommen, denn die Einschlußverbesserung führt neben einer Dichtesteigerung auch zu höheren Temperaturen, bei denen ohne sie der Einschluß sogar schlechter wäre.) Das ist ganz unabhängig davon, ob die Zusatzheizung mit Neutralteilchen oder Wellen vorgenommen wird.

310

Erstaunlich ist, daß man unter praktisch gleichen Bedingungen zwei Operationsmodi des Tokamaks finden kann: Einen *L-Mode-Einschluß* (L für engl. low = niedrig, mode = Modus) mit niedriger Energieeinschlußzeit und auch geringerer Dichte und einen *H-Mode-Einschluß* (H für engl. high = hoch), der bei erhöhter Dichte eine zwei- bis dreimal so hohe Energeieinschlußzeit liefert. Der letztere ist häufig mit dem Auftreten sogenannter ELMs (Abkürzung für engl. **E**dge **L**ocalised **M**ode = am Rande lokalisierter [Wellen-]Modus) verknüpft, die seine Entdeckung ausgelöst hatten. Hierbei handelt es sich also nicht um besonders intensive Sägezahnoszillationen, sondern um oszillatorische Instabilitäten des Plasmarandes, die frühzeitig in Sättigung gehen und unproblematisch sind. Sie führen zwar zu einer beinahe periodischen Verschlechterung des Teilcheneinschlusses und verhindern dadurch, daß die Plasmadichte im Zeitmittel über die Maximalgrenze zusatzheizungsfreier Entladungen hinauswächst. Gleichzeitig unterbinden sie aber die Ansammlung von Verunreinigungen im Plasmainneren, indem sie diese nach außen befördern. Dies scheint besonders gut im DIII-D gelungen zu sein, wo man den H-Mode-Einschluß mit 1,5facher Energieeinschlußzeit über zehn Sekunden lang ohne die Akkumulation von Verunreinigungen aufrechterhalten konnte.

Was die Erklärung des H-Regimes angeht, tappt man noch einigermaßen im Dunkeln. Die Tatsache, daß es unter gleichen Umständen zwei verschiedene Operationsmodi gibt, deutet auf ein Bifurkationsphänomen hin, wie wir es im Zusammenhang mit dem Auftreten von Instabilitäten besprochen hatten (Kapitel 16). Dabei spielen wahrscheinlich radiale elektrische Felder und eine durch diese hervorgerufene poloidale *E*-kreuz-*B*-Driftströmung eine Rolle. Ist diese Strömung stark verschert (ändert sich also ihre Geschwindigkeit in starkem Maße senkrecht zur Strömungsrichtung), so werden Turbulenzen unterdrückt, und man bekommt die H-Mode; andernfalls wird die Strömung turbulent, und es resultiert die L-Mode.

Nach der Entdeckung des H-Regimes wurde befürchtet, es handle sich womöglich um einen Effekt, dessen Ausmaß mit der Dicke der Randschicht zusammenhängt. Da diese beim Übergang zu größeren Plasmen nicht im selben Maße wie das Volumen zunimmt, hätte man in größeren Tokamaks dann nur mit einer geringeren Verbesserung des Energieeinschlusses rechnen können. Es war daher ein wichtiger Fortschritt, als man 1986 ins JET-Plasma nachträglich einen – ursprünglich nicht vorgesehenen – magnetischen Limiter und offenen Divertor einbrachte und ebenfalls eine Erhöhung der Energieeinschlußzeit um den Faktor 2 feststellte. Kürzlich wurde das H-Regime sogar in Entladungen gefunden, die mit einem gewöhnlichen an Stelle eines magnetischen Limiters betrieben wurden, zuerst in dem Japanischen Tokamak JFT-2M, dann auch in anderen Tokamaks einschließlich JET. Allerdings wurde der Energieeinschluß hier nur um den Faktor 1,5 verbessert.

Das günstige Konzept des magnetischen Limiters und eine sehr präzise Realisierung des dafür erforderlichen Magnetfelds dürften ausschlaggebend für die Entdeckung des H-Regimes gewesen sein. Diese wurde 1987 mit der Verleihung des Maxwell-Preises an den Leiter des ASDEX-Teams ausgezeichnet. Der Preis gilt als die höchste Auszeichnung, die in den USA für Forschungsergebnisse auf dem Gebiet der Plasmaphysik und der Fusionsforschung vergeben wird.

Mittlerweile wurden auch noch andere Regime mit verbessertem Einschluß gefunden, darunter die bereits beschriebenen Monstersägezähne. Unter anderem wirkt sich auch die Erzeugung eines erhöhten Dichtegefälles vom Plasmazentrum zum Plasmarand, die durch geeignete Methoden der Gasnachfüllung gesteuert werden kann, sehr günstig aus. So kann man sagen, daß ein verbesserter Einschluß heute eher die Regel als die Ausnahme ist.

22. Der Stellarator

Bringt man in die von außen vorgegebene Feldkonfiguration eines Tokamaks ein einzelnes Plasmateilchen, so fehlt der Plasmastrom zum Einschluß, und das Teilchen entweicht mit der in Abb. 10.3 gezeigten Torusdrift. Der Tokamak ist also kein Käfig für Einzelteilchen, sondern wird dazu erst für viele Teilchen, die hierfür in einer gemeinsamen Aktion und mit der Unterstützung des externen Stromtriebs den Plasmastrom erzeugen müssen. Wie wir gesehen haben, birgt dieses Zusammenwirken der Teilchen auch mannigfache Gefahren in sich, da es z. B. durch strombedingte Instabilitäten zum Stromabbruch und damit zum Verlust des magnetischen Einschlusses führen kann. Andererseits wird der Tokamak aber mit dem Feld des Plasmastroms zu einem perfekten Gefängnis für stoßfreie Einzelteilchen.

Von ganz anderer Natur ist der Teilcheneinschluß in der Spiegelmaschine (Abb. 10.1) und im Stellarator (Abb. 10.5 a)). In dem fiktiven Idealfall stoßfreier Teilchen stellt schon die von äußeren Strömen erzeugte Magnetfeldkonfiguration in beiden Fällen für die meisten Teilchen einen Käfig dar. In der Spiegelmaschine trifft das nur nicht auf Teilchen zu, die zu schnell für eine Reflexion in die Magnetfeldspiegel laufen; und im Stellarator können nur Teilchen mit der Torusdrift entweichen, die nicht frei den Magnetfeldlinien folgen können, sondern an Spiegeln des Magnetfelds reflektiert werden. Leider ist es nun nicht damit getan, daß man auf diese nicht gefangenen Teilchen schlicht verzichtet, denn durch die unvermeidlichen Teilchenstöße werden immer wieder gefangene Teilchen in nicht gefangene umgewandelt. Bei der Spiegelmaschine ist es nicht gelungen, diesen Verlustmechanismus auf ein akzeptables Maß zu reduzieren. Dagegen haben neueste Forschungen beim Stellarator ergeben, daß man durch eine geeignete Auslegung der Magnetfeldkonfiguration die entsprechenden Verluste völlig zum Verschwinden bringen kann. Solche Stellaratoren stellen einen Idealfall für den magnetischen Teilcheneinschluß dar und besitzen gegenüber dem Tokamak eine Reihe von Vorzügen: Da ein extern getriebener Strom unnötig ist, bieten sie einerseits die Möglichkeit zu einem permanenten (ungepulsten) Plasmaeinschluß; andererseits entfallen in ihnen die Gefährdungen durch einen möglichen Stromabbruch.

Daß der Tokamak dennoch den Stellarator überflügeln konnte, hat verschiedene Ursachen: Der auf die Komplexität des Stellarators zurückführbare Mißerfolg des Princetoner Stellaratorprogramms und die Favorisierung des ob seiner – vielleicht nur scheinbaren – Einfachheit so attraktiven Tokamakkonzepts in den USA, die den frühen Tokamakerfolgen von Artsimowitsch folgte, haben sicher weit über die USA hinaus nachhaltige Auswirkungen gehabt. Dazu kommt, daß die Grundidee des Stellarators eine große Vielfalt sehr verschiedenartiger Realisierungsmöglichkeiten zuläßt, so daß zunächst kein klarer Erfolgsweg vorgegeben war. Daher haben sich Aktivitäten, deren Erfolge sich beim Tokamak mehr oder weniger in die gleiche Richtung aufsummierten, beim Stellarator in viele verschiedene Entwicklungslinien diversifiziert. Dies hat dazu geführt, daß es bis zu einem erfolgreichen Verstehen und Beherrschen der Stellaratorphysik länger gedauert hat.

Die Komplikationen des Stellarators gegenüber dem Tokamak kommen durch das Fehlen der Rotationssymmetrie zustande, das sich von der Anordnung der Magnetfeldspulen unmittelbar auf die Form des Plasmas überträgt (siehe Abb. 22.2 b)). Es äußert sich darin, daß die Flächen konstanten Drucks, die beim Tokamak auf jedem Poloidalquerschnitt durch das Plasma gleich aussehen, im Stellarator von Querschnitt zu Querschnitt variieren. Allerdings werden Stellaratoren heute üblicherweise so konstruiert, daß sie sich wenigstens aus mehreren gleichartigen Sektoren zusammensetzen lassen, in Abb. 22.2 b) z. B. aus fünf. Die fehlende Rotationssymmetrie hat noch eine weitere Erschwernis im Gefolge: Die Druckflächen stellen zwar wie im Tokamak die Laufwege für die Feldlinien des Stroms und des Magnetfelds zur Verfügung und können daher wieder als magnetische Flächen bezeichnet werden. Aber sie sind häufig nicht so glatt wie dort ineinandergeschachtelt, sondern von magnetischen Inseln sowie von stark chaotischen Feldlinien durchsetzt, die sich auch nicht mehr annähernd in einer Torusfläche unterbringen lassen und zum Plasmarand hin bei zunehmend erratischeren Exkursionen immer häufiger werden. Das externe Magnetfeld, welches das Plasma halten soll, konstruiert man nun so, daß es schon möglichst viele »gute« Feldlinien besitzt, die auf magnetischen Torusflächen umlaufen, und möglichst wenige chaotische. Diese Wunscheigenschaft des magnetischen Käfigs kann man übrigens sehr gut mit Elektronenstrahlen überprüfen, die mit hoher Geschwindigkeit in Richtung des Magnetfelds eingeschossen werden. Diese folgen in etwa dessen Feldlinien, umwandern dabei den Stellarator und kommen immer wieder am selben Poloidalquerschnitt vorbei, wobei sie im allgemeinen nach und nach allen Stellen derselben magnetischen Fläche einen Besuch abstatten. (Siehe Abb. 22.1; genauer liegen die Elektronenspuren auf *Driftflächen*, die sich etwas von den magnetischen Flächen unterscheiden.)

Je mehr Plasmateilchen in das Magnetfeld eingefüllt werden, umso mehr spielen auch Plasmaströme eine Rolle, die zusammen mit dem Magnetfeld durch Lorentz-Kräfte dem Plasmadruck die Waage halten müssen. Sie werden durch den Plasmadruck getrieben und sind diamagnetische Ströme. Das mit ihnen verbundene Magnetfeld überlagert sich dem Feld der Spulen und führt zu Veränderungen von Form und Lage der magnetischen Flächen. Diese Ströme besitzen auch eine toroidale Komponente; solange Teilchenstöße das Auftreten von Bananenbahnen verhin-

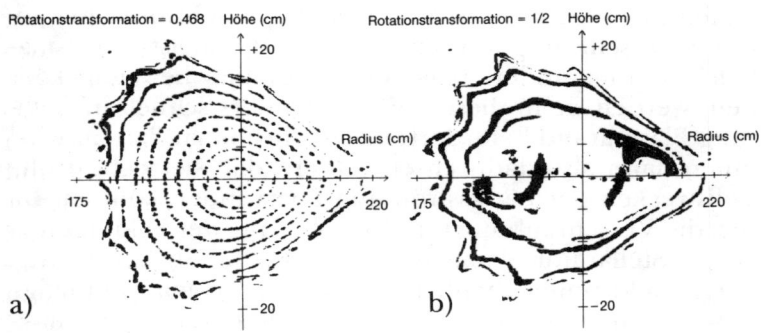

Abb. 22.1: *Spuren, die im evakuierten Garchinger Stellarator W VII-AS umlaufende Elektronen in einer Poloidalebene auf einem Film hinterließen. Sie geben im wesentlichen die Querschnitte durch magnetische Flächen an. Die Stromstärken in den Spulen wurden in a) günstig gewählt, so daß viele »gute« magnetische Flächen entstanden, in b) dagegen ungünstig.*

315

dern, stellen sie sich aber mangels eines externen und internen Antriebs derart ein, daß sich kein toroidaler Gesamtstrom aufsummiert. Sie bewerkstelligen das, indem sie auf der Innenseite des Plasmatorus in entgegengesetzter Richtung wie auf der Außenseite fließen. Diese gegenläufigen Toroidalströme in Stellaratoren werden nach ihren Entdeckern als *Pfirsch-Schlüter-Ströme* bezeichnet und können sich bei höheren Betawerten, wie sie in großen Stellaratoren erwartet werden, zu beachtlicher Stärke entfalten. Daher kann es auch ähnlich wie in Tokamaks zu stromgetriebenen Instabilitäten kommen, die sich allerdings nicht so dramatisch wie in jenen auswirken. Außerdem wird über Veränderungen des Magnetfelds das Auftreten chaotischer Feldlinien begünstigt. Insgesamt führen diese Ströme durch eine Einengung des Stabilitätsbereichs sowie durch die Erhöhung von Diffusions- und Driftverlusten zu einer Verschlechterung des magnetischen Einschlusses.

Chaotische Feldlinien siedeln sich vorzugsweise in der Nachbarschaft bestimmter geschlossener Feldlinien an, die schon nach wenigen toroidalen und poloidalen Umläufen um den Plasmatorus in sich zurückführen. Dabei werden ihre Exkursionen von der Sollform einer schönen magnetischen Fläche besonders groß, wenn die Zahl dieser Umläufe besonders klein ist und das Magnetfeld nur eine geringe Verscherung aufweist. Da sich die meisten Plasmateilchen ungehindert längs der Feldlinien bewegen können, werden sie in diesem Fall besonders schnell in Richtung Plasmarand befördert; ihre Diffusion zu diesem wird ihnen dann also dadurch erleichtert, daß sie recht große Teilstrecken per Längsströmung überwinden können. Da sich die Verschraubung und Verscherung der Feldlinien in einem Stellarator ziemlich leicht über die Ströme in den Magnetfeldspulen regulieren lassen, kann man derartige Situationen gezielt herbeiführen und findet dabei dramatische Einbrüche im Einschlußverhalten. Für einen guten Einschluß wird man das Magnetfeld daher in dieser Hinsicht möglichst günstig wählen und geschlossene Feldlinien der geschilderten Art nach Möglichkeit vermeiden.

Wie schon bemerkt, folgen die Plasmateilchen auch im Stellarator nicht exakt den magnetischen Feldlinien, son-

316

dern driften allmählich ab, da auch in ihm Krümmungs- und Gradient-B-Driften auftreten. Besonders gilt das für gefangene Teilchen, die zwischen Spiegeln des Magnetfelds auf Bananenbahnen laufen. Wegen der komplizierten Feldstruktur gibt es im Stellarator hiervon mehrere verschiedene Typen. Wie im Tokamak führen die gefangenen Teilchen zu einer erhöhten neoklassischen Diffusion, zu der die verschiedenen Bahntypen in unterschiedlicher Weise beitragen und die natürlich wieder von der Stoßfrequenz der Teilchen abhängt. Bei hohen Stoßfrequenzen werden die Bananenbahnen durch Teilchenstöße zerstört und spielen daher für die Diffusion noch keine Rolle. Hier gibt es jedoch, wieder wie beim Tokamak, eine Pfirsch-Schlüter-Diffusion, deren Stärke durch die Exkursionen der Plasmateilchen von den magnetischen Flächen bestimmt wird und abermals deutlich über der klassischen Diffusion in homogenen Magnetfeldern liegt. Die Änderung des Diffusionsverhaltens mit abnehmender Stoßfrequenz läßt sich am besten durch einen Vergleich mit dem in Tokamaks (Abb. 21.6) beschreiben. Wie dort erfolgt der Übergang zu der »Bananendiffusion« gefangener Teilchen nach einer ersten Abnahme der Diffusionsgeschwindigkeit über ein Plateauregime. Nach letzterem sinkt diese allerdings nicht wieder ab, sondern steigt trotz abnehmender Stoßfrequenz zunächst erst einmal an, um bei noch niedrigeren Frequenzen dann ähnlich wie im Tokamak zurückzugehen. Auch im Stellarator führen die Bananenbahnen ganz ähnlich wie im Tokamak zu einem toroidalen Bootstrap-Strom, dessen lokale Beiträge sich entgegen dem eigentlichen Stellaratorkonzept zu einem toroidalen Gesamtstrom aufaddieren. Dessen Existenz ist mittlerweile auch experimentell erwiesen. Durch sein Magnetfeld verändert er die Verschraubung und Verscherung des Gesamtmagnetfelds und dadurch dessen Einschlußeigenschaften.

In allen Stoßfrequenzbereichen hängt die Stärke der neoklassischen Diffusion sehr stark von der gewählten Magnetfeldkonfiguration ab und kann viel schlechter, aber auch etwas besser als in Tokamaks sein. Hier bietet sich die Möglichkeit zu einer Optimierung mit dem Ziel, es zu möglichst geringen Exkursionen der Bahnen insbesondere gefangener Teilchen von den magnetischen Flächen und damit zu einer möglichst geringen Diffusion kommen zu lassen. Große Freiheiten bei der Gestaltung der Feldstruktur bieten hierfür im Stellarator günstige Voraussetzungen. Dabei muß einerseits darauf geachtet werden, daß die Magnetfeldstärke längs der Teilchenbahnen in geeigneter Weise variiert, andererseits möchte man zugleich auch erreichen, daß es möglichst viele »gute« magnetische Flächen gibt. Bei dieser Optimierung reduziert man nicht nur ungünstige Auswirkungen der Pfirsch-Schlüter-Ströme und des Bootstrap-Stroms auf den Plasma- und Energieeinschluß, sondern sorgt auch noch dafür, daß dem Plasma schon vom externen Magnetfeld eine für die Stabilität günstige magnetische Mulde angeboten wird, die sich dieses im Tokamak selbst »gräbt« (vgl. Abb. 21.3). Man kann es wohl als einen besonderen Glücksfall ansehen, daß so verschiedene Gesichtspunkte bei der Optimierung miteinander verträglich sind. Stellaratoren, die nach den oben angeführten Kriterien optimiert sind, werden als »avancierte Stellaratoren« bezeichnet. Bei dem in Abb. 22.2 a) und Farbtafel 14 gezeigten Garchinger Stellarator W VII-AS wurde ein Konzept Schlüters zu einem avancierten Stellarator realisiert, allerdings unter Kompromissen, da bei der Magnetfelderzeugung bereits vorhandene experimentelle Gegebenheiten berücksichtigt werden mußten. Der nächste Garchinger Stellarator W VII-X – das X stand ursprünglich als Platzhalter für einen noch offengelassenen Namen, hat sich mittlerweile aber verselbständigt – wurde nach neuesten theoretischen Erkenntnissen weitgehend optimiert und steht derzeit nach Abschluß seiner Planungsphase zur Genehmigung an.

Abb. 10.5 a) zeigt eine typische Spulenkonfiguration, wie sie lange Zeit zur Erzeugung von Stellaratorfeldern benutzt wurde. (Zusätzlich werden wie beim Tokamak auch noch Spulen zur Erzeugung eines Vertikalfelds benötigt.) Sie läßt sofort einen wesentlichen Nachteil erkennen: Durch die helikalen Spulen wird das Plasmagefäß in ein sehr enges Korsett gezwängt, aus dem es sich nur unter großen Mühen und mit großem Zeitaufwand herausnehmen läßt, was für anfallende Reparatur- und Wartungsarbeiten sehr unangenehm ist. Zudem werden durch starke Kräfte der Spulen aufeinander auch erhebliche Drücke auf deren Unterlage (z. B. das Plasmagefäß) ausgeübt. Dies alles würde für einen Reaktor, bei dem man zwischen Plasma und Spulen noch eine Schutzwand für die letzteren sowie weitere wichtige Reaktorkomponenten unterbringen muß, ein beinahe unüberwindliches Hindernis darstellen und wurde lange Zeit als großer Nachteil des Stellaratorkonzepts angesehen. Vielleicht haben die Abbildungen 22.2, die wir bisher nur für andere Zwecke herangezogen haben, beim Leser bereits eine gewisse Neugier im Hinblick auf die merkwürdige Spulenform geweckt. Derartige *Rehker-Wobig-Spulen* stellen die sehr elegante Lösung der aufgeworfenen Probleme dar und zeigen, daß man diese im Stellarator sogar noch besser lösen kann als im Tokamak, der durch Poloidalfeldspulen ebenfalls einigermaßen eingezwängt wird. Die beiden Garchinger Plasmaphysiker S. Rehker und H. Wobig fanden in den siebziger Jahren nämlich heraus, daß einander überschneidende helikale Spulen unterschiedlicher und gegenläufiger Steigung, die von entgegengerichteten Strömen durchflossen werden, die von gleichläufigen Spulen bewirkte Kompensation der Toroidalfeldkomponente vermeiden. Dies hat zur Folge, daß man mit ihnen auch ohne Hauptfeldspulen zu einem Toroidalfeld kommt. Durch variable Ganghöhe der helikalen Verschraubung läßt sich zusätzlich auch noch erreichen, daß auf Vertikalfeldspulen verzichtet werden kann. Wenn man zwei solche Spulenpaare an Überkreuzungsstellen aufschneidet und die verbleibenden Spulenstücke abrundet und verbindet, kommt man zu neuen Spulen, die den Torus nicht mehr toroidal umschlingen, sondern wie verbogene Hauptfeldspulen aussehen. Abb. 22.2 a) zeigt Teile der helikalen Spulenwindungen, auf welche die Magnetfeldspulen des W VII-AS in der geschilderten Weise gedanklich zurückgeführt werden können. Man überzeugt sich leicht davon, daß der Strom in den letzteren ähnlich verteilt ist wie in den helikalen Spulen. Die Abweichungen in der Stromverteilung führen natürlich auch zu Abweichungen in den magnetischen Flächen. Diese behalten aber ihre Eigenschaft, ineinandergeschachtelte verbeulte

Tori zu sein, die einen magnetischen Käfig für die Teilchen bilden. Die große Ähnlichkeit der neuen Spulen mit Hauptfeldspulen läßt übrigens unmittelbar erkennen, daß sie tatsächlich ein Toroidalfeld erzeugen, das für die Exi-

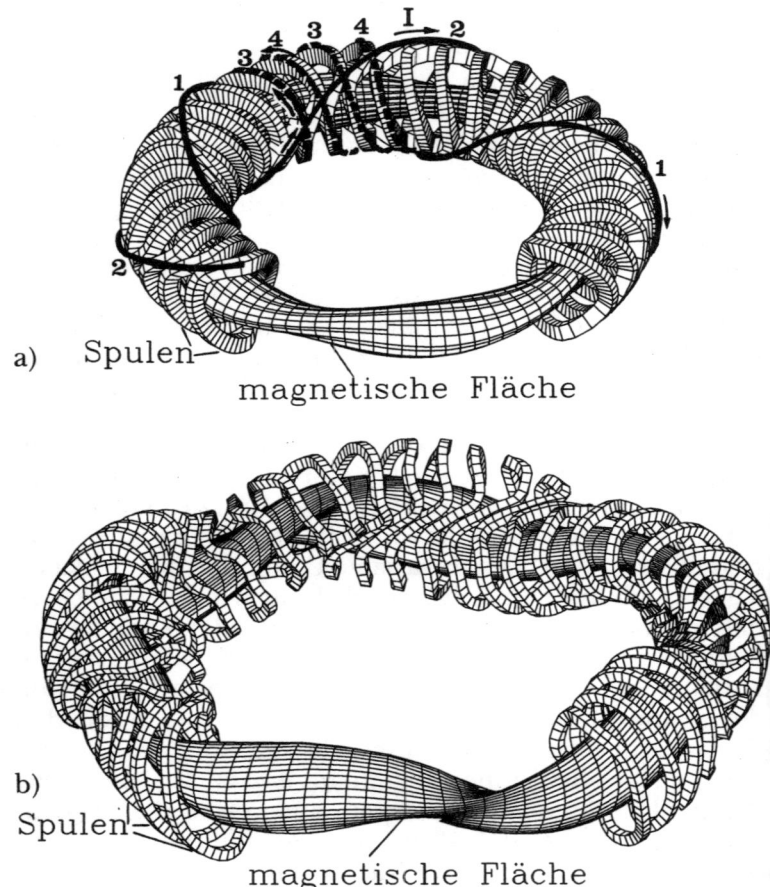

a) Spulen
magnetische Fläche

b)
Spulen
magnetische Fläche

Abb. 22.2: *a) Spulensystem des Garchinger Stellarators W VII-AS und eine von diesem erzeugte magnetische Fläche. Die eingetragenen Linien geben den Verlauf der beiden helikalen Spulenpaare (1 und 2 durchgezogen, 3 und 4 gestrichelt) an, die das Spulensystem ersetzen könnten. b) Spulensystem des geplanten Garchinger Stellarators W VII-X.*

stenz des Gleichgewichts natürlich unverzichtbar ist – man erinnere sich dazu nur an das »Igel-Theorem« (vgl. Abb. 15.2). Mit dem Garchinger Stellarator W VII-AS konnte mittlerweile experimentell verifiziert werden, daß derartige Spulen nicht nur blumige Träume phantasiebegabter Physiker sind, sondern sie auch in der Praxis alle an sie gestellten Forderungen erfüllen (Farbtafeln 14 und 15).

Es ist eine willkommene Folge der neueren Stellaratoroptimierung, daß die magnetischen Flächen in nicht allzu großer Entfernung von der magnetischen Achse automatisch so etwas wie eine Separatrix (vgl. Abb. 19.2 c)) besitzen können, außerhalb deren die Feldlinien nach außen davonlaufen. Man muß bei der Magnetfeldkonstruktion also nur dafür sorgen, daß diese innerhalb des Plasmagefäßes zu liegen kommt, und hat dann einen magnetischen Limiter mit all seinen Vorzügen. Allerdings besitzt dieser eine Helikalstruktur, was die Anbindung der Abschälschicht an Prallplatten und Pumpen, die dann im allgemeinen helikalen Windungen folgen müssen, technisch womöglich recht kompliziert macht. Im W VII-X fügt es sich glücklich so, daß das Divertorplasma (der nach außen abgelenkte Teil der Abschälschicht) den Plasmatorus nicht helikal umwindet, sondern auf Grund von Aussetzern auf der Torusinnenseite in den fünf Sektoren jeweils nur außen auf einer fast geraden Linie schräg von unten nach oben läuft, so daß das eben angeführte Problem recht leicht zu lösen ist. Hinzu kommt, daß die spezielle Geometrie des Stellarators die anomale Wärmeleitung senkrecht zum Magnetfeld im Divertorplasma besonders gut zur Wirkung bringt, was zusammen mit der Chaotizität der divertierten Magnetfeldlinien dafür sorgt, daß Wärme und Teilchen aus dem Plasma in einer relativ breiten Schicht auf geeignet postierte Prallplatten abfließen können. Schließlich haben Rechnungen ergeben, daß es nur ziemlich schwacher periodischer Korrekturfelder bedarf, um die Belastung der Prallplatten durch »Fächeln« mit dem Divertorplasma noch weiter zu reduzieren, so daß diese voraussichtlich auf ein akzeptables Maß reduziert wird. Ähnlich wie beim H-Regime des Tokamaks erhofft man sich von diesem »offenen Divertor« einen verbesserten Energieeinschluß.

In den Anfangsjahren hat man Stellaratorplasmen wie Tokamakplasmen durch einen Induktionsstrom aufgeheizt. Erst relativ spät – zum ersten Mal 1980 in Garching – gelang der Nachweis, daß das Plasma auch nach Abschalten dieses Stroms wirklich in seinem magnetischen Käfig festgehalten wird. Nachdem mittlerweile Neutralteilchen- und Wellenheizung zu wirkungsvollen Heizmethoden entwikkelt worden sind, kann heute auf die Stromheizung verzichtet werden, und man hat den stromfreien Stellaratoreinschluß schon bis zu Pulszeiten von 20 Sekunden mit normalleitenden Spulen demonstriert. Dies gelang in dem derzeit größten Stellarator der Welt, dem amerikanischen ATF (Kurzform für Advanced Toroidal Facility), dessen Betrieb allerdings zur Zeit aus finanziellen Gründen vorübergehend eingestellt ist. Die große Ähnlichkeit bisheriger Stellaratoren mit dem Tokamak führte dazu, daß in ihnen ebenfalls die mit steigenden Temperaturen auftretende Verschlechterung des Energieeinschlusses angetroffen wurde. Falls sich die Vermutung bewahrheiten sollte, daß anomale Diffusion und Wärmeleitung etwas mit gefangenen Teilchen zu tun haben, würde die Stellaratoroptimierung auch zu einer Verbesserung des Energie- und Teilcheneinschlusses führen.

Was die Stabilität angeht, wurde schon auf die großen Vorteile hingewiesen, die das Fehlen eines externen Stromtriebs mit sich bringt: Die Abwesenheit einer Quelle, aus der Instabilitäten Energie an sich reißen können, macht sich im Ausbleiben der dramatischsten Instabilitäten des Tokamaks bemerkbar; weder Vertikal- noch Abbruchinstabilitäten sind zu befürchten, und es gibt auch keine stromgetriebenen Tearinginstabilitäten. Andererseits ist die Verwandtschaft mit dem Tokamak aber so groß, daß keine neuen, stellaratorspezifischen Instabilitäten hinzutreten, während die übrigen Instabilitäten des Tokamaks auftreten können. So gibt es auch im Stellarator Mikroinstabilitäten und Mikroturbulenz sowie eine mit dieser verbundene anomale Diffusion, die beim Energietransport wieder fast nur die Elektronen betrifft. Auch ideale magnetohydrodynamische Instabilitäten wie die Rilleninstabilität gilt es zu vermeiden. Maßnahmen zu ihrer Unterdrückung sind eine hinreichend tiefe magnetische Mulde und eine geeignete Wahl des Wertebereichs für den Sicherheitsfaktor q, der im Stellarator umgekehrt wie im Tokamak vom Plasmazentrum zum Plasmarand hin abfällt. Auch im Stellarator gibt es Gebiete guter sowie schlechter Krümmung, was zu Aufblähinstabilitäten führen kann. Ihnen verwandte innere Instabilitäten sind es, die das maximal erreichbare Beta festlegen. Dieses erweist sich mit dem von Tokamaks vergleichbar – jedoch mit einem wichtigen Unterschied: Bei vorgegebener Plasmadicke erreicht der Tokamak die höchsten Betawerte, wenn sein Plasmatorus möglichst fett ist, während beim Stellarator genau das Gegenteil der Fall ist. Dies hat zur Folge, daß beim Tokamak im Torusinnenraum gerade noch für die Innenleiter der Hauptfeldspulen und die Primärwicklungen des Transformators Platz ist, so daß von dort aus keine Zugangsmöglichkeit besteht. Dagegen ist der Plasmatorus in einem schlanken Stellarator von Reaktorgröße auch von innen her gut zugänglich, was für einen Reaktor durchaus Vorteile bieten kann.

Ähnlich wie für den Tokamak wurde auch für bestimmte Stellaratortypen theoretisch ein zweites Stabilitätsregime mit höheren Betawerten vorausgesagt. In dem amerikanischen Stellarator ATF glaubt man dieses auch schon experimentell nachgewiesen zu haben. Im Plasmazentrum fand man Betawerte bis zu drei Prozent, was um den Faktor 2 über der Obergrenze des ersten Stabilitätsregimes liegt. Allerdings war das Plasma nicht ganz stabil, sondern von inneren Instabilitäten heimgesucht, die sich jedoch bei tolerabler Stärke in Sättigung begeben haben sollen. Gegenüber dem Tokamak besäße die Existenz eines zweiten Stabilitätsregimes im Stellarator den Vorteil, daß es leichter realisierbar sein sollte; im letzteren gibt es nämlich keine externen Globalinstabilitäten, die durch aktive Kontrollmaßnahmen zu unterdrücken wären.

Man kann sagen, daß die konsequente Verfolgung der Stellaratorlinie am Garchinger Max-Planck-Institut für Plasmaphysik und die dort erzielten großen Erfolge zu einer Renaissance des Stellarators geführt haben. Derzeit werden an 14 verschiedenen Stellaratorexperimenten wieder weltweite Anstrengungen auf diesem Gebiet unternommen, in den Ländern der Europäischen Gemeinschaft, den USA, der Sowjetunion, Japan und Australien. Die hierbei erzielten Ergebnisse sind mit denen gleich großer Tokamaks zumindest vergleichbar, nur liegt der Stellarator in seiner Entwicklung um etwa ein bis zwei Experimentgenerationen hinter dem Tokamak zurück. Die positiven Resultate der letzten Jahre und das Erkennen potentieller Vorzüge haben dazu geführt, daß man dem Stellarator nicht nur die Eignung für einen Fusionsreaktor zuspricht, sondern sogar eine Chance sieht, mit ihm womöglich einmal das Konzept des magnetischen Einschlusses gegenüber dem Tokamak noch verbessern zu können. Wenn er zur Zeit nicht im selben Maße wie der letztere vorangetrieben wird, so hat das überwiegend finanzielle Gründe. Dennoch soll er dem Reaktorbereich so nahe gebracht werden, daß er sofort den Platz des Tokamaks übernehmen könnte, falls sich bei diesem unüberwindliche Schwierigkeiten auftürmen sollten. Besonders der Demonstration seines vielleicht größten Vorteils, des Dauerbetriebs, sollen einige der nächsten Stellaratorexperimente gewidmet werden. Das hierfür erforderliche dauerhafte Halten der Magnetfelder ist nur noch mit supraleitenden Spulen möglich. Derzeit gibt es noch kein entsprechendes Experiment, aber in Japan befindet sich ein großer Stellarator (LHD) mit supraleitenden Spulen helikaler Formgebung in Bau, und auch die in Abb. 22.2 b) gezeigten Spulen des Garchinger W VII-X sollen supraleitend sein.

23. Der Trägheitseinschluß

Die Wasserstoffbombe ist der einzige »Fusionsreaktor« von Menschenhand, der bisher funktioniert. In ihr sorgt der Brennstoff mit Hilfe seiner Trägheit selbst dafür, daß er nach seiner Kompression und Zündung nicht vom Fleck weg auseinanderfliegt, sondern sich dafür soviel Zeit läßt, bis er zum großen Teil verbrannt ist. Man spricht aus diesem Grund vom *Trägheitseinschluß*.

An sich wäre gegen die explosive Freisetzung der im Wasserstoff und seinen Isotopen gespeicherten Kernenergie nichts einzuwenden, wenn man dies ähnlich gut unter Kontrolle brächte wie die Freisetzung der chemischen Energie von Benzin im Automotor. Doch wie wir schon gesehen haben, kann die als »Treiber« benutzte Kernspaltungsbombe eine gewisse Mindestgröße nicht unterschreiten und führt zudem zu intolerablen Mengen radioaktiven Abfalls. Daher konnte sich auch nie die Idee durchsetzen, Wasserstoffbomben zur Energiegewinnung unterirdisch explodieren zu lassen.

Erst die Entdeckung des Lasers eröffnete die Hoffnung darauf, durch die Freisetzung sehr großer Energiemengen auf kleinstem Raum und innerhalb kürzester Zeit auch kleinere Brennstoffmengen ähnlich wie in der H-Bombe zur Zündung bringen zu können – dies zudem ohne primäre Radioaktivität des Lieferanten der Zündungsenergie.

Die Laser-induzierte Kernfusion

Das Laserlicht

Es war Albert Einstein, der sich schon 1917 den Mechanismus ausgedacht hatte, der den Laser erst möglich macht: die *stimulierte* oder *induzierte Emission*. Bei ihr werden angeregte Atome oder Moleküle zum Übergang von ihrem Anregungszustand höherer Energie auf ein tieferes Energieniveau stimuliert; dies geschieht, indem man sie einer Lichtstrahlung genau der Wellenlänge aussetzt, die sie bei diesem Übergang selbst emittieren. Einstein hat die Existenz dieser Anregung zur Lichtstrahlung aus grundsätzlichen Erwägungen postuliert – daß sie in der Natur tatsächlich realisiert wird, wurde erst 1928 in Berlin von R. Ladenburg und H. Kopfermann nachgewiesen. Im Laser – das Wort ist aus den Anfangsbuchstaben von light amplification by stimulated emission of radiation (= Lichtverstärkung durch stimulierte Emission von Strahlung) zusammengesetzt – wird sie zur Lichtverstärkung ausgenutzt: Ein Photon des Laserlichts stimuliert durch seine Wechselwirkung mit einem angeregten Atom des Lasermediums die Emission eines weiteren Photons derselben Frequenz, das

325

gleichzeitig – in der Sprache der Wellenbeschreibung: phasengleich – mit ihm davonfliegt. Jedes von diesen stimuliert die Emission eines weiteren Photons, so daß sich deren Zahl auf nunmehr vier verdoppelt, und so weiter. Hierdurch kommt es zu einer lawinenartigen Vermehrung von Photonen.

Das zur stimulierten Emission benutzte Licht kann allerdings nicht nur den Übergang vom höheren zum tieferen Energiezustand anregen, sondern auch mit derselben Wahrscheinlichkeit den umgekehrten Vorgang. Nun befinden sich die Atome (Moleküle) eines Mediums normalerweise überwiegend im Grundzustand niedrigster Energie, und Anregungszustände höherer Energie sind umso *schwächer besetzt* (seltener), je höher diese ist. Daher wird das zur stimulierten Emission benutzte Licht auf mehr Moleküle treffen, die es anregen kann, also mehr Anregungs- als Emissionsvorgänge herbeiführen. Zu einer Lichtverstärkung kann es daher nur dann kommen, wenn es gelingt, im Medium eine *Besetzungsinversion* herbeizuführen, bei der sich die Atome (Moleküle) eines höheren Anregungszustands gegenüber denen eines tieferen in der Überzahl befinden. Es liegt nahe, hierfür die Absorption von Licht zu nutzen, das die Laseratome in den höheren Anregungszustand versetzt. Dieses Verfahren wird tatsächlich eingesetzt und als *optisches Pumpen* bezeichnet. Außerdem gibt es jedoch noch andere Pumpmethoden: Auch chemische Reaktionen oder Stöße der Laseratome (-moleküle) mit den Elektronen einer Gasentladung bzw. anderen, schon angeregten Molekülen können die für den Übergang in den Anregungszustand benötigte Energie liefern.

Wenn man beim optischen Pumpen einfach warten könnte, bis der angeregte Zustand stark genug besetzt ist, um dann alle »angesammelten Photonen« auf einen Schlag durch stimulierte Emission abzurufen, hätte man den gewünschten Verstärkungseffekt. Aber man kann Photonen nicht befehlen, erst nur optisch zu pumpen und dann nur zu stimulieren, beides tun sie vielmehr in gleichem Maße. Außerdem wirkt der gewünschten Inversion ein weiterer Prozeß entgegen, die *spontane Emission*: Normalerweise verbleibt ein Atom nämlich nur ganz außerordentlich kurz (etwa 10^{-8} Sekunden) in einem angeregten Zustand, um dann von selbst – spontan – und unter Emission eines Lichtquants wieder in einen Zustand niedrigerer Energie zu gehen. Dies tut es umso früher, je höher die Frequenz der dabei emittierten Strahlung ist – man spricht dann von einer kürzeren *Lebensdauer* des Anregungszustands. Die Herstellung einer Besetzungsinversion wird also mit zunehmender Laserlichtfrequenz immer stärker durch die spontane Emission behindert, was zur Folge hat, daß die Erzeugung von Laserlicht umso schwieriger wird, je kürzer die gewünschte Wellenlänge ist.

Optisches Pumpen und stimulierte Emission zwischen nur zwei Energieniveaus genügen zur Erzeugung einer Besetzungsinversion also offensichtlich nicht, man käme damit im günstigsten Fall nur auf gleich viele Absorptions- wie Emissionsvorgänge. Ein möglicher Lösungsweg besteht darin, die Elektronen mittels starker elektrischer oder magnetischer Felder aus dem unteren Energieniveau weitgehend zu entfernen. Er funktioniert jedoch nur zur Erzeugung ziemlich langwelligen Laserlichts, und zwar selbst dann, wenn man zum Pumpen andere Methoden nutzt. Kürzere Wellenlängen – im sichtbaren, UV- oder Röntgenbereich – bekommt man nur, wenn man beim Laserprozeß mehr als zwei Energieniveaus zum Einsatz bringt, so daß beispielsweise das zum optischen Pumpen benutzte Licht nicht gleichzeitig zur Emission stimulieren kann. Das setzt natürlich die Auswahl eines geeigneten *Lasermediums* voraus, welches fest, flüssig, gasförmig oder auch ein Plasma sein kann.

Beim Drei-Niveau-Laser (Abb. 23.1) befindet sich ein Anregungszustand *2* höherer Lebensdauer etwas unterhalb eines kurzlebigeren Anregungszustands *3*, in den die Elektronen der Laseratome gepumpt werden, optisch oder auf andere Weise. Von diesem wechseln sie schnell und häufig sogar strahlungsfrei[26] in den Zustand *2* über. Da die spontane Emission hier etwas länger auf sich warten läßt und sie im Falle optischen Pumpens auch nicht durch das Pump-

---

[26] Die bei diesem Übergang freiwerdende Energie geht dann in Bewegungsenergie der Atome über.

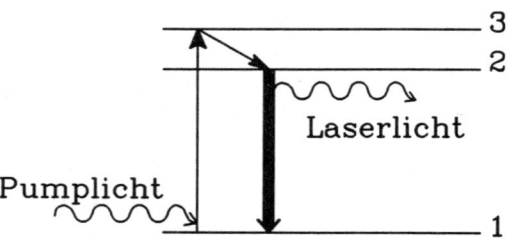

Abb. 23.1: *Energieniveaus und Übergänge in einem Drei-Niveau-Laser.*

licht aus diesem Zustand herausgeworfen werden können, wird dieser rasch gegenüber dem Grundzustand *1* übervölkert. Anschließend wird der Übergang von *2* nach *1* durch induzierte Emission erzwungen.

Um nun das Laserlicht noch weiter zu verstärken, führt man es durch Reflexion an geeignet postierten Spiegeln mehrmals durch das Lasermedium hindurch, um es noch mehr Emissionen induzieren zu lassen (Abb. 23.2). Einen der Spiegel macht man halbdurchlässig, so daß auch Licht das als *Resonator* bezeichnete Verstärkergefäß verlassen kann. Auf diese Weise gewinnt man einen zunächst noch relativ schwachen Ausgangsstrahl. Diesen führt man sodann einer Verstärkerkette zu, die aus vielen hintereinander angeordneten Lasern gleichen Typs besteht. Durch all diese wird der Laserstrahl hindurchgelenkt, wobei er in jedem durch Abruf darauf wartender Photonen verstärkt wird. Am Ende der Verstärkerkette ist er etwa millionenmal so stark wie an deren Anfang. Manchmal wird der Ausgangsstrahl auch in mehrere Teilstrahlen aufgespalten, von denen jeder in einer eigenen Verstärkerkette intensiviert wird.

Je nach der Art des Lasermediums und der Methode, wie die stimulierte Emission herbeigeführt wird, bekommt man entweder einen kontinuierlichen Betrieb mit relativ niedriger Strahlungsleistung oder aber einen Pulsbetrieb mit höherer Strahlungsleistung, bei dem die Inversion zerstört wird. Wenn man extrem kurze Pulsdauern in Kauf nimmt, kommt man dabei auf wahrhaft gigantische Leistungswerte. NOVA, der zur Zeit größte Laser der Welt – es handelt sich um einen Neodym-Glas-Laser in Livermore (USA), der primär infrarotes Licht erzeugt, von 10 000 Blitzlampen optisch gepumpt wird und mit zehn je 137 m langen Verstärkerketten ein Gebäude von 50 m Länge, 10 m Breite und 10 m Höhe füllt (Farbtafel 16) – überträgt in seinen zehn Strahlen bei einer Pulsdauer von etwa $5 \cdot 10^{-10}$ Sekunden insgesamt eine Energie von maximal einhunderttausend Joule. Diese Energiemenge, die dazu ausreicht, um ein 1000 kg schweres Auto zehn Meter hochzuheben, ist in einem Lichtstrahl von nur ein paar Zentimetern Länge untergebracht! Die dabei erzielte Leistung erreicht – allerdings nur für die kurze Dauer des Pulses – $2 \cdot 10^{14}$ Watt, ein Wert, der die Energieversorgungsleistung der ganzen Menschheit übersteigt. Bei der Erzeugung des Laserlichts geht allerdings sehr viel an Energie verloren: In Glas-Lasern wie NOVA findet man im Laserstrahl nur 0,1 Prozent der zur Erzeugung aufgewandten Energie, und Kryptonfluorid-Laser mit ihrer sehr viel besseren Energieverwertung von 2 bis 5 Prozent liefern derzeit höchstens ein Zwanzigstel der Energie von NOVA, allerdings bei deutlich kürzerer Wellenlänge.

Die Art seiner Erzeugung führt dazu, daß Laserlicht fast völlig *monochromatisch* (= einfarbig, von griech. *mónos* = alleine, *chrõma* = Farbe) und sehr *kohärent* (lat. *cohaerens* = zusammenhängend; das Licht besteht aus langen,

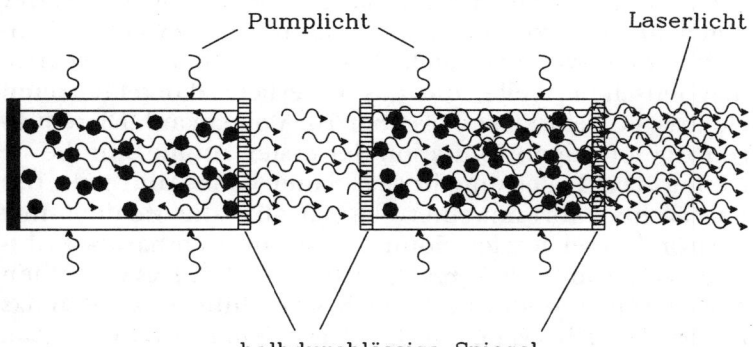

Abb. 23.2: *Verstärkerkette aus zwei Lasern.*

räumlich und zeitlich synchronisierten Wellenzügen, die quasi im »Gleichschritt« laufen) ist: Nur Licht der zu dem Übergang *2 → 1* passenden Frequenz wird nämlich verstärkt, und die Photonen aus verschiedenen Atomen werden von der induzierenden Welle in synchronisierter Weise abgerufen. Diese Eigenschaften stehen im krassen Gegensatz zu denen des Lichts der Sonne oder von Glühlampen, das viele Farben enthält und aus einer Folge vieler kurzer und inkohärenter Wellenzüge besteht. Sie führen dazu, daß man Laserlicht extrem gut bündeln und fokussieren kann. Dies läßt sich dazu ausnutzen, die großen, in einem kurzen Laserlichtstrahl speicherbaren Energiemengen einer sehr kleinen Materiemenge schlagartig zuzuführen. Von 10^5 Watt Strahlungsleistung des Pumplichts, die durch einen Quadratzentimeter fließen, kommt man durch die Verstärkung und Fokussierung des Laserlichts bis über 10^{18} Watt/cm².

Die Kompression der Brennstoffkapsel

Stellen wir uns jetzt vor, daß ein relativ schwacher, gepulster Startstrahl in eine Reihe von Teilstrahlen aufgespalten wird, daß jeder von diesen in einer Verstärkerkette verstärkt wird und daß die verstärkten Laserstrahlen schließlich möglichst gleichmäßig von allen Seiten auf ein Kügelchen – Physiker bevorzugen das englische Wort *Pellet* oder sagen *Kapsel* – fokussiert werden, das den Fusionsbrennstoff enthält (vgl. Farbtafeln 17–19). Im Fokus der elektromagnetischen Welle, die das Laserlicht darstellt, treten elektrische Feldstärken bis über 10^9 Volt/cm auf. Diese führen zur sofortigen Ionisation der ersten Atome, auf die sie treffen. Das Pellet umgibt sich daher beim Auftreffen des Laserlichts sofort mit einer Plasmawolke, die wie der – nur während einer totalen Sonnenfinsternis sichtbare – Lichtkranz der Sonne als *Korona* bezeichnet wird. Das Erreichen einer Grenzfrequenz in dieser Korona führt dazu, daß das Laserlicht nicht weiter in das Pellet dringt, sondern seine Energie zum größten Teil in der relativ dünnen Plasmarandschicht deponiert. Diese wird hierdurch auf etwa 3,5

330

Millionen Grad aufgeheizt, während das Laserlicht zu einem kleinen Bruchteil reflektiert wird. Bevor wir uns mit der weiteren Dynamik des Geschehens befassen, wollen wir uns erst überlegen, was das Laserlicht bewirken soll und kann. Davon hängt nämlich ab, wie das Pellet gestaltet wird, welche Wellenlänge des Laserlichts bevorzugt und wie die Energiezufuhr zeitlich aufgeteilt wird.

Die Bedingungen für das Zünden des nuklearen Feuers sind für Laserfusionsplasmen trotz gewisser Unterschiede in den Ursachen fast dieselben wie für magnetisch eingeschlossene Plasmen: Der Brennstoff muß auf mindestens 60 Millionen Grad gebracht werden, und das Produkt Teilchendichte mal Einschlußzeit muß einen kritischen Wert überschreiten, der von der Temperatur abhängt und z. B. bei 100 Millionen Grad rund 10^{15} s/cm^3 beträgt. Doch während man beim magnetischen Einschluß sehr dünne Plasmen (nur etwa 10^{14} Teilchen/ccm) relativ lange einschließt (1 bis 2 Sekunden Energieeinschlußzeit, etwa fünfmal so lange Teilcheneinschlußzeit), tut man das bei der Laserfusion mit außerordentlich dichten Plasmen (etwa 10^{25} Teilchen/ccm) nur für die extrem kurze Zeit von einigen Nanosekunden (1 Nanosekunde = 10^{-9} Sekunden). Die angegebene Grenze von 10^{15} s/cm^3 stellt bei der Laserfusion nur eine Minimalforderung dar, die lediglich zur Zündung führt. Wenn man möchte, daß ein wesentlicher Teil des Brennstoffs verbrannt wird, muß das Produkt sogar noch größer sein: um den Faktor 10 für dreißigprozentige und 20 für fünfzigprozentige Verbrennung. Als Einschlußzeit kann man ungefähr die Zeit ansetzen, die die Atomkerne des Pellets benötigen, um mit ihrer thermischen Geschwindigkeit – beim Deuteriumkern sind das in einem 100 Millionen Grad heißen Plasma etwa 1000 km/s – vom Zentrum des Pellets bis an dessen Rand zu gelangen; sie wächst daher proportional zum Radius des Brennstoffpellets. In der Laserfusionsforschung ist es üblich, die Einschlußzeit durch den Pelletradius und die Teilchendichte durch die zu ihr proportionale Massendichte des Brennstoffs auszudrücken. Damit erhält man statt der oben angegebenen die folgenden Forderungen: *Für die Zündung des nuklearen Feuers muß das Produkt Massendichte mal Pelletradius oder, was das-*

selbe ist, das Verhältnis der Pelletmasse zum Quadrat des Pelletra-
dius mindestens 3 g/cm² betragen, und für dreißig- oder fünfzig-
prozentige Verbrennung das Zehn- oder Zwanzifache davon. Aus
diesen Forderungen können entscheidende Konsequen-
zen gezogen werden. Ein Deuterium-Tritium-Gemisch läßt sich relativ leicht
gefrieren und hat dann eine Dichte von 0,2 g/ccm. Bei dieser Dichte müßte der Pelletradius 15 cm betragen, damit
nach der Aufheizung auf 100 Millionen Grad unsere Forderung für dreißigprozentigen Abbrand erfüllt wird. Die
innerhalb dieses Radius befindliche Brennstoffmenge von
beinahe 3 kg würde zur Aufheizung eine Energiezufuhr
von $2,75 \cdot 10^{12}$ Joule erfordern, was kein Laser der Welt
erreichen kann. Allerdings würde sie etwa die fünfundacht-
zigfache Menge an Fusionsenergie liefern, was der Energiefreisetzung bei der Explosion von 60 000 Tonnen TNT
entspräche – wiederum entschieden zu viel, um beherrsch-
bar zu sein. Unsere Bedingung bietet jedoch einen großar-
tigen Ausweg aus dem Dilemma zu hoher Heizenergie und
nicht beherrschbarer Energiefreisetzung: Verringert man
den Pelletradius, so kann man auch die Pelletmasse reduzieren, und zwar sogar um einen größeren Faktor als den
Radius. Bei dessen Kürzung beispielsweise auf ein Tausendstel erhält man nämlich beim millionsten Teil der Pelletmasse (3 mg) denselben Wert unseres Quotienten wie
zuvor. Man hat jetzt ein viel kleineres Brennstoffpellet von
nurmehr 0,15 mm Radius und braucht zum Aufheizen der
millionenmal kleineren Brennstoffmasse auch millionenmal weniger Energie, also nur 2,75 Megajoule, was nicht
mehr so weit von heutigen Laserpulsenergien entfernt
liegt. Natürlich erniedrigt sich auch die erzielbare Fusionsenergie um den Faktor 1 Million, wobei es sie aber gegenüber
der Heizenergie bei der 85fachen *Energieverstärkung* bleibt.
Die Energiefreisetzung entspricht jetzt der bei einer Explosion von nurmehr 60 kg TNT, eine Zahl, die nicht mehr
ganz so schrecklich klingt. Wenn man den Radius auf ein
Tausendstel und die Pelletmasse auf ein Millionstel reduziert, erhöht sich allerdings die Dichte um den Faktor 1000
– und wir haben bei unserem großen Pellet schon mit Festkörperdichte begonnen! Die angenehmen Ergebnisse für

die Energien müssen also mit einer ganz extremen Kompression des Brennstoffs auf 1000fache Festkörperdichte erkauft werden, eine Dichte, wie sie etwa im Sonnenzentrum herrscht. (Unkomprimiert, also bei normaler Festkörperdichte, ist unser kleines 3 mg Pellet zehnmal größer und hat einen Radius von 1,5 mm.) Wir werden später sehen, daß die als Beispiel ausgewählte tausendfache Kompression etwa den Forderungen an einen Fusionsreaktor gerecht wird.

Hier stellt sich natürlich die Frage: Lassen sich derartige Dichten überhaupt herstellen, und wenn ja, wie? Eine relativ einfache Rechnung liefert die Antwort auf die erste Frage: Die Energie, die zum Zusammenpressen eines Deuterium-Tritium-Gemischs auf 1000fache Festkörperdichte benötigt wird, beträgt weniger als 1 Prozent der zur Aufheizung auf 100 Millionen Grad erforderlichen Energie. Die Antwort lautet daher: Es ist möglich. Zusätzlich eröffnet sich hier eine neue, sehr vielversprechende Perspektive: Wenn es gelänge, zwar den ganzen Brennstoff auf die erforderliche Dichte zu komprimieren, die Temperatur aber nur an einer Stelle so weit anzuheben, daß das nukleare Feuer gezündet wird und sich von diesem *Zündpfropfen* aus von selbst ausbreitet, könnte man eine Menge Energie einsparen.

Zur Beantwortung der zweiten Frage wollen wir jetzt unsere zuvor unterbrochene Untersuchung der dynamischen Vorgänge in dem Brennstoffpellet weiterführen. Die einhüllende Korona absorbiert den größten Teil des Laserlichts und läßt von diesem nichts weiter nach innen dringen – es wäre also gar nicht möglich, den ganzen Brennstoff direkt mit dem Laserlicht zu heizen. Doch durch die Heizung der Korona kommt es in dieser zu einer gewaltigen Druckerhöhung. Diese führt dazu, daß eine sich zur Stoßwelle aufsteilende Druckwelle in das noch kalte Pelletinnere läuft, während das Plasma der Korona als *Ablationsschicht* (von lat. ablatio = das Wegbringen) mit Überschallgeschwindigkeit nach außen strömt (siehe Abb. 23.3). Wie beim Raketenantrieb üben die mit etwa 1000 km/s davonströmenden Teilchen der Ablationsschicht einen gewaltigen Rückstoß aus, der das hinter der Stoßwelle herlaufende Material mit einem Druck von etwa 10^8 Atmosphären ins Pelletzentrum drückt und auf eine Geschwindigkeit von etwa 300 km/s beschleunigt. Das Laserlicht bewirkt also von selbst, was wir vorher als günstig festgestellt hatten, nämlich die Kompression des Brennstoffs und keineswegs nur dessen Heizung. Und jeder Leser dieses Buchs wird fürderhin die richtige Antwort wissen, wenn er die oft geäußerte Meinung hört, es sei der Lichtdruck, der die Kompression bewirkt – dieser ist dazu viel zu schwach. Natürlich tut sich zwischen dem nach außen und nach innen strömenden Material keine Lücke auf, vielmehr wandert der Radius, bei dem sich der Übergang von Außen- auf Innenströmung vollzieht, auf das Pelletzentrum zu. Außerdem wird am noch unverdampften Pelletrand laufend neues Plasma abgedampft, das Nachschub für die Korona liefert (siehe Abb. 23.3).

Je höher die Intensität der Laserstrahlung, umso stärker ist die ins Zentrum laufende Stoßwelle, deren Stärke durch die von ihr bewirkte Druckerhöhung gemessen wird. Aber sie hinterläßt das Material, das sie durchlaufen hat, nicht

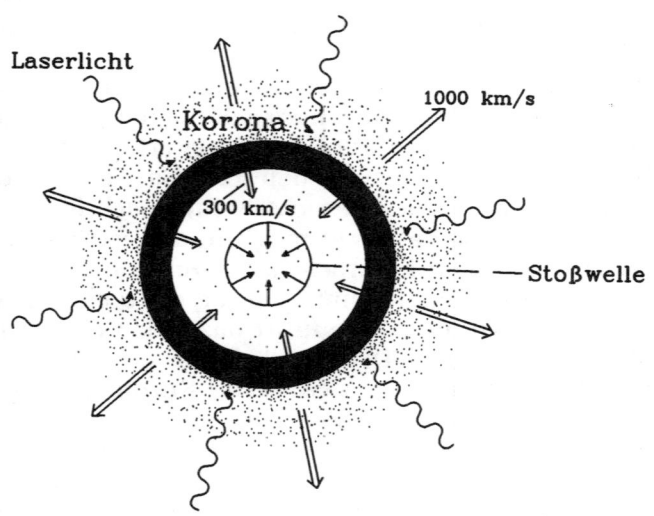

Abb. 23.3: *Dynamik bei der Kapselkompression.*

nur verdichtet, sondern auch durch Kompressionsheizung erhitzt. Dabei führt die Erhöhung des – zur Dichte und zur Temperatur proportionalen – Drucks hinter der Stoßwelle überwiegend zur Erhöhung der Temperatur, die mit zunehmender Stoßwellenstärke immer höher wird, während die Verdichtung nur gegen 4 als Maximalwert strebt. Im Vergleich zu der geforderten 1000fachen Verdichtung ist das natürlich viel zu wenig. Es muß also ein Ausweg gefunden werden, der dafür sorgt, daß statt der Temperatur in erster Linie die Dichte erhöht wird, wobei berücksichtigt werden muß, daß sich ein kaltes Medium wegen seines niedrigeren Drucks mit viel geringerem Energieaufwand als ein heißes komprimieren läßt.

Der Weg, der heute zur Lösung dieses Problems favorisiert wird und gleichzeitig die oben dargestellte Zündpfropfenidee realisiert, ist folgender: Das Pellet wird aus Schichten aufgebaut. Außen befindet sich eine als »Treiber« bezeichnete Plastikschicht, die aus schwereren Kernen als der Brennstoff besteht und von der Laserstrahlung nach und nach in das Koronaplasma umgewandelt wird; an diese Plastikkapsel schließt sich eine Schicht gefrorenen Brennstoffs an; das Innere bleibt hohl und wird durch Verdampfen von Brennstoff von selbst mit einem dünnen Gas gefüllt. Der noch nicht ablatierte kalte Teil der Plastikschicht treibt den Brennstoff vor sich her und schützt ihn vor der Hitze der Korona. Den Laserpuls läßt man nun nicht gleich zu Beginn mit voller Intensität auftreffen, so daß die von ihm ausgelöste Stoßwelle bei nicht zu großer Stärke den gefrorenen Brennstoff auch nicht übermäßig heizt. Im dünnen Restgas des hohlen Inneren wird sie plötzlich sehr viel stärker und heizt dieses auch sehr viel stärker auf. Im Zentrum angekommen, wird sie reflektiert, dabei abermals verstärkt und heizt auf ihrem Rückweg das Gas erneut weiter. Dieses wird schließlich in der *Stagnationsphase* von dem ankommenden Brennstoff, den es abbremst, noch stärker komprimiert, hierdurch noch weiter aufgeheizt und muß dabei den Sprung über die Zündtemperatur schaffen: Das dünne Gas im Innern bildet also den späteren Zündpfropfen. Zu lösen ist noch die Aufgabe, die gefrorene Brennstoffschicht auf tausendfache Dichte zu

335

komprimieren. Hierzu läßt man die Laserintensität und mit ihr den Koronadruck nach Durchlauf der ersten Stoßwelle immer stärker werden. Dies führt dazu, daß eine stetige Folge immer stärker werdender Kompressionswellen in den Brennstoff hineinläuft. Jede von diesen erhöht die von den Vorgängern hervorgerufene Verdichtung, so daß man in der Gesamtwirkung weit über die durch eine einzige Kompressionswelle erzielbare Maximalverdichtung hinauskommt. Wenn man die Steigerung der Laserintensität richtig berechnet, kann man erreichen, daß die durch sie hervorgerufenen Druckwellen weniger die Temperatur als die Dichte des Brennstoffs erhöhen, daß der Brennstoff seine Maximalverdichtung erst bei seiner Ankunft in der Nähe des Kapselzentrums erreicht und daß das gerade dann geschieht, wenn sich der Zündpfropf dort gebildet hat. Der Druck erreicht im Zentrum dann die wahrhaft astronomische Stärke von 10^{11} bis 10^{12} Atmosphären und sorgt wie die Dichte für Bedingungen, wie sie im Zentrum der Sonne und vieler Sterne herrschen.

Wenn im Zündpfropfen das nukleare Feuer gezündet wurde, fliegen die in ihm entstandenen Fusionsneutronen zwar durch den noch unverbrannten Brennstoff und die Korona hindurch auf und davon und nehmen dabei 80 Prozent der Fusionsenergie mit sich fort. Aber sofern in der Umgebung des »Zündpfropfens« die Zündbedingung erfüllt ist, werden die gleichzeitig gebildeten Alphateilchen dort durch Coulomb-Stöße abgebremst, deponieren die von ihnen mitgebrachten restlichen 20 Prozent der Fusionsenergie als *Bootstrap-Heizung* und kompensieren damit nicht nur die durch Bremsstrahlung entstehenden Energieverluste, sondern heizen die Umgebung auch noch über die Zündtemperatur. (Die Zündbedingung kommt durch die Forderung zustande, daß sich alles genau so abspielt.) Dies bedeutet, daß das nukleare Feuer auf die Nachbarschaft des Zündpfropfens übergreift und sich wie ein Buschfeuer so weit nach außen vorwärts frißt, wie die Zündbedingung erfüllt ist.

Komplikationen

Leider gibt es auch bei der Laserfusion eine Reihe von Komplikationen, die dafür sorgen, daß nicht alles so ideal abläuft, wie es zuletzt beschrieben wurde.

Langwelligeres Laserlicht dringt nur bis zu Schichten relativ geringer Dichte vor und regt in diesen durch Modenkonversion Langmuir-Oszillationen an, die über den Mechanismus der Landau-Dämpfung Energie auf resonante Elektronen übertragen. Die letzteren gewinnen dadurch sehr viel Energie und stoßen kaum noch mit den Ionen der Korona. Dies hat zur Folge, daß sie als *suprathermische* Elektronen aus der Korona heraus tief in den noch ungeheizten Brennstoff eindringen oder nach außen davonfliegen. Durch diesen Elektronenverlust bekommt die Korona eine positive Ladung, welche auch die nach außen entweichenden Elektronen wieder zurückholt und ebenfalls in Richtung Kapselzentrum lenkt, wo sie durch Stöße abgebremst werden. Mitunter kommt es sogar vor, daß einige übers Ziel hinausschießen und vor ihrer Abbremsung mehrere, durch das Zentrum hindurchführende Schwingungen ausführen. Da die suprathermischen Elektronen ihre – letztlich dem Laserlicht entnommene – Energie schließlich im Brennstoff deponieren, führen sie zu dessen unerwünschter vorzeitiger Heizung. Dabei wird nicht nur Laserenergie zweckentfremdet, sondern durch die mit der Heizung verbundene Druckerhöhung auch die nachfolgende Kompression auf höhere Dichten erheblich erschwert. Bei der Verwendung von Treibermaterial mit schwereren Kernen höherer Kernladungszahl bewirkt die noch nicht ablatierte Treiberschicht eine bessere Abschirmung des Brennstoffs vor solchen suprathermischen Elektronen.

Deren Erzeugung spielt jedoch nur bei Verwendung von langwelligem – infrarotem – Laserlicht eine wesentliche Rolle und kann weitgehend vermieden werden, wenn man zu kürzeren Wellenlängen übergeht. Da die Grenzfrequenz-Dichte mit dem Quadrat des Kehrwerts der eingestrahlten Wellenlänge anwächst, erfolgt die Absorption des Laserlichts dann nämlich bei viel höheren Dichten, wo Teilchenstöße häufiger sind. Sie kommt dann überwiegend durch diese zustande, während die Modenkonversion und Erzeugung suprathermischer Elektronen in den Hintergrund tritt. Außerdem haben kürzere Wellenlängen auch noch den Vorteil, daß mehr Laserenergie absorbiert wird, was dem Energieverstärkungsfaktor zugute kommt. Zu einem Zeitpunkt, als man all dies noch nicht wußte, wurde in den USA für einige Hundertmillionen Dollar ein großer Infrarotlaser »Antaris« gebaut, der jedoch nie zum Einsatz kam, weil er zu langwelliges Licht produzierte und nur Elektronen geheizt hätte.

Nun gibt es aber nicht für jede gewünschte Wellenlänge Laser. Insbesondere hatten bis vor wenigen Jahren nur Infrarotlaser die für Fusionszwecke benötigten hohen Strahlungsintensitäten. Mit einem Trick, der *Frequenzkonversion*, gelang es dann jedoch, die Wellenlänge ihres Lichts zu reduzieren. Dazu muß man dem Laserlicht durchsichtige Scheiben in den Weg stellen, die aus speziellen und sehr sorgfältig hergestellten Kristallen unter genau vorgeschriebenen Winkeln gegenüber der Kristallachse herausgeschnitten werden. Je nach Zahl und Anordnung der Scheiben kann die Wellenlänge hierdurch halbiert, gedrittelt oder geviertelt werden. Wenn in eine derartige Anordnung auf der einen Seite z. B. rotes Laserlicht hineingeschickt wird, kommt grünes auf der anderen heraus. Allerdings muß man für diese an Zauberei grenzende Verwandlung einen Preis bezahlen: Ein Teil der Laserenergie geht dabei verloren. Das infrarote Licht des Lasers NOVA kann so mit einem Wirkungsgrad von etwa 70 Prozent (30 Prozent Energieverlust) in grünes und von etwa 50 Prozent in UV-Licht konvertiert werden. Neuerdings hat man auch große Fortschritte bei der Entwicklung leistungsstarker Laser erzielt, die kurzwelligeres Licht direkt erzeugen (Kryptonfluorid-Laser).

Für eine starke Brennstoffkompression sind noch weitere Gesichtspunkte von Bedeutung. Einer besteht darin, daß die Implosion sehr symmetrisch erfolgen muß. Bei der Kompression eines vollen Pellets auf die 1000fache Anfangsdichte schrumpft dessen Radius auf ein Zehntel seines Anfangswerts. Wenn sich nun die anfängliche Implosionsgeschwindigkeit zweier Oberflächenpunkte nur um ein Zehntel unterscheidet, landet der langsamere von beiden beim doppelten Endradius des zweiten. Hierdurch bekommt die anfängliche Kugel eine sehr unsymmetrische Gestalt mit einem deutlich größeren als dem geplanten Endvolumen und einer entsprechend niedrigeren Kompression. Bei einer größeren Hohlkapsel mit einer dünnen Brennstoffschicht können noch viel ungünstigere Wegunterschiede zustandekommen. Damit die Implosion überall gleich schnell erfolgt, muß man daher für eine möglichst gleichmäßige Verteilung der Laserenergie auf die Kugeloberfläche sorgen, diese Energie also auf möglichst viele Strahlen aufteilen. Dabei hilft etwas mit, daß Ungleichmäßigkeiten der Bestrahlung z.T. durch die hervorragende Wärmeleitung in der Korona ausgeglichen werden. Dennoch dürfen die Intensitätsunterschiede auf der Bestrahlungsoberfläche nicht mehr als 2 Prozent betragen.

Zu dieser strengen Forderung trägt bei, daß das Auftreten einer *Rayleigh-Taylor-Instabilität* ähnliche, aber noch viel unangenehmere Auswirkungen hat. Diese Instabilität wurde erstmals von den englischen Physikern Lord Rayleigh (ehemals John William Strutt, Physik-Nobelpreis 1904) und G.I. Taylor untersucht und tritt dann auf, wenn eine schwere Flüssigkeit im Schwerefeld über eine leichtere geschichtet wird. Die schwere wölbt sich an verschiedenen Stellen nach unten durch und drängt die leichtere nach oben – ein Effekt, der sich sehr schön an gerahmten Modellexperimenten beobachten läßt, die man käuflich erwerben kann. Bei der Implosion der Fusionskapsel übernehmen die der Einwärtsbeschleunigung entgegengerichteten Trägheitskräfte die Rolle der Schwerkraft, ganz ähnlich wie in einem anfahrenden Auto, wenn man von den Trägheitskräften entgegen der Beschleunigung gegen die Rückenlehne gedrückt wird. Der einwärts strömende Anteil des leichteren Koronaplasmas befindet sich in diesem radialen Feld der Trägheitskräfte »unterhalb« des noch nicht abgedampften und daher schwereren Treibermaterials sowie des Brennstoffs. Die Rayleigh-Taylor-Instabilität verstärkt kleine Abweichungen von der Symmetrie der Implosion, wie sie z.B. durch ungleichmäßige Bestrahlung hervorgerufen werden, noch mehr, als es die oben angegebenen rein geometrischen Gründe erklären würden, und reduziert dadurch die Effizienz der Kompression. Noch nachteiliger ist jedoch, daß eine Rayleigh-Taylor-Instabilität auch gegen Ende der Implosion am Rand des eben erst entstandenen Zündpfropfens auftreten kann. Nachdem die Kompression bis zum Zentrum der Kapsel vorgedrungen ist, kommt es in der Stagnationsphase nämlich zur Abbremsung der Einwärtsströmung, wobei die Beschleunigung des Materials jetzt umgekehrt vom Zentrum weggerichtet ist, während die Trägheitskräfte in Richtung Zentrum weisen. Der heiße und daher leichtere Zündpfropfen befindet sich nun »unten«, und deshalb droht seine Durchmischung mit dem noch unverbrannten kalten und daher schweren Brennstoff. Der letztere ist wiederum leichter als der noch nicht ablatierte Treiber »über« ihm, so daß mit ihm ebenfalls eine Durchmischung droht: Seine Verdünnung und erhöhte Strahlungskühlung beim Erhitzen wäre dann die Folge. Wenn das alles eintreten würde, fände die Zündung gar nicht statt, oder das nukleare Feuer käme sehr schnell zum Erlöschen. Es gilt daher, die Amplitude dieser Instabilität so weit wie möglich zu begrenzen.

Die Situation bei der Kapselkompression ist allerdings etwas günstiger als bei übereinandergeschichteten Flüssigkeiten: Das Abströmen von ablatiertem Treibermaterial und die Wärmeleitung durch die Elektronen wirken stabilisierend auf die Rayleigh-Taylor-Instabilität am Außenrand des Brennstoffs. Auch die Verwendung kurzwelligen Laserlichts hätte über eine Erhöhung des Ablationsdrucks und andere Effekte einen günstigen Einfluß. Um den Ablationsdruck auf eine größere Fläche zu verteilen und damit eine größere Kraftwirkung auf die Brennstoffschicht zu bekommen, macht man die Brennstoffschicht selbst ziemlich dünn, so daß man zur Unterbringung einer gewünschten Brennstoffmenge einen größeren Kapselradius benötigt. (Eine Brennstoffmenge von beispielsweise 5 mg hat als Vollkugel einen Radius von 1,8 mm und als Hohlkugel mit einer Schichtdicke von 0,2 mm einen Außenradius von 3,25 mm, deren Oberfläche die der Vollkugel um den Faktor 3,2 übertrifft.) Diese Möglichkeit wird durch die Rayleigh-

Taylor-Instabilität auf eine – allerdings recht hohe – Maximalgrenze des Verhältnisses Radius zu Schichtdicke von etwa 30 eingeschränkt.

Eine ganz andere Methode, das Ziel gleichmäßiger Bestrahlung zu erreichen, nutzt das Laserlicht nur indirekt. Dabei wird die Fusionskapsel in eine metallische Hohlkugel gebracht, die z. B. aus Gold besteht. Durch kleine Öffnungen in der Oberfläche wird hier die Kugelinnenwand mit Laserlicht bestrahlt und aufgeheizt (Abb. 23.4). Die Wärmestrahlung der Hohlkugel, die bei der Aufheizung verdampft, besteht aus weicher Röntgenstrahlung. Auf Grund mehrfacher Absorptions- und Reemissionsprozesse bildet sich in dem Hohlraum ein sehr gleichmäßiges Strahlungsfeld, das sehr symmetrisch auf die Kapsel einwirkt und dieses in derselben Weise zur Implosion bringt, wie wir das vorher diskutiert haben.

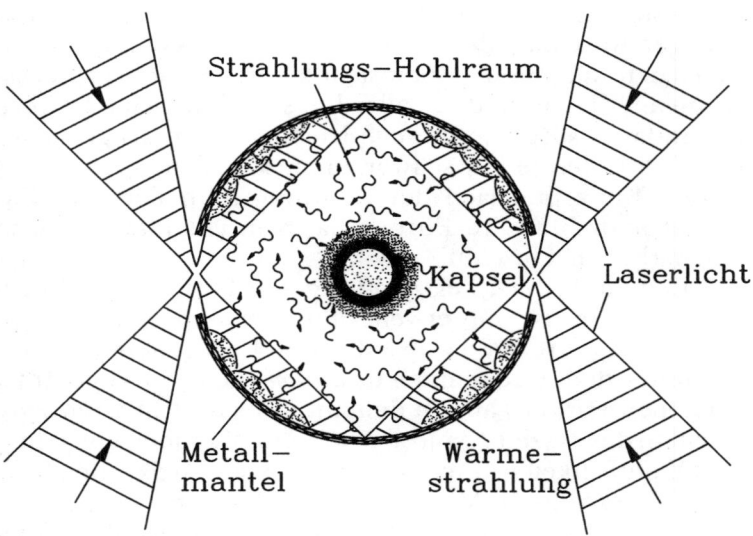

Abb. 23.4: *Indirekte Bestrahlung einer in eine metallische Hohlkugel eingebrachten Fusionskapsel (nach J. Meyer-ter-Vehn).*

341

Der Fusionsreaktor mit Trägheitseinschluß

Die mit der Laserfusion bisher erzielten Ergebnisse sind mit denen magnetischer Einschlußkonzepte hinsichtlich des Fusionsprodukts (Dichte mal Temperatur mal Einschlußzeit) vergleichbar (siehe Abb. 5.1 a)) – die um den Faktor 10^{-10} kleinere Einschlußzeit wird durch eine 10^{10}mal größere Dichte aufgewogen. Und wie beim magnetischen Einschluß wurden die erforderlichen Werte aller Größen einzeln schon erreicht. Mit – für die Zündung noch zu kleinen – Kapseln, die als Brennstoff bereits eine Deuterium-Tritium-Mischung enthielten, kam man bei der Kompression schon bis auf 600fache Festkörperdichte. Man hofft sogar, noch in diesem Jahrhundert eine Kapsel mit Laserlicht zu zünden – ein Laserpuls mit einer Energie zwischen 100 und 1000 Kilojoule ist bei direkter Bestrahlung dafür nötig –, und wäre dann dem magnetischen Einschluß sogar um eine Nasenlänge voraus. Dennoch ist dieser Vergleich etwas problematisch: Bei der Laserfusion muß man nämlich für einen Energiegewinn das Fusionsprodukt noch mindestens um den Faktor 10 über den Zündwert steigern; dagegen wäre man beim magnetischen Einschluß mit dem Erreichen der Zündung hinsichtlich des Fusionsprodukts schon am Ziel, muß dann allerdings noch für eine längere Brenndauer sorgen, was auch leichter gesagt als getan ist. Letztlich ist heute nur schwer zu entscheiden, welches der beiden Konzepte nach der Zündung schneller zum Fusionsreaktor führt. In Europa hat man jedenfalls auf den magnetischen Einschluß gesetzt.

Daß man das Ziel der Zündung von Fusionskapseln erreichen kann, ist mittlerweile übrigens experimentell erwiesen. Im Jahre 1986 wurden in den USA geheime Versuche unter dem Codenamen *Centurion Halite* durchgeführt, bei denen Fusionskapseln dem intensiven Licht ausgesetzt wurden, das bei der Explosion von Atombomben entsteht – die Öffentlichkeit erfuhr darüber in einem Artikel der New York Times vom 21. März 1988, nachdem trotz strikter Geheimhaltung auf Grund von Indiskretionen Berichte darüber an die Öffentlichkeit durchgesickert waren. Vorübergehende Beunruhigung wurde dadurch ausgelöst, daß zur

342

Zündung angeblich zehn- bis hundertmal höhere Energien als erwartet nötig waren. Die benutzten Kapseln sollen allerdings größer gewesen sein (angeblich 10 mm Radius) als die für einen Fusionsreaktor optimalen (ungefähr 3 mm Radius bei einem oder wenigen Milligramm Brennstoff), und eine Umrechnung auf letztere ergibt, daß man zu deren Zündung mit wirtschaftlichem Energiegewinn eine Laserstrahlenergie von fünf bis zehn Megajoule benötigt, die in etwa 10 Nanosekunden abgegeben wird. Das liegt zwar deutlich über der Energie eines NOVA-Pulses, erscheint aber nicht außer Griffweite. Für die Abschätzung der in einem Fusionsreaktor erforderlichen Bedingungen ist es übrigens von Vorteil, daß man bei der Trägheitsfusion zwischen Ergebnissen auf zwei Seiten interpolieren (Zwischenwerte berechnen, von lat. interpolare = [Schriften] verfälschen) kann, den Laserfusionsexperimenten auf seiten noch zu kleiner Energien und den eben genannten Centurion Halite-Experimenten sowie H-Bombentests auf der Seite zu großer Energien.

Die Anforderungen an einen wirtschaftlichen Laserfusionsreaktor wären ganz enorm: Da man zur Zeit nicht damit rechnen kann, in zum Herbeiführen der Zündung geeigneten Laserstrahlen mehr als 1 Prozent ihrer Herstellungsenergie wiederzufinden – man spricht von einer maximal einprozentigen *Effizienz* –, und da in einem Fusionskraftwerk eine ganze Reihe weiterer Energieverluste auftreten, z. B. rund 60 Prozent bei der Umwandlung der Fusionsenergie in elektrische Energie, müßte die Energieverstärkung (= Verhältnis Fusionsenergie zu Laserstrahlenergie) mindestens 2500 betragen. Man würde dafür Laser benötigen, die pro Puls viele hundertmal mehr Energie als NOVA liefern und das in der Sekunde etwa zehnmal wiederholen können. Von derartigen Energiepulsen und Repetitionsraten kann man bei Lasern zur Zeit lediglich träumen. Und damit sich der Reaktor auch amortisiert, müßte der Laser dieses Kunststück zudem etwa 20 Jahre lang vollbringen und die in dieser Zeit abgegebenen etwa 10^{10} Pulse ohne Schaden überstehen. Das alles sind Forderungen, die kaum zu erfüllen sind. So gut sich Laser zur Demonstration der Machbarkeit von Kernfusion durch

Trägheitseinschluß eignen – für einen Fusionsreaktor kommen sie aus den genannten Gründen derzeit kaum in Frage. Erst ein Durchbruch bei den schon erwähnten Kryptonfluorid-Lasern mit ihrer besseren Energieverwertung könnte diese Situation ändern. Aber es gibt noch einen anderen Weg, der gangbar scheint. Er besteht darin, den Laserstrahl durch hochenergetische Teilchenstrahlen zu ersetzen. Bei Elektronen- und Leichtionenstrahlen käme man zwar ohne Schwierigkeiten auf die geforderten Pulsenergien, bekäme aber Probleme bei ihrer Führung und Fokussierung. Die beste Eignung für einen Fusionsreaktor spricht man zur Zeit Schwerionenstrahlen (z. B. aus Wismutionen) zu. Bei ihrer Herstellung erwartet man eine Effizienz bis über 25 Prozent, und sie lassen sich zudem auch sehr gut führen und fokussieren. Bei der Erzeugung von Ionenstrahlen in Teilchenbeschleunigern handelt es sich um eine lange bewährte und sehr zuverlässige Technik, hohe Repetitionsraten der Strahlenpulse stellen keine Schwierigkeit dar, und man kann mit guter Haltbarkeit im Dauerbetrieb rechnen. Auf Grund der hohen Effizienz hat man viel geringere Energieverluste zu kompensieren, so daß man mit einer Energieverstärkung von etwa 100 auskommen wird, für die Pulsenergien zwischen 5 und 10 Megajoule ausreichen werden. Hochenergetische Schwerionen dringen allerdings sehr tief in Materie ein und lassen sich außerdem nicht gleichmäßig genug auf eine Fusionskapsel einstrahlen. Daher wird man sie ähnlich wie die Laserstrahlen in Abb. 23.4 indirekt nutzen und mit ihnen eine sehr gleichmäßige Hohlraumstrahlung erzeugen. Bei sehr hohen Energien würde man mit ihnen allerdings nicht unmittelbar die Wand des Hohlraums, sondern eigene Absorber bestrahlen, die man entweder im Hohlraum oder in dessen Wand unterbrächte. Hohlraumtemperaturen von etwa 3,5 Millionen Grad reichen aus, um die gleichmäßige Implosion und Kompression der Brennstoffkapsel zu bewirken. Die Gesellschaft für Schwerionenforschung (GSI) in Darmstadt hat einen Schwerionenbeschleuniger gebaut, mit dem auch Untersuchungen zur Trägheitsfusion durchgeführt werden sollen.

Die Vorteile eines Fusionsreaktors auf der Basis des Trägheitseinschlusses bestünden in der strikten Trennung des energieliefernden Treibers (Laser oder Ionenbeschleuniger) vom Fusionsplasma, in der Einfachheit der Reaktorgeometrie und in geringen Vakuumanforderungen an die Plasmaumgebung. Schwierigkeiten sieht man allerdings beim Schutz des Treibers vor den Fusionsneutronen und vor den Auswirkungen der Kapselexplosionen. Die mechanische »Wucht« der letzteren ist allerdings nicht so groß wie die von TNT-Explosionen gleicher Energiefreisetzung, weil bei wesentlich höheren Teilchenenergien weniger Impuls übertragen wird.

Die Wasserstoffbombe

Die H-Bombe enthält Elemente, die denen der in Abb. 23.4 gezeigten Laserfusionsanordnung sehr ähnlich sind. Kurz gesagt funktioniert sie in etwa so: Eine als *Primärsystem* oder *Trigger* (engl. = Abzug, Drücker) bezeichnete, möglichst kleine Kernspaltungsbombe erzeugt bei ihrer Explosion einen Röntgen- und Gammastrahlenblitz[27], der die Bombenwand aufheizt. Deren Wärmestrahlung – längerwellige Gammastrahlen und Röntgenlicht – bringt den zum *Sekundärsystem* gehörigen Fusionsbrennstoff zum Zünden; die hierbei freigesetzten Neutronen lösen dann nochmals explosive Kernspaltungsreaktionen aus. Die heute allgemein bekannte Aufteilung des Sprengvorgangs in die geschilderten drei Phasen war lange Zeit ein streng gehütetes Geheimnis. Offensichtliche Ähnlichkeiten mit dem Konzept der Laserfusion bildeten ursprünglich die Ursache für die bei der letzteren praktizierte Geheimhaltung. Der Nutzen, den die Bombenentwickler heute aus der Laserfusionsforschung ziehen können, besteht z. T. darin, daß sich an Hand der Bombe entwickelte Vorstellungen und Rechenmethoden an einem Beispiel überprüfen lassen; außerdem

---

[27] Gammastrahlen sind wie Röntgenstrahlen elektromagnetische Wellen, also »Licht«, nur daß ihre Wellenlängen noch viel kürzer bzw. ihre Photonen energiereicher sind.

kann man in kleinem Maßstab gewisse Auswirkungen von Bombenexplosionen (z. B. auf elektronische Geräte) simulieren. Die heute daraus abgeleiteten und nicht mehr besonders strikten Tendenzen zu einer Fortsetzung der Geheimhaltung sind aber sicher übertrieben. Denn es muß klar gesagt werden: Die Laserfusionsforschung bietet keinen Weg zu neuen Bomben; wollte man nämlich Fusionskapseln als Bomben einsetzen, so müßte man gleichzeitig mit jeder auch einen riesigen Laser abwerfen und würde damit doch nur die Sprengwirkung von einigen zig kg TNT erzielen.

Abb. 23.5 zeigt schematisch, wie man sich den Aufbau und die prinzipielle Wirkungsweise der H-Bombe in etwa vorzustellen hat. Ihr Geheimnis versteckt sich hinter einem Gehäuse aus Uran-238. Die primäre Kernspaltungsbombe (A-Bombe) darin ist eine Implosionsbombe, deren nuklea-

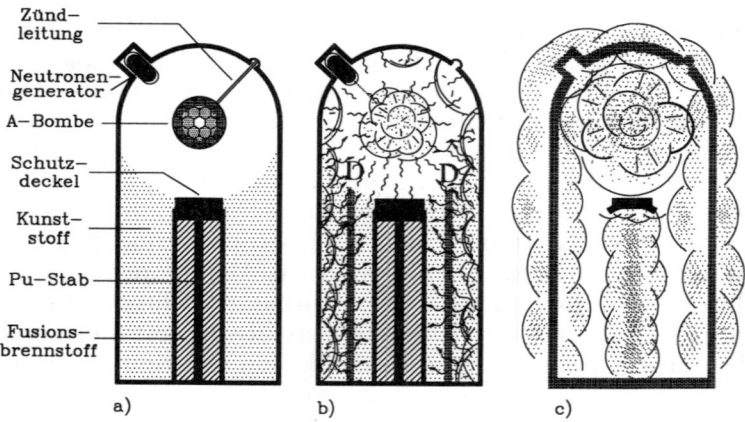

Zünd-
leitung

Neutronen-
generator

A—Bombe

Schutz-
deckel

Kunst-
stoff

Pu—Stab

Fusions-
brennstoff

a)   b)   c)

Abb. 23.5: *a) Schematischer Aufbau der H-Bombe; b) – c) Wirkungsweise der H-Bombe: b) Explosion der in der H-Bombe enthaltenen A-Bombe und Emission eines Röntgen- und Gamma-Strahlenblitzes, der aus den obersten Schichten der H-Bombenwand eine Plasmawolke »herausbrennt«; deren Wärmestrahlung überführt eine styroporartige Kunststoffschicht in den Plasmazustand. Eine sich ausbildende Druckwelle D läuft in den Hauptsprengsatz hinein. c) Explosive Kernfusion des Fusionsbrennstoffs und explosive Spaltung des Fissionsmaterials. (Teilweise nach H. Morland und R. Rhodes.)*

rer Sprengstoff von Hohlkugeln aus Plutonium-239 und Uran-235 gebildet wird. Die Implosion wird durch viele *Sprengstofflinsen* aus einem hochexplosiven chemischen Sprengstoff herbeigeführt, die um den Nuklearsprengstoff ähnlich wie die eckigen Teile einer Fußballhülle angeordnet sind und über eine komplexe Zündelektronik und -elektrik mit äußerster Präzision gleichzeitig gezündet werden. Hierdurch wird der Nuklearsprengstoff konzentrisch nach innen beschleunigt und so stark komprimiert, daß seine Dichte sich etwa verdoppelt und das Plutonium überkritisch wird. Die Kettenreaktion wird durch Neutronenbeschuß aus einem Neutronengenerator eingeleitet und verstärkt. Ein im Zentrum der Bombe unter hohem Druck eingeschlossenes gasförmiges Deuterium-Tritium-Gemisch wird bei der Implosion mit komprimiert, sehr stark erhitzt und liefert Fusionsneutronen, welche die Zahl der Spaltungsreaktionen noch vervielfachen. Demselben Zweck dient eine Kugelschale aus Beryllium, die den Nuklearsprengstoff umgibt, mit diesem implodiert und als Neutronenreflektor wirkt. Durch die Wucht ihrer Explosion fliegt die A-Bombe auseinander, wodurch die Spaltungsreaktionen zum Erlöschen kommen.

Der bei der A-Bombenexplosion entstehende Lichtblitz überholt das auseinanderfliegende Bombenmaterial, trifft vor diesem auf die Bombenwand aus Uran, heizt deren oberste Schicht und verwandelt sie in ein Plasma. Die intensive Wärmestrahlung der »heißen Ofenplatte«, zu dem die Bombenwand dadurch geworden ist, breitet sich ins Innere der Bombe aus. Ein mit dem eigentlichen Fusionsbrennstoff gefüllter Uranmantel, der in seinem Zentrum einen Stab aus Plutonium-239 enthält, bildet den Hauptsprengsatz der Wasserstoffbombe. Er wird von einem ziemlich dichten, styroporartigen Kunststoff umgeben, der die ankommende Wärmestrahlung absorbiert und dadurch in den Plasmazustand überführt wird.

Die nun folgenden Vorgänge sind denen in einer Laserfusionskapsel sehr ähnlich: Durch Druckanstieg im Plasma bildet sich eine sehr starke Stoßwelle, die in den Hauptsprengsatz hineinläuft und ihn komprimiert. Dessen dicker Urandeckel schützt ihn vor der Primärstrahlung der A-

Bombe, welche die vorzeitige Erhitzung des Brennstoffs bewirken und dadurch dessen Kompression erschweren würde. Sobald die Stoßwelle nach ihrer Ankunft im Zentrum des Hauptsprengsatzes reflektiert wurde, wird der zentrale Plutoniumstab auf Grund der besonders starken Kompression im Zentrum überkritisch – es kommt zu einer zweiten Kettenreaktion. Die durch diese freigesetzte Energie bringt den schon vorverdichteten Fusionsbrennstoff zur explosiven Zündung und Verbrennung. Fusionsneutronen verstärken die Kettenreaktionen des Plutoniumstabs, die kurz darauf auch auf das Uran des Schutzdeckels, der Wand des Hauptsprengsatzes und der Bombenwand übergreifen. Was am Schluß von der Bombe übrigbleibt, ist der Atompilz und radioaktiver »Fallout«.

Wird die meiste Energie durch Fusionsreaktionen freigesetzt, die zweite Spaltungsexplosion dagegen möglichst schwach gehalten, so spricht man von einer »sauberen Bombe«. Überwiegt dagegen die Energiefreisetzung durch die letztere, so wird viel radioaktives Spaltmaterial erzeugt, und man bekommt eine »schmutzige Bombe«. Der eigentliche Fusionsbrennstoff ist übrigens kein gasförmiges oder gar gefrorenes Deuterium-Tritium-Gemisch. Es handelt sich vielmehr um ein zu einer kreideartigen Konsistenz zusammengepreßtes Lithium-6-Deuterid-Pulver, eine Verbindung aus Lithium-6 und Deuterium, die im Gegensatz zum Tritium nicht radioaktiv und daher leichter zu handhaben ist. Eine geringe Beimischung von Tritium leitet den Fusionsprozeß ein, durch den die Lithium-6-Kerne in je zwei Tritiumkerne umgewandelt werden. Eine Ein-Megatonnen-H-Bombe mit der Explosionskraft von 1 Millionen Tonnen TNT ist nur etwa einen halben Meter dick und anderthalb Meter lang – sie würde problemlos in den Kofferraum eines Autos passen.

Der Leser wird davor gewarnt, diese Ausführungen als Anleitung zum Basteln einer H-Bombe aufzufassen – der Mißerfolg ist garantiert. Die hier gegebenen Informationen sind seit 1978 allgemein bekannt, haben nur qualitativen Charakter und sind voraussichtlich in einigen Details auch nicht korrekt. Ganz offensichtlich kommt es sehr genau auf Feinheiten an, damit alle Vorgänge aufeinander abgestimmt in der richtigen Reihenfolge ablaufen. Außerdem ist eine sehr komplizierte Technik involviert, die nicht nur sehr viel Geld, sondern auch ein schwer zu erwerbendes Knowhow erfordert.

Aber wie kam es, daß das so lange strikt gehütete Geheimnis der H-Bombe gelüftet wurde? Ende 1978 machte sich der freischaffende Journalist H. Morland (USA) an dessen Ergründung, um über die Ergebnisse seiner Recherchen in »The Progressive« (engl. = der Fortschrittliche) zu berichten, einer in Madison (Wisconsin) erscheinenden und für die Friedensbewegung engagierten Monatszeitschrift. Seine Motivation bestand in der Überzeugung, daß es viel eher zu falschen politischen Entscheidungen kommt, wenn diese auf Grund geheim gehaltener Fakten von einem kleinen exklusiven Kreis getroffen werden, als wenn sich die Entscheidungsbildung unter den kritischen Augen einer informierten Öffentlichkeit vollzieht. Morland hatte in seiner Ausbildung nur ein paar naturwissenschaftliche Anfängerkurse absolviert, war also für die selbstgestellte Aufgabe keineswegs prädestiniert. Ein halbes Jahr lang las er alles, was er an freigegebenem Material über die H-Bombe in die Hände bekommen konnte, darunter z. B. Anwerbungsbroschüren für Mitarbeiter von Bombenfabriken und Artikel über die durch H-Bomben hervorgerufene Umweltbelastung. Außerdem besuchte er Entwicklungslabors und Bombenfabriken, stellte dort in zahllosen Interviews Fragen und erfuhr, was ihm geantwortet werden durfte. All diese Puzzleteile fügte er, mit eigenen Spekulationen untermischt, zu einem Bild zusammen, das er von Experten überprüfen ließ. Nachdem sein fertiger Artikel von einem Lektor dem für die Geheimhaltung zuständigen Department of Energy zugeschickt worden war, reichten ihn die Herausgeber des »Progressive« dort kurz vor der beabsichtigten Veröffentlichung selbst ein mit der Bitte, ihn auf seine Richtigkeit zu überprüfen. Die Antwort war ein gerichtlich angeordnetes Publikationsverbot. Es kam zu einem Prozeß, der nach einem halben Jahr schließlich mit der Freigabe des Artikels endete: Dieser wurde am 14. November 1979 veröffentlicht.

Zwei Ereignisse hatten den Ausgang des Prozesses beeinflußt: Zum einen war in der Zwischenzeit ein offizieller Bericht über die bei Kernwaffen erzielten Fortschritte, der vieles offenlegte, aus Versehen freigegeben worden. Der zweite Anlaß klingt wie eine Kuriosität. Ein junger Programmierer aus Kalifornien hatte aus Spaß einen Wettbewerb zum Bau einer H-Bombe ausgeschrieben. Aus den eingegangenen Vorschlägen und eigenen Ideen bastelte er sich ein Gesamtbild über die H-Bombe zurecht. In einer Mischung aus Sorge und Stolz darüber, was ein Amateur herausfinden konnte, und aufgeschreckt durch Indiskretionen von Geheimnisträgern schrieb er über seine Erkenntnisse und Befürchtungen an einen Senator. Sein Brief wurde prompt zur Geheimsache erklärt, dann aber trotzdem in einer Zeitung publiziert.

V. Chemie und Physik der Kernfusion

24. Fusionsstöße

Wir haben bisher wie selbstverständlich unterstellt, daß man die hohen Teilchenenergien, die bei Fusionsstößen zur Überwindung der Coulomb-Barriere benötigt werden, am besten durch extrem hohe Temperaturen erzielt. Hier kann zu Recht die Frage aufgeworfen werden, ob sich nicht ausnutzen läßt, daß man in den modernen Teilchenbeschleunigern mühelos zu noch viel höheren Energien kommt. Man könnte z. B. daran denken, einen Strahl sehr schneller Deuteriumkerne auf ein deuteriumhaltiges *Target* (engl. für Zielscheibe, Substanz, auf die energiereiche Strahlung gerichtet wird) zu schießen, wie es ähnlich Rutherford und seine Mitarbeiter getan haben, als sie 1934 die Verschmelzung von Deuterium- zu Heliumkernen nachwiesen. Zu schnell sollten die hierfür benutzten Kerne aber auch nicht sein: Wenn sie Targetkernen so nahe kommen, daß sie mit ihnen im Prinzip verschmelzen könnten, muß ihnen hierfür nämlich auch die nötige Zeit gelassen werden, d. h. sie dürfen nicht zu schnell vorüberfliegen.

Nehmen wir an, die Kerne unseres Strahls haben eine Energie von je 0,1 MeV. (Ein Plasma müßte für derartige Teilchenenergien fast 800 Millionen Grad heiß sein!) Jeder Kern des Strahls, der zur Fusion mit einem Targetdeuteron kommt, würde dabei eine Energie von 3,7 MeV freisetzen und hiermit den Energiebedarf zur Beschleunigung von 37 Kernen auf die Strahlgeschwindigkeit liefern. Damit durch den Beschuß des Targets mehr Energie gewonnen als verbraucht wird, müßte also mindestens jeder siebenunddreißigste Kern des Strahls zur Fusion gelangen. Tatsächlich liegt die Zahl sogar noch etwas höher, weil bei den Fusionsreaktionen auch Tritium erzeugt wird, das ebenfalls mit Deuteriumkernen verschmelzen kann und dabei noch mehr Energie freisetzt. Doch leider verschwen-

351

det der Strahl seine Energie zum größten Teil zur Aufheizung des Targets durch Streu- und Ionisationsstöße. Er verhält sich wie die Schrotsalve eines blind zielenden Schützen, der winzigste Ziele treffen möchte, wobei pausenlos Hindernisse die Schußlinie durchkreuzen. Ein einziger Fusionsstoß kommt allein auf rund 300 Millionen Ionisierungsstöße; und selbst wenn man berücksichtigt, daß jeder Kern rund 10 000 derartiger Stöße machen kann, bevor er soviel Energie verloren hat, daß er zu Fusionsstößen keine Chance mehr bekommt, gelangt man insgesamt noch immer auf einen etwa tausendfachen Energieverlust. Der Beschuß eines Tritiumtargets mit einem Deuteriumstrahl wäre zwar deutlich günstiger, weil etwa hundertmal mehr Stöße zur Fusion führen würden und auch die Energieausbeute eines jeden höher läge. Aber auch dabei ließen sich nur Verluste machen.

Der Energieverlust durch Ionisierung von Atomen ließe sich vermeiden, wenn man den Strahl auf ein Plasma richten würde. Von unseren Überlegungen bei der Neutralteilchenheizung wissen wir jedoch, daß in einem relativ kühlen Plasma die Strahlenergie überwiegend an die Plasmaelektronen abgegeben wird. Daher kommen auch hier auf jeden erfolgreichen Fusionsstoß viel zu hohe Verluste durch Elektronenstöße. Interessant würde diese Vorgehensweise erst bei Temperaturen und Dichten, wie man sie ohnehin in einem thermonuklearen Reaktor benötigt. Tatsächlich gibt es Reaktorkonzepte, die diese Möglichkeit in Erwägung ziehen, insbesondere bei Fusionsreaktionen zwischen Kernen, die für eine effektive Energieausbeute besonders hohe Plasmatemperaturen erfordern. Schließlich könnte man noch daran denken, zwei hochenergetische Strahlen aus Deuterium- oder Tritiumkernen aufeinander zu schießen. Aber auch hier überwiegen wieder die Streustöße und mit ihnen die Energieverluste – wir werden abermals auf thermonukleare Plasmen zurückverwiesen. Eine sehr interessante Methode, mit der man ohne hohe Temperaturen zu Fusionsreaktionen kommt, die *kalte Fusion*, werden wir später kennenlernen. Doch auch bei ihr ist es noch mehr als fraglich, ob sie zu einem Fusionsreaktor führen wird.

Die Grundidee der thermonuklearen Kernfusion besteht darin, daß in einem Fusionsplasma die zur »Beschleunigung« der Brennstoffkerne aufgewandte Energie – beim Aufheizen des Plasmas werden die Kerne auf sehr hohe thermische Geschwindigkeiten gebracht – im Prinzip nicht (in der Praxis: nicht so schnell) von den unvermeidlichen, aber nutzlosen Streustößen aufgezehrt wird. Diese würden nämlich bei einem unendlich ausgedehnten Plasma homogener Temperatur überhaupt nicht schaden: Jeder Kern würde dann aus Gründen der Energieerhaltung genauso oft beschleunigt wie gebremst und erhielte dadurch immer wieder die für einen Fusionsstoß erforderliche Energie. Bei den realen Plasmen ist die Situation allerdings nicht so günstig.

Wie leicht einzusehen ist, sind auch in einem Fusionsplasma Streustöße sehr viel häufiger als Fusionsstöße: Bei der für einen Fusionsreaktor erforderlichen Dichte von rund 10^{20} Kernen pro Kubikmeter beträgt der mittlere Abstand der Kerne etwa $2 \cdot 10^{-7}$ m. Damit zwei aufeinander zufliegende Kerne eine Fusionsreaktion ausführen können, müssen sie sich – klassisch gesehen – auf etwa $3 \cdot 10^{-15}$ m annähern. Nun fliegen sie aber völlig wahllos durcheinander, ohne zu »wissen«, daß sie verschmelzen sollen. Die Wahrscheinlichkeit für einen Fusionsstoß kann man grob ermessen, wenn man die Trefferchance eines mikroskopischen Pistolenschützen betrachtet, der ohne Zielen auf einer Zielscheibe von $4 \cdot 10^{-14}$ qm Fläche einen – abstoßenden – Ring des Flächeninhalts $9 \cdot 10^{-30}$ qm treffen möchte und hierbei wiederum behindert wird. Dabei zählt noch nicht einmal jeder Treffer, denn keineswegs alle Kerne, welche die Coulomb-Barriere durchdrungen haben, kommen zur Fusion. In einem Deuterium-Tritium-Plasma, in welchem das noch der größten Zahl von »Treffern« gelingt, kommt nur etwa ein erfolgreicher Fusionsstoß auf 10000 Streustöße. (Ein Kern muß größenordnungsmäßig 100000 km zurücklegen, bis er zu einem erfolgreichen Fusionsstoß kommt.) Das ist tatsächlich noch viel günstiger, als es das oben angegebene Flächenverhältnis von $4 \cdot 10^{-14}$ qm zu $9 \cdot 10^{-30}$ qm erwarten ließe, und hat mit dem Tunneleffekt sowie unserer besonderen Zählweise von Streustößen zu tun: In diesen hatten wir die durch viele Teilchenbegegnungen bewirkten Ablenkungen um jeweils kleine Winkel derart zusammengefaßt, daß sich eine Gesamtablenkung um 90 Grad ergab. Daher verbirgt sich hinter 10 000 Streustößen eine viel größere Zahl von Teilchenbegegnungen.

Wie wir gesehen haben, bilden Streustöße die Ursache für Teilchenverluste durch Diffusion und für Energieverluste durch Wärmeleitung sowie Bremsstrahlung. Dies hat zur Folge, daß die Brennstoffkerne auf ihrem Weg zum Plasmarand nicht nur auf Grund von Stößen im Mittel ebenfalls allmählich Energie verlieren, sondern auch dem Glücksspiel »Fusionsstoß oder Nichts« durch ihr Verschwinden aus dem Plasma entzogen werden. Der Energiegewinn aus einem einzigen Fusionsstoß ist allerdings viel größer als die Gesamtverluste eines Teilchens, das seinen Zweck der Kernfusion verfehlt. Damit sich insgesamt jedoch ein Energiegewinn ergibt, muß jeder Kern so lange im Plasma bleiben, bis er einige hundert Streustöße ausgeführt und damit eine Chance von einigen Prozent zur Fusion bekommen hat.

25. Die Reaktionschemie

Alle Kernverschmelzungsreaktionen, bei denen Kernmasse verloren geht, führen zu einem »Energiegewinn«. Dieser steckt in Bewegungsenergie der Reaktionsprodukte, zu denen eventuell auch Gammastrahlung zählt, und kann berechnet werden, indem man den als *Massendefekt* bezeichneten Verlust an Masse mit dem – sehr großen – Quadrat der Lichtgeschwindigkeit multipliziert. (Natürlich handelt es sich nicht um Energiegewinnung aus dem Nichts, sondern um die Umwandlung von in Masse gebundener Energie, die nicht verwertbar ist, in nutzbare Bewegungsenergie.) Wie wir schon bei der Diskussion der Nukleonenbindungsenergie in Abb. 1.1 festgestellt haben, deutet deren ausgeprägtes Maximum beim Helium-4-Kern (Nukleonenzahl 4) darauf hin, daß die Verschmelzung von zwei Protonen und zwei Neutronen zu Helium-4 eine besonders ergiebige Energiequelle darstellen könnte. Eine derartige Reaktion setzt allerdings voraus, daß vier Nukleonen einander gleichzeitig so nahe kommen, daß sie in den Anziehungsbereich ihrer Kernkräfte gelangen. Dies ist bei den geringen Dichten magnetisch eingeschlossener Fusionsplasmen bzw. dem extrem kurzen Beisammensein der dichten Laserfusionsplasmen derart unwahrscheinlich, daß dabei keine Hoffnung auf einen Energiegewinn besteht – wir haben ja gesehen, daß schon die Fusion nur zweier Teilchen eine Rarität ist. Dennoch ist es ausgerechnet die Verschmelzung von vier Protonen zu einem Heliumkern (dabei werden überschüssige Ladungen in Form von Positronen abgegeben), aus denen jüngere Sterne ihre Energie beziehen. Allerdings tun sie das über einen raffinierten Umweg, auf dem in einer Abfolge verschiedener Reaktionen jeweils nur zwei Kerne miteinander verschmelzen; und sie lassen sich dafür so viel Zeit, daß ein Fusionsreaktor schon »sehr alt aussehen würde«, bevor nur eine einzige derartige Reaktion stattgefunden hat.

Für die Energieerzeugung in einem irdischen Fusionsreaktor sind daher lediglich solche energieliefernden Reaktionen interessant, bei denen nur zwei Kerne miteinander verschmelzen müssen. Immerhin hat man hiervon etwa achtzig gefunden. Welche von ihnen in die engere Auswahl kommen, hängt davon ab, ob die für einen Energiegewinn an die Temperatur, die Dichte und die Einschlußzeit zu stellenden Anforderungen erfüllbar sind, wie es um Vorräte und Kosten der entsprechenden Fusionsbrennstoffe steht, in welcher Form die Fusionsenergie freigesetzt wird und welche Probleme dadurch hinsichtlich der Materialbelastung und Radioaktivität entstehen.

Da einfach geladene Kerne die schwächsten elektrischen Abstoßungskräfte aufweisen, erfordern Fusionsreaktionen zwischen Wasserstoffkernen und deren Isotopen Deuterium und Tritium bei weitem die niedrigsten Plasmatemperaturen. Aus Gründen, die wir bald erfahren werden, erweist sich unter diesen die Verschmelzung von Deuterium (^2D) und Tritium (^3T) zu Helium-4 (^4H) unter Freisetzung eines Neutrons (^1n) als besonders erfolgversprechend (Abb.

25.1). In der Notation der Chemiker beschreibt man diesen Prozeß durch die *Reaktionsgleichung*

$$^2D + {}^3T \rightarrow {}^4He\ (3{,}5\ MeV) + {}^1n\ (14{,}1\ MeV).$$

Die dabei freigesetzte Energie von 17,6 MeV verteilt sich auf die Reaktionsprodukte infolge der Impulserhaltung genau im umgekehrten Verhältnis wie die Masse, d. h. 80 Prozent (14,1 MeV) gehen an das leichte Neutron und 20 Prozent (3,5 MeV) an den viermal so schweren Helium-4-Kern. (Die Energieverteilung auf die Reaktionsprodukte ist bei unserer Reaktionsgleichung in Klammern angegeben.) Umgelegt auf die fünf in den Deuterium- und Tritiumkernen steckenden Nukleonen bedeuten die 17,6 MeV Energieausbeute der Reaktion einen Gewinn von 3,5 MeV pro Nukleon, also etwa das Vierfache der 0,85 MeV, die man bei der Kernspaltung von Uran-235 pro Nukleon er-

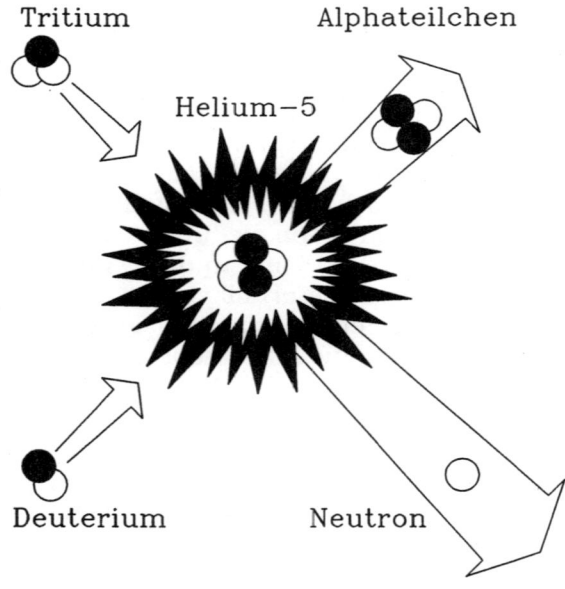

Abb. 25.1: *Ein Deuterium- und ein Tritiumkern, D und T, verschmelzen zu einem metastabilen Helium-5-Kern, der alsbald in einen Helium-4-Kern und ein Neutron zerfällt (schwarz = Proton, weiß = Neutron).*

hält. Bei der »Verbrennung« eines Kilogramms einer Deuterium-Tritium-Mischung mit gleichvielen Kernen beider
Sorten erhält man einen Massendefekt von 3,75 g und eine
Energieausbeute von fast 100 Gigawattstunden (10^8 kW-
Stunden). Das ist etwa das 1 1/2fache der Energie, die ein
1-Gigawatt-Kraftwerk in seinem Reaktor fördern muß, um
unter Einrechnung sämtlicher Verluste und einer unten
noch zu besprechenden etwa 1,1fachen Energieverstärkung in einem »Brutmantel« seine Leistung einen vollen
Tag lang zu erbringen. Daraus läßt sich der tägliche Brenn-
stoffverbrauch unseres Kraftwerks zu etwa 650 g berechnen, die etwa 8000 Tonnen Steinkohle in einem Kohle-
kraftwerk entsprechen! Wegen des größeren Gewichts der
Tritiumkerne entfallen davon rund 400 g auf das Tritium
und 250 g auf das Deuterium.

Von den Bestandteilen unseres Brennstoffgemischs ist
Deuterium reichlich vorhanden, während das radioaktive
Tritium alle 12,3 Jahre zur Hälfte zerfällt und daher fast
nicht natürlich vorkommt. Wie wir unten sehen werden,
kann es aber relativ einfach in einem Fusionsreaktor hergestellt werden. Das bei der Reaktion anfallende Helium-4
stellt die »Verbrennungsasche« dar. Wie sie sich entfernen
läßt, um eine übermäßige Brennstoffverdünnung zu vermeiden, ist ein zunehmend dringlicher werdendes Problem der Fusionsforschung. Ein Nachteil der Deuterium-
Tritium-Verbrennung besteht in der Belastung des Plasmagefäßes durch das Bombardement mit den Fusionsneutronen, ein weiterer in sekundärer Radioaktivität, die diese
im Gefäß und weiter außen liegenden Reaktorkomponenten hervorrufen. Außerdem könnte der in den Neutronen
steckende Energiegewinn derzeit nur zu höchstens etwa 40
Prozent in elektrische Energie verwandelt werden.

Eine zweite Klasse von Kernreaktionen, die sich vielleicht später in einer zweiten Generation »fortgeschrittenerer Fusionsreaktoren« nutzbar machen läßt, besteht in der
Verschmelzung von Deuteriumkernen zu Helium-3 (^{3}He)
oder Tritium:

$$^2D + {}^2D \left\{ \begin{array}{l} \rightarrow {}^3He \ (0,82 \ MeV) + {}^1n \ (2,45 \ MeV) \\ \rightarrow {}^3T \ (1,01 \ MeV) + {}^1H \ (3,02 \ MeV). \end{array} \right.$$

357

In einem reinen Deuteriumplasma treten beide Reaktionen etwa mit gleicher Häufigkeit auf. Die dabei gebildeten ^{3}T- und ^{3}He-Kerne können mit Deuteriumkernen zu Helium-4 weiterverschmelzen, wobei der Energiegewinn aus den Reaktionsgleichungen

$$^2D + {}^3T \rightarrow {}^4He\ (3{,}5\ MeV) + {}^1n\ (14{,}1\ MeV)$$

und

$$^2D + {}^3He \rightarrow {}^4He\ (3{,}67\ MeV) + {}^1H\ (14{,}7\ MeV)$$

abgelesen werden kann. (Die erste Gleichung ist uns schon bekannt.) Wenn man dem Brennstoff von Anfang an zu einem geeigneten Prozentsatz ^{3}T- und ^{3}He-Kerne beimischt, kann man erreichen, daß diese genau im selben Maße weiterverbrannt wie durch Fusionsprozesse nachgeliefert werden. Im Endeffekt bekommt man dann eine vollständige Umwandlung von ^{2}D- in ^{4}He-Kerne, Protonen und Neutronen, die durch die Bruttoreaktionsgleichung

$$6\ ^2D \rightarrow 2\ ^4He + 2\ ^1H + 2\ ^1n + 43{,}2\ MeV$$

beschrieben werden kann. (In dieser geben die rechts hinzuaddierten 43,2 MeV den gesamten Energiegewinn ohne Verteilung auf die Reaktionsprodukte an; Tabelle 25.1 erklärt, wie die Gleichung zustandekommt.)

Die ^{3}T und ^{3}He-Kerne treten hierbei nur noch als Zwischenprodukte, oder, wie der Chemiker sagt, *Katalysatoren* auf, und man spricht von einer *voll katalysierten* Deuteriumreaktion. Ihr Energiegewinn (insgesamt 43,2 MeV) beträgt 3,6 MeV pro Nukleon, also etwa genausoviel wie bei der

$^2D + {}^2D$	$\rightarrow$	$^3He + {}^1n$	$+\ 3{,}27\ MeV$
$^2D + {}^3He$	$\leftarrow \rightarrow$	$^4He + {}^1H$	$+\ 18{,}3\ \ MeV$
$^2D + {}^2D$	$\rightarrow$	$^3T\ + {}^1H$	$+\ 4{,}03\ MeV$
$^2D + {}^3T$	$\leftarrow \rightarrow$	$^4He + {}^1n$	$+\ 17{,}6\ \ MeV$

$$6^2D \quad \rightarrow 2^4He + 2^1H + 2^1n + 43{,}2\ MeV$$

Tabelle 25.1

Deuterium-Tritium-Reaktion. Allerdings gehen davon nur etwa 40 Prozent an die Neutronen, der Rest steckt in geladenen Teilchen. Futuristische Konzeptionen gehen davon aus, daß sich diesen die Energie durch Ausnutzung der Ladung direkter und mit einem besseren Wirkungsgrad entziehen ließe als Neutronen – in der Praxis sieht man die Situation jedoch zur Zeit gerade umgekehrt, da bei der Auskopplung der in ihnen steckenden Energie aus dem Plasma zusätzliche Verluste entstehen. Die geringere Zahl von Fusionsneutronen kann in Hinblick auf die durch sie hervorgerufene sekundäre Radioaktivität als ein gewisser Vorteil angesehen werden. Ein weiterer Vorteil besteht darin, daß nur eine kleine Anfangsmenge Tritium benötigt wird. Diesen Vorteilen steht jedoch entgegen, daß die optimale Energieausbeute wesentlich höhere Temperaturen als bei der Deuterium-Tritium-Reaktion erfordert und dennoch nur einen Bruchteil von deren Ausbeute beträgt (siehe Abb. 26.1 b)).

Würde man den Fusionsbrennstoff aus gleich vielen ^{2}D- und ^{3}He-Kernen zusammensetzen, dann bekäme man hauptsächlich die (auch in Tabelle 25.1 enthaltene) Reaktion

$$^2\text{D} + {}^3\text{He} \rightarrow {}^4\text{He} + {}^1\text{H} + 18,3 \text{ MeV},$$

bei der ein einfach und ein zweifach geladener Kern miteinander verschmelzen. Sie hat den großen Vorteil, daß die Fusionsenergie ausschließlich auf geladene Teilchen übertragen wird. Natürlich würden parallel zu ihr auch noch ^{2}D-^{2}D-Reaktionen ablaufen, jedoch nur in geringem Umfang, weil sie selbst wesentlich effizienter ist (siehe Abb. 26.1 b)). Tritium würde nicht für die Reaktion benötigt und bei ihrem Ablauf nur in geringem Maß entstehen; und das Problem der Radioaktivität würde fast bedeutungslos, da kaum Fusionsneutronen gebildet werden. Allerdings ist das ^{3}He-Isotop auf der Erde extrem selten. Schon ^{4}He ist ein sehr teures Gas – Physiker, die im Labor flüssiges Helium zum Kühlen benötigen, wissen ein Lied davon zu singen. Im gewöhnlichen Heliumgas kommt aber nur ein ^{3}He-Atom auf eine Million ^{4}He-Atome. Futuristische Reaktorkonzepte ziehen in Erwägung, ^{3}He vom Mond zu holen, auf dessen

Oberfläche es durch den Sonnenwind und durch den Beschuß mit der kosmischen Strahlung aus dem Weltall reichlich, jedoch nur sehr verdünnt gebildet wurde. Da Tritiumkerne gemäß der Reaktion

$$^3T \rightarrow {}^3He + e^-$$

von selbst, jedoch sehr langsam in Helium-3-Kerne und Elektronen (e⁻) zerfallen, würde in einer ausgedehnten Energiewirtschaft mit D-T-Reaktoren bei der Bevorratung von Tritium eine nicht unerhebliche Menge an Helium-3 entstehen. Es ist klar, daß man den dadurch entstehenden Brennstoffvorrat gerne einer Verwendung zuführen würde. Hier ergäbe sich auf natürliche Weise eine Anwendung der zuletzt beschriebenen Reaktion.

Den Vorteil einer nicht anfallenden Neutronen- und Tritiumproduktion würden auch Fusionsreaktionen von gewöhnlichem Wasserstoff ^1H mit dem dreifach geladenen Lithium-6 oder dem fünffach geladenen Bor-11 bieten, Kernen, die alle reichlich auf der Erde vorhanden sind. Allerdings würden diese Reaktionen Temperaturen zwischen 3 und 9 Milliarden Grad erfordern, und es ist selbst theoretisch noch nicht sicher, ob eine Zündung möglich wäre.

26. Die Reaktionsphysik

Bei einem Kernverschmelzungsprozeß nützt es wenig, wenn die Fusionsreaktionen zwar einzeln sehr viel Energie freisetzen, aber nur selten stattfinden. Die Frage ihrer Häufigkeit ist daher ein zentrales Problem, dem wir uns jetzt zuwenden wollen.

Nehmen wir an, die Plasmatemperatur sei so hoch, daß die fusionsfähigen Kerne eine ausreichende Chance zur Durchtunnelung der Coulomb-Barriere haben. Wenn man nun in einem Brennstoffgemisch aus beispielsweise je 50 Prozent Deuterium- und Tritiumkernen die Dichte verdoppelt, begegnet jeder einzelne Deuteriumkern doppelt so vielen Tritiumkernen und erhält damit die doppelte Chance zu einer Fusionsreaktion. Da sich aber auch die Zahl der Deuteriumkerne verdoppelt hat, erhöht sich die

Wahrscheinlichkeit für Fusionsstöße insgesamt sogar um den Faktor 4. Bei einer Verdreifachung der Dichte tut sie das entsprechend um den Faktor 3 · 3 = 9, mit anderen Worten: Die als *Reaktionsrate* bezeichnete Häufigkeit der Fusionsreaktionen wächst mit dem Quadrat der Dichte. Das gilt natürlich nicht nur für ein Deuterium-Tritium-Gemisch, sondern auch für jeden anderen Brennstoff, dessen Dichte bei festgehaltenem Mischungsverhältnis der Reaktionspartner erhöht wird.

Die Wahrscheinlichkeit von Fusionsreaktionen

Um ein von der Dichte unabhängiges Maß für die Wahrscheinlichkeit der verschiedenen Fusionsreaktionen zu bekommen, teilt man die Reaktionsrate durch das Quadrat der Dichte. Die so erhaltene Größe hängt nur noch von der Temperatur ab und wird als *Reaktionsparameter* bezeichnet. Dieser unterscheidet sich für verschiedene Reaktionsgemische in charakteristischer Weise (Abb. 26.1 a)).

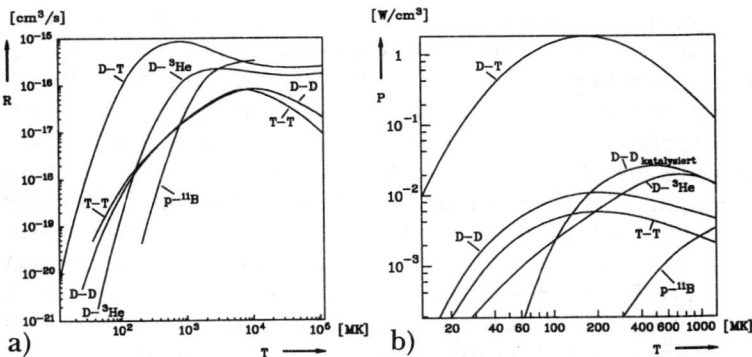

Abb. 26.1: *a) Der Reaktionsparameter R verschiedener Fusionsreaktionen (Kurve D-T für die D-T-Reaktion etc.), gezeigt in Abhängigkeit von der Temperatur. b) Maximale Leistungsdichte P (d.h. die Leistungsdichte bei dem unter vorgegebener Temperatur erreichbaren Maximaldruck) verschiedener Fusionsreaktionen, gezeigt in Abhängigkeit von der Temperatur. p = ¹H steht für Proton; in b) beträgt die Deuterium- und Tritiumdichte im Punkt maximaler Fusionsleistung (T = 175 MK) je 0,5·10¹⁴ Teilchen/cm³. (Nach J. Raeder.)*

Betrachten wir zuerst den Fall eines Deuterium-Tritium-Gemischs (Kurve D-T). Der Tunneleffekt erlaubt zwar im Prinzip auch langsameren Teilchen die Überwindung der Coulomb-Barriere, gibt schnelleren Teilchen dazu aber eine viel größere Chance. Bei niedrigen Temperaturen werden daher nur extrem wenige Teilchen aus dem Hochgeschwindigkeitsschwanz der Maxwell-Verteilung (Abb. 12.1) zur Fusion gelangen. Entsprechend ist der Reaktionsparameter bei niedrigen Temperaturen verschwindend klein. Mit wachsender Temperatur erhalten immer mehr Teilchen die Gelegenheit zum Durchtunneln, d. h. der Reaktionsparameter nimmt zu. Bei einer sehr hohen Temperatur, die im Falle unseres D-T-Gemischs etwa 800 Millionen Grad beträgt, erreicht er dann aber einen Maximalwert, um danach wieder abzusinken. Den Grund hierfür haben wir schon andeutungsweise bei unserer Diskussion der Möglichkeit erfahren, die Kernfusion durch den Beschuß von Targets auszulösen. Jenseits dieser optimalen Temperatur ist die Zahl der Kerne, die den Coulomb-Wall durchdringen können, nämlich bereits relativ groß und nimmt mit weiter wachsender Temperatur nur noch sehr langsam zu; andererseits wird die Restgeschwindigkeit, welche die Kerne über den Coulomb-Wall hinüberretten, immer größer, so daß für die Begegnung und Verschmelzung immer weniger Zeit verbleibt. Bei der optimalen Temperatur halten sich die beiden gegenläufigen Effekte gerade die Waage; oberhalb von ihr überwiegt der Zeitmangel, und die Fusionswahrscheinlichkeit nimmt wieder ab. Abb. 26.1 a) zeigt, daß dieser Effekt bei allen Fusionsreaktionen auftritt, nur daß die optimale Temperatur und der Maximalwert des Reaktionsparameters von Reaktion zu Reaktion verschieden sind. Dabei muß uns nicht weiter erstaunen, daß die Optimaltemperaturen der Deuterium-Helium-3-Reaktion (Kurve D-^{3}He) und der Proton-Bor-11-Reaktion (Kurve p-^{11}B) höher liegen: ^{3}He ist zweifach und ^{11}B sogar fünffach geladen, d. h. die elektrischen Abstoßungskräfte zwischen den Kernen sind viel stärker und erfordern zu ihrer Überwindung daher eine höhere Anlaufgeschwindigkeit bzw. Temperatur.

Daß das Maximum des Reaktionsparameters von Reaktionen zwischen anderen Wasserstoffisotopen trotz gleicher Ladungen bei höheren Temperaturen liegt und zudem niedriger ist als bei der D-T-Reaktion, beruht auf Gründen, denen nachzugehen sich lohnt. Viele Elementarteilchen besitzen einen *Spin*, d. h. sie verhalten sich in vielerlei Hinsicht wie kleine Stabmagneten, die um ihre Längsachse rotieren. Dieser Spin ist eine Quantengröße: Gemessen in einer Einheit, die hier nicht weiter interessiert, kann er nur halb- oder ganzzahlige positive und negative Werte annehmen, also $\frac{1}{2}$, 1, $1\frac{1}{2}$ etc. bzw. $-\frac{1}{2}$, -1, $-1\frac{1}{2}$ etc.. Spins des gleichen Vorzeichens bezeichnet man als *parallel*, solche entgegengesetzten Vorzeichens als *antiparallel*. Nukleonen, die Bausteine der Kerne, d. h. Protonen und Neutronen, besitzen den Spin $\frac{1}{2}$, den sie zu einer vorgegebenen Richtung entweder parallel oder antiparallel einstellen können. Auch die aus Nukleonen zusammengesetzten Kerne können nur einen halb- oder ganzzahligen Spin besitzen, da er sich aus den Spins ihrer Konstituenten aufsummiert.

Die Größe und Richtung dieses Spins wirkt sich erheblich auf den Zusammenstoß zweier Kerne aus, ähnlich wie es beim Billard eine Rolle spielt, ob man seine Kugel mit oder ohne Effet auf eine zweite treffen läßt. In der Quantenphysik der Kernstöße sind die Auswirkungen allerdings viel dramatischer. Für Teilchen mit halbzahligem Spin, die zu der nach Enrico Fermi benannten Gruppe der *Fermionen* gezählt werden, gilt das von Wolfgang Pauli entdeckte »Pauli-Verbot«. Dieses besagt, daß zwei gleichartige Fermionen, also z. B. zwei Protonen, nicht gleichzeitig denselben Quantenzustand einnehmen können. Genau das würde aber passieren, wenn zwei Fermionen am selben Ort mit parallelen Spins zusammenträfen. Schießt man zwei gleichartige Fermionen mit parallelen Spins sehr heftig aufeinander zu, so »wehren« sie sich gegen das Zusammentreffen, indem sie schon beim Näherkommen sehr schnelle Rotationen umeinander beginnen. Die damit einhergehenden Zentrifugalkräfte arbeiten der Anziehung der Kernkräfte entgegen und schwächen deren Wirkung ab. Das Pauli-Verbot beeinflußt aber nicht nur Proton-Proton- und Neutron-Neutron-Begegnungen, sondern auch Proton-

Neutron-Stöße. Das liegt daran, daß das Proton und das Neutron beide aus drei Quarks aufgebaut sind, sich unter dem Einfluß der Kernkräfte ineinander umwandeln und daher als zwei verschiedene Zustände ein und desselben Teilchens aufgefaßt werden können. Als gleichartige Teilchen müssen sie aber ebenfalls dem Pauli-Verbot unterliegen, wobei der Unterschied in ihrem Zustand dazu führt, daß jetzt die Annäherung mit parallelen Spins begünstigt und die mit antiparallelen Spins erschwert wird. Als Folge davon sind das Proton und das Neutron im Deuteriumkern mit parallelen Spins verbunden, so daß dieser durch die Addition von zwei halben parallelen Spins auf den Gesamtspin 1 kommt. In Kernen mit mehr als zwei Nukleonen lassen sich die negativen Auswirkungen des Pauli-Verbots nicht mehr vermeiden, sondern nur noch so gering wie möglich halten. Im Tritiumkern geschieht das dadurch, daß die beiden Neutronenspins antiparallel ausgerichtet sind, während der Spin des Protons nur zu einem von diesen parallel sein kann. Tritium besitzt daher den Gesamtspin ½. Glücklicherweise hat es die Natur so eingerichtet, daß die Kernkräfte trotz der durch das Pauli-Verbot bewirkten Zentrifugalkräfte mehrere Nukleonen zusammenhalten können. Wären sie nur um etwa 30 Prozent schwächer, so wären sie dafür zu schwach – dann gäbe es keine stabilen mehrfach zusammengesetzten Kerne, und unsere Welt bestünde nur aus Wasserstoff.

Das Pauli-Verbot hat keinen Einfluß auf die Stöße zwischen Teilchen mit ganzzahligen Spins, die zu der nach dem indischen Physiker S. Bose benannten Gruppe der *Bosonen* zusammengefaßt werden. Das gilt auch für zusammengesetzte Teilchen, also Kerne, und hat zur Folge, daß sich Deuteriumkerne als Bosonen ohne die Behinderungen des Pauli-Verbots annähern können, Tritiumkerne dagegen nicht. Wenn wir unter diesem Aspekt noch einmal auf Abb. 26.1 a) zurückblicken, fällt auf, daß die Kurven der D-D- und der T-T-Reaktion beinahe zusammenfallen, obwohl wir doch eben feststellten, daß den Tritiumkernen die Annäherung durch das Pauli-Verbot erschwert wird. Das ist aber noch relativ leicht einzusehen: Diese Erschwernis wird im wesentlichen durch die größeren Kernkräfte zwischen Tritiumkernen kompensiert, zu denen pro Kern drei Nukleonen beitragen statt wie bei der D-D-Reaktion nur zwei.

Besonders überrascht allerdings, daß das bei etwa 800 Millionen Grad auftretende Maximum des Reaktionsparameters der D-T-Reaktion fast um den Faktor 100 über den Reaktionsparametern der D-D- und D-T-Reaktion bei dieser Temperatur liegt, obwohl in allen drei Fällen dieselben elektrischen Abstoßungskräfte zu überwinden sind. Wie kann es dazu kommen? Schon 1934 hatte der (in Österreich geborene) amerikanische Physiker M. Goldhaber herausgefunden, daß die Verschmelzung von Deuterium und Tritium zu Helium-4 über einen Zwischenschritt erfolgt, bei dem das metastabile (vgl. Abb. 16.1 b)) Heliumisotop ^{5}He mit Spin ½ gebildet wird (Abb. 25.1). Die vorübergehende Verschmelzung zweier Reaktionspartner zu einem einzigen Kern ist ein viel einfacherer Prozeß als die bei der D-D- und T-T-Reaktion stattfindende Umwandlung in mehrere Reaktionsprodukte. (Man kann sich vorstellen, daß der metastabile Zwischenzustand für die Umgruppierung der Nukleonen in die Reaktionsprodukte mehr Zeit zur Verfügung stellt.) Daher ist nicht weiter verwunderlich, daß die D-T-Reaktion mit höherer Wahrscheinlichkeit als die D-D- und T-T-Reaktionen stattfindet. Allerdings muß dazu die Energie, mit der die Reaktionspartner sich begegnen, quasi in resonanter Weise auf die Bindungsenergie des Zwischenzustands abgestimmt sein. Daher ist der Reaktionsparameter der D-T-Reaktion nicht generell überlegen, sondern besitzt nur einen deutlich höheren Maximalwert im Resonanzbereich der Reaktion.

Ausnutzung des Spins der Kerne

Diese Besonderheit der D-T-Reaktion läßt sich im Prinzip sogar noch besser nutzen, als es die D-T-Kurve in Abb. 26.1 a) zum Ausdruck bringt. Die Spins 1 des Deuteriumkerns und ½ des Tritiumkerns können sich nach der Durchtunnelung des Coulomb-Walls nämlich zu ½ oder ¾ aufaddie-

365

ren, und nur im letzten Fall findet die Fusion über den angegebenen Resonanzprozeß statt. In einem gewöhnlichen D-T-Brennstoffgemisch ist das nur bei zwei Drittel aller Fusionsstöße der Fall, und fast nur diese führen zur Verschmelzung. Nun gibt es aber verschiedene Möglichkeiten, die Spins der Kerne außerhalb des Reaktionsgefäßes passend auszurichten oder, wie man auch sagt, zu *polarisieren*, z. B. durch Bestrahlung mit zirkular polarisiertem Licht. Der Energieaufwand hierfür beträgt pro Kern nur einige eV, ist also im Vergleich zu der bei einer Fusionsreaktion gewonnenen Energie äußerst gering. Außerdem gibt es auch geeignete Methoden, die Kerne unter Beibehaltung ihrer Polarisation in das Reaktionsgefäß zu bringen. In diesem können sich die Spins der Tritiumkerne nur parallel oder antiparallel zum Einschlußmagnetfeld einstellen, die der Deuteriumkerne parallel, senkrecht oder antiparallel. Wenn alle Kerne parallel polarisiert in das Magnetfeld kommen, bleibt diese Eigenschaft bei allen Bewegungen in diesem, zumindest im Prinzip, erhalten. In einem derart *spinpolarisierten* Plasma kann beim Aufeinandertreffen von Deuterium- und Tritiumkernen nur der Gesamtspin 3/2 entstehen. Dies hat zur Folge, daß in ihm alle Begegnungen unter den günstigen Voraussetzungen für die Fusion über den beschriebenen Zwischenschritt stattfinden, wodurch sich die Zahl der Fusionsreaktionen um den Faktor 1,5 erhöht. Kleinskalige räumliche sowie schnelle zeitliche Schwankungen des Magnetfelds und auch Streustöße, bei denen die Spins der Kerne miteinander in Wechselwirkung treten, können die einheitliche Polarisation der Kerne zwar allmählich zerstören. Nach theoretischen Abschätzungen soll das aber so langsam vor sich gehen, daß noch genügend Zeit für viele Fusionsstöße unter den verbesserten Bedingungen bleibt.

Auch für andere Fusionsreaktionen ohne Resonanzeffekte könnte sich die Spinpolarisation der Kerne als nützlich erweisen. In einem D-^{3}He-Brennstoffgemisch würde durch die Polarisation sämtlicher Kerne parallel zum Magnetfeld die Zahl der energetisch sehr ergiebigen D-^{3}He Verschmelzungen um den Faktor 1,5 erhöht, die Zahl der gleichzeitig ablaufenden D-D-Verschmelzungen mit ihrer unerwünschten Neutronenproduktion aber fast völlig unterdrückt.

Eine Erhöhung der Fusionsrate um den Faktor 1,5 ist nicht gerade überwältigend, während der technische Aufwand zur Kernpolarisierung trotz kleinem Energieeinsatz sicher nicht unerheblich ist. Außerdem müßten die theoretischen Voraussagen über die Polarisationserhaltung erst experimentell erhärtet werden. Es ist unbestritten, daß die hier dargestellte Physik sehr interessant ist. Aber es gibt Physiker, die das Ganze unter praktischen Gesichtspunkten für eine romantische »Spin«tisiererei halten.

Die Leistungsdichte von Fusionsreaktionen

Die eigentlich entscheidende Größe für die Effektivität einer Fusionsreaktion ist ihre maximale *Leistungsdichte*, d.h. die maximale Energie, die sie bei vorgegebener Temperatur in einem Kubikzentimeter Plasma pro Sekunde freisetzt. Man erhält sie, indem man die Reaktionsrate (= Reaktionsparameter mal Produkt der Reaktionspartnerdichten) mit der im einzelnen Fusionsprozeß gewonnenen Energie multipliziert und die Dichte der Reaktionspartner solange größer werden läßt, bis der Plasmadruck (bzw. Beta) seinen mit stabilem Plasmaverhalten gerade noch verträglichen Maximalwert erreicht. Auf Grund des idealen Gasgesetzes muß die Dichte beim maximalen Plasmadruck mit zunehmender Temperatur wie deren Kehrwert abnehmen. Dies wirkt unterhalb der optimalen Temperatur des Reaktionsparameters dessen Zunahme entgegen und hat zur Folge, daß die druckmaximierte Leistungsdichte in Abhängigkeit von der Temperatur schon wieder abnimmt, bevor der Reaktionsparameter den größten Wert erreicht (Abb. 26.1 b)). Während in Wasserstoffisotopenplasmen auf jeden Kern im Plasma nur ein Elektron kommt, sind es in Plasmen mit Kernen höherer Ladung mehrere. Diese tragen zwar zum Druck, jedoch nicht zu den Fusionsreaktionen bei, so daß die letzteren nicht nur wegen der größeren Abstoßungskräfte höhere Temperaturen erfordern, sondern wegen einer kleineren Zahl von Kernen (Quasineutralität!) auch noch mit geringeren Leistungsdichten einhergehen.

Abb. 26.1 b) läßt erkennen, daß bei allen dort gezeigten Reaktionen zwischen Wasserstoffisotopen die druckmaximierte Leistungsdichte ihren größten Wert bei etwa 175 Millionen Grad erreicht. Die deutliche Überlegenheit der D-T-Reaktion, deren Leistungsdichte bis mehr als hundertmal so hoch wird wie die der D-D- und D-T-Reaktion, ist zum einen auf den höheren Energiegewinn der Einzelreaktionen und zum anderen auf den günstigen Temperaturverlauf ihres Reaktionsparameters (hohe Werte bei relativ niedrigen Temperaturen) zurückzuführen.

Wenn man sich für eine Brenntemperatur des Fusionsreaktors entschieden hat, läßt sich die Leistungsdichte der Fusionsreaktionen beim magnetischen Einschluß nur noch durch eine Erhöhung der Magnetfeldstärke steigern. (Sie hängt bei gegebener Temperatur nur noch von dem Quadrat der maximalen Brennstoffdichte ab, die proportional zu dem Quadrat des maximalen Drucks ist. Der letztere ist durch das Produkt aus dem Quadrat des maximalen Betas und der vierten Potenz der Magnetfeldstärke gegeben.) Die – in der Klammer skizzierten – quantitativen Zusammenhänge machen eine derartige Steigerung äußerst effektiv: Schon eine 1,5fache Magnetfeldstärke führt auf eine fünfmal so hohe Fusionsleistungsdichte. Dies ist ein weiterer Grund, warum starke Magnetfelder für den magnetischen Einschluß so wichtig sind.

Die Leistungsdichte der D-T-Reaktion in einem Fusionsreaktor wird bei einer Temperatur von etwa 120 Millionen Grad und einer Brennstoffdichte von gut 10^{14} Teilchen pro Kubikzentimeter (Mischungsverhältnis 1 zu 1 von D- und T-Kernen) etwa 2 Watt pro Kubikzentimeter betragen. Der Platzbedarf einer 100-Watt-Glühbirne beläuft sich auf etwa 125 ccm. (Der Leser kann das leicht mit Hilfe der Wasserverdrängung überprüfen.) Wenn wir nun eine Glühlampe dieser Größe mit der Leistungsdichte eines Fusionsreaktors ausstatten, kommen wir auf 125 ccm · 2 Watt/cm = 250 Watt. Die Leistungsdichte eines Fusionsreaktors ist also nicht höher als die eines Torus, der dicht mit

250-Watt-Glühlampen ausgelegt wird. Um insgesamt die (elektrische) Leistung eines 1-Gigawatt-Kraftwerks zu erreichen, braucht man allerdings rund 12 Millionen Glühlampen, die – wie das Plasma des Reaktors – ein Volumen von rund 1500 Kubikmetern füllen.[28]

Dieser Vergleich läßt übrigens erkennen, daß die thermische Wandbelastung des Plasmagefäßes gar nicht so groß wäre, wenn man sie gleichmäßig verteilen könnte. Erst die – notwendige –»Fokussierung« der aus dem Plasma kommenden Wärmeenergie (nur ein Fünftel der gesamten Fusionsenergie) auf eine dünne Wechselwirkungsschicht am Limiter oder den Prallplatten macht das Plasma beinahe zu einem »Schneidbrenner«.

Leistungsgleichstand und Zündung des nuklearen Feuers

Wir wollen uns jetzt am Beispiel eines Deuterium-Tritium-Gemischs überlegen, wann das nukleare Feuer zündet. Zu diesem Zweck tragen wir in einem Diagramm (Abb. 26.2) auf, wie die Leistungsdichte der Ohmschen und der Alphateilchenheizung von der Temperatur abhängt, außerdem sämtliche Verluste auf Grund von Strahlung (Zyklotron- und Bremsstrahlung) und Transport (Diffusion und Wärmeleitung), die sekundlich in jedem Kubikzentimeter des Plasmas entstehen. Anders als in Abb. 26.1 b) ist hier für alle Temperaturen T dieselbe Dichte von 10^{14} Kernen pro Kubikzentimeter zugrunde gelegt. Dies hat zur Folge, daß die Leistungsdichte der Alphateilchenheizung – die Alphateilchen erhalten ein Fünftel der Energieausbeute der Fusionsreaktionen und geben sie ans Plasma weiter – nicht den Temperaturverlauf von Abb. 26.1 b), sondern von a) aufweist (Maximalwert bei etwa 800 Millionen Grad).

Das Plasma behält eine einmal erreichte Temperatur bei, wenn seine Energie weder zu- noch abnimmt, d. h. wenn

---

[28] Für 1 Gigawatt gelieferter Stromleistung werden wegen der Verluste bei der Energieumwandlung und unter Einrechnung der schon erwähnten Energieverstärkung in einem »Brutmantel« gut 2,5 Gigawatt Fusionsleistung benötigt.

seine Energieverluste gerade durch die Energiezufuhr gedeckt werden. In Abb. 26.2 ist das dort der Fall, wo die Kurve der Gesamtverluste (gepunktet) die Heizleistungskurven schneidet, also in den Punkten *1, 2* und *3*. Punkt *1* ist der Arbeitspunkt eines Plasmas, das nur Ohmsch geheizt wird. Die Temperatur (T_{Ohm}) beträgt dort etwa 10 Millionen

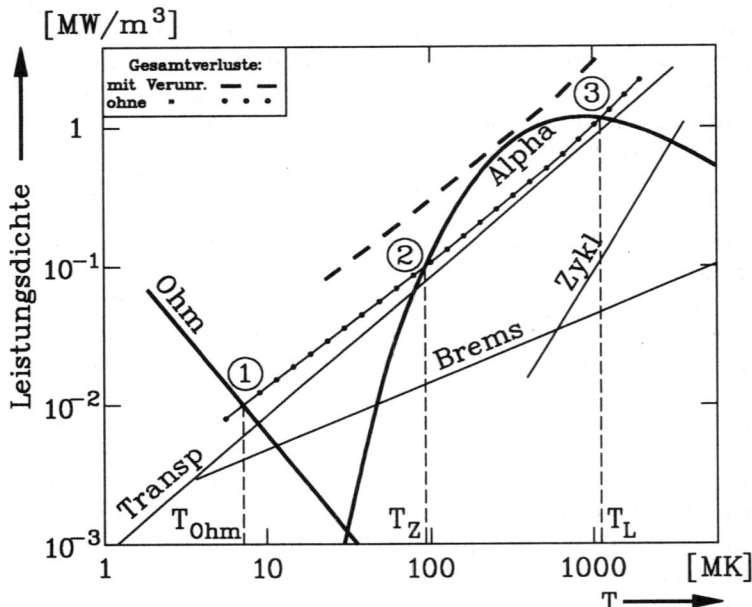

Abb. 26.2: *Temperaturverlauf der Leistungsdichte von Ohmscher Heizung (Kurve* Ohm*), Alphateilchenheizung (Kurve* Alpha*) sowie der Verluste aufgrund von Zyklotronstrahlung (Kurve* Zykl*), Bremsstrahlung (Kurve* Brems*) und Transport (Kurve* Transp*). In der gepunkteten Kurve sind sämtliche Verluste aufaddiert, die gestrichelte Kurve gibt die erhöhten Gesamtverluste im Falle starker Plasmaverunreinigungen wieder. Es ist deutlich zu erkennen, daß die Ohmsche Heizung schon zusammenbricht, bevor die Alphateilchenheizung eine merkliche Stärke erreicht. Daher können wir für die Gesamtheizung bei niedrigen Temperaturen allein die Ohmsche und bei hohen allein die Alphateilchen-Heizkurve heranziehen. Dem Diagramm sind eine Tritium- und Deuteriumdichte von je $5 \cdot 10^{13}$ Kernen pro Kubikzentimeter sowie eine Energieeinschlußzeit von 5 Sekunden zugrunde gelegt. (Z. T. nach K. Boraß.)*

Grad. In dem Temperaturbereich zwischen T_{Ohm} und T_Z besteht eine Lücke zwischen der Heizleistung und der Kurve der Gesamtverluste. Diese muß durch eine – in unserem Diagramm nicht eingetragene – Zusatzheizung überbrückt werden, wenn man die Plasmatemperatur weiter erhöhen möchte. Bei etwa 35 Millionen Grad muß man offensichtlich am meisten heizen.

Im Punkt 2 deckt die Alphateilchenheizung alle Energieverluste, er definiert die Zündung des nuklearen Feuers. Die entsprechende *Zündtemperatur* T_Z beträgt unter den hier zugrunde gelegten Annahmen hinsichtlich der Dichte und der Energieeinschlußzeit knapp 100 Millionen Grad. Doch anders als T_{Ohm} ist die Zündtemperatur T_Z instabil. Sinkt die Temperatur nämlich vorübergehend nur etwas unter T_Z, so überwiegen sofort die Verluste und kühlen das Plasma noch weiter ab. Steigt sie dagegen nur etwas über T_Z, so wird sie durch das Überwiegen der Alphateilchenheizung über die Verluste noch weiter angehoben. Es gibt jedoch kein explosives Davonlaufen der Fusionsreaktionen, denn sobald die Temperatur T_L (Punkt 3) erreicht wird, sind die Verluste so stark angestiegen, daß sie die Alphateilchenheizung überholen. Hier ist ein dritter Arbeitspunkt für stationäres Brennen, der, wie man leicht erkennt, stabil ist. (Temperaturabweichungen nach unten bzw. oben werden durch das Überwiegen der Alphateilchenheizung bzw. der Verluste rückgängig gemacht.)

In einem Reaktor hätte man als (über das Plasmavolumen gemittelte) Brenntemperatur am liebsten die, bei der die Leistungsdichte der Fusionsreaktionen am größten ist, also rund 175 Millionen Grad (siehe Abb. 26.1 b)). Nun dürfen aber die Komponenten, die den Wärmestrom aus dem Plasma auffangen müssen (Prallplatten, Limiter oder ähnliches), keiner zu starken Belastung ausgesetzt werden, weil sie sonst zu stark erodiert werden, ihr Material zu schnell ermüdet oder sogar, weil ihre Kühlung dann nicht mehr gelingt. Daher muß man vor ihnen zur Reduktion des Wärmestroms sowie der Temperatur (und damit des Spannungsabfalls in der Plasmarandschicht, siehe Kapitel 19) bei vorgegebenem Plasmabeta die Plasmadichte so hoch werden lassen, wie es die Dichtegrenze für die Ab-

371

bruchinstabilität gerade noch erlaubt. Diese Erfordernisse am Plasmarand übertragen sich wegen dessen starker Kopplung an das Plasmainnere so auf dieses, daß die mittlere Temperatur des Reaktorplasmas bei entsprechend höherer Dichte voraussichtlich nur rund 120 Millionen Grad betragen darf. (Diese Zahl ist das Ergebnis einer in sich schlüssigen Rechnung, die jedoch nicht den Anspruch auf die höchste Präzision erheben kann, da ihr mit gewissen Unsicherheiten behaftete Annahmen über das Transportverhalten zugrunde liegen. In diesem Buch wurde sie jedoch zur Konkretisierung für einen »Modellreaktor« herangezogen. Man beachte dabei, daß man bei 120 Millionen Grad mittlerer Temperatur wesentlich höhere Temperaturen im Plasmazentrum haben wird.) Ein Blick auf Abb. 26.1 b) zeigt, daß diese Reduktion der mittleren Temperatur zu keiner gravierenden Einbuße bei der Leistungsdichte führt. Viel nachteiliger wirkt sich dagegen aus, daß die erhöhte Plasmadichte den Stromtrieb viel ineffektiver werden läßt.

Die Benutzung der Wörter »Zündung« und »Brennen« ist übrigens völlig korrekt, die Situation entspricht genau dem Anzünden eines Feuers. Einem chemischen Brennstoff, z. B. einem Stück Holz oder Kohle, führt man auch zunächst von außen her mit einem Zündholz Wärme zu. (Im Falle des Fusionsreaktors wird die Rolle des Zündholzes von Heizgeräten übernommen, die nach der Zündung abgeschaltet werden können.) Und auch bei der chemischen Verbrennung wird das Zündholz nicht mehr benötigt, sobald diese mindestens soviel Wärme nachliefert, wie durch Strahlung und Wärmeleitung verloren geht.

Das knappe Schneiden der Kurven für die Alphateilchenheizung und die Gesamtverluste zeigt an, wie kritisch das Problem der Plasmaverunreinigungen ist. Wir haben früher gesehen, daß die Anwesenheit von Kernen hoher Kernladungszahl im Plasma die Strahlungsverluste schon bei relativ geringer Konzentration dramatisch zunehmen läßt. Dies führt dazu, daß die Kurve der Gesamtverluste nach oben angehoben wird. Wenn das so weit geht, daß es keine Schnittstelle mehr gibt (gestrichelte Linie in Abb. 26.2), gelangt das Plasma auch nicht mehr zur Zündung.

Schon eine Konzentration von wenigen Zehntel Prozent Eisen im Plasma und noch wesentlich weniger Molybdän würde das bewirken. (Beide Metalle können sich in der Plasmawand befinden und von dort durch Wandzerstäubung ins Plasma gelangen.) In unserem Diagramm (Abb. 26.2) wurden für die Plasmadichte (Elektronen und Ionen zusammen) $2 \cdot 10^{14}$ Teilchen pro Kubikzentimeter, für die Energieeinschlußzeit 5 Sekunden als feste Werte zugrunde gelegt. Es ist natürlich eine interessante Frage, wie die Zündung des Plasmas von der durch diese Größen charakterisierten Qualität des Plasmaeinschlusses abhängt. Da die letztere umso besser ist, je höher die Dichte und die Einschlußzeit des Plasmas sind, wird für sie das als *Einschlußparameter* bezeichnete Produkt Teilchendichte mal Einschlußzeit als quantitatives Maß benutzt. Auch wenn dieses nicht wie in Abb. 26.2 fixiert wird, gilt natürlich als Zündbedingung, daß der Energiegewinn durch die Alphateilchenheizung gerade die Strahlungs- und Transportverluste kompensieren muß. Die beiden ersten Größen hängen von der Dichte und Temperatur des Plasmas ab, die letzte zusätzlich auch noch von der Energieeinschlußzeit. Für jede Temperatur eines gewissen Temperaturbereichs legt unsere Bedingung einen Wert des Einschlußparameters fest, für den sie erfüllt wird. Wird dieser Wert noch mit der Temperatur des Plasmas multipliziert, erhält man den kritischen Wert des zur Plasmazündung erforderlichen Fusionsprodukts (Teilchendichte mal Temperatur mal Energieeinschlußzeit), der Größe also, die wir in Abb. 5.1 zur Darstellung des in der Fusionsforschung erzielten Fortschritts gewählt hatten.

Abb. 26.3 zeigt, wie sich das kritische Fusionsprodukt mit der Temperatur verändert. In dem dunklen Gebiet oberhalb der »Zündkurve« dominiert die Alphateilchenheizung, und das Plasma brennt; außerhalb von diesem überwiegen die Verluste, und das Plasma erlischt oder wird gar nicht erst gezündet. Mit zunehmendem Wert des Fusionsprodukts wird die Zündtemperatur immer kleiner und die Verlöschtemperatur immer größer. Gäbe es überhaupt keine Transportverluste, so wäre die Einschlußzeit und mit ihr das Fusionsprodukt unendlich groß. In diesem idealisierten Fall eines unendlich guten Plasmaeinschlusses würden zur Zündung nur etwa 50 Millionen Grad benötigt. Das ist die niedrigste Temperatur, bei der die Zündung eines Deuterium-Tritiumgemischs theoretisch möglich wäre. Aber ein unendlich guter Plasmaeinschluß ist natürlich nicht realisierbar. Außerdem wäre er auch nicht erwünscht: Die Heliumasche wäre dann nämlich ebenfalls für immer eingeschlossen, und mit zunehmender Konzentration brächte sie das nukleare Feuer schnell zum Erlöschen. In einem Fusionsreaktor muß man zu deutlich höheren Temperaturen gehen. Der niedrigste Wert des zur Zündung erforderlichen Fusionsprodukts im Plasmazentrum wird bei knapp 200 Millionen Grad erhalten und beträgt $600 \cdot 10^{20}$ smK/m³. Bei der mittleren Temperatur von 120 Millionen Grad unseres Modellreaktors, der über 200 Millionen Grad im Plasmazentrum entsprechen, muß der Einschlußparameter für die Zündung unter den realistischen Bedingungen eines leicht verunreinigten Plasmas (effektive Kernladungszahl etwa 1,5) im Plasmazentrum rund $3 \cdot 10^{20}$ s/m³ betragen. Dies ist z. B. mit einer Energieeinschlußzeit von 1,5 Sekunden und einer zentralen Ionendichte von $2 \cdot 10^{20}$ bzw. mittleren Ionendichte von etwa 10^{20} Ionen pro Kubikmeter (bei gleicher Elektronendichte) zu erreichen.

Die bei der D-T-Verbrennung entstehenden Heliumkerne sind zwar einerseits wegen ihrer hohen Energie zur Plasmaheizung sehr erwünscht, zählen aber andererseits wegen der durch sie bewirkten Brennstoffverdünnung und ihrer Kernladungszahl 2 (erhöhte Bremsstrahlung!) mit zu den Verunreinigungen. Wie sehr sich die damit verbundenen Nachteile auswirken, hängt von ihrer Konzentration ab, die wiederum durch das Verhältnis aus der Teilchen- und der Energieeinschlußzeit festgelegt wird. Wenn dieses eine kritische Grenze (etwa 10) überschreitet, wird das gezündete Plasma durch die Ansammlung von Helium »vergiftet« und erlischt. Leider hat sich herausgestellt, daß die für den Energieeinschluß so vorteilhafte H-Mode gleichzeitig den Teilcheneinschluß und damit die Ansammlung von Verunreinigungen im Plasma so begünstigt, daß sie für den Plasmaeinschluß nach der Zündung voraussichtlich nicht mehr in Frage kommt. Man wird sie in einem Reaktor daher wohl nur zur Zündung nutzen können und dann auf einen ungünstigeren Einschlußmodus »umschalten« müssen.

Interessant ist auch noch die »wissenschaftliche Rentabilitätsgrenze« der thermonuklearen Kernfusion, d.h. die Gleichstandsgrenze, bei der die Leistungsdichte des Energiegewinns aus Fusionsreaktionen gerade die von außen zugeführte Heizleistung kompensiert – wir haben für sie früher das Wort Breakeven eingeführt. Da nur ein Fünftel des Energiegewinns aus Fusionsreaktionen auf die Alphateilchen übergeht, das im Fall der Zündung alle Verluste

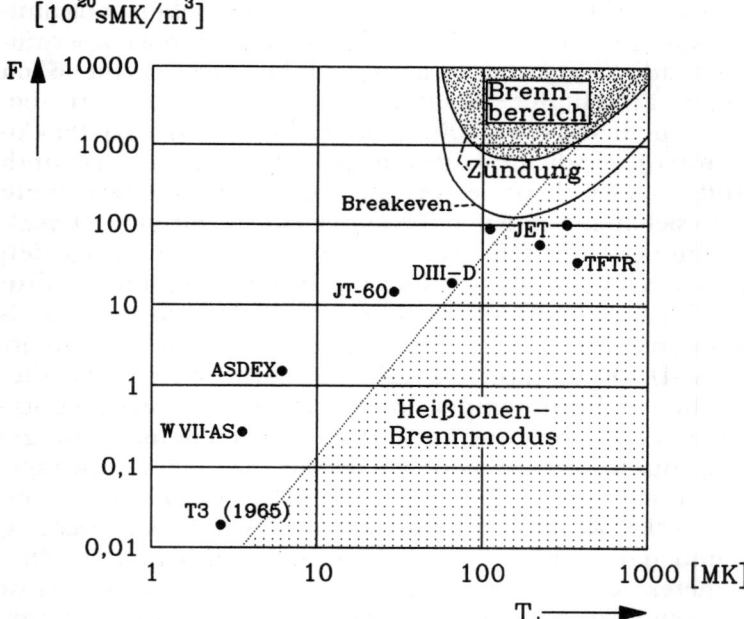

Abb. 26.3: *Die zum Zünden des Plasmas bzw. für Breakeven im Plasmazentrum erforderlichen Werte des Fusionsprodukts F = Ionendichte mal Energieeinschlußzeit mal Ionentemperatur als Funktion der dort herrschenden Ionentemperatur* T_i. *In dem dunklen Bereich oberhalb der Zündkurve (Zündung) brennt das Plasma. Die gefüllten Kreise geben die Arbeitspunkte einiger Experimente an.*

375

aus dem Plasma aufwiegen und dessen Heizung überflüssig machen muß, wird diese Grenze bei jeder Temperatur schon mit einem grob gerechnet fünfmal niedrigeren Wert des Einschlußparameters erreicht. In Abb. 26.3 sind außer der Breakeven- und der Zündkurve auch noch die Arbeitspunkte einiger magnetischer Einschlußexperimente eingetragen. Der im JET 1990 erreichte Rekordwert von 10^{22} sMK/m^3 konnte allerdings nur für die kurze Dauer von etwa einer zehntel Sekunde gehalten werden, während deren D-D-Reaktionen eine Fusionsleistung von etwa 40 kW erbrachten – in einem D-T-Plasma hätte das mehr als 10 Megawatt ergeben.

Die Zündkurven für fortgeschrittenere Fusionsreaktionen wie die D-^{3}He- bzw. die D-D-Reaktion sehen ganz ähnlich aus, nur liegen sie bei wesentlich höheren Temperaturen und Werten des Fusionsprodukts. Die bei unendlich gutem Einschluß benötigte minimale Zündtemperatur beträgt für beide etwa 400 Millionen Grad. Ihre größte Fusionsleistungsdichte hätte die D-D-Reaktion bei etwa 175 Millionen Grad, wo sie noch gar nicht zündet. Daher müßte man sich in ihrem Fall mit einer viel niedrigeren Leistungsdichte bei einer sehr viel höheren Temperatur zufrieden geben. Viel günstiger ist hier die D-^{3}He-Reaktion, die ihre maximale Leistungsdichte oberhalb der minimalen Zündtemperatur bei gut 600 Millionen Grad erreicht und dort die D-D-Reaktion recht deutlich übertrifft. Da man bei dieser hohen Brenntemperatur wegen der stabilitätsbedingten Druckbegrenzung zu sehr niedriger Plasmadichte gehen müßte, beträgt aber auch ihre maximale Leistungsdichte nur etwa 1 Prozent derjenigen der D-T-Reaktion. Ein D-^{3}He-Reaktor mit einer vernünftigen Gesamtleistung müßte daher außerordentlich groß sein. Der Einschlußparameter zur Zündung muß bei der D-^{3}He-Reaktion etwa um den Faktor 5 und bei der D-D-Reaktion um den Faktor 15 über dem Optimalwert $1,6 \cdot 10^{20}$ Teilchen mal Sekunde pro Kubikmeter der D-T-Reaktion liegen. Die D-^{3}He-Reaktion liegt also auch in dieser Hinsicht günstiger als die D-D-Reaktion. Dazu kommt noch das Fehlen von Fusionsneutronen, was vielleicht später einmal einen weiteren Vorteil bringt. Allerdings entstehen bei der Verbrennung zweier

Brennstoffkerne zwei Ascheteilchen statt des einen bei der D-T-Reaktion, so daß sich das Problem der Ascheabfuhr schwieriger gestalten würde. Außerdem verlangt die hohe Forderung an den Einschlußparameter in Kombination mit der geringen Teilchendichte besonders hohe Einschlußzeiten für die Zündung. Die zuletzt angeführten Gesichtspunkte und die niedrige Leistungsdichte zeigen, daß Fusionsreaktoren auf der Basis der fortgeschritteneren Brennstoffe zur Zeit noch recht utopisch sind. Kommen wir jetzt auf die D-T-Reaktion zurück. Mit zunehmender Temperatur und abnehmender Dichte wird die Frequenz der Elektronen-Ionen-Stöße immer kleiner. Dies geht mit einem immer langsameren Energieaustausch zwischen Elektronen und Ionen einher. In dem punktierten Bereich von Abb. 26.3, der durch hohe Temperaturen und niedrige Teilchendichten charakterisiert ist, wird der Energieaustausch so ineffektiv, daß sich Temperaturunterschiede zwischen Elektronen und Ionen praktisch nicht mehr ausgleichen, sondern auf Dauer bestehen bleiben. Hier wäre es von Vorteil, wenn die Ionentemperatur über die Elektronentemperatur angehoben werden könnte, weil man dadurch zu günstigeren Bedingungen für die Plasmazündung käme. Zwei Gründe sind dafür verantwortlich: Zum einen hätte man geringere Energieverluste, weil die Bremsstrahlungsverluste von den Elektronen hervorgerufen werden und mit deren Temperatur zurückgehen, aber auch weil die Elektronen bei niedrigerer Wärmeenergie geringere Transportverluste aufweisen. Zum anderen würde sich mit abnehmender Elektronentemperatur deren Beitrag zum Gesamtdruck reduzieren. Da sich dessen Obergrenze jedoch bei abweichenden Teilchensortentemperaturen nicht ändert, könnte man zu ihrer Ausschöpfung die Plasmadichte und mit ihr die Ionendichte höher werden lassen.[29]

---

[29] Die Zündkurve von Abb. 26.3 ist unter der Annahme gleicher Ionen- und Elektronentemperatur berechnet. Die geschilderte Absenkung der Energieverluste würde die Zündkurve in ihrem rechten Teil zu etwas niedrigeren Werten des Fusionsprodukts verschieben. Der Effekt höherer Ionendichte läßt sie dagegen unverändert und würde nur bewirken, daß man leichter in den Bereich der Zündung käme.

Eine Anhebung der Ionen- über die Elektronentemperatur könnte man durch eine bevorzugte Heizung der Ionen erreichen, aber auch höhere Energieverluste der Elektronen würden das bewirken. Der letzte Umstand ist dafür verantwortlich, daß in den gegenwärtigen Tokamaks die Ionentemperatur im Plasmazentrum meist deutlich über der Elektronentemperatur liegt. Dagegen hat man selbst mit Heizmethoden, welche die Ionen bevorzugen sollten (Ionenzyklotronresonanzheizung und Heizung mit unteren hybriden Wellen), zwar schon viel Energie ins Plasma eingebracht, aber eher die Elektronen als die Ionen geheizt. Je näher man der Zündung des Plasmas kommt, umso wichtiger wird die Rolle der Alphateilchenheizung. Leider bevorzugt auch diese wegen der hohen Alphateilchengeschwindigkeiten eindeutig die Elektronen. Es sieht daher im Moment nicht so aus, als könnte man sich den geschilderten *Heißionen-Brennmodus* zunutze machen, jedenfalls nicht in einem D-T-Reaktor. Etwas optimistischer ist man in dieser Hinsicht bei Reaktoren mit fortgeschritteneren Brennstoffen, und zwar wegen der viel höheren Brenntemperaturen, zu denen im Falle der D-D-Reaktion auch noch niedrigere Geschwindigkeiten der geladenen Reaktionsprodukte kämen.

Der Wirkungsgrad eines Fusionskraftwerks

Wenn in einem Fusionsreaktor der Leistungsgleichstand oder gar die Zündung erreicht ist, bedeutet das noch lange nicht, daß er auch wirtschaftlich arbeitet. In die Kriterien für Breakeven und die Zündung ist nämlich überhaupt nicht eingegangen, daß zur Aufheizung des Plasmas Energie benötigt wird, daß verschiedene Reaktorkomponenten laufend Energie verbrauchen und schließlich die aus Fusionsprozessen gewonnene Energie mit den heutigen konventionellen Methoden (Wärmekraftmaschinen) wohl bestenfalls zu rund 40 Prozent in Stromenergie umgewandelt werden kann.

Für eine Analyse der energetischen Wirtschaftlichkeit eines Fusionsreaktors ist es sinnvoller, statt der momentanen

Fusionsleistung und entsprechender Verlustraten, die in Energie pro Volumen und Zeit gemessen werden, die Gesamtenergien heranzuziehen, die während einer Zyklusdauer des Reaktors umgesetzt werden. Unter Zyklusdauer wird die Zeit verstanden, die vom Beginn eines Brennvorgangs bis zum Beginn des nächsten verstreicht. Hierbei ist zunächst zu bemerken, daß der Brennzyklus für verschiedene Reaktorkonzepte sehr unterschiedlich aussehen kann. In einem Laserfusionsreaktor wäre der eigentliche Brennvorgang z. B. extrem kurz (rund 10^{-9} Sekunden), und auf ihn würde eine vergleichsweise sehr lange verbrennungsfreie Phase (ca. 0,1 s) folgen. In einem Tokamakreaktor würde die Brennzeit dagegen optional so lange dauern, wie man den Plasmastrom treiben kann. Vorausberechnungen lassen es möglich erscheinen, diese Zeit bei rein induktivem Stromtrieb bis auf etwa eine Stunde und mit nichtinduktiven Ergänzungsmethoden noch weiter auszudehnen. Bei dieser Betriebsweise wird es erforderlich, schon während der Brennzeit Brennstoff nachzufüllen und die »Heliumasche« zu entfernen. Das letztere gilt natürlich erst recht für Fusionsreaktoren mit stationärem Brennbetrieb, der sich bei Stellaratoren oder Tokamaks mit nichtinduktivem Stromtrieb ergeben könnte. Allerdings ist nicht auszuschließen, daß man hier den Brennbetrieb womöglich unterbrechen muß, um aufgesammelte Verunreinigungen und Aschereste zu entfernen, oder daß das Plasma wegen der von diesen verursachten größeren Verluste sogar an seiner Asche vorzeitig erstickt. Derartige Prozesse könnten im Prinzip auch in einem gepulsten Tokamak die Zyklusdauer kürzer werden lassen, als man den Plasmastrom halten kann. Ob das allerdings mit einer ökonomischen Energiegewinnung verträglich wäre, ist noch offen.

Als Wirkungsgrad eines Fusionskraftwerks wird der Prozentsatz aus Fusionsprozessen gewonnener Energie bezeichnet, der schließlich als elektrische Energie ins Netz gespeist wird. Dabei ist vorausgesetzt, daß alle Energie, die zum Betrieb von Hilfssystemen wie Pumpen, Spulen, Heiz- und Regelungssystemen benötigt wird, schon abgezweigt oder in Abzug gebracht wurde. Diese *zirkulierende Energie* macht einen merklichen Bruchteil der gewonnenen Energie aus – in einem Fusionskraftwerk wird er wohl etwas höher als in Kohle- oder Kernspaltungskraftwerken liegen und ist ein Hinweis auf seine hohe Komplexität. Es ist klar, daß das Kraftwerk keine Nettoenergie abgeben kann, sondern zu seinem Betrieb sogar noch Energie benötigt, solange die in jedem Brennzyklus gewonnene Fusionsenergie nicht deutlich über der zur Aufheizung des Plasmas aufgewandten Energie liegt. Dem als Energieverstärkungsfaktor bezeichneten Verhältnis aus Fusions- und Aufheizenergie – wir sind dieser Größe schon bei der Laserfusion begegnet – kommt daher für die energetische Rentabilität des Kraftwerks eine Schlüsselrolle zu. Erst ab einem gewissen Mindestwert dieses Faktors, der für verschiedene Reaktortypen durchaus verschieden sein kann, beginnt das Kraftwerk mit der Abgabe von Energie. Sein Wirkungsgrad macht dabei mit dem Wert Null den Übergang von einer negativen zu einer positiven Energiebilanz.

Während die durch permanent arbeitende Hilfssysteme entstehenden Verluste einen festen Prozentsatz in der Energiebilanz ausmachen, fallen die bei der Aufheizung des Plasmas anfallenden Energieverluste umso weniger ins Gewicht, je kleiner sie im Vergleich zu der während eines Brennzyklus gewonnenen Fusionsenergie werden, d.h. je größer der Energieverstärkungsfaktor ist. Mit anderen Worten: Der Wirkungsgrad eines Fusionsreaktors wächst mit zunehmendem Energieverstärkungsfaktor und erreicht seinen Maximalwert bei unendlich großer Energieverstärkung. Dieser Idealfall würde mit stationärem Brennbetrieb so gut wie erreicht, weil hier bei unverändertem Energieaufwand zur Aufheizung die Fusionsenergie immer weiter wachsen würde. Diese Überlegungen zeigen, daß für den ökonomischen Kraftwerksbetrieb eine gewisse Mindestdauer des Brennvorgangs gefordert werden muß, da sowohl der Energieverstärkungsfaktor als auch der Wirkungsgrad mit der Brenndauer des Plasmas steigen. Bei der Laserfusion kann man in dieser Hinsicht übrigens fast gar nichts unternehmen: Hier ist die Brenndauer bei vorgegebener Treiberstärke und Kapselgröße durch die Physik der Kompression und Dekompression im wesentlichen vorgegeben; der Energiegewinn muß durch ein

deutliches Überschreiten der Zündbedingung errungen werden.
Eine gewünschte Energieverstärkung bzw. den entsprechenden Wirkungsgrad kann man entweder durch niedrige Fusionsleistung bzw. Plasmadichte und lange Brenndauer oder durch hohe Plasmadichte und kurze Brenndauer erreichen. Bilanziert man ähnlich wie bei der Zündbedingung den Gewinn an Fusionsenergie mit allen Energieverlusten, so ergibt sich, daß es für den Wirkungsgrad bei gegebener Brenntemperatur nur auf das Produkt Plasmadichte mal Brenndauer ankommt. Der Wert, den dieses annehmen muß, hängt allerdings noch von der Temperatur ab.
Abb. 26.4 zeigt diese Abhängigkeit für zwei verschiedene Werte des Wirkungsgrads bzw. Energieverstärkungsfaktors, die auf den eingetragenen Kurven jeweils feste Werte haben. Die unterste Kurve gibt Minimalforderungen an, die J. D. Lawson 1957 für das Funktionieren eines Fusionskraftwerks gefunden hat. Er erhielt sie unter Vernachlässigung einer Reihe von Verlustposten aus der Forderung, daß sich das Kraftwerk energetisch gerade selbst erhalten soll, d. h. es handelt sich um eine optimistische Berechnung der Kurve für den Wirkungsgrad Null. Die auf den Kurven eingetragenen Zahlenwerte sind mit realistischen Annahmen über Verlustposten und Wirkungsgrade bei verschiedenen Teilprozessen (z. B. der Plasmaaufheizung oder der Umwandlung von thermischer in elektrische Energie) berechnet worden, können aber derzeit noch nicht mit letzter Präzision angegeben werden. Es steht zu hoffen, daß man bei einem so fortgeschrittenen Gerät wie dem Fusionsreaktor auch hinsichtlich der Wirkungsgrade und Verlustposten noch Fortschritte erzielt und dann zu noch besseren Zahlenwerten kommt.
Wir können dem Diagramm entnehmen, daß ein Tokamak-Fusionsreaktor erst ab einer etwa zehnfachen Energieverstärkung anfängt, nach außen Energie zu liefern. Von einem wirtschaftlichen Fusionsreaktor verlangt man einen Wirkungsgrad über 30 Prozent. Nach dem gegenwärtigen Kenntnisstand setzt dies einen Energieverstärkungsfaktor von etwa 50 bis 100 voraus, der bei einer mitt-

leren Brenntemperatur von 120 Millionen Grad und einer Brennstoffdichte von etwa 10^{14} Teilchen pro Kubikzentimeter eine Brenndauer von rund 4 Minuten verlangt. Mit dieser ist es jedoch keineswegs getan: Würde man nämlich den »Ofen« alle 4 Minuten ausgehen lassen, so käme man während einer mit 30 Jahren angesetzten Lebensdauer des Reaktors bei 75-prozentiger Auslastung auf rund 2,5 Millionen Belastungswechsel. Nach praktischen Erfahrungen hält das kein Gerät aus. Zumutbar erscheinen vielleicht hunderttausend Belastungswechsel, also der 25ste Teil davon. Diese würden eine 25mal so lange Brennzeit von rund

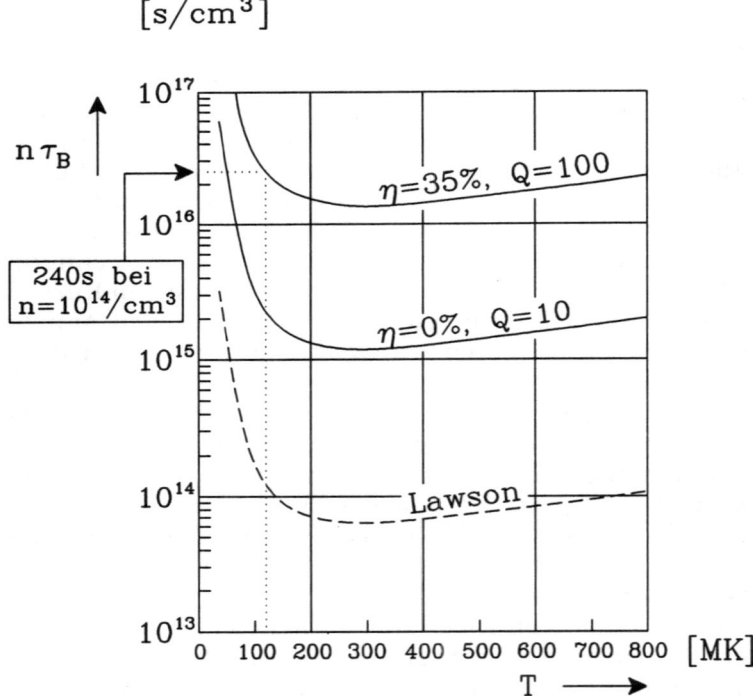

Abb. 26.4: *Kurven konstanten Wirkungsgrads η bzw. konstanter Energieverstärkung Q in Abhängigkeit von der Temperatur T und dem Produkt* n · τ_B *(n = Ionendichte, τ_B = Brenndauer). Die unterste Kurve repräsentiert das* Lawson-Kriterium. *(Nach J. Raeder.)*

1½ Stunden erfordern, die natürlich auch noch mit einem etwas besseren Wirkungsgrad des Kraftwerks verbunden wäre. Zusätzlich ist auch noch die Forderung zu stellen, daß die Zeit zwischen zwei Brennperioden möglichst kurz gehalten wird, damit die Brennkammer nicht durch zu starke Temperaturschwankungen überlastet wird. Ein stationärer Brennbetrieb, wie ihn der Stellarator oder ein Tokamak mit permanentem Stromtrieb vielleicht bieten könnte, wäre die ideale Lösung. Der Stellarator würde für ihn keine Energie verbrauchen, damit eine geringere zirkulierende Energie benötigen und wäre daher noch ökonomischer.

27. Die Nutzung der Fusionsneutronen

Reiner Fusionsreaktor

Auch die Untersuchung der Frage, wie man den Fusionsneutronen der D-T-Reaktion ihre mit auf den Weg gegebene Energie von 14,1 MeV entziehen kann, führt uns auf die Fusionsphysik zurück. 14,1 MeV kinetische Energie entsprechen einer Temperatur von über 100 Milliarden Grad und verleihen den Neutronen eine Geschwindigkeit von gut 50 000 km/s, einem Sechstel der Lichtgeschwindigkeit. Mit dieser fliegen diese, als neutrale Teilchen vom Magnetfeld unbehindert, direkt zur Wand des Plasmagefäßes, die in einem Reaktor voraussichtlich aus einem Metall bestehen und 1 bis 3 cm dick sein wird. Die meisten von ihnen werden diese glatt durchdringen; nur wenige werden mit den rund 60mal schwereren Kernen von Wandatomen zusammenstoßen und dabei zwar Schäden anrichten, wegen des großen Massenunterschieds aber nur wenig von ihrer Energie einbüßen.

Nach dem Durchdringen der Gefäßwand besitzen die Fusionsneutronen also noch den größten Teil ihrer Energie. Zu ihrer Nutzung erscheint der Vorschlag am aussichtsreichsten, sie mit den Atomkernen eines *Moderators* so oft zusammenstoßen zu lassen, bis sie ihre gesamte Überschußenergie auf diesen übertragen haben. Hierdurch werden sie selbst »abgekühlt« oder, wie man auch sagt, *moderiert* (lat. moderari = mäßigen, regeln), während der *Moderator* aufgeheizt wird. Dieser muß den Neutronen natürlich überall im Wege stehen, wo sie aus dem Plasmagefäß herauskommen. Er muß dieses daher wie ein Mantel umgeben und zudem dick genug sein, um den Neutronen bis zu ihrer völligen »Auskühlung« Gelegenheit zu Stößen anzubieten. Physiker benutzen für diesen moderierenden Mantel häufig das englische Wort *Blanket* (= Decke, Mantel). Die in ihm aufgestaute Wärme wird ihm vermittels Kühlschlangen entzogen, und durch geeignete Konstruktion und Betriebsweise läßt sich seine Temperatur so einstellen, daß die Umwandlung der entzogenen Wärme in elektrische Energie mit konventionellen Methoden (Turbine und Stromgenerator) möglich wird.

Es ist klar, daß sich Materialien mit besonders leichten Atomkernen wegen der höheren Energieübertragung zwischen annähernd gleich schweren Teilchen zur Moderation am besten eignen. In »thermischen« Kernspaltungsreaktoren moderiert man die Spaltungsneutronen z. B. durch leichtes Wasser (H_2O), schweres Wasser (D_2O) oder Graphit (kristallin gebundene Kohlenstoffatome ^{12}C), läßt sie aber zusätzlich noch weitere Spaltungsreaktionen auslösen. Ähnlich kann man die Fusionsneutronen außer zur Wärmeerzeugung auch noch dafür heranziehen, das im Brennstoffgemisch benötigte und in der Natur kaum vorrätige Tritium zu »*erbrüten*«. Hierfür lassen sich die beiden Reaktionen

$$^1n + {}^6Li \rightarrow {}^4He + {}^3T + 4,8 \text{ MeV}$$

und

$$^1n + {}^7Li \rightarrow {}^4He + {}^3T + {}^1n - 2,5 \text{ MeV}$$

ausnutzen, in denen die beiden Isotope ^6Li und ^7Li des Metalls Lithium durch die Verschmelzung mit Neutronen in Helium-4 und Tritium verwandelt werden. Die erste ist bei sehr niedrigen Neutronenenergien am ergiebigsten, setzt bei jeder Reaktion 4,8 MeV Energie frei und trägt damit sogar noch zusätzlich zur Aufheizung des *Brutmantels* bei, d. h., sie bewirkt eine Energieverstärkung. Die zweite findet dagegen nur statt, solange die Neutronen noch mindestens

2,5 MeV ihrer Anfangsenergie besitzen, verbraucht Energie und benutzt die Neutronen nur als Katalysator, da am Ende jeder Reaktion ein Neutron übrigbleibt. Lithium hat relativ leichte Kerne von 6 oder 7 Neutronenmassen, die sich auch gut zur Neutronenmoderation eignen. Es läßt sich berechnen, daß ein lithiumhaltiger Brutmantel (mehrere Lithiumverbindungen und -legierungen kommen dafür in Frage), der noch innerhalb der Hauptfeldspulen Platz findet, dick genug ist, um den Neutronen ihre Überschußenergie ganz abzunehmen. Mit Hilfe einer günstig gewählten Materialausstattung kann man ihn zugleich alles verbrannte Tritium neu erbrüten lassen, oder sogar noch mehr, und die im Plasma gewonnene Fusionsenergie insgesamt etwas verstärken lassen. Dazu benötigt man im allgemeinen neben Lithium noch einen *Neutronenmultiplikator*, d. h. Kerne, die beim Stoß mit einem Neutron unter Verwandlung in ein Isotop niedrigerer Neutronenzahl ein zusätzliches Neutron freisetzen. Meist gehen nämlich zu viele Fusionsneutronen für die Tritiumproduktion dadurch verloren, daß sie durch Öffnungen und Schlitze des Brutmantels entweichen, bei Stößen mit Kernen der Partneratome des Lithiums in Lithiumverbindungen bzw. mit Kernen von Strukturmaterialien des Brutmantels absorbiert werden oder den Brutmantel ganz ohne Reaktion durchdringen. Nur bei Verwendung von Lithiumdioxid als Brutmantelmaterial könnte man voraussichtlich auf einen Neutronenmultiplikator verzichten. Ansonsten bietet sich für diesen Zweck Beryllium an.

Alternative Konzepte

Es gibt noch einige andere Möglichkeiten, die Fusionsneutronen bzw. deren Energie nutzbar zu machen.

Eine Möglichkeit bestünde darin, sie Brennstoff für Kernspaltungsreaktoren produzieren zu lassen. Dazu würde sich ein Brutmantel eignen, der außer Lithium noch Thorium (^{232}Th) und Uran (^{238}U) enthält. Bei Stößen der Fusionsneutronen mit diesen Kernen käme es zunächst zu einer starken Neutronenvermehrung auf Grund von Neutronenmultiplikations- und Spaltungsreaktionen, wobei die Spaltung eines ^{232}Th-Kerns im Mittel 4,2 und die eines ^{238}U-Kerns 4,5 Neutronen freisetzen würde. Die große Zahl auf diese Art hinzugewonnener Neutronen würde es möglich machen, eine dritte Art von Kernreaktionen[30],

$$^{232}\text{Th} + {}^{1}\text{n} \rightarrow {}^{233}\text{U} + \text{e}^{-}$$
$$^{238}\text{U} + {}^{1}\text{n} \rightarrow {}^{239}\text{Pu} + \text{e}^{-},$$

sehr effektiv zu nutzen, bei der die »Brutmaterialien« Thorium-232 und Uran-238 in die Brennstoffe Uran-233 und Plutonium-239 von Spaltungsreaktoren umgewandelt werden. Durch die Art der Brutmantelgestaltung könnte die Zahl der Kernspaltungsreaktionen so gesteuert werden, daß nur die zum Erbrüten von Spaltmaterial benötigte Zahl von Neutronen gebildet wird. Die ganze Fusionsanlage diente in diesem Fall ausschließlich der Brennstoffproduktion für Spaltungsreaktoren. Ein derart genutzter »Fusionsreaktor« wird als *Fusionsbrüter* bezeichnet.

Der Brutmantel könnte aber auch so ausgelegt werden, daß viel mehr Spaltungsreaktionen auftreten und der dabei erzielte Energiegewinn die Hauptrolle spielt. Die Energieverstärkung durch den Brutmantel, die bei Verwendung von Lithium nur etwa 1,1 beträgt, könnte dabei leicht auf das Zehnfache angehoben werden. Eine derartige Kopplung aus Fusions- und Spaltungsreaktor, bei der die im Brutmantel erzeugte Wärme ähnlich wie in einem reinen Fusionsreaktor in Stromenergie umgewandelt würde, bezeichnet man als *Hybridreaktor* (von lat. hybrida = Mischling). Wegen der sehr hohen Energieverstärkung im Brutmantel könnte dabei die Energieverstärkung im Fusionsplasma entsprechend niedriger gehalten werden, so daß man vielleicht sogar ohne die Zündung des Plasmas auskäme. Dieses würde dann noch immer so viele Fusionsneutronen liefern, daß der Brutmantel bei unterkritischer Dichte der Spaltmaterialien operieren könnte. Dies bedeutet, daß die Neutronenproduktion sich dort nicht selbst erhalten müßte und daher sofort zum Stillstand käme, so-

---

[30] Genauer handelt es sich in beiden Fällen um eine ganze Kette gekoppelter Reaktionen, von denen hier nur das Gesamtergebnis angegeben ist. e^{-} steht für ein als Reaktionsprodukt gebildetes Elektron.

bald der Neutronenzustrom aus dem Plasma abgestellt wird. Gegenüber einem konventionellen Spaltungsreaktor würde das einen Zugewinn an Sicherheit bedeuten. Allerdings müßte man dem vielleicht möglichen Störfall vorbeugen, daß durch ungewollte Materialverlagerungen im Brutmantel überkritische Bereiche entstehen. Natururan, aus dem der Brennstoff für die heute üblichen *Leichtwasserreaktoren* gewonnen wird, besteht zu 99,3 Prozent aus dem Uranisotop ^{238}U und nur zu 0,7 Prozent aus ^{235}U.[31] Leichtwasserreaktoren benutzen *angereichertes* Uran, bei dem der Anteil von ^{235}U auf bis zu 3,5 Prozent angehoben ist. Die Kernspaltungsreaktionen werden in einer kontrollierten Kettenreaktion durch freigesetzte Reaktionsneutronen ausgelöst, die hierzu durch Leichtwasser (H_2O) auf thermische Geschwindigkeiten moderiert werden. Dabei wird hauptsächlich ^{235}U »verbrannt«, und nur in sehr geringem Maße auch ^{238}U über die Umwandlung in ^{239}Pu. Diese schlechte Ausnutzung des in der Natur reichlich vorhandenen ^{238}U kann dazu führen, daß schon in der Mitte des nächsten Jahrhunderts eine Verknappung des Brennstoffs für Leichtwasserreaktoren eintreten wird, sofern man bei der Uranförderung heutige ökonomische Bedingungen zugrunde legt. Erst der *schnelle Brüter*, der hinsichtlich seiner Akzeptanz auf große Schwierigkeiten stößt – er benutzt sowohl zum Erbrüten von ^{239}Pu aus ^{238}U als auch für die Kernspaltungsreaktionen unmoderierte schnelle Neutronen –, kann den ^{238}U-Anteil besser nutzen. Er stellt sogar noch mehr ^{239}Pu her, als er verbrennt, und kann daher noch andere Reaktoren mit Brennstoff versorgen. Ein Hybridreaktor würde ähnliche Eigenschaften besitzen und könnte daher einen schnellen Brüter ersetzen. Auch der Fusionsbrüter würde dabei helfen, das Problem der Brennstoffverknappung bei Spaltungsreaktoren aufzufangen. Zudem besäße er den Vorteil größerer Flexibilität bei der Standortwahl, da er als reine Brennstoffabrik nicht auf eine günstige Lage zum Stromnetz angewiesen ist.

---

[31] Der Grund für das Überwiegen des ^{238}U liegt darin, daß dieses Isotop sehr langlebig ist und von selbst kaum zerfällt, während der eigentliche Brennstoff ^{235}U schon ohne Neutronenbeschuß von selbst zerfällt.

Sowohl der Fusionsbrüter als auch der Hybridreaktor ließen sich voraussichtlich leichter als ein reiner Fusionsreaktor realisieren. Allerdings würde man mit ihnen auch dessen Vorteile einbüßen, beide Konzepte würden unter ökologischen und Sicherheitsaspekten ähnliche Probleme wie Spaltungsreaktoren aufwerfen. Diese Entwicklungslinien, deren Grundidee übrigens schon auf die Anfangsjahre der Fusionsforschung zurückgeht, wurden bisher nicht intensiver verfolgt, weil man die Kernfusion mit ihren schwierigen physikalischen und technischen Problemen nicht noch zusätzlich mit den Nachteilen von Spaltungsreaktoren befrachten wollte. Allerdings war der Hybridreaktor noch bis 1988 das erklärte Ziel der sowjetischen Fusionsforschung. Vermutlich unter dem Eindruck des Reaktorunglücks von Tschernobyl setzt man seitdem auch in der Sowjetunion auf den reinen Fusionsreaktor. Allein in China wird die Hybridreaktorlinie auch heute noch weiterverfolgt.

Eine weitere Idee zur Nutzung der Fusionsneutronen besteht darin, mit ihrer Hilfe die radioaktiven Abfälle von Spaltungsreaktoren »weiterzuverbrennen«. Bei diesen Abfällen handelt es sich um Elemente mit Kernladungszahlen zwischen 89 und 104, sogenannte *Aktiniden*. Diese werden durch den Beschuß mit Fusionsneutronen z.T. in leichtere Elemente aufgespalten, z.T. jedoch auch durch das Einfangen von Neutronen in andere Aktiniden umgewandelt. Derartige Einfangreaktionen würden die Radioaktivität vorübergehend sogar noch erhöhen, aber durch langjährige Bestrahlung bei sehr hoher Neutronendichte ließe sich der Abfall schließlich in leichtere Elemente geringerer Radioaktivität umwandeln.

Zum Schluß sei noch die Möglichkeit erwähnt, mit den Fusionsneutronen chemische Reaktionen wie die *Radiolyse* (durch Bestrahlung hervorgerufene chemische Zersetzung) von Wasser (H_2O) in Wasserstoff (H_2) und Sauerstoff (O_2) oder von Kohlendioxid (CO_2) in Kohlenmonoxid (CO) und Sauerstoff herbeizuführen. In beiden Fällen würden chemische Brennstoffe (H_2 bzw. CO) erzeugt. Ob diese Nutzung der Fusionsneutronen energetisch lohnend ist, kann zur Zeit noch nicht entschieden werden.

28. Die kalte Kernfusion

Myonen machen es beinahe möglich

»Es war ein kurzes, aber beglückendes Erlebnis, als wir glaubten, wir hätten das ganze Energieproblem der Menschheit bis ans Ende aller Tage gelöst. Ein paar eilige Rechnungen hatten den Anschein erweckt, ein einziges negatives Myon würde vor seinem Zerfall in flüssigem HD so viele Fusionsreaktionen katalysieren[32], daß man damit einen Teilchenbeschleuniger zur Erzeugung weiterer Myonen mit Energie versorgen sowie flüssiges HD aus Meerwasser gewinnen könnte und dann noch Energie übrig behielte. Während alle anderen dieses Problem durch Aufheizen von Wasserstoff auf Abermillionen Grad zu bewältigen versuchten, waren wir offenbar auf dessen Lösung gestoßen, und das bei ganz niedrigen Temperaturen.« Das klingt wie eine Passage aus einem Zukunftsroman von Stanislaw Lem. Tatsächlich handelt es sich aber um ein Zitat aus der Rede, die der amerikanische Physiker Luis W. Alvarez 1968 bei der Entgegennahme des Physik-Nobelpreises hielt.[33]

Was war passiert? Bei der Auswertung von Blasenkammeraufnahmen[34] waren Alvarez und seine Mitarbeiter im Jahre 1956 auf einige mysteriöse Teilchenspuren gestoßen. Unter Mithilfe von Edward Teller kamen sie schließlich zu der Deutung, daß diese von Teilchen stammen mußten, die bei Fusionsreaktionen zwischen Wasserstoff- und Deuteriumkernen des Blasenkammerwasserstoffs entstanden waren. Und offensichtlich hatten bei diesen Fusionsprozessen als *Myonen* bezeichnete Elementarteilchen (der Name kommt vom Buchstaben My des griechischen Alphabets),

---

[32] HD ist das aus einem Wasserstoff- und einem Deuteriumatom zusammengesetzte Molekül.

[33] Er bekam diesen allerdings nicht für das hier geschilderte Phänomen, sondern für die Entdeckung des Omega-Mesons.

[34] In einer *Blasenkammer* weist man schnelle geladene Elementarteilchen durch Dampfbläschen nach, die diese als Spuren ihrer Anwesenheit in flüssigem Wasserstoff hinterlassen.

die beim Aufprall eines hochbeschleunigten Ionenstrahls auf die Kerne des Wasserstoffs entstanden waren, eine entscheidende Rolle gespielt – sie mußten die Fusionsreaktionen katalysiert haben. Alvarez und Teller wußten damals nicht, daß die Existenz derartiger Myon-katalysierter Fusionsprozesse in kaltem Wasserstoff schon 1947 von dem englischen Physiker F. C. Frank und 1948 von Andrej D. Sacharow vorausgesagt worden war. Frank hatte seine Ergebnisse publizieren können; Sacharows Bericht, der schon das Wort Myonenkatalyse benutzte, wurde sofort zur Geheimsache erklärt und erst nach seinem Tod im Jahre 1989 veröffentlicht. Die oben geschilderte erste Begeisterung wich schnell einer nüchterneren Beurteilung. Genauere Rechnungen zeigten nämlich, daß das sehr kurzlebige Myon vor seinem Zerfall im Wasserstoff der Blasenkammer höchstens eine Fusionsreaktion katalysieren kann, was bei weitem nicht den Energiebedarf zu seiner Erzeugung deckt. Nach der kurzen Aufregung, die diese Entdeckung hervorgerufen hatte, ging man in der Fusionsforschung daher schnell wieder zur Tagesordnung über. Einigen Wissenschaftlern ließ die Faszination, die von dieser neuen Perspektive der Energiegewinnung ausging, jedoch keine Ruhe. An vielen Orten – in der Sowjetunion, Italien, Japan, der Schweiz und in den USA – wurde die Idee weiterverfolgt bzw. neu aufgegriffen. Auf Grund von neuen, ziemlich unerwarteten Ergebnissen, die zeigten, daß das Myon in einem D-T-Gemisch viel mehr Fusionsreaktionen als in Alvarez' HD-Mischung katalysieren kann, wurde dieser von Myonen katalysierten *kalten Fusion* wieder ein stärkeres Interesse zuteil. Aus diesem Grund, aber vor allem, weil es sich dabei um faszinierende Physik handelt, soll diese Variante der Kernfusion hier noch etwas ausführlicher besprochen werden.

Das Myon ist ein sehr kurzlebiges Elementarteilchen aus der Klasse der Leptonen (von griech. leptós = mager, klein; Teilchen mit halbzahligem Spin, die nicht der starken Wechselwirkung unterliegen. Der Name rührt daher, daß man aus dieser Klasse zuerst nur leichte Teilchen kannte.) Wie das – ebenfalls zur Klasse der Leptonen gehörige – Elektron besitzt es eine negative Elementarladung

390

und den Spin ½, ist allerdings 207mal schwerer als dieses. Im Mittel zerfällt es nach etwa 2,2 Mikrosekunden (1 Mikrosekunde = eine millionstel Sekunde) in ein Elektron, ein Myonneutrino und ein Antielektronneutrino. Es wurde 1937 von den Amerikanern Carl David Anderson (Physik-Nobelpreis 1936) und S. Neddermeyer in der *sekundären Höhenstrahlung* entdeckt, die energiereiche, aus dem Weltall kommende Teilchen – die *primäre Höhenstrahlung* – beim Aufprall auf die oberste Schicht der Erdatmosphäre erzeugen. Man kann Myonen auch künstlich herstellen, indem man hochenergetische Ionen z. B. auf ein Wasserstofftarget treffen läßt. Dabei entstehen zunächst *Pionen* (= Pi-Mesonen, vom Buchstaben Pi des griech. Alphabets und Meson = Teilchen mittlerer Größe; von griech. mésos = mitten), die in Myonen und Antimyonneutrinos zerfallen.

Ein Myon kann sich wie ein Elektron mit einem Wasserstoffkern zu einem elektrisch neutralen *myonischen Wasserstoffatom* verbinden, das allerdings genauso kurzlebig wie das Myon ist. Und natürlich kann der bindende Kern auch ein Wasserstoffisotop, also D oder T, sein. Das myonische Wasserstoffatom ist erheblich kleiner als das elektronische, und zwar etwa um denselben Faktor (207), um den die Masse des Myons die des Elektrons übertrifft. Doch weil das Myon die gleiche Ladung wie das Elektron besitzt, wird es auf seiner engeren Bahn um den Atomkern von diesem viel stärker angezogen als das Elektron auf seiner weiteren. Daher muß man zur Abtrennung des Myons mehr Energie aufwenden, d. h. das Myon ist viel stärker gebunden. Und da der Tritiumkern um die Hälfte schwerer als der Deuteriumkern ist, wird das Myon in einem myonischen Tritiumatom nochmals fester als in einem myonischen Deuteriumatom gebunden. Eine wichtige Eigenschaft der Natur, der wir schon mehrfach begegnet sind, besteht darin, daß sie stärkere Bindungen gegenüber schwächeren bevorzugt. Sie hat zur Folge, daß das Myon sehr leicht ein Elektron aus einem elektronischen Atom verdrängen kann. Und wenn ein elektronisches Tritiumatom einem myonischen Deuteriumatom über den Weg läuft, werden das Myon und das Elektron sehr gerne ihre Plätze tauschen. Aber Myonen können Elektronen nicht nur aus Atomen, sondern auch aus Molekülen verdrängen und Molekülbindungen vermitteln. Abb. 28.1 a) zeigt ein einfach geladenes *myonisches DT-Molekülion*, das in der folgenden Untersuchung eine wichtige Rolle spielen wird. Wie ein elektronisches Molekülion weist es eine positive Überschußladung auf. Seine Abmessungen sind wiederum etwa zweihundertmal kleiner als die eines elektronischen DT-Ions. Da es so klein ist und wie ein Deuteriumkern positive Ladung trägt, kann es in einem elektronischen D_2-Molekül tatsächlich auch einen solchen ersetzen. Abb. 28.1 b) zeigt das komplizierte *Mesomolekül*, das auf diese Weise zustande kommt.

Nach diesen Betrachtungen sind wir darauf vorbereitet, die Vorgänge beim Einschuß eines Myons in ein D-T-Gemisch zu untersuchen. (Abb. 28.1 c) zeigt die meisten der im folgenden angegebenen Schritte.) Zunächst wird das Myon überwiegend durch Stöße mit den Bindungselektronen der Moleküle so lange abgebremst, bis es unter Verdrängung eines Elektrons von einem Molekül gefangen wird. Von der schwächer gebundenen Molekülbahn wird

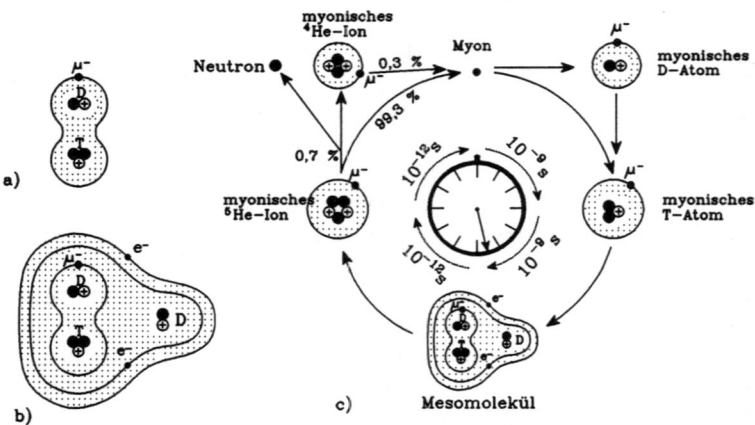

Abb. 28.1: *a) myonisches DT-Molekülion; b) Mesomolekül: In einem D_2-Molekül ist ein Deuteriumkern durch ein myonisches DT-Molekülion ersetzt); c) Katalysekreislauf eines Myons. Die aufeinanderfolgenden Schritte sind im Uhrzeigersinn aneinandergereiht. In der Mitte sind die dafür benötigten Zeiten angegeben.*

es – wieder unter Platzwechsel mit einem Elektron – in eine fester gebundene Atombahn überspringen, wobei die hierbei freigesetzte Bindungsenergie das Molekül zersprengt. Das Myon ist nunmehr entweder in einem myonischen D- oder T-Atom gebunden, wobei es im ersten Fall bei der nächstbesten Gelegenheit den Platz mit dem Elektron eines T-Atoms tauschen wird. Das so direkt oder indirekt gebildete myonische Tritiumatom kann sich wegen seiner Kleinheit und Ladungsneutralität relativ leicht durch die Elektronenhülle elektronischer D_2- oder DT-Moleküle hindurchbewegen. Wenn es auf diesem Weg einem D-Kern sehr nahe kommt, kann es sich mit diesem zu einem myonischen DT-Molekülion (Abb. 28.1 a)) zusammentun, das dann den Ersatzkern eines Mesomoleküls (Abb. 28.1 b)) bildet. In dem myonischen DT-Ion sind sich der D- und T-Kern trotz eines Abstands von vielen Kernradien schon so nahe, daß auf Grund des Tunneleffekts eine erstaunlich hohe Wahrscheinlichkeit zu einer Fusionsreaktion besteht. Tatsächlich ist die Kerndichte innerhalb des myonischen Molekülions nämlich schon mit der Dichte in *weißen Zwergen*[35] vergleichbar. Bei einer Fusionsreaktion bildet sich zunächst ein Helium-5-Kern, der nach kurzer Zeit in ein Alphateilchen (Helium-4-Kern) und ein Neutron zerfällt. Diese beiden Reaktionsprodukte fliegen mit großer Geschwindigkeit davon, und in über 99 Prozent aller Fälle bleibt das Myon zurück und kann den Kreislauf neu beginnen. Mit einer unter einem Prozent liegenden Wahrscheinlichkeit bleibt das Myon an dem Alphateilchen haften und fliegt mit ihm davon. Immerhin kann es mit einer Wahrscheinlichkeit zwischen 25 und 40 Prozent von diesem noch durch Stöße abgestreift werden und auch dann einen neuen Zyklus starten.

Für die Rentabilität der Myon-katalysierten kalten Kernfusion ist es von entscheidender Bedeutung, wie oft ein Myon diesen Kreislauf während seiner Lebenszeit durchwandert. Denn davon hängt es ab, ob es die zu seiner Er-

---

[35] Weiße Zwerge sind sehr kleine, aber sehr massive Sterne geringer Leuchtkraft, die schon ausgebrannt sind. In einem mit der Erde vergleichbaren Volumen enthalten sie einige hunderttausend Erdmassen.

zeugung benötigte Energie und zusätzlich noch einen Energiegewinn einbringt oder nicht. Verfolgen wir diesen Wettlauf mit der Uhr! Bis zur indirekten oder direkten Bildung eines myonischen Tritiumatoms vergehen im Mittel etwa 10^{-9} Sekunden, also weniger als der zweitausendste Teil der mittleren Lebensdauer eines Myons. Nachdem sich das myonische DT-Ion gebildet hat, vergehen bis zur Kernfusion im Mittel sogar nur etwa 10^{-12} Sekunden, und die Zeit für den anschließenden Zerfall des ^{5}He-Kerns, nach der das Myon meist wieder frei wird, ist ähnlich kurz. Wir erkennen somit, daß es für die Zahl möglicher Zyklen zum einen entscheidend auf die Bildungsgeschwindigkeit des myonischen DT-Ions ankommt, und zum anderen darauf, wieviele Myonen durch das Haften an Alphateilchen verloren gehen.

Das myonische DT-Ion kann nur entstehen, wenn die bei seiner Bildung freigesetzte Bindungsenergie einen Abnehmer findet. In Frage käme hierfür z. B. eines der beiden Elektronen des Mesomoleküls (Abb. 28.1 b)), das durch die zugeführte Energie dann losgerissen würde. Diese Art der Energieübertragung ist jedoch an bestimmte quantenphysikalische Voraussetzungen geknüpft, die nur sehr selten gegeben sind. Das Mesomolekül kann die Energie jedoch auch in der Form übernehmen, daß seine Kerne gegeneinander ins Schwingen geraten. Da die Energie dieser Schwingungen nur einige wohldefinierte Quantenwerte annehmen kann, kommt es in diesem Fall auf eine genaue Abstimmung der freigesetzten Bindungsenergie auf diese Werte an. Die volle Bindungsenergie des myonischen DT-Ions paßt allerdings zu keinem dieser Werte, sie ist hierfür noch viel zu groß. Glücklicherweise besitzt das DT-Ion aber noch einen viel schwächer gebundenen Anregungszustand, dessen Bindungsenergie sogar etwas kleiner als die maximale Energie ist, die das Mesomolekül für eine Schwingung übernehmen kann. Deren Anregung ist allerdings dann am wahrscheinlichsten, wenn ihr in »resonanter Weise« die genau passende Energie geliefert wird. Das kleine Defizit an Bindungsenergie kann aber dadurch ausgeglichen werden, daß es von dem in das D_2-Molekül eintretenden myonischen Tritiumatom in Form von Bewegungsenergie mitgebracht wird. Die letztere hängt natürlich von der Temperatur des D-T-Gemischs ab, in dem sich die besprochenen Vorgänge abspielen. Die Feinabstimmung der »Resonanz«, bei der sich das myonische DT-Ion am schnellsten bildet, kann daher über die Temperatur des D-T-Gemischs vorgenommen werden. Wenn das Ion erst einmal in einem angeregten Zustand gebildet worden ist, geht es sehr schnell in den fester gebundenen Grundzustand über und gibt die hierbei frei werdende Energie über ein Elektron des »Wirtsmoleküls« weiter. Der eben geschilderte Prozeß spielt sich bei günstig gewählter Temperatur – das Optimum liegt bei rund 900 Grad Celsius[36] – so schnell ab, daß für ihn wieder nur etwa 10^{-9} Sekunden benötigt werden. Wenn man jetzt alle Zeiten des Myon-Zyklus aufaddiert (siehe Abb. 28.1 c)), kommt man zu einer Gesamtzeit, die nur etwa ein Tausendstel der mittleren Myonlebensdauer beträgt. Maßgeblich für diese phantastisch kurze Zeit ist der geschilderte Resonanzmechanismus bei der Bildung des myonischen DT-Ions – andere Mechanismen, die es noch gibt, wie beispielsweise Fusionsreaktionen beim Vorbeiflug von myonischen Tritiumatomen an Deuteriumkernen, benötigen im Durchschnitt viel mehr Zeit. So ist es auch der Resonanzmechanismus, der den entscheidenden Fortschritt gegenüber Alvarez' Versuchen in einer HD-Mischung brachte.

Würden keine Myonen an Alphateilchen hängenbleiben, dann könnte jedes Myon bei der angegebenen Zyklusgeschwindigkeit im Schnitt etwa 1000 Fusionsreaktionen katalysieren. Wenn nun lediglich ein Prozent aller Myonen pro Zyklus von den Alphateilchen davongetragen wird, be-

---

[36] Dies ist ein glücklicher Zufall, denn 900 Grad Celsius ist beinahe die Temperatur, mit der man bei der Stromerzeugung in Wärmekraftwerken (u. a. mit dem Einsatz von Hochdruckgasturbinen) schon eine gewisse Erfahrung hat – auch der mittlerweile eingestellte Hochtemperaturreaktor (HTR) benutzte vergleichbare Temperaturen. In einem »myonischen Fusionsreaktor« würde man z. B. ein Arbeitsgas in Kühlschlangen durch das Reaktionsgefäß leiten und dessen Kühlung so auf die durch Neutronenmoderation erzielte Heizung abstimmen, daß sich gerade die gewünschten 900 Grad Celsius als Betriebstemperatur einstellen.

deutet dies dennoch, daß sie durchschnittlich schon nach 100 Zyklen verloren gehen und daher nur 100 statt 1000 Reaktionen katalysieren können. Dies zeigt, daß unter den oben geschilderten Optimalbedingungen jetzt das Haften der Myonen an Alphateilchen das kritische Problem darstellt. Unter Einrechnung der durch Stoßionisation myonischer Heliumionen zurückgewonnenen Myonen könnten im Prinzip sogar bis zu 99,6 Prozent aller Myonen den Zyklus wiederholen, was zu 250 Fusionsreaktionen pro Myon führen würde. Mit dem experimentellen Rekordwert von 150 nachgewiesenen Reaktionen pro Myon ist man dieser Grenze schon sehr nahe gekommen.

Doch wieviele Fusionsreaktionen müßte jedes Myon in einem wirtschaftlichen Reaktor katalysieren? Die der Masse des Myons nach der Formel $E = mc^2$ äquivalente Energie wird in sechs Fusionsprozessen freigesetzt. Dies ist die minimale Energie, mit der man theoretisch bei der Erzeugung jedes Myons rechnen muß. Praktisch benötigt man dafür jedoch sehr viel mehr, nämlich die Energie aus etwa 700 bis 1200 Fusionsreaktionen: Das Pion, durch dessen Zerfall das Myon entsteht, wird beim Ionenbeschuß eines Targets erst erzeugt, wenn die Ionenenergie mindestens 300 Fusionsreaktionen entspricht, und nur etwa jedes dritte Ion landet einen Treffer. Wenn man dann noch davon ausgeht, daß der Wirkungsgrad bei der Umwandlung von Fusionsenergie in Stromenergie maximal 40 Prozent beträgt, kommt man auf eine Zahl zwischen 1750 und 3000 Fusionsreaktionen, die jedes Myon katalysieren muß, bis ein Fusionskraftwerk nach außen Strom abgibt. Dabei wird übrigens eine sehr hohe Reinheit des verwendeten D-T-Gemischs vorausgesetzt, da das Myon noch fester an höher geladene Kerne von Verunreinigungsatomen als an Tritiumkerne gebunden wird und diese Bindungen daher vorziehen würde.

Es ist erstaunlich, daß man mit relativ geringem Aufwand und in recht kurzer Zeit mit den erreichten 150 Fusionsreaktionen pro Myon in eindrucksvolle Nähe des Ziels der kontrollierten Kernfusion gelangte. Dennoch besteht ein wesentlicher Unterschied zum Weg über die thermonuklearen Plasmen: Mit den Myonen befindet man sich schon sehr nahe an einer prinzipiellen, durch die Physik gesetzten Grenze, die wahrscheinlich unterhalb der Schwelle liegt, ab der ein Fusionsreaktor wirtschaftlich arbeitet. Vergleichbare prinzipielle Grenzen sind bei der thermonuklearen Fusion dagegen nicht zu sehen. Den größten Fortschritt kann man sich vielleicht beim Energieaufwand zur Myonenproduktion erhoffen, denn die primär erzeugten Pionen bekommen unnötigerweise sehr viel kinetische Energie mit auf den Weg. Ein solcher Fortschritt würde jedoch voraussetzen, daß man auf neue, heute noch nicht bekannte Erzeugungsmechanismen stößt. Einige Hoffnung setzt man auch darauf, an Alphateilchen haftende Myonen durch die Bestrahlung mit Röntgenlicht abstreifen zu können. Einen ähnlichen Effekt hätten die Teilchenstöße, wenn man den Prozeß in einem schwach ionisierten, dichten D-T-Plasma ablaufen ließe, und durch die Einwirkung elektrischer Felder ließe er sich womöglich noch verstärken. Die Überlegungen zur Nutzung der kalten Fusion in einem Reaktor gehen dahin, sie in einem Hybridreaktor mit der Kernspaltung zu koppeln. Hier würde man die Fusionsneutronen nicht nur Wärme für eine Dampfturbine erzeugen lassen, sondern sie zusätzlich auch noch zum Erbrüten von Kernbrennstoff für einen Kernspaltungsreaktor heranziehen.

Zu schön, um wahr zu sein.

»Durchbruch in der Kernfusion«, »Der Geist aus der Flasche«, »Kernfusion im Wasserglas«, »Flop oder Nobelpreis« lauteten einige der Schlagzeilen, mit denen sich die Nachricht über eine physikalische Entdeckung wie ein Lauffeuer um die Welt ausbreitete. Es war am 23. März 1989, als die beiden Elektrochemiker M. Fleischmann (England) und S. Pons (USA) den ungewöhnlichen Weg wählten, die Ergebnisse fünfjähriger Forschungsarbeiten vor ihrer Publikation in einer Fachzeitschrift auf einer Pressekonferenz in Salt Lake City (Utah, USA) bekanntzugeben. Am selben Tag erschienen in der Londoner »Financial Times« und dem New Yorker »Wall Street Journal« Artikel über ihre sensationelle Entdeckung. Was den Fusionsphysikern in über 40 Jahren aufwendiger Bemühungen nicht gelungen war, schien nun ein Kinderspiel zu sein: Fleischmann und Pons reklamierten für sich, in einem Becherglas bei Zimmertemperatur Fusionsprozesse zwischen Deuteriumkernen ausgelöst zu haben, die mehr als das Zehnfache der hierfür aufgewandten Energie geliefert hätten. Bald darauf wurden im Fernsehen Videoclips gezeigt, in denen man ihre wahrhaft simple Fusionsapparatur bewundern konnte: Ein Becherglas, gefüllt mit schwerem Wasser, durch Beigabe von etwas Lithiumhydroxid elektrisch leitfähig gemacht, und darin eingetaucht zwei über eine Autobatterie verbundene Elektroden, die Kathode aus Palladium und aus Platin die Anode. Bei einem der Experimente soll durch Kernfusionen so viel Energie freigesetzt worden sein, daß die Palladiumkathode geschmolzen und verdampft sei (Schmelztemperatur von Palladium: 1554 Grad Celsius). Nach diesen Sensationsberichten schien es nur noch eine Frage der Zeit, bis sich jeder Haushalt mit einem Minifusionskraftwerk seine Energie gefahrlos würde selbst herstellen können.

Fleischmann und Pons wollten sich mit ihrem Experiment die Eigenschaft gewisser Metalle zunutze machen, sehr große Mengen Wasserstoff aufnehmen zu können. Diese Eigenschaft ist seit etwa 170 Jahren bekannt. Schon 1823 hatte sie der deutsche Chemiker J. W. Döbereiner, Goethes Berater in chemischen Fragen, bei der Konstruktion eines später nach ihm benannten Feuerzeugs benutzt. Hier wurde ein mit Wasserstoff gesättigter Platinschwamm durch die katalytische Verbrennung des Wasserstoffs mit dem Sauerstoff der Luft zum Glühen gebracht. Das Metall Palladium kann in nur einem Kubikzentimeter einen Liter Wasserstoff- oder Deuteriumgas aufnehmen, soviel, daß auf jedes zweite seiner Atome ein Deuteriumatom kommt. Und wenn das – im Metall ionisierte – Deuterium durch eine elektrische Spannung festgehalten wird, kann es sogar noch fester gepackt werden, so daß 1,3 Deuteriumatome auf jedes Palladiumatom kommen. Das hierdurch bewirkte Zusammenrücken der Deuteriumkerne zu einer Dichte von fast 10^{23} Kernen pro Kubikzentimeter und Quanteneffekte im Festkörper Palladium, die so wirken, als bekämen die Elektronen durch eine größere Masse myonische Eigenschaften, sollen die Ursachen für die beobachteten Fusionsprozesse gewesen sein.

Die beinahe wundertätige Versuchsanordnung ist eine Elektrolysezelle, in der das schwere Wasser D_2O in positiv geladene Deuteriumionen und negativ geladene Sauerstoffionen zersetzt wird. Die ersteren wandern unter der angelegten Spannung zur Palladiumkathode, von der sie aufgenommen und gespeichert werden, die letzteren zur Platinanode. Es kann mehrere Wochen dauern, bis auf diese Weise die gewünschte hohe Deuteriumdichte erreicht wird. Der behauptete Energiegewinn wurde durch den Vergleich der bei der Elektrolyse entwickelten Wärme mit der von der Batterie eingespeisten Energie gemessen. Bei den Verschmelzungsreaktionen zwischen Deuteriumkernen, die den gemessenen Energiegewinn erklären sollten, werden Heliumkerne, Tritiumkerne und Neutronen erzeugt. Tritium wurde von Fleischmann und Pons durch seine radioaktiven Zerfälle nachgewiesen, Neutronen indirekt durch Gammastrahlung, die sie im schweren Wasser bei ihrer Reaktion mit beigemischten H-Kernen hervorrufen. Hierbei fanden die beiden Forscher allerdings milliardenmal weniger Neutronen, als man es eigentlich aus dem durch die Fusionsprozesse hervorgerufenen Energiegewinn schließen müßte – ein Glücksfall für die beiden, denn andernfalls hätten sie ihr Experiment nicht überlebt.

Am Tag nach den ersten sensationellen Enthüllungen trat eine zweite Forschergruppe Utahs auf den Plan, die von ähnlichen Experimenten ebenfalls Erfolge meldete, allerdings nur eine sehr viel kleinere Energieausbeute und noch weniger Fusionsneutronen vorzuweisen hatte. Fusionsforscher der konventionellen Richtung und Kernphysiker sind allen diesen Meldungen von vorneherein mit sehr viel Skepsis begegnet – die Deuteriumkonzentration im Palladium reicht nach allen bisherigen Erfahrungen trotz ihres hohen Werts doch nicht für eine merkliche Energieausbeute aus Fusionsreaktionen aus, die angedeuteten Quanteneffekte sind viel zu schwach, und wie sollte sich die geringe Produktion von Fusionsneutronen erklären lassen? Trotzdem brach weltweit ein geradezu hektisches Fusionsfieber aus, überall wollte man den »Utah-Effekt« entweder reproduzieren oder widerlegen – zeitweise sollen bis zu 1000 Forschergruppen damit beschäftigt gewesen sein, und als Begleiterscheinung schnellte der Palladiumpreis vorübergehend in die Höhe. Schon nach wenigen Tagen kamen aus allen Teilen der Welt Erfolgsmeldungen, welche die Ergebnisse bestätigten. Auf einer Chemikertagung in Dallas Anfang April war der Andrang so groß – 7000 Teilnehmer –, daß wichtige Vorträge in ein Football-Stadion verlegt werden mußten.

Bis zum Erscheinen negativer Meldungen, die wohl auf sorgfältigeren Messungen beruhten, dauerte es etwas länger, doch immer mehr gewannen diese die Oberhand. Es stellte sich heraus, daß Fleischmann und Pons schwerwiegende Fehler und Irrtümer unterlaufen waren, die sie nach und nach auch zugaben. Von zehn Parallelexperimenten, die an Fleischmanns ehemaliger Wirkungsstätte, dem Harwell-Laboratorium bei Oxford, unter seiner persönlichen Mitwirkung durchgeführt wurden, lieferte kein einziges eine Bestätigung. Die Fusion im Wasserglas erzeugte zunehmend Konfusion, typische Schlagzeilen in der Presse lauteten jetzt: »Heiße Auseinandersetzungen um die Kalte Fusion«, »Immer mehr Zweifel an der Kernfusion im Wasserglas«, »Nur ein Sturm im Wasserglas« oder »Pons und Fleischmann in tiefer Beweisnot«. Mittlerweile ist es um diese Art kalter Fusion still geworden.

Was ist bei Fleischmann und Pons schief gelaufen bzw. wie läßt sich erklären, was sie beobachtet hatten? In sehr sorgfältigen Untersuchungen wurde mittlerweile geklärt, daß bei der Messung der elektrolytischen Wärmeerzeugung sehr leicht Fehler unterlaufen können – es gibt räumliche und zeitliche Temperaturschwankungen, Verunreinigungen können chemische Reaktionen mit Wärmebildung hervorrufen, bei der Einbindung des Deuteriums in das Palladiumgitter wird auf chemischem Weg Wärme freigesetzt usw. Unter Berücksichtigung all dieser Punkte wurde keinerlei Energiegewinn mehr festgestellt. Das Schmelzen und Verdampfen einer Palladiumelektrode kam wohl durch eine Knallgasreaktion zwischen Deuterium und Sauerstoff zustande – da sich ein typisches Experiment über Tage und Wochen hinzieht, sinkt allmählich der Wasserspiegel im Becherglas, und wenn kein schweres Wasser nachgefüllt wird, kommt die deuteriumbeladene Palladiumelektrode mit Luft zusammen. In dem schweren Wasser, das man käuflich erwerben kann, ist meist schon so viel Tritium enthalten, wie Fleischmann und Pons nach Ablauf ihres Experiments gemessen hatten – von einer Kontrollmessung vor Experimentbeginn ist in ihrer Arbeit nichts zu lesen. Schließlich hat sich herausgestellt, daß die zum Nachweis der Neutronen gemessene Gammastrahlung mit ähnlicher Intensität und Wellenlänge auch von radioaktivem Wismut emittiert wird, das als Zerfallsprodukt von Radium in den Wänden der meisten Gebäude steckt. Der in Utah benutzte Gammastrahlendetektor ist nachweislich so ungenau, daß er diese Hintergrundstrahlung nicht von einer durch Fusionsprozesse induzierten Gammastrahlung unterscheiden könnte.

Da Fleischmann und Pons ihre Untersuchungen aus eigener Tasche finanziert hatten, waren ihre Meßgeräte nach eigenem Bekunden »nicht vom Feinsten«. Die ähnlichen Falschmeldungen vieler anderer Forscher lassen erkennen, daß man es mit diffizilen Messungen zu tun hat, bei denen man sich sehr leicht – wohl verzeihliche – Fehler einhandeln kann. Ihren größten Fehler begingen die beiden Wissenschaftler denn auch nicht beim Messen, sondern als sie den Entschluß faßten, die Sache vorzeitig an die große Glocke zu hängen.

Es wirkt wie eine Ironie des Schicksals, daß es sich bei ihrer Geschichte um eine Wiederholung handelt. 1926 berichteten die beiden deutschen Chemiker F. Paneth und K. Peters in der Zeitschrift »Die Naturwissenschaften« über die Umwandlung von Wasserstoff in Helium, die stattgefunden habe, nachdem ein Stück Palladium in ein Gefäß mit Wasserstoffgas gestellt worden war. Das Helium hätten sie spektroskopisch nachgewiesen. Ein Jahr später zogen sie ihre Ergebnisse wieder zurück, nachdem sie an ihrer Apparatur Heliumverunreinigungen festgestellt hatten. 1927 brachte der schwedische Wissenschaftler J. Tandberg in Fortsetzung der ihm bekannten deutschen Experimente

Wasserstoff vermittels Elektrolyse in eine Palladiumelektrode und beantragte ein Patent für die mit Energiegewinn verbundene Umwandlung von Wasserstoff in Helium. Nach der Entdeckung des Deuteriums (1932) setzte er seine Experimente mit schwerem Wasser fort – Fleischmann und Pons hätten seine Apparatur direkt für ihre Experimente übernehmen können. Ein Patent wurde Tandberg jedoch nie erteilt.

VI. Technologie des Fusionsreaktors

Der große Aufwand bei der Verfolgung des Ziels der kontrollierten Kernfusion macht es erforderlich, sich rechtzeitig zu überlegen, wie ein Fusionsreaktor voraussichtlich aussehen wird und welche technischen Probleme bei ihm erwartet werden müssen. Erst derartige Untersuchungen liefern die Entscheidungskriterien dafür, welche physikalischen Konzepte die Chance zu einer technischen Realisierung besitzen und welcher Aufwand bei der Verfolgung einer bestimmten Entwicklungslinie vertretbar ist. Seit Ende der sechziger Jahre hat man deshalb vielerorts mit detaillierten Reaktorstudien begonnen und für verschiedene Einschlußkonzepte ganze Fusionskraftwerke auf dem Papier entworfen. Derartige Untersuchungen sind nicht ohne Einfluß auf die Entwicklung der fusionsorientierten Plasmaphysik geblieben, werden aber auch umgekehrt in starkem Maße von den Ergebnissen laufender Fusionsexperimente beeinflußt. In einem Buch wie diesem wäre es wenig sinnvoll, auf Überlegungen einzugehen, die noch zu sehr den Charakter der Vorläufigkeit besitzen. Andererseits gibt es eine Reihe technischer Aspekte, über die heute schon weitgehend Klarheit besteht, Schwierigkeiten und Probleme sind abzusehen, mit denen man auf jeden Fall wird rechnen müssen. Solchen absehbaren technischen Fragen soll dieser letzte Teil des Buchs gewidmet sein, wobei der Tokamakreaktor als repräsentatives und am intensivsten untersuchtes Beispiel im Vordergrund stehen wird.

29. Der Aufbau eines Tokamakreaktors

Abb. 29.1 a) zeigt eine schematische Darstellung der wichtigsten Komponenten eines Tokamakreaktors, der ein D-T-Gemisch verbrennen soll, am Beispiel des Projektes NET. Das Herz des Reaktors bildet natürlich das Plasma, das unmittelbar von der *ersten Wand* umgeben wird. Diese muß übrigens nicht unbedingt die Wand des Vakuumgefäßes sein: Das Fusionsexperiment NET z. B. wurde so konzi-

403

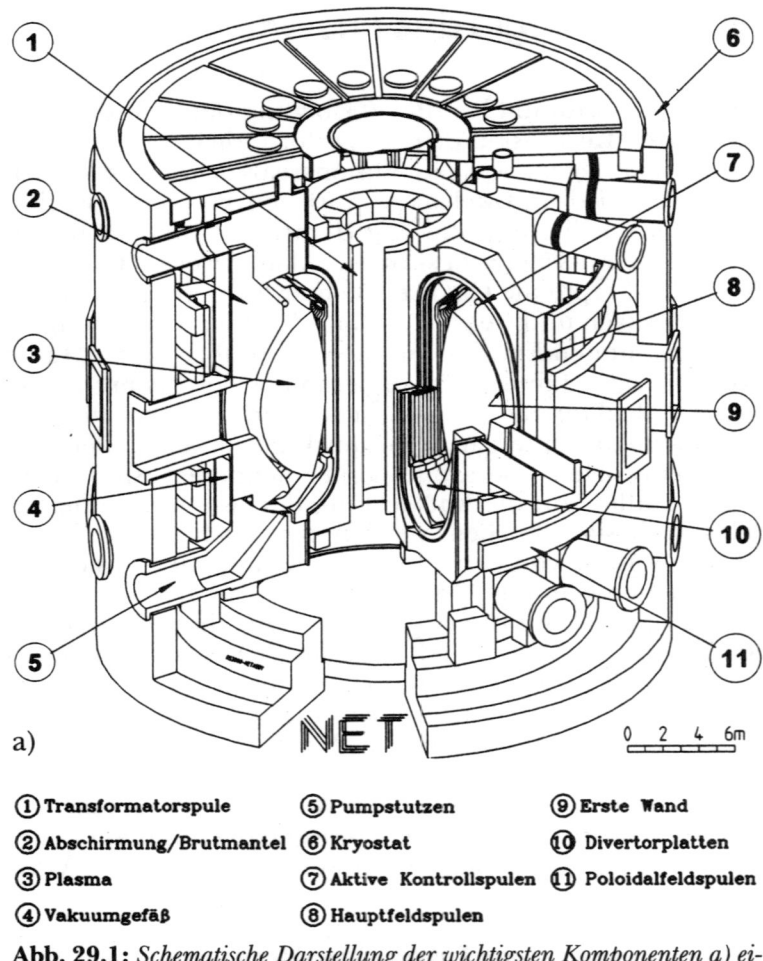

① Transformatorspule	⑤ Pumpstutzen	⑨ Erste Wand
② Abschirmung/Brutmantel	⑥ Kryostat	⑩ Divertorplatten
③ Plasma	⑦ Aktive Kontrollspulen	⑪ Poloidalfeldspulen
④ Vakuumgefäß	⑧ Hauptfeldspulen	

Abb. 29.1: *Schematische Darstellung der wichtigsten Komponenten a) eines Tokamakreaktors am Beispiel des NET – ITER ist zum Verwechseln ähnlich – und b) eines Fusionskraftwerks.*

piert, daß sich der Brutmantel noch innerhalb befindet und direkt an das Plasma grenzt. Die Fusionsneutronen werden nach dem Durchdringen der ersten Wand im Brutmantel moderiert und großenteils beim Tritiumbrüten abb)

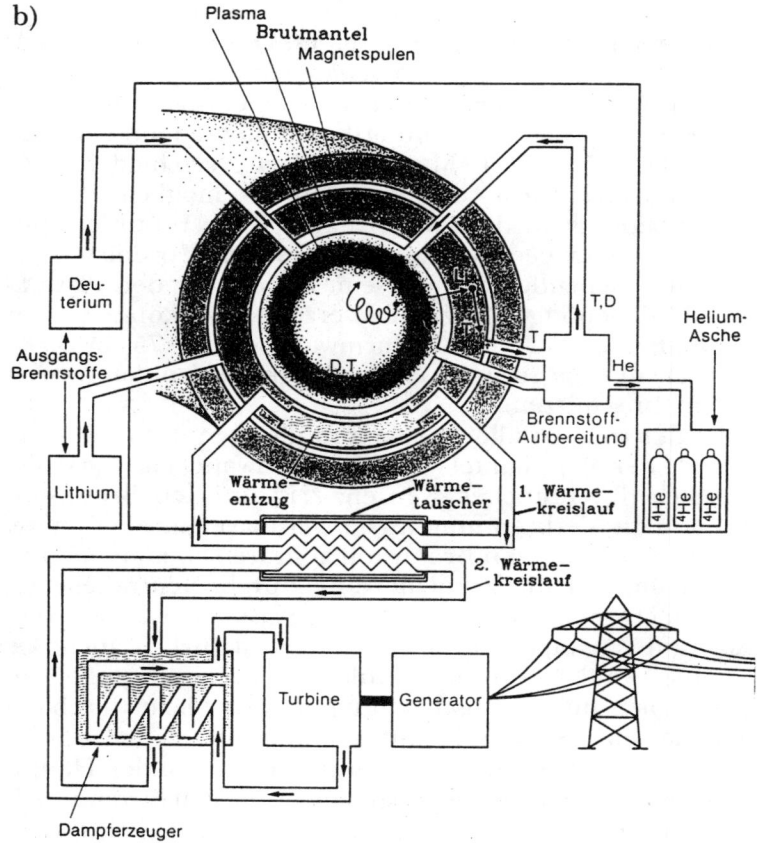

sorbiert. In den äußeren Brutmantelregionen sind die Neutronen nämlich schon recht langsam, weshalb dort überwiegend die Lithium-6-Reaktion stattfindet, bei der zwar Neutronen absorbiert, aber keine weiteren mehr erzeugt werden. Dennoch gelingt es nicht, alle Neutronen im Brutmantel zurückzuhalten. Außerdem werden auch Kerne durch Neutronenstöße beschleunigt und emittieren dabei Gammastrahlung, die vom Brutmantel ebenfalls nur teilweise zurückgehalten wird. Sowohl Neutronen- als auch Gammastrahlen sind auf der Außenseite des Brutmantels immer noch so intensiv, daß sie weiter außen gelegene

Komponenten – unter diesen insbesondere die in einem Reaktor supraleitend ausgelegten und besonders empfindlichen Magnetfeldspulen – beschädigen würden. Es ist deshalb notwendig, den Brutmantel mit einer Abschirmung zu umgeben, die beide Strahlungskomponenten auf ein tragbares Maß reduziert. Man wird dazu verschiedene Abschirmmaterialien so schichten, daß eine möglichst dünne Wand benötigt wird; je weiter nämlich die Hauptfeldspulen nach außen gedrängt werden, desto stärker müssen die in ihnen fließenden Ströme sein, um das für den Plasmaeinschluß benötigte Magnetfeld erzeugen zu können. Man glaubt heute, daß eine Abschirmwand von ca. 75 cm Dicke genügt, um die supraleitenden Magnetfeldspulen ausreichend zu schützen.

Leider müssen alle Plasmaumhüllungen, also die erste Wand, der Brutmantel, die Abschirmwand etc. verschiedentlich durchbrochen werden, z. B. um den Brennstoff zu- und die Verbrennungsasche, Plasmaverunreinigungen sowie unverbrannten Brennstoff abführen zu können, und weiterhin, um die Zusatzheizung durch Neutralteilchen und elektromagnetische Wellen ins Plasma hereinzulassen. Ab- und Zugänge zum Plasma bieten natürlich auch der Gamma- und Neutronenstrahlung Wege nach außen an und stellen für die Abschirmung ein erhebliches Problem dar, dessen Lösung sehr aufwendig ist.

Die Abschirmwand wird fast unmittelbar von den Hauptfeldspulen umgeben. Die wegen ihrer starken Ströme auch supraleitend ausgelegten Form- und Vertikalfeldspulen muß man außerhalb plazieren, da man Supraleiter nicht unterbrechen kann und keine Möglichkeit besteht, sie als geschlossene Ringe in die ebenso geschlossenen Hauptfeldspulenringe ohne Zauberei hereinzubringen. Nur die Kontrollspulen zur aktiven Stabilisierung der Vertikalinstabilität muß man so nah ans Plasma bringen, daß sie noch innerhalb der Hauptfeldspulen liegen, jedoch noch durch die Abschirmwand geschützt sind. Da in ihnen keine so starken Ströme fließen, die aber schnell verändert werden, können und müssen sie auch in einem Reaktor aus Kupfer sein. (Daher können sie bei der Montage des Reaktors innerhalb der Hauptfeldspulen aus Teilsegmenten zusammengesetzt werden.) Ganz im Zentrum des Tokamaks befindet sich die Primärwicklung des Transformators, deren Sekundärwicklung das Plasma bildet. Abb. 29.1 b) zeigt außer dem eigentlichen Reaktor die wichtigsten Komponenten eines Fusionskraftwerks. Aus dem Brutmantel des Reaktors heraus führen mit einem geeigneten Medium – Wasser, Helium oder einem flüssigen Metall – gefüllte Kühlschlangen die durch Neutronenmoderation erzeugte Wärme einem *Wärmetauscher* zu. Dieser *erste Wärmekreislauf* kann gleichzeitig dazu benutzt werden, das im Brutmantel erbrütete Tritium herauszubringen; andere Konzepte sehen vor, daß diese Aufgabe wie in Abb. 29.1 b) separat von einem geeigneten Trägermedium übernommen wird. In beiden Fällen muß das Tritium diesem in einem *Tritiumextraktor* entzogen werden, um anschließend über die *Brennstoffzufuhr* ins Plasma gebracht zu werden. Ein *zweiter Wärmekreislauf* übernimmt die Wärme des ersten im Wärmetauscher und führt sie einer Wärmekraftmaschine zu. Die Aufteilung der Wärmeabfuhr in zwei getrennte Kreisläufe ist vorgesehen, damit die Wärmekraftmaschine nicht mit dem im ersten Kreislauf enthaltenen Tritium verseucht wird. Denn selbst wenn der Wärme- und Tritiumentzug aus dem Brutmantel nicht gekoppelt werden, sind im ersten Kreislauf wegen des guten Eindringungsvermögens von Wasserstoff und seiner Isotopen in Metalle (Rohre) noch kleinere Tritiummengen enthalten. In Abb. 29.1 b) ist der Stromerzeuger eine konventionelle Wärmekraftmaschine, in der die angebrachte Wärme Dampf erzeugt. Dieser treibt eine Turbine an, die ihrerseits einen Stromgenerator in Bewegung setzt. Modernere Konzepte sehen vor, auf die Dampferzeugung zu verzichten und mit einem die Wärme transportierenden Arbeitsgas wie Helium direkt eine Hochdruckgasturbine anzutreiben. Bis zum Einsatz des ersten Fusionskraftwerks wird ja noch einige Zeit vergehen, und es ist zu hoffen, daß man für die hochwertige Neutronenenergie noch bessere Verwertungsmöglichkeiten als die »aus Opas Zeiten« findet.

Die Abschirmwand des Brutmantels reduziert die aus diesem kommende Strahlung zwar auf ein Maß, das den weiter außen liegenden Reaktorkomponenten nicht mehr schadet, für das Bedienungspersonal des Reaktors aber immer noch zu hoch ist. Daher ist vorgesehen, den Reaktor mit einem etwa 1,5 m dicken »biologischen Schutzschild« aus Beton zu umgeben. Dieser setzt die Strahlendosis so weit herab, daß außerhalb von ihm alle Normen der Strahlenschutzverordnung eingehalten werden. Das bedeutet aber, daß alle Reparaturmaßnahmen am Reaktor oder die Auswechslung von Teilen durch Fernbedienung vorgenommen werden müssen. Hierdurch entstehen an viele Reaktorkomponenten besondere Anforderungen hinsichtlich ihrer Handhabbarkeit.

30. Kreislauf des Brennstoffs und der Wärme

Die Brennstoffzufuhr

In einem Fusionsreaktor nach dem Prinzip des Trägheitseinschlusses wird der Brennstoff einer Kapsel weitgehend in einem einzigen, extrem kurzen Brennvorgang verbrannt. In den viel längeren Zwischenpausen müssen unverbrannte Brennstoffreste zusammen mit der Asche entfernt werden, um einer neuen Kapsel Platz zu machen. Der Brennstoff wird also vor Beginn des Brennens zugeführt, und Reste entfernt man erst nach dessen Ende. Das Hauptproblem besteht hier darin, die Brennstoffkapseln schnell genug dorthin zu bringen, wo ihnen die zur Kompression erforderliche Energie zugeführt wird. In Fusionsreaktoren mit magnetischem Plasmaeinschluß wird die Brenndauer dagegen die Zeit des Teilcheneinschlusses bei weitem übersteigen. Hier wird es nötig, schon während des Brennvorgangs für den Brennstoffnachschub zu sorgen und die Asche zu entfernen.

In den gegenwärtigen magnetischen Einschlußexperimenten spielen derartige Probleme vorerst noch eine kleinere Rolle, weil das Plasma noch nicht brennt und man nur mit Deuteriumplasmen unter Bedingungen experimentiert, die auf Fusionsreaktionen in einem D-T-Gemisch zugeschnitten sind. Dennoch machen auch in ihnen die Transportverluste bei in den letzten Jahren immer länger gewordenen Entladungsdauern einen Teilchennachschub erforderlich. Teilweise besorgt man das, indem man einfach Wasserstoff oder Deuterium durch Düsen von der Wand des Einschlußgefäßes aus ins Plasma bläst. Auch bei der Zusatzheizung durch Neutralteilcheninjektion bekommt das Plasma Teilchen nachgeliefert. Beide Methoden sind jedoch für den Brennstoffnachschub in einem Fusionsreaktor unzureichend. Schon in den heutigen Experimenten wird das eingeblasene Neutralgas weitgehend in der Plasmarandschicht ionisiert und deponiert. Eine gleichzeitig beobachtete Dichteerhöhung im Plasmazentrum ist zwar noch nicht ganz verstanden – man vermutet, daß für sie eine theoretisch vorhergesagte und mit den Bananenbahnen gefangener Teilchen zusammenhängende Einwärtsströmung eine Rolle spielt –, in einem Fusionsreaktor wird sie jedoch für unwahrscheinlich gehalten. Bei der Neutralteilchenheizung dagegen wäre der Energieaufwand viel zu groß, wenn man mit ihr auch das Problem der Brennstoffzufuhr lösen wollte: Schon bei einer Neutralteilchenenergie von 100 keV, die nicht für das Vordringen der Teilchen bis zum Plasmazentrum reicht, müßte man etwa ein Viertel der vom Fusionskraftwerk gelieferten Energie in die Brennstoffnachlieferung investieren.

Von den Methoden, die für die Brennstoffzufuhr vorgeschlagen wurden, erscheint heute der Einschuß kleiner *Pellets* (Kügelchen) aus gefrorenem Brennstoff am aussichtsreichsten. Wegen ihrer großen Bedeutung für das Funktionieren des Fusionsreaktors befindet sich diese Methode schon seit etlichen Jahren in der Entwicklung. Farbtafel 20 zeigt ein experimentelles Beispiel, das erkennen läßt, wie ein ins Plasma eingeschossenes Pellet abgedampftes Material in einem kometenartigen Schweif hinter sich läßt. Die Pellets werden hergestellt, indem man den gefrorenen Brennstoff durch eine Düse zu einem zylinderförmigen Strang ausspreßt und von diesem tablettenförmige Stücke abschneidet – ein Deuterium-Tritium-Gemisch muß hierzu auf 8 bis 10 K abgekühlt werden. Die Pellets werden dann z. B. pneumatisch nach dem Prinzip des Luftgewehrs beschleunigt, wobei Geschwindigkeiten bis zu 3,5 km/s erreicht wurden.

Beim Pelleteinschuß ins Plasma spielen sich ähnliche Vorgänge wie bei einem Kometen ab, der in der Nähe der Sonne dem »Gebläse« des heißen Sonnenwinds ausgesetzt wird. Durch die Wechselwirkung mit dem Plasma wird Material von der Oberfläche des Pellets abgedampft und umgibt dieses mit einer Schicht kühleren und dichteren Plasmas. In dieser ist die Wärmeleitfähigkeit sehr viel niedriger als in dem heißen Plasma der Umgebung, weshalb sie für das restliche Pellet wie ein Schutzschild wirkt und dieses vor zu schneller Verdampfung und Ionisation bewahrt. Einen zusätzlichen Schutz bietet das Magnetfeld, das senkrecht zu seiner Richtung einerseits die Wärmeleitung noch weiter reduziert und andererseits den Abtransport bereits verdampften und ionisierten Pelletmaterials behindert.

Hauptsächlich infolge dieses Schutzes dauert die vollständige Ionisation des Pellets viel länger als die eines Neutralteilchenstrahls gleicher Masse. Daher darf ein Pellet, das noch genügend Brennstoff bis ins Plasmazentrum bringt, auch viel langsamer als die Strahlteilchen sein. Berechnungen, welche die komplizierten Vorgänge bei der Pelletverdampfung und -ionisierung mit einbeziehen, haben ergeben, daß einem Fusionsreaktor in der Sekunde zwischen 10 und 100 Pellets von einem oder ein paar Millimetern Dicke mit einer Geschwindigkeit von 5–10 km/s zugeführt werden müssen.[37] Der zur Beschleunigung auf diese Geschwindigkeiten erforderliche Energieaufwand beträgt pro Atomkern weniger als 1eV und stellt in der Energiebilanz des Reaktors keinen nennenswerten Posten dar. Die hohe Repetitionsrate von 10 bis 100 Schuß wird allerdings mit pneumatischer Beschleunigung kaum zu erreichen sein. Aussichtsreicher erscheint hier die Beschleunigung durch Zentrifugen, die bisher allerdings erst auf Geschwindigkeiten von maximal 1,5 km/s geführt hat. Es wurde auch in Erwägung gezogen, die Pellets elektrisch aufzuladen und mittels elektrischer Felder zu beschleunigen. Sowohl was die Geschwindigkeiten, als auch was die

---

[37] Ohne den Schutz der Verdampfungswolke würden etwa zehnmal höhere Geschwindigkeiten benötigt.

Repetitionsraten angeht, ist noch erhebliche Entwicklungsarbeit zu leisten, bis die Erfordernisse eines Reaktors erreicht sind.

Die Entfernung der Asche

Die bei der D-T-Fusion gebildeten Heliumkerne (Alphateilchen) werden nach ihrer Thermalisierung wie alle Plasmateilchen durch Diffusion zum Plasmarand getragen. Wegen ihrer hohen Anfangsgeschwindigkeit wird es unter ihnen auch »Ausreißer« geben, die dorthin sehr schnell ohne Stöße durch ihre Driftbewegungen getragen werden. Wie stark und in welchen Verhältnissen diese beiden Mechanismen zum Abtransport der Heliumasche beitragen, läßt sich wegen der bestehenden Unsicherheiten im Verständnis der Transportprozesse nur schwer voraussagen. Sicherheit darüber wird man erst durch experimentelle Erfahrungen an gezündeten Fusionsplasmen erlangen. Erst dann wird sich auch entscheiden lassen, ob dieser natürliche Abtransport der Asche durch Diffusion genügt oder ob man womöglich den Brennbetrieb dafür künstlich unterbrechen muß. Denkbar ist auch, daß dieser durch die Ansammlung von Verunreinigungen und Verbrennungsresten im Plasmazentrum von selbst vorzeitig zum Erlöschen kommt.

Vom Plasmarand weg wird die Verbrennungsasche zusammen mit noch unverbrannten Deuterium- und Tritiumkernen durch magnetische Divertoren (Abb. 19.2) oder Pumplimiter (Abb. 19.1 d)) aus der Brennkammer herausgeführt und abgepumpt.[38] Damit das Abpumpen möglichst effektiv gelingt, müssen alle Teilchen von ihrer Ladung

---

[38] Man würde gerne den technischen Problemen, die mit der Benutzung magnetischer Divertoren einhergehen (kostenträchtiges eigenes Spulensystem mit Zu- und Ableitungen für Strom und Kühlwasser, Behinderung der Reaktorwartung durch Platzprobleme, starke »Fokussierung« der im Divertorplasma abgeführten Wärme), aus dem Weg gehen und auf mechanische Limiter zurückgreifen. Ob man mit diesen allerdings den nötigen guten Plasmaeinschluß bekommt, ist noch nicht abzusehen.

und überschüssigen Energie befreit werden. Dies müssen Auffänger wie Limiter oder Prallplatten (siehe Abb. 19.1 bzw. 19.2 c)) besorgen, die dadurch extremen Belastungen ausgesetzt werden. Ein großer Teil der aufgeprallten Teilchen wird dennoch wieder zurück ins Plasma diffundieren. Es wäre äußerst vorteilhaft, wenn hier eine Selektion gelänge, so daß sich unter den zurückkehrenden Teilchen möglichst viel unverbrannter Brennstoff und möglichst wenig Asche befindet. Vorstellungen, wie das zu bewerkstelligen wäre, sind bisher allerdings noch nicht bekannt. Die starke Kopplung zwischen der Wärme- und der Teilchenabfuhr führt zu einer ähnlichen Konfliktsituation wie die des Energie- und Teilcheneinschlusses (Kapitel 21). Während man nämlich die Teilchen möglichst konzentriert in schmale Pumpenöffnungen führen möchte, sollte die Wärme auf der Auffangvorrichtung zu deren Schonung möglichst breit verteilt auftreffen. Auch hier lassen sich die Probleme im wesentlichen nur durch Kompromisse lösen. Eine gewisse Entkopplung ließe sich zum Beispiel erreichen, indem man in die Plasmarandschicht Verunreinigungen bringt. Diese würden zu einer erhöhten Wärmeabfuhr durch Strahlungskühlung führen, die sich gleichmäßig über die ganze Randschicht verteilt. Hier besteht allerdings die Gefahr, daß die Verunreinigungen auch ins Plasmainnere dringen und dieses ebenfalls abkühlen.

Da nur ein Bruchteil (zwischen 1 und 10 Prozent) des Brennstoffs vor seiner Diffusion zum Plasmarand verbrennt – wegen der sonst drohenden »Heliumvergiftung« des Plasmas darf der Prozentsatz auch gar nicht höher sein –, wird in dem abgepumpten Material der unverbrannte Brennstoff überwiegen. Dieser geringe »Abbrand« hat zur Folge, daß der noch unverbrannte Brennstoff aus dem abgepumpten Gas herausgetrennt und erneut durch das Plasma geschleust werden muß, und zwar nicht einmal, sondern zwischen zehn- und hundertmal. Hierzu zwingt vor allem die Tatsache, daß das anteilig enthaltene Tritium nicht nur knapp, sondern auch radioaktiv ist und nicht unkontrolliert verloren gehen darf. Man wird dazu entweder mechanische Pumpen (*Turbomolekularpumpen*) oder *Kryosorptionspumpen* (von griech. krýos = Kälte, lat. sorbere =

schlürfen, schlucken), eventuell aber auch zugleich beide einsetzen und den abgepumpten Abgasstrom bei tiefen Temperaturen mit Materialien wie Aktivkohle in Berührung bringen. Hierbei werden die Heliumasche absorbiert und Verunreinigungen wie z. B. gewöhnlicher Wasserstoff H ausgefroren. Das Abgas muß voraussichtlich durch mehrere derartige Pumpen und durch Filter hindurchlaufen, bis der reine Brennstoff zurückgewonnen ist. H-Atome, die dabei immer noch nicht hängenbleiben, müssen schließlich mit Hilfe einer Isotopentrennungsanlage herausgefischt werden.

Entzug des Tritiums aus dem Brutmantel

Ein wichtiger Schritt im Funktionsablauf eines D-T-Reaktors ist der Entzug des erbrüteten Tritiums aus dem Brutmantel. Wegen der Radioaktivität des Tritiums und seiner relativ knappen Rückgewinnung beim Erbrüten dürfen dabei keine nennenswerten Verluste entstehen. Nur Lithium ist in der Lage, in ausreichenden Mengen Tritium zu erbrüten, und daher kommen als Brutmaterialien nur reines Lithium, dessen Legierungen mit anderen Metallen sowie Lithiumverbindungen in Frage. Es gibt noch keine übereinstimmenden Vorstellungen darüber, was sich am besten eignet und wie das Tritium entzogen werden soll. Die chemischen und physikalischen Eigenschaften von Tritium und Lithium bzw. dessen Verbindungen liefern die Kriterien für eine Reihe verschiedener Alternativen. Das sehr leichte Metall Lithium hat seinen Schmelzpunkt schon bei 179 Grad Celsius, so daß es bei den Temperaturen eines Brutmantels unter Reaktorbetriebsbedingungen (zwischen ca. 500 und 800 Grad Celsius) flüssig wäre, was auch für Lithiumlegierungen (z. B. mit Aluminium oder Blei) gilt. Für einen Feststoffbrutmantel müßte man Verbindungen benutzen, die bei den vorgesehenen Betriebstemperaturen fest bleiben. Hierfür eignen sich metallische Verbindungen mit Aluminium oder Blei und lithiumhaltige Keramiken wie Lithiumaluminat, Lithiumsilikat oder Lithiumoxid.

Reines Lithium könnte man gleichzeitig als Brutmaterial, zur Wärmeabfuhr und zur Abfuhr des erbrüteten Tritiums benutzen, indem man es in Kühlschlangen durch den Brutmantel pumpt. Dabei würde die hervorragende Wärmeleitfähigkeit von Metall eine besonders gute Wärmeübertragung vom Brutmantel zum Wärmetauscher bei relativ geringer Temperaturdifferenz möglich machen. Heißes Lithium verbrennt allerdings in einem »Lithiumfeuer« sehr heftig an der Luft, und auch mit Wasser reagiert es unter starker Wärmeentwicklung (Oxidation mit dem im H_2O enthaltenen Sauerstoff), sogar mit dem, das im Beton enthalten ist. Diese Eigenschaften bergen bei Unfällen die Gefahr der unerwünschten Freisetzung des im Lithium erbrüteten Tritiums in sich. Aus diesem Grund ist man in Europa von dem Konzept eines reinen Lithiumbrutmantels inzwischen abgerückt, während es in den USA noch diskutiert wird.

Die ebenfalls für einen Flüssigbrutmantel in Frage kommenden Lithiumlegierungen verhalten sich chemisch wesentlich gutmütiger und haben ebenfalls die beim reinen Lithium angeführten Vorzüge aufzuweisen. Allerdings sind hier zwei Nachteile anzuführen: Tritium ist zwar wie Wasserstoff sehr gut in Metallen löslich (d. h. Metalle können sehr leicht größere Mengen Tritium aufnehmen und halten), aber es kann auch gut durch diese hindurch- und aus ihrer Oberfläche herausdiffundieren. Daher müßte man für eine sehr effiziente Barriere sorgen, damit das Tritium nicht entweichen kann. (Da Lithium das Tritium fester halten kann, besäße es hier einen Vorteil.) Außerdem könnten sich aus der elektrischen Leitfähigkeit metallischer Legierungen erhebliche Schwierigkeiten für deren Strömung durch die Kühlschlangen ergeben: Die Strömung führt zwangsläufig durch das Einschlußmagnetfeld des Plasmas hindurch. Dabei werden in ihr wie in jedem durch ein Magnetfeld bewegten Leiter Ströme induziert, die im Zusammenwirken mit diesem Lorentz-Kräfte ausüben und dadurch die Strömung erheblich behindern können. Es kann nicht völlig ausgeschlossen werden, daß zum Strömungsantrieb zu hohe Drucke benötigt werden und das ganze Konzept (auch im Falle von reinem Lithium) deshalb ausgeschieden werden muß. Man ist in dieser Hinsicht aber optimistisch und führt zur Zeit ein umfangreiches Testprogramm durch. Der Entzug des erbrüteten Lithiums wäre denkbar einfach: Man würde die flüssige Lithiumlegierung außerhalb des Brutmantels tropfenweise durch einen Gegenstrom von Heliumgas fallen lassen. Das Tritium würde dabei aus den Lithiumtropfen »ausgasen« und könnte mit dem Heliumgas abgepumpt werden. Sein anschließender Entzug aus diesem ist allerdings etwas komplizierter (s. u.).

Die Verwendung eines Feststoffbrutmantels bietet sowohl unter chemischen als auch physikalischen Gesichtspunkten mehr Sicherheit und wird daher zur Zeit favorisiert, insbesondere die eines Brutmaterials aus gesinterter Lithiumkeramik. Wegen seiner schwachen Bindung an dieses könnte das erbrütete Tritium einfach mit einem *Reinigungsgas* (z. B. Helium) herausgespült werden, das durch den Brutmantel hindurchgepumpt wird. Im Prinzip ließe sich diese Methode sogar mit der Kühlung koppeln, die aber vorerst separat vorgesehen ist. Ein weiterer Vorteil des Feststoffbrutmantels bestünde in einem relativ kleinen *Tritiuminventar.* Der andauernde Neutronenbeschuß des Brutmantels könnte allerdings durch nochmalige Sinterung die Poren der Keramik verengen oder gar zerstören, was das Herausspülen des Tritiums erheblich erschweren würde. Daher ist noch nicht klar, ob sich die mit der geschilderten Methode verbundenen Vorteile über einen längeren Zeitraum aufrechterhalten lassen.

Bei der Verwendung von Lithiumoxid als Brutmaterial würde das erbrütete Tritium im Brutmantel z.T. zu schwerem Wasser (T_2O oder HTO) oxidiert. Zum Zwecke eines einheitlichen Abtrennvorgangs würde man daher außerhalb des Brutmantels auch noch den Rest mit Sauerstoff in schweres Wasser überführen. Dieses kann aus dem Heliumgasstrom mit *Molekularsieben* herausgefischt und anschließend in einer katalysierten Austauschreaktion mit molekularem Wasserstoff (H_2) in Wasser (H_2O) und gasförmiges HT überführt werden. Das tritiumhaltige Wasserstoffgas würde man dann bis zur Verflüssigung abkühlen, wobei sich das Tritium zuerst verflüssigt, während der gewöhnliche Wasserstoff noch gasförmig bleibt. Damit wäre die Abtrennung schließlich vollzogen.

Wir hatten schon gesehen, daß in einem Fusionskraftwerk wegen des geringen relativen Abbrands von Brennstoff viel mehr von diesem umgewälzt werden muß, als für die Verbrennung benötigt wird. Dies führt dazu, daß ein 1-Gigawatt-Kraftwerk trotz des geringen Tritiumverbrauchs von etwa 400 g pro Tag die zehn- bis hundertfache Tritiummenge umwälzt. Damit es auch beim Ausfall der Tritiumproduktionsanlagen weiterarbeiten kann, wird man daher einen Brennstoffvorrat für einige Tage (etwa 2 kg) in Speichern in Reserve halten. (Zusammen mit dem Tritium, das sich im Brutmantel, den Abtrennsystemen und dem Brennstoffkreislauf befindet, kommt ein Fusionskraftwerk voraussichtlich auf ein Tritiuminventar von etwa 5 kg.) Trotz der damit verbundenen Radioaktivität wirft das Speichern von Tritium keine größeren Probleme auf, da man dazu auf technisch erprobte Verfahren zurückgreifen kann: Tritium geht mit pulverisierten Metallegierungen, z. B. aus Kobalt und Zirkonium, sehr feste und beständige Verbindungen ein, die sich völlig sicher in Edelstahlgefäßen aufbewahren lassen. Das gebundene Tritium bekommt man wieder frei, indem man das Pulver im Vakuum auf einige hundert Grad erhitzt.

Entzug der Wärme aus dem Brutmantel

Das eigentliche Produkt des Fusionsreaktors ist die im Brutmantel erzeugte Wärme. Diese wird – unabhängig von dem speziellen Brutmantelkonzept – von einem flüssigen oder gasförmigen Medium in geeignet verlegten metallischen Leitungen aus dem Brutmantel heraus dem Wärmetauscher zugeführt. Der Brutmantel wird zur Plasmaseite hin durch eine Metallwand abgegrenzt, außerdem wird er aus verschiedenen konstruktiven Gründen (Belastbarkeit, Zerlegbarkeit etc.) noch weitere metallische Strukturen enthalten. Als Materialien für alle diese Komponenten kommen z. B. Edelstähle, Molybdän-, Vanadium- oder Titanlegierungen in Frage. Diese werden durch das permanente Bombardement mit Fusionsneutronen so stark beansprucht, daß die aus ihnen gebildeten Komponenten während der Lebensdauer des Reaktors vermutlich mehrfach ausgewechselt werden müssen (siehe Kapitel 31). Man plant daher, den Brutmantel aus *Modulen* (geschlossenen Funktionseinheiten) aufzubauen, die einzeln ausgewechselt werden können. Diese Aufbauweise nimmt Einfluß darauf, wie dem Brutmantel die Wärme entzogen wird.

Abb. 30.1 a) zeigt schematisch, wie man sich den Wärmeentzug im Falle eines Flüssigbrutmantels vorstellt. Das flüssige Metall läßt man in ziemlich großen rechteckigen Kanälen (Innendurchmesser etwa 10 cm) strömen. Diese werden von oben in den Reaktor hinein bis zur ersten Wand geführt und folgen dieser z. B. auf der Torusaußenseite in poloidaler Richtung bis zu ihrem unteren Ende. Dort drehen sie die Richtung um und machen, nur ein kleines Stück poloidal nach außen hin versetzt, denselben Weg zurück nach oben. Auf der Torusinnenseite wird ähnlich gekühlt, nur werden hier Kanäle sowohl von oben als auch unten hinein- und herausgeführt, die wegen der stärkeren magnetischen Bremskräfte auf die Strömung schon in der Mitte der Gefäßwand umkehren. Außerhalb der Abschirmwand führen alle Kanäle zwischen den Hauptfeldspulen hindurch zum Wärmetauscher. Das flüssige Metall wird im Wärmetauscher durch den Entzug von Wärme abgekühlt und im Brutmantel durch Wärmeaufnahme erhitzt. Eventuell wird der Brutmantel zusätzlich auch noch mit Wasser gekühlt, das durch ähnlich verlegte, aber dünnere Rohrleitungen geführt wird. Die erste Wand wird separat durch flüssiges Metall gekühlt, das in ihr durch toroidal verlegte Rohre fließt.

Abb. 30.1 b) zeigt schematisch die Kühlung eines Feststoffbrutmantels mit Helium. Hier werden das keramische Brutmaterial und zur Neutronenmultiplikation benutzte Berylliumplatten in einer größeren Anzahl separater, beinahe rechteckiger »Kanister« untergebracht, die in einem dicht verschlossenen »Segmentgehäuse« eng übereinander gepackt werden. Die Innenwände derartiger Segmentgehäuse, die nebeneinander wie die Schnitze eines ausgehöhlten Apfels angeordnet werden, bilden zusammen die erste Wand – Torusinnen- und -außenseite werden auch hier wieder getrennt ausgestattet. Das zur Kühlung benutzte Helium wird den einzelnen Kanistern in poloidal verlegten, relativ weiten Rohren auf der dem Plasma abgewandten Seite der Segmentgehäuse zugeführt. Aus diesen zweigen bei jedem der Kanister dünnere Rohre ab, die das noch kühle Helium zuerst durch das Segmentgehäuse mit seinem Teil der ersten Wand und anschließend in Schlangen durch den Kanister mit dem Brutmantelmaterial führen. Das aufgeheizte Helium wird schließlich Rückleitungen zugeführt, die parallel zu den Zuleitungen verlaufen. Da einem Feststoffbrutmantel das Tritium separat entzogen wird, gibt es in jedem der Kanister noch separate Zuführungen für das zu diesem Zweck benutzte Reinigungsgas.

Die Brutmanteltemperatur muß so hoch liegen, daß das Kühlmittel des zweiten Wärmekreislaufs (siehe Abb. 29.1 b)) am Ort der Dampferzeugung mit seiner Temperatur

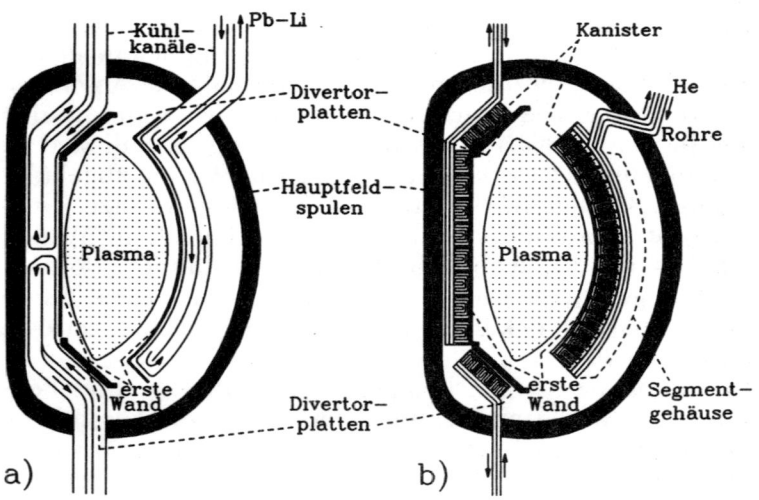

Abb. 30.1: *Schematische Darstellung von Vorschlägen für den Wärmeentzug aus dem Brutmantel eines Reaktors, die am NET oder ITER getestet werden sollen: a) durch poloidale Kühlkanäle im Falle eines Flüssigbrutmantels, und b) durch Kühlschlangen mit Heliumkühlung im Falle eines keramischen Feststoffbrutmantels (nach einer ITER-Studie).*

noch über der gewünschten Dampftemperatur liegt. In konventionellen Kraftwerken beträgt diese etwa 500 Grad Celsius. Da der Wirkungsgrad bei der Umwandlung von Wärme in elektrische Energie mit der Dampftemperatur zunimmt, hätte man diese an sich gerne so hoch wie möglich. Gesichtspunkte der Materialbelastbarkeit unter Bestrahlung und bei fortgeschritteneren Strukturmaterialien (s. u.) auch der Kosten und Verfügbarkeit haben aber dazu geführt, für den Brutmantel Temperaturen ins Auge zu fassen, die ebenfalls zu nur etwa 500 Grad Celsius Dampftemperatur führen.

31. Materialbelastung, Schäden und Ausfall von Komponenten

Wandbelastung und Strahlungsschäden

Die extreme Beanspruchung der Komponenten, die den Hauptteil der aus dem Plasma abströmenden Wärme auffangen müssen (Limiter, Prallplatten etc.), wurde schon mehrfach angesprochen. Sie wirft sehr schwierige Probleme hinsichtlich der Kühlung und der Materialauswahl auf, an deren Lösung intensiv gearbeitet wird. Bei der Benutzung eines Divertors wird eine bessere Verteilung der Wärmebelastung durch das bereits beschriebene »Fächeln« mit dem divertierten Plasma sowie dadurch erreicht, daß man dieses schräg auf die Auffangvorrichtung treffen läßt. Auch einen Limiter bringt man mit der Plasmarandschicht unter möglichst flachen Winkeln in Berührung. Außerdem muß man durch die früher beschriebene Reduktion der Brenntemperatur im Plasmainneren (Kapitel 26) dafür sorgen, daß sich vor dem Wärmeauffänger eine Pufferzone mit möglichst niedriger Temperatur und möglichst hoher Plasmadichte bildet. Für einen Reaktor hat man zum Auffangen der Wärme und der Teilchen eine Palette verschiedener Möglichkeiten vorgeschlagen: Metallische Prallplatten, die mit Graphit, Bor oder Beryllium beschichtet sind, Auffänger aus Kohlefaserverbund-Werkstoffen, »Vorhänge« aus Flüssigmetall, die sich selbst regenerieren usw.

419

Alle Materialien innerhalb der Abschirmwand sind in einem Reaktor durch Neutronenstöße einer besonderen Belastung ausgesetzt. Die Stöße erzeugen Wärme, was einerseits zwar das erklärte Ziel des Fusionsreaktors ist, andererseits aber bei nicht zur Moderation vorgesehenen Komponenten auch zu Problemen führen kann. Außerdem können sie im Atomverbund gewisser Komponenten, z. B. im Metallgitter der ersten Wand und anderer metallischer Strukturen, auch zu Verlagerungen führen. Solche Verlagerungen können wandern und dabei entweder nach einiger Zeit wieder »ausheilen« oder durch Aufsammlung zur Bildung kleiner Poren führen, die ein »Anschwellen« des Materials bewirken. Bei den Neutronenreaktionen mit Metallkernen kann außerdem Helium gebildet werden, das sich zu kleinen Gasblasen akkumuliert. Derartige Prozesse können wichtige Materialeigenschaften wie Elastizität, Sprödigkeit und Verbiegungsfestigkeit ungünstig beeinflussen. In Kombination mit den mechanischen Belastungen kann es dadurch zu irreversiblen Verformungen kommen.

Besonders kritisch ist die Haltbarkeit der ersten Wand, deren Austausch unter den inneren Reaktorkomponenten den größten Aufwand fordert. Auf ihrer Vorderseite wird sie durch Wärmezufuhr aus dem Plasma (durch Strahlung und Teilchen) aufgeheizt, auf ihrer Rückseite gekühlt und dem Druck des Kühlmittels ausgesetzt. Hierdurch herbeigeführte Temperaturunterschiede führen in ihr zu mechanischen Spannungen, die bei gepulstem Brennbetrieb auch noch erheblichen zeitlichen Schwankungen unterliegen. Hinzu kommen die vorher schon besprochenen Belastungen durch die Neutronen. Man rechnet damit, daß die erste Wand pro Quadratmeter eine Energiebelastung von insgesamt 10 bis 20 Megawattjahren aushalten kann. Da man sich eine Lebensdauer von etwa fünf Jahren wünscht, bedeutet dies, daß die Betriebsbelastung 2 bis 4 Megawatt pro Quadratmeter nicht überschreiten sollte. Diese Forderung hat maßgebliche Konsequenzen für die Größe des Reaktors, der bei vorgegebener Leistung umso größer wird, je kleiner man die Wandbelastung haben möchte. Bei unserem schon häufiger herangezogenen 1-Gigawatt-Modellreaktor beträgt die Wandbelastung bei einer Fusionsleistungsdichte von 2 Megawatt pro Kubikmeter, die für 1 Gigawatt elektrischer Gesamtleistung ein Plasmavolumen von 1500 Kubikmetern erforderlich macht, 3 Megawatt pro Quadratmeter. Die gravierenden Auswirkungen der Wandbelastung machen natürlich die Suche nach Materialien interessant, die eine möglichst hohe Lebensdauer erreichen und dabei eine möglichst starke Wandbelastung aushalten.

Probleme mit den Magneten

Bei vorgegebener Plasmatemperatur wächst mit zunehmendem Teilchendruck die Teilchendichte und damit die Leistungsdichte der Fusionsprozesse. Nun wissen wir, daß dem Verhältnis aus Plasmadruck und magnetischem Druck (Beta) aus Gründen der Plasmastabilität eine Grenze gesetzt ist, die je nach Querschnittsform des Plasmas bis rund 10 Prozent betragen kann – in einem ökonomischen Tokamakreaktor rechnet man derzeit mit etwa 5 bis 6 Prozent. An dem Verhältnis dieser Größen ändert sich nichts, wenn man sie beide im gleichen Maße vergrößert. Das bedeutet aber, daß man mit höherer Magnetfeldstärke zu einer höheren Fusionsleistung gelangt, letztere steigt bei gegebenem Beta sogar mit der vierten Potenz der Magnetfeldstärke (siehe Kapitel 26). Dieser extremen Zunahme der Fusionsleistung steht ein deutlich geringeres Wachstum der Kosten gegenüber, die man für entsprechend stärkere Magnetfeldspulen aufwenden muß. Man wird einen Fusionsreaktor daher mit einem möglichst starken Magnetfeld betreiben.

Starke Magnetfelder erfordern hohe Spulenströme, und da jede aus normalleitendem Material wie Kupfer gebaute Spule einen elektrischen Widerstand darstellt, geht bei ihrem Betrieb Energie verloren, die sich als Wärme wiederfindet. Der Energieverbrauch normalleitender Spulen wäre in einem Fusionsreaktor so hoch, daß er dessen elektrische Energieproduktion sogar noch überträfe. Hieraus ergibt sich die Notwendigkeit, sowohl für die Haupt- als auch für die Poloidalfeldspulen Supraleiter zu verwenden, die den Strom völlig verlustfrei fließen lassen.

Nur einige ausgesuchte Metalle und metallähnliche Verbindungen weisen die Eigenschaft auf, daß ihr elektrischer Widerstand unterhalb einer im allgemeinen sehr niedrigen *Sprungtemperatur* völlig verschwindet. Zugleich verdrängen sie aus ihrem Inneren jedes Magnetfeld, insbesondere also auch das, welches die – auf ihrer Oberfläche fließenden – Ströme erzeugen. Sobald die Sprungtemperatur oder eine kritische Stärke des an die Oberfläche gedrängten Magnetfeldes überschritten werden, gehen die Eigenschaften der Supraleitung schlagartig verloren. Aber sie tauchen erneut auf, sobald Temperatur und Magnetfeld unter die kritischen Werte zurückgehen. Ein stromdurchflossener Supraleiter steht an seiner Oberfläche natürlich mit dem von ihm selbst erzeugten Magnetfeld in Berührung. Da dieses mit zunehmender Stromstärke immer stärker wird, sind auch der letzteren Grenzen gesetzt. Diese liegen bei den üblichen »weichen Supraleitern« für die Zwecke eines Fusionsreaktors viel zu niedrig. Glücklicherweise gibt es noch *Supraleiter zweiter Art*, die den nach seinen Entdeckern, den deutschen Physikern F. W. Meissner und R. Ochsenfeld, benannten *Meißner-Ochsenfeld-Effekt* der Magnetfeldverdrängung nur bis zu einer unteren kritischen Feldstärke aufweisen. Oberhalb von dieser werden sie von einer regelmäßigen Anordnung sehr dünner Filamente durchsetzt, die normalleitend sind und in Quanten der Flußstärke »zerfaserte« Magnetfelder eindringen lassen. Die Durchsetzung mit Magnetfeldern ermöglicht es diesen »harten Supraleitern«, die Supraleitung bis zu sehr viel höheren Magnetfeldstärken aufrechtzuerhalten – an ihrer Oberfläche bis zu 9 Tesla bei Niob-Titan- und bis zu 18 Tesla bei Niob-Zinn-Legierungen –, Feldstärken, die für die Zwecke eines Fusionsreaktors ausreichend sind.

Wenn ein Supraleiter durch äußere Krafteinwirkungen verbogen wird, entsteht durch Reibung Wärme. Hierdurch kann seine Temperatur so weit ansteigen, daß die Supraleitung verlorengeht. Dazu reichen (wegen sehr kleiner spezifischer Wärme bei der niedrigen Supraleitungstemperatur) schon recht geringe Wärmemengen aus. Verbiegungen können durch Krafteinwirkung anderer Spulen hervorgerufen werden, und sie werden besonders stark, wenn in einer von diesen plötzlich der Strom ausfällt. Damit nun nicht in einem Dominoeffekt der Reihe nach sämtliche Hauptfeldspulen ausfallen, sobald eine von ihnen normalleitend wird, müssen sie alle gegenüber derartigen Wärmestörungen stabilisiert werden. Dies geschieht, indem man sie außen mit normalleitendem Material umgibt. Wird dann die Supraleitung unterbrochen, übernimmt dieses sofort die Stromführung, weil es den Strom viel besser leitet als der seiner Fähigkeiten beraubte Supraleiter. Damit die im Normalleiter erzeugte Ohmsche Wärme den Supraleiter nicht noch wärmer macht, muß die ganze Spulenanordnung gut gekühlt werden. Sobald der Supraleiter unter seine Sprungtemperatur zurückgekehrt ist, übernimmt er wieder die Stromleitung.

Ohne spezielle Vorkehrungen würden am Ort der Spulen vom Plasma her noch so viele Fusionsneutronen mit so viel Energie ankommen, daß sie die Supraleiter durch Stöße über ihre Sprungtemperatur erwärmen oder kritische Materialeigenschaften wie die maximale Magnetfeldstärke und die Sprungtemperatur ungünstig beeinflussen würden. Besonders schädlich wären jedoch ihre Auswirkungen auf die Spulenisolierung, die sie vorzeitig verspröden würden. Daher müssen die Spulen, wie bereits besprochen, von innen her durch eine Abschirmung vor einem zu starken Neutronenfluß geschützt werden. Die Dicke der Abschirmwand muß so bemessen werden, daß die sehr teuren Spulen trotz unvermeidlicher Schädigungen durch die verbleibende Reststrahlung eine Lebensdauer von mindestens 30 Jahren erreichen.

Ähnlich wie sich der Plasmaring eines Tokamaks auf Grund der »Selbstkräfte« seines Stroms ausweiten möchte, wirken die Ströme der Hauptfeldspulen mit starken Kräften auf sich selbst zurück und führen zu erheblichen Zugspannungen und Biegekräften. Weil die durch letztere hervorgerufenen Verbiegungen die Spulen erwärmen würden, müssen sie nach Möglichkeit unterbunden werden. Dies kann in den äußeren Spulensegmenten dadurch erreicht werden, daß man die vom Zentrum des Tokamaks nach außen drückenden Biegekräfte gerade durch die nach innen gerichtete resultierende Wirkung der Zugspannungen kompensieren läßt (siehe Abb. 31.1 a)). Da das Hauptfeld von der Innenseite des Plasmas nach außen hin abnimmt, tun das auch die Biegekräfte. Daher muß man den Winkel, unter dem die Zugkräfte auf ein kleines Spulensegment einwirken, stetig nach außen abnehmen lassen. Dies führt zu der in Abb. 31.1 a) gezeigten D-Form der Spulen, bei der auf der Spulenaußenseite keinerlei Verbiegungskräfte mehr auftreten. Auf der Innenseite wirken allerdings noch sehr starke Kräfte in Richtung der zentralen Symmetrieachse. Diese können jedoch durch ein zentrales Stützgerüst oder durch eine gewölbeartige gegenseitige Abstützung der Spulen (Abb. 31.1 b)) aufgefangen werden. Die noch verbleibenden Zugkräfte sind jedoch erheblich, und supraleitende Materialien haben nicht die nötige Zugfestigkeit, um sie aufzufangen. Daher müssen die Spulen noch durch ein Strukturmaterial verstärkt werden, für das unmagnetische Stähle vorgesehen sind. Dennoch ergibt sich auch dann noch eine Grenze der Belastbarkeit, die für

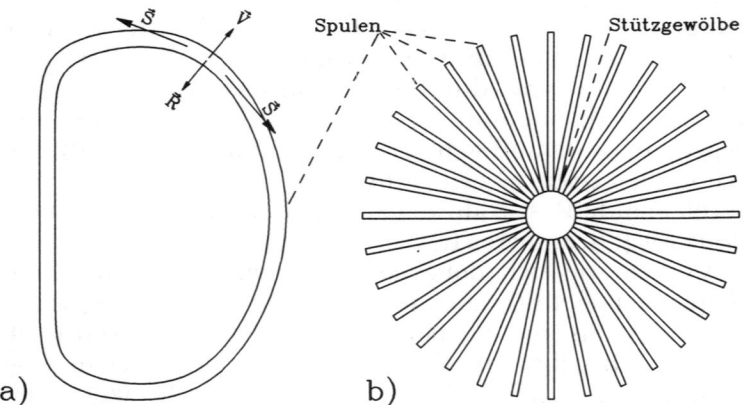

a)   b)

Abb. 31.1: *a) In D-förmigen Hauptfeldspulen werden auf der Außenseite die Verbiegungskräfte* $\vec{V}$ *gerade durch die resultierende Wirkung* $\vec{R}$ *der Zugspannungskräfte* $\vec{S}$ *kompensiert. b) Gewölbeartige gegenseitige Abstützung der Spulen auf der Torusinnenseite.*

die erreichbaren Magnetfeldstärken eine maximale Grenze setzt. Um eine optimale Ausnutzung des Platzes innerhalb der Hauptfeldspulen zu erreichen, wird man für den Plasmaquerschnitt ebenfalls eine elongierte Form und möglichst sogar eine D-Form wählen, was auch hinsichtlich der Plasmastabilität besonders günstig ist.

Da die Spulen in einem Fusionsreaktor auf jeden Fall supraleitend sein und im Zusammenhang damit eine Reihe von Problemen gelöst werden müssen, ist es natürlich wichtig, rechtzeitig einschlägige Erfahrungen zu sammeln. Daher wurden schon jetzt mehrere Tokamaks mit supraleitenden Spulen ausgestattet: der russische T-15, der japanische TRIAM-1M und ein Tore Supra in Frankreich (Cadarache). In Oak Ridge (USA) wurden in einem eigenen internationalen Großspulenprogramm (International Large Coil Task) sehr große Supraleitungsspulen (8 Tesla Magnetfeldstärke) gebaut, zu einem Torus angeordnet und dann ausgetestet. Sie kamen den in einem Fusionsreaktor gestellten Forderungen schon recht nahe.

Die Auswechslung von Komponenten

Wegen der hohen Investitionskosten sollte die Lebensdauer eines Fusionsreaktors an die 25 bis 30 Jahre betragen. Auf Grund von Schäden, Veränderungen und Ermüdung von Materialien, die schon im einzelnen beschrieben wurden, ist während dieser Zeit von vornherein mit dem Ausfall verschiedener Komponenten zu rechnen. Potentielle Kandidaten hierfür sind fast alle Komponenten innerhalb der Abschirmung: Limiter, Prallplatten, die erste Wand, Strukturelemente des Brutmantels, Antennen, Zuführungsrohre, Diagnostikgeräte, das Brutmaterial usw. Die Notwendigkeit zum rechtzeitigen Austausch beschädigungsgefährdeter Komponenten ist der wesentliche Grund für den früher beschriebenen Aufbau der innerhalb der Abschirmung gelegenen Komponenten aus Modulen. Auch bei den Spulen, die mit enormen Kräften belastet werden, muß mit Ausfällen gerechnet werden. Man muß einen Fusionsreaktor so konzipieren, daß durch Wartung und Auswechslung von Komponenten bedingte Ausfallzeiten möglichst kurz sind, wobei das »möglichst kurz« bei Hauptfeldspulen leider etwas länger dauern wird. Genauere Untersuchungen haben ergeben, daß Konzepte, bei denen auf einmal größere, aber nicht allzu schwere Montageeinheiten ausgewechselt werden, trotz höherer Anfangsinvestitionen insgesamt kostengünstiger sind.

Bei einem Tokamakreaktor ist vorgesehen, kompakte Module durch auf- und zuschließbare Luken in der Abschirmwand sowie zwischen den Haupt- und Poloidalfeldspulen hindurch mit einem Kran nach oben herauszuziehen (Abb. 31.2 a)). Der Reaktor wird so konstruiert, daß er dabei ansonsten unverändert bleiben kann. Das Herausziehen nach oben hat sich gegenüber anderen Konzepten hauptsächlich deshalb durchgesetzt, weil es technisch einfacher ist und man dabei das Verkeilen und Verklemmen von Teilen zu vermeiden hofft. Module, die direkt von einer Hauptfeldspule umgeben sind, müssen vor dem Her-

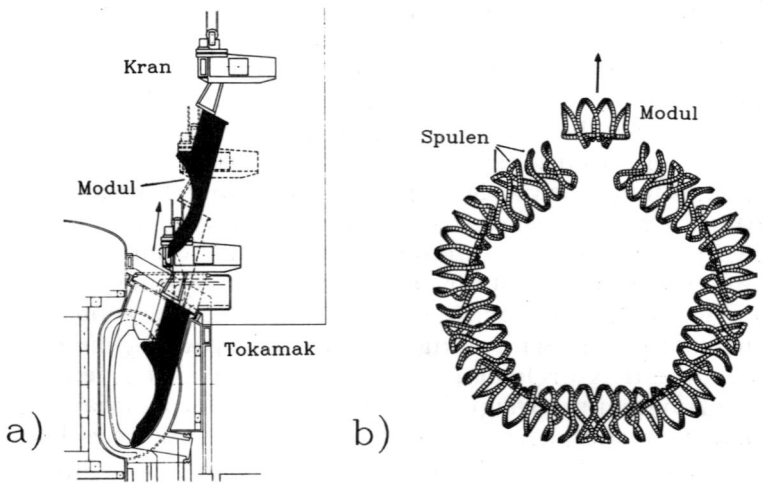

Abb. 31.2: *Reaktorkonzepte, die den Austausch von Komponenten vorsehen: a) Herausheben von Modulen zwischen den Hauptfeldspulen eines Tokamaks. b) Stellaratorsegmente, die samt Magnetfeldspulen auf einmal herausgefahren und ausgetauscht werden (Blick auf den Reaktor von oben).*

426

ausziehen in eine Lücke zur Seite geschoben werden, die man vorher durch das Entfernen eines Nachbarmoduls schaffen muß. Zum Auswechseln einer Hauptfeldspule muß man in deren ganzem Inneren mühsam eine Lücke schaffen, durch die man sie – wieder nach oben – »herausfädeln« kann. Vorher müssen noch obere Poloidalfeldspulen, die im Wege stehen, nach oben abgezogen werden. Das ist natürlich auch der Weg, wie man diese selbst austauscht. ITER und NET sind so geplant, daß man auch alle unteren Poloidalfeldspulen bis auf eine kleinere an den Hauptfeldspulen vorbei nach oben ziehen kann. Der Durchmesser dieser einen ist so bemessen, daß man sie nach unten und zur Seite ziehen kann, zwischen Sockeln hindurch, auf denen der Reaktor steht.

Andere Auswechslungskonzepte sehen vor, den Reaktor aus einer Reihe identischer Segmente zusammenzusetzen, die wie Tortenstücke einzeln herausgenommen und ausgewechselt werden können. Mit jedem Segment würden auch ganze Hauptfeldspulen mit Hilfe eines riesigen, fest installierten Fahrwerkes herausgefahren und zur Reparatur in eine »heiße Zelle« gebracht. In die Lücke würde ein Ersatzsegment gefahren, damit zur Auswechslungszeit nicht auch noch die Reparaturzeit hinzukäme, was wegen der Radioaktivität besonders aller tragenden Elemente selbstverständlich per Fernsteuerung erfolgen müßte. (Dasselbe gilt natürlich auch für die zuerst beschriebene Methode.) Für einen Tokamakreaktor wird dieses Konzept heute nicht mehr in Erwägung gezogen, weil man die zuerst dargestellte Methode bei ihm für vorteilhafter hält. Abb. 31.2 b) zeigt, wie man sich seine Handhabung bei einem Stellaratorreaktor vorstellt. Es würde beim Stellarator wegen dessen guter Zugänglichkeit auf der Torusinnenseite Vorteile bieten, während die erste Methode wegen der »verbogenen« Form der Magnetfeldspulen größere Schwierigkeiten bereiten würde.

427

32. Reaktorsicherheit und Umweltbelastung

Radioaktivität eines Fusionsreaktors

Ein D-T-Fusionsreaktor wird leider nicht frei von Radioaktivität und den damit verbundenen Problemen sein: Der Brennstoff Tritium ist radioaktiv, und erste Wand sowie die Strukturmaterialien des Brutmantels werden durch Fusionsneutronen aktiviert. Hierdurch erlangt die Frage »Wie sicher und wie sauber ist ein Fusionsreaktor?« neben plasmaphysikalischen und technischen Problemen vorrangige Bedeutung. Kann man die beim Betrieb eines Fusionsreaktors entweichende Radioaktivität so niedrig halten, daß gesetzlich vorgeschriebene Grenzwerte nicht überschritten werden? Wieviel Radioaktivität wird bei Störfällen oder im Falle einer Katastrophe freigesetzt, und welche Gefahren entstehen hierdurch? Wieviel radioaktives Material fällt zur Entsorgung an, welches Sicherheitsrisiko stellt dieses dar und für wie lange wird dieses bestehen? Man hat versucht, diese Fragen im Rahmen verschiedener Reaktorstudien zu beantworten. Dabei konnte man nur zum Teil auf Erfahrungen mit ähnlichen Problemen bei Spaltungsreaktoren oder aus dem Experimentierbetrieb mit Plasmen zurückgreifen, teilweise basieren die Antworten auf theoretischen Betrachtungen und sind entsprechend vorläufiger Natur. Man kann auf Grund solcher Studien aber frühzeitig erkennen, wo kritische Probleme liegen; doch erst in Probereaktoren wird man schlüssige Erfahrungen darüber sammeln können und müssen, wie sie zu lösen sind.

Anläßlich des Reaktorunglücks von Tschernobyl wurde viel über radioaktive Gefährdung geschrieben, und Begriffe wie Rem, Gray oder Sievert machten die Runde. Wegen der Vielzahl von Begriffen unterschiedlicher Bedeutung, und auch weil sich damals gerade der Übergang von älteren zu neueren Maßeinheiten vollzog, ist trotz umfassender Informationen auch viel Verwirrung entstanden. Daher erscheint es sinnvoll, die nachfolgende Diskussion auf eine solide Basis zu stellen und die Einheiten, in denen Radioaktivität bzw. die von ihr ausgehenden Gefahren gemessen werden, kurz noch einmal zusammenzufassen.

428

Radioaktivität ist der von selbst erfolgende Zerfall instabiler Atomkerne in kleinere Bruchstücke, die möglicherweise selbst wieder radioaktiv sind. Bei den Zerfallsprozessen können Alphateilchen (Heliumkerne), Betateilchen (Elektronen), Neutronen oder Gammastrahlung als *radioaktive Strahlung* emittiert werden. Die Häufigkeit der rein statistisch erfolgenden Zerfälle ist natürlich zur Substanzmenge proportional und wird als *Aktivität* bezeichnet. Gemessen wird sie in der nach dem französischen Physiker Henri A. Becquerel (Physik-Nobelpreis 1903 zusammen mit Pierre und Marie Curie) benannten Einheit *Becquerel* = Zahl der Zerfälle pro Sekunde (früher: in Curie = $3,7 \cdot 10^{10}$ Becquerel). Gleiche Mengen derselben Substanz haben natürlich dieselbe Aktivität, bei verschiedenen Substanzen können erhebliche Unterschiede auftreten. Die Aktivität einer Substanz besagt allerdings recht wenig über die Wirkung ihrer Strahlung, die von deren Art und Energie abhängt. Ein Maß für die *physikalische Strahlungswirkung* ist die in *Gray* gemessene *Strahlendosis*, die auch *Energiedosis* genannt wird und angibt, wieviel Energie von der Strahlung auf ein Kilogramm bestrahlter Materie übertragen wird: 1 Gray = 1 Joule pro Kilogramm. (Früher benutzte man hierfür die Einheit 1 Rad = 1 Gray/100.) Hinsichtlich der *biologischen Wirksamkeit* ist noch zu berücksichtigen, daß Alphastrahlen und Neutronen bei gleicher Strahlendosis größere Schäden anrichten als Beta- und Gammastrahlen. Dies wird durch einen *Bewertungsfaktor* zum Ausdruck gebracht, der für Beta- und Gammastrahlen 1, für langsame Neutronen 3, für schnelle Neutronen 10 und für Alphastrahlen nicht zu hoher Energie 20 beträgt – für Alphateilchen über 2 MeV nimmt er mit zunehmender Energie ab, diese sind biologisch nicht so wirksam. Die mit dem entsprechenden Bewertungsfaktor multiplizierte Strahlendosis wird als *Äquivalentdosis* bezeichnet und in der Einheit *Sievert* (früher Rem = Sievert/100) gemessen. Eine Strahlendosis von 1 Gray bewirkt also eine biologische Belastung von 1 Sievert bei Beta- und Gammastrahlung, aber z. B. von 20 Sievert bei Alphastrahlung nicht zu hoher Energie. Dabei ist zu beachten, daß die Dosis mit zunehmender Strahlungsdauer immer größer wird.

Betrachten wir jetzt die Radioaktivität des Brennstoffs Tritium. Dieser verwandelt sich bei seinem radioaktiven Zerfall unter Emission von Betastrahlung in Helium (^{3}He). Seine Halbwertszeit, d. h. die Zeit, nach der die Hälfte seiner Kerne zerfallen ist, beträgt 12,3 Jahre. (Von einer vorgegebenen Tritiummenge ist also nach 12,3 Jahren die Hälfte, nach 24,6 Jahren ein Viertel und nach 36,9 Jahren nur noch ein Achtel übrig.[39]) 1 Gramm Tritium besitzt die relativ hohe Aktivität von $3,7 \cdot 10^{14}$ Becquerel. Das gesamte, auf etwa 5 kg geschätzte Tritiuminventar eines Fusionsreaktors hat dementsprechend eine Aktivität von knapp $2 \cdot 10^{18}$ Becquerel. Die von Tritium emittierte Betastrahlung ist allerdings so schwach, daß sie die Haut von Mensch und Tieren nicht durchdringen kann. Daher gehört Tritium zur ungefährlichsten von vier nach ihrem biologischen Gefährdungspotential eingeteilten Substanzgruppen. Gasförmiges Tritium (T_2) ist sehr flüchtig und oxydiert an der Luft oder im Boden zu tritiiertem Wasserdampf bzw. Wasser (HTO, DTO oder T_2O), das leichter vom Gewebe aufgenommen wird und daher viel gefährlicher als T_2 ist. Gefährlich wird das Tritium für den Menschen, wenn es in oxydierter Form durch Einatmen, durch Hautaufnahme bei Berührung oder mit der Nahrung in den Körper gelangt: Hier wird seine Strahlung nicht mehr abgeschirmt und kann Gewebezellen schädigen. In den Körper aufgenommenes Tritium hält sich in diesem durchschnittlich etwa 10 Tage auf, geringe Spuren können jedoch bis zu einem Jahr verweilen.

Die aus dem Plasma kommenden Fusionsneutronen geben im Brutmantel nicht nur Energie ab und erzeugen dort den Brennstoff Tritium, sondern sie führen auch zu einer unerwünschten Aktivierung von Materialien. Das betrifft in erster Linie metallische Komponenten wie die erste Wand, Strukturen, die dem Brutmantel seinen festen Halt

---

[39] Dieser Zerfall hat eine tröstliche Nebenwirkung: Da angeblich alle Nuklearbomben, d. h. sowohl H- wie A-Bomben, Tritium enthalten, geht ihre Wirkung mit der Zeit verloren; sie können diese nur erhalten oder neu erwerben, indem sie von Zeit zu Zeit mit frischem Tritium »gefüttert« werden.

verleihen bzw. ihn strukturieren, und plasmanahe Hilfssysteme mit Bestandteilen aus schweren Elementen. Sofern heute übliche Stahlsorten als Strukturmaterialien verwendet werden, sammeln sich nach ein paar Betriebsjahren Materialien mittlerer und hoher Aktivität zu einem Aktivitätsinventar von etwa $5 \cdot 10^{20}$ Becquerel auf. Dieses ist mit dem eines Spaltungsreaktors gleicher elektrischer Leistung vergleichbar, besitzt jedoch nur etwa ein Hundertstel von dessen biologischem Gefährdungspotential. Rein rechnerisch gesehen ist sein Gefährdungspotential wesentlich größer als das des Tritiums. Da die aktivierten Substanzen aber alle fest in die Reaktorstruktur eingebunden sind, hat man vom Tritium die größeren Auswirkungen auf die Umgebung zu erwarten, nicht nur unter normalen Betriebsbedingungen, sondern auch in einem Stör- oder Katastrophenfall. Durch die Verwendung bereits erforschter *fortgeschrittenerer Strukturmaterialien* niedriger Aktivierbarkeit, die zur Zeit für ihren Einsatz in einem Fusionsreaktor technisch entwickelt werden (z. B. ferritische Stähle geeigneter Zusammensetzung oder Vanadiumlegierungen), ließe sich das Aktivitätsinventar um einen Faktor 10 bis 100 reduzieren.

Normalbetrieb

Wie schon erwähnt, befindet sich ein Teil (ca. 2 kg) des Tritiuminventars (ca. 5 kg) eines Fusionsreaktors im Tritiumspeicher, aus dem er nicht entweichen kann. Zu geringfügigen Tritiumverlusten kommt es nur z.T. in Kühlkreisläufen, hauptsächlich aber in Komponenten, die flüchtiges Tritium enthalten, durch Ausgasen bei Wartungsarbeiten. Durch ein System mehrfach ineinander geschachtelter und mit einem Schutzgas gefüllter Wände, die Schutzzellen mit zum Reaktor hin zunehmendem Unterdruck bilden, und durch die permanente Überwachung der Tritiumkonzentration innerhalb von diesen kann man voraussichtlich dafür sorgen, daß ein Fusionsreaktor im Jahr nur rund 1 Gramm Tritium verliert. Diese Annahme wird durch großtechnische Erfahrungen mit Tritium, wie sie z. B. in kanadischen Kernspaltungskraftwerken des Typs CANDU gewonnen wurden, bestätigt.

Die Radioaktivität aktivierter Substanzen betrifft im wesentlichen nur feste Materialien. Denn auch die Elemente, die in der Kette radioaktiver Zerfallsprodukte auftreten, sind bei der vorgesehenen Betriebstemperatur des Brutmantels alle fest. Ausnahmen hiervon bilden nur aktiviertes Schutzgas sowie Korrosionsprodukte, die über die Kühlkreisläufe herauslecken können. Die entsprechenden Mengen sind aber so gering, daß man die von den aktivierten Materialien nach außen dringende Radioaktivität im Normalbetrieb beinahe vernachlässigen kann.

Zusammengenommen würde die im Normalbetrieb freigesetzte Radioaktivität bei einer Person, die sich permanent in 1 km Entfernung vom Reaktor aufhält – sagen wir, einem Schäfer, der seine Herde unbedingt am Zaun eines Fusionskraftwerks weiden lassen möchte –, zu einer radioaktiven Belastung von etwa 10 Mikrosievert pro Jahr führen. Das wäre gerade ein Prozent mehr, als uns allen auf Grund natürlicher Radioaktivität von Hause aus zugemutet wird. Die mittlere Zusatzbelastung der in 50 km Umkreis lebenden Bevölkerung betrüge weniger als ein Hundertstel dieses einen Prozents. 2000 auf der Erde verteilte 1-Gigawatt-Fusionskraftwerke, die den gesamten gegenwärtigen Bedarf der Menschheit an elektrischer Energie decken könnten, würden die Strahlungsbelastung auf der Erde nur etwa um ein Tausendstel ihres natürlichen Werts anheben. Um diese Zahlen richtig einschätzen zu können, sei hier angemerkt, daß unsere Belastung auf Grund natürlicher Radioaktivität durch radioaktive Substanzen in den Wänden unserer Häuser etwa verdoppelt wird bzw. im Durchschnitt sogar verdreifacht, wenn medizinische Einwirkungen noch hinzugerechnet werden. Zusammenfassend läßt sich sagen, daß von einem Fusionsreaktor im Normalbetrieb keinerlei Luftverschmutzung und Umweltbelastung ausgehen wird.

Störfälle und Katastrophen

Betrachten wir jetzt die Möglichkeit von Störungen und Unfällen. Eine vollständige Sicherheitsanalyse müßte jeden nur denkbaren Stör- und Katastrophenfall mit allen Konsequenzen untersuchen. Derzeit ist das nur unvollständig möglich, da man den Aufbau eines zukünftigen Fusionsreaktors natürlich noch nicht genau genug kennt. In den heutigen Sicherheitsstudien werden daher Wissenslücken durch sehr konservative Annahmen überbrückt. Das führt dazu, daß die – geringen – Risiken eines Fusionsreaktors vermutlich sogar noch überschätzt werden. Beispiele von Ereignissen, die zu einer Freisetzung radioaktiver Materialien führen könnten, sind Rohrbrüche, das Versagen von Pumpen, Lecks in tritiumhaltigen Kreisläufen, die ungewollte Entladung gespeicherter Energien und äußere Einwirkungen wie Erdbeben, der Aufprall eines abgestürzten Flugzeugs oder Sabotageakte.

Es muß als ein entscheidender Vorteil des Fusionsreaktors gegenüber konventionellen Spaltungsreaktoren angesehen werden, daß ein »Durchgehen« prinzipiell nicht möglich ist: Die Verbrennung kann von der Brennkammer – dem Plasmagefäß – prinzipiell nicht auf den Brennstoffvorrat übergreifen. In ihr befinden sich immer nur etwa 2 Gramm Fusionsbrennstoff, und mehr als diese können bei einem Unfall nicht verbrennen. Der Brennvorgang kommt sogar schon vorher (nach etwa 10 Sekunden) von selbst zum Stoppen, da der Brennstoff nach einer Teilcheneinschlußzeit (ca. 20 bis 30 Sekunden) durch Diffusion verloren geht und die zum Brennen einzuhaltende Zündbedingung schon früher unterschritten wird. Jede größere Störung würde das Verlöschen nur noch beschleunigen. Im Gegensatz dazu enthält ein Spaltungsreaktor im Reaktionsraum Brennstoff für etwa drei Jahre, und bei einem schweren Unfall kann dieser lange weiterbrennen. Warum ein derartiges Durchgehen des Fusionsreaktors prinzipiell nicht möglich ist, kann der Leser sehr leicht nachvollziehen: Wir haben gesehen, wie unendlich schwer es ist, den Brennstoff zum Zünden und Brennen zu bringen. Es ist vollständig auszuschließen, daß so etwas von selbst geschieht.

433

Außer im Brennstoff sind noch in einer Reihe weiterer Komponenten nicht unerhebliche Energiemengen gespeichert, deren ungewollte Freisetzung gefährlich werden könnte: Im Plasma und im Kühlwasser Wärme, in den Magnetfeldspulen Feldenergie, und in plasmanahen Komponenten Aktivierungsenergie, die nach Abschalten des Reaktors als *Nachwärme* (= Wärme, die beim radioaktiven Zerfall durch die Thermalisierung der kinetischen Energie von Spaltprodukten entsteht) freigesetzt wird. Die im Plasma gespeicherte Wärmeenergie beträgt bei einem 1-Gigawatt-Kraftwerk mit magnetischem Plasmaeinschluß einige Gigajoule und entspricht etwa der in einem vollen PKW-Tank gespeicherten Energie. Theoretisch würde sie dazu ausreichen, etwa 100 kg aktivierten Stahl zu verdampfen, was aber den unwahrscheinlichen Fall voraussetzt, daß sie konzentriert einem entsprechenden Bruchteil der inneren Wand zugeführt wird. Aber selbst dieser Extremfall würde primär nur zu einem auf den Reaktorkern begrenzten Schaden führen. Wesentlich größer ist die in den Spulen gespeicherte Magnetfeldenergie, die mit etwa 100 Gigajoule dem Energieinhalt des Öltanks in einem Einfamilienhaus entspricht. Wegen des großen induktiven Widerstands der Spulen kann sie sich jedoch nicht auf einen Schlag entleeren. Gefährlich werden könnten auf einzelne Spulen konzentrierte Teilentladungen, die in Lichtbögen Spulenmaterial zum Schmelzen und Verdampfen bringen oder Löcher in das Plasmagefäß brennen. Weiterhin könnten Kräfte auf die Spulen diese von der Torusinnenseite her gegen das Plasmagefäß drücken und an diesem Schäden hervorrufen.

Die sekundlich abgegebene Nachwärme aktivierter Substanzen hängt von den benutzten Materialien ab und beträgt nur einen kleinen Bruchteil der thermischen Reaktorleistung. Nach Abschalten des Reaktors sollte das Kühlsystem zu ihrer Abführung weiterlaufen. Falls dieses ausfiele, würden die am höchsten aktivierten Komponenten (Limiter, Prallplatten, erste Wand etc.) zunächst immer heißer. Nach dem derzeitigen Kenntnisstand kommt die durch Nachwärme hervorgerufene Temperaturerhöhung jedoch auf Grund von Wärmestrahlung schon zum Stillstand, bevor radioaktive Strukturmaterialien zu schmelzen beginnen. Doch selbst dann bliebe der Schaden auf das Innere der Reaktorkammer begrenzt, für ein Durchschmelzen durch den Betonboden des Reaktors und das Eindringen ins Grundwasser werden metallische Komponenten unter keinen Umständen heiß genug. Die Wände der verschiedenen Schutzzellen des Reaktors und die Reaktorhallenwand können in ihrer Dicke so bemessen werden, daß sie allen geschilderten Belastungen standhalten. Der hauptsächliche Schaden würde sich also auf das Plasmagefäß, den Brutmantel, die Spulen oder periphere Komponenten wie Kühlkreisläufe usw. konzentrieren. Durch permanentes Filtern des Kühlmittels, was man schon allein zum Abfangen aktivierter Korrosionsprodukte tun wird, kann man dafür sorgen, daß bei einem Rohrbruch mit dem Kühlmittel keine größeren Mengen aktivierter Stoffe freigesetzt werden. Ansonsten können aktivierte Materialien in Form von Staub, Dampf oder flüchtigen Oxiden, die bei Überhitzung fester Materialien gebildet werden, entkommen. Dabei kann es zu einer beträchtlichen radioaktiven Verseuchung innerhalb der Reaktorhalle kommen. Aber selbst in dem unwahrscheinlichen Fall, daß diese bei einem Unfall ein Leck bekommt, würden nach dem heutigen Kenntnisstand nur begrenzte Aktivitätsmengen nach außen dringen.

Unter allen möglichen Unfällen erscheint am schlimmsten der, bei dem tritiumhaltige Kreisläufe beschädigt werden und flüchtiges Tritium freilassen. Man hat abgeschätzt, daß im ungünstigsten Fall etwa 200 g flüchtiges Tritium entkommen könnten. Damit diese nicht an die Außenluft gelangen, müssen alle Schutzhüllen und insbesondere die alles umgebende Reaktorhalle so ausgelegt werden, daß sie auch den extrem unwahrscheinlichen Katastrophenfall überstehen, bei dem alle möglichen Unfälle gemeinsam auftreten. Die im Reaktor gespeicherten Energiemengen sind auch in ihrer Summe nicht groß genug, um ihn bei geeigneter Konstruktion von innen zu zerstören. Dennoch wurde berechnet, welche Folgen es hätte, wenn auf einmal 200 g Tritium in seiner gefährlichsten Form als tritiiertes Wasser unter den widrigsten Wetterbedingungen und aus der ungünstigsten Position an die Außenluft gelangen würden. In einem Kilometer Entfernung käme es durch das Vorbeiziehen der Tritiumwolke und die anschließende Verdampfung durch sie hervorgerufener Bodenablagerungen zu einer maximalen Strahlungsbelastung der Äquivalentdosis von 50 bis 100 Millisievert. Eine Person wie unser »abwegiger« Schäfer, die auch nach einem derartigen Unfall immer noch darauf bestünde, unmittelbar am Kraftwerkszaun zu leben, die ausschließlich dort gewachsene Nahrungsmittel zu sich nehmen würde und ihren Durst auch nur mit dort verseuchten Flüssigkeiten stillen würde, z. B. nur mit Milch von Kühen, die dort weiden, würde alles in allem etwa 500 Millisievert aufsammeln. Aber selbst von dieser Dosis werden keine schweren Gesundheitsschäden erwartet – der Vergleich mit der in Tschernobyl freigesetzten Radioaktivität ist wie der einer Mücke mit einem Elefanten. Einmal in den Naturkreislauf gelangt, würde die bei dem Unfall freigesetzte Tritiummenge sehr schnell auf ganz niedrige Konzentrationen verdünnt, und es sind keinerlei Mechanismen bekannt, die zu einer Anreicherung in der Nahrungsmittelkette führen.

Zusammenfassend läßt sich sagen, daß selbst in Katastrophenfällen von einem Fusionsreaktor keine wesentlichen Gefahren oder Beeinträchtigungen für die Bevölkerung zu erwarten sind. Insbesondere ergäbe sich selbst im schlimmsten Katastrophenfall keine Notwendigkeit für eine Evakuierung der Bevölkerung. Natürlich würden die geschilderten Störfälle erhebliche Auswirkungen auf die Wirtschaftlichkeit des Reaktors haben. Schon allein aus diesem Grund müssen alle möglichen Vorkehrungen getroffen werden, um sie zu vermeiden bzw. die Wahrscheinlichkeit ihres Auftretens auf ein Minimum zu reduzieren.

Radioaktive Abfälle

Einen wichtigen Gesichtspunkt bei der Bewertung der Umweltverträglichkeit eines Fusionsreaktors bilden radioaktive Abfälle, die zur Entsorgung anfallen. Wenn man die Lebensdauer eines Fusionsreaktors mit 30 Jahren ansetzt,

ist damit zu rechnen, daß während dieser Zeit die erste
Wand, der Brutmantel und besonders die Divertormateria-
lien mehrere Male ausgetauscht werden müssen. Sofern
heute übliche Stahlsorten als Strukturmaterialien eingesetzt werden, führt das in der Summe zu schätzungsweise
10000 Kubikmetern an mittelaktivem und hochaktivem
metallischem Abfall in schon zur Endlagerung verpackter
Form. Dem Volumen nach ist das etwa das Doppelte der
radioaktiven Abfälle eines Spaltungsreaktors. Was die Auswirkungen auf die Umwelt und das Gefährdungspotential
angeht, bestehen jedoch erhebliche Unterschiede: Die
Halbwertszeiten der wesentlichen Abfallprodukte liegen
beim Fusionsreaktor zwischen 1 und 100 Jahren gegenüber 100 bis 10000 Jahren bei Spaltungsreaktoren – bei
letzteren handelt es sich nämlich um Spaltprodukte des
Brennstoffs Uran. Diese Zahlen charakterisieren jedoch
nur die Aktivität der Abfallprodukte und geben einen Maßstab dafür an, wie lange man sich um diese kümmern muß.
Hinsichtlich des biologischen Gefährdungspotentials liegen die Fusionsrückstände sogar noch günstiger. Dieses
liegt im vollaktivierten Zustand, also unmittelbar nach Abschalten des Reaktors, bei den Fusionsabfällen etwa um einen Faktor 100 niedriger als bei den Fissionsabfällen, und
innerhalb von 100 Jahren wächst dieser Faktor sogar noch
auf 2000.
  Es sei noch einmal darauf hingewiesen, daß sich diese
Angaben auf heute technisch gebräuchliche Stahlsorten beziehen. Die schon erwähnten Stähle niedriger Aktivierbarkeit würden zu einer weiteren, drastischen Steigerung der
Vorzüge eines Fusionsreaktors führen: Ihre Halbwertszeiten sind so kurz, daß man eine Endlagerung womöglich
ganz bleibenlassen oder auf die Lebenszeit der Verbrau-
chergeneration beschränken kann, um sie danach, falls nötig, wiederzuverwenden. Noch nicht ganz klar ist, ob man
diese Stähle in der benötigten Reinheit zu vernünftigen
Kosten großtechnisch herstellen kann. Es werden aber alle
Anstrengungen unternommen, sie im Fusionsreaktor so
weit wie irgend möglich einsetzen zu können.

33. Kostenfragen

Vorrat und Kosten der Fusionsbrennstoffe

Der Brennstoff Tritium kommt wegen seines schnellen radioaktiven Zerfalls in der Natur nur in dem Umfang vor, wie er von der kosmischen Höhenstrahlung in der Atmosphäre und in den Meeren durch Kernumwandlung nachgebildet wird. Sein so erzeugter natürlicher Vorrat wird auf der ganzen Erde auf insgesamt nur etwa 1 kg geschätzt. Dazu kommt noch eine Menge von rund 100 kg, die künstlich in speziellen Kernspaltungskraftwerken hergestellt wurde. Die zum Starten eines Fusionsreaktors benötigte Tritiummenge muß man kaufen, was besonders beim ersten ziemlich teuer wird. Da sich jeder Fusionsreaktor seinen weiteren Tritiumbedarf aber selbst erbrütet und bei Bedarf sogar noch weitere Reaktoren mit Tritium versorgen kann, benötigt er auf Dauer als Brennstoffe nur Deuterium und Lithium.

In normalem Wasser kommt auf 6700 H-Kerne ein D-Kern, was einer Konzentration von etwa drei tausendstel Gewichtsprozenten Deuterium in normalem Wasser entspricht. In den Ozeanen mit ihren Wassermassen von etwa $1,5 \cdot 10^{21}$ kg finden sich rund $5 \cdot 10^{16}$ kg Deuterium. Mit diesen ließen sich gut 10^{22} Gigajoule elektrischer Energie in Fusionskraftwerken erzeugen, etwa die $4 \cdot 10^{10}$fache Menge des jährlichen Energieverbrauchs der Menschheit. Dies bedeutet, daß es hinsichtlich des Brennstoffs Deuterium praktisch keine Begrenzung gibt. Die – umweltverträgliche – Gewinnung von schwerem aus normalem Wasser ist mittlerweile großtechnisch erprobt, weil schweres Wasser in einigen Kernspaltungsreaktoren als Moderator eingesetzt wird. Auch die Abtrennung des Deuteriums aus schwerem Wasser vermittels Elektrolyse oder einem chemischen Verfahren, das an die Ammoniaksynthese gekoppelt werden kann, stellt keine weiteren Probleme, zumal der tägliche Deuteriumverbrauch eines 1-Gigawatt-Fusionskraftwerks nur rund 250 Gramm beträgt. Der heutige Preis für schweres Wasser liegt bei knapp 500 DM pro Kilogramm, was auf dessen Deuteriumgehalt umgerechnet zu

2500 DM pro kg Deuterium führt. Den Preis für Deuterium des hohen Reinheitsgrades, wie er in einem Fusionsreaktor benötigt wird, muß man rund doppelt so hoch, also mit etwa 5000 DM pro kg ansetzen. Wenn man bedenkt, daß dieses Kilogramm Deuterium zur Erzeugung von fast 10^8 kW Stunden elektrischer Energie beiträgt, bedeutet dies, daß der Kostenanteil des Brennstoffs Deuterium am Strompreis nach heutigen Maßstäben (0,15 DM pro kW-Stunde) weniger als ein Promille beträgt.

Lithium findet sich in Erdgestein, der Sole von Salzseen, Mineralquellen und ebenfalls im Meerwasser. Der gegenwärtige Bedarf an Lithium ist gering (weltweit etwa zehntausend Tonnen pro Jahr), weshalb nur die ergiebigsten Lagerstätten ausgebeutet werden. Er könnte sich allerdings erhöhen, wenn Lithium in größerem Maßstab zur Speicherung von elektrischer Energie in Batterien eingesetzt würde. Der Lithiumpreis liegt derzeit bei etwa 50 DM pro kg. Natürliches Lithium enthält nur etwa 7,5 Prozent ^{6}Li und 92,5 Prozent ^{7}Li. Der zur Moderation langsamer Neutronen benötigte Anteil an ^{6}Li wird daher schneller aufgebraucht, und zur Gewährleistung einer ausreichend hohen Brutrate von Tritium und möglichst vollständigen Neutronenmoderation wird man das Lithium schon vor seinem vollständigen »Abbrand« erneuern. Hierdurch wird der Lithiumverbrauch etwa um einen Faktor 3 erhöht. In einem 1-Gigawatt-Fusionskraftwerk werden während seiner Lebensdauer insgesamt rund 20 Tonnen (täglich etwa 3 kg) des im Brutmantel verteilten Lithiuminventars von rund 100 Tonnen »verbrannt«. Wegen des niedrigen Lithiumpreises ist der Beitrag zu den Stromkosten aber trotz eines höheren Verbrauchs und hoher Investitionskosten noch geringer als der des Deuteriums. Was die Vorräte angeht, reichen die in den Landmassen als abbaubar eingeschätzten Mengen (100 Millionen Tonnen) dazu aus, um den Weltenergiebedarf mit Hilfe von Fusionskraftwerken für etwa 30000 Jahre zu decken. Die in den Ozeanen vorhandenen Vorräte (etwa 100 Milliarden Tonnen) würden sogar für 30 Millionen Jahre genügen. Demgegenüber sieht die Brennstoffsituation bei den Kernspaltungsreaktoren viel ungünstiger aus: Die derzeit wirtschaftlich abbaubaren Uranreserven werden von den gegenwärtig existierenden Reaktoren schon in den nächsten 60 Jahren aufgebraucht, und selbst der Umstieg auf den ungeliebten Brüter und Wiederaufbereitungsanlagen würde den Vorrat nur auf etwa 3000 Jahre strecken.

Reaktor- und Stromkosten

Vorausgesetzt, es wird gelingen, die physikalischen und technischen Probleme zu lösen, die der Realisierung eines Fusionsreaktors noch im Wege stehen: Damit es danach auch zu dessen wirtschaftlicher Nutzung kommt, muß er mit anderen Energiequellen auch wirtschaftlich konkurrieren können. Zur Frage, ob das möglich ist, wurden im Rahmen von Reaktorstudien schon frühzeitig Überlegungen angestellt. Naturgemäß sind deren Ergebnisse mit einer beträchtlichen Unsicherheit behaftet, weil man bei einer Reihe von Komponenten hinsichtlich ihrer Notwendigkeit bzw. Auslegung und Materialausstattung noch auf Spekulationen angewiesen ist. Andererseits wird es in einem Fusionskraftwerk auch viele konventionelle Komponenten wie Turbinen, Generatoren, die Schaltzentrale, Gebäude usw. geben, deren Kosten aus üblichen Kraftwerken genau bekannt sind und einen nicht unerheblichen Teil der Gesamtkosten ausmachen werden. Wie bei der Sicherheit, so gilt auch bei den Kosten: Es kann nur gut sein, wenn man Probleme möglichst früh erkennt; die bei der Beschäftigung mit ihnen gewonnenen Erkenntnisse können sowohl Einfluß auf gegenwärtige Entwicklungslinien nehmen als auch anzeigen, wo neue Wege einzuschlagen sind.

Der eigentliche Fusionsreaktor, d. h. die zur Plasmaerzeugung und Neutronenverwertung notwendigen Komponenten (von der Brennkammer bis nach außen zu den Spulen), sind der bei weitem komplexeste Teil eines künftigen Fusionskraftwerks und werden relativ, d. h. auf die Volumeneinheit bezogen, die höchsten Kosten verursachen. Daher lassen sich hier durch eine überlegte Planung und Gestaltung auch die größten Einsparungen erzielen. Es ist eine allgemeine Erfahrung, daß die Kosten einer komplizierten technischen Einrichtung etwa im gleichen Maße wie ihr Volumen zu- oder abnehmen. Daß das auch für den Fusionsreaktor gelten wird, ist plausibel. Auf den ersten Blick sieht es daher so aus, daß man die niedrigsten Kosten erhält, wenn man ihn – bei fixierter Kraftwerksleistung – so klein wie irgend möglich macht. Nun ist die Leistungsdichte der Fusionsreaktionen proportional zu dem Quadrat der Plasmadichte und damit auch zu dem des Drucks, der umso größer werden darf, je größer das Einschlußmagnetfeld ist. Aus Wirtschaftlichkeitsgründen wird man in einem Reaktor die Magnetfeldspulen bei der größtmöglichen Feldstärke arbeiten lassen, deren Fixierung die Fusionsleistungsdichte proportional zu dem Quadrat der Größe Beta (= Verhältnis aus Plasmadruck und magnetischem Druck) macht. Da die gesamte Fusionsleistung des Reaktors aber das Produkt aus Leistungsdichte und Plasmavolumen ist, bringt ein kleineres Plasmavolumen bei höherem Beta dieselbe Gesamtleistung wie ein größeres Plasmavolumen bei entsprechend niedrigerem Beta (Abb. 33.1 a)). Im ersten Fall muß das Magnetfeld nur ein kleineres Volumen füllen, so daß auch die Magnetfeldspulen kleiner

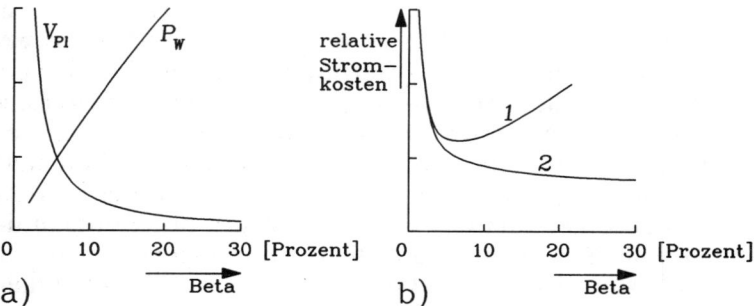

Abb. 33.1: *a) Abnahme des Plasmavolumens (Kurve V_{PL}) und Zunahme der Wandbelastung (Kurve P_W) mit steigendem Beta bei festgehaltener Reaktorleistung. b) Stromkosten als Funktion von Beta für eine erste Wand mittlerer Qualität (Kurve 1) und für eine erste Wand hervorragender Qualität (Kurve 2). Alle über Beta aufgetragenen Größen sind auf einen Referenzfall bezogene relative Größen, so daß eine Angabe von Zahlenwerten nicht besonders hilfreich wäre und deshalb unterlassen wurde. (Nach R. Bünde.)*

werden können. Und weil der Brutmantel näher an der Torusachse liegt, wird sein Volumen ebenfalls geringer, ohne daß sich seine Dicke dabei ändern muß, auf die allein es zur wirkungsvollen Abbremsung der Neutronen ankommt. Eine Verkleinerung des Plasmavolumens führt also bei unveränderter Reaktorleistung auch zu einer – allerdings nur moderaten – Reduktion des Reaktorvolumens und der zu diesem in etwa proportionalen Erstellungskosten (sofern Beta entsprechend höher wird).

Es gibt aber noch andere Kosten mit genau umgekehrtem Trend. Die gesamte Fusionsleistung des Plasmas muß durch die erste Wand hindurch, die bei einer Abnahme des Plasmavolumens ebenfalls kleiner und daher bei festgehaltener Fusionsleistung energetisch stärker belastet wird (Abb. 33.1 a)). Die dadurch hervorgerufene Lebensdauerverkürzung erhöht ihren Auswechslungsbedarf, der zusammen mit den durch ihn bedingten Stromausfallzeiten zu höheren Kosten führt.

Mit der Zunahme von Beta sind also zwei konkurrierende Effekte verbunden, von denen sich die Abnahme des Reaktorvolumens über geringere Investitionskosten reduzierend und die Zunahme der Wandbelastung steigernd auf die Stromkosten auswirkt. Die kombinierte Wirkung beider Effekte ist in Abb. 33.1 b) gezeigt. Bei einer ersten Wand mittlerer Qualität, die öfter ausgetauscht werden muß, schlägt die Verringerung der Investitionskosten bis zu Betawerten von etwa 5 Prozent durch, oberhalb von diesen dominieren die durch Ausfallzeiten und Wandaustausch hervorgerufenen Kosten (Kurve 1). Nur bei hervorragenden Eigenschaften der ersten Wand führt die kontinuierliche Steigerung von Beta zu immer niedrigeren Stromkosten (Kurve 2). Man erkennt aber, daß der erzielbare Gewinn ab Betawerten zwischen 5 und 10 Prozent nicht mehr besonders lohnend ist. Betawerte in dem zuletzt genannten Bereich sind durchaus noch erstrebenswert. Daß man aus Gründen der Plasmastabilität in einem Reaktor – vorerst – wohl kaum weiter kommen wird, erweist sich aus ökonomischer Sicht aber nicht als Unglück.

Die stabilitätsbedingte Begrenzung von Beta hat eine Minimalgröße von Fusionsreaktoren im Gefolge, die nicht unterschritten werden kann. Kernspaltungsreaktoren sind bei wesentlich höherer Leistungsdichte merklich kleiner: Während der energieliefernde »Kern« eines Spaltungsreaktors (das Druckgefäß mit Einbauten) nur rund 1000 Tonnen wiegt, wird das Gewicht eines Fusionsreaktorkerns (von der Brennkammer bis zu den Spulen) nach dem gegenwärtigen Stand der Technik zwischen 5000 und 30 000 Tonnen liegen. Dies hat zur Folge, daß die Kosten des eigentlichen Reaktorkerns bei der Kernfusion erheblich höher als bei der Kernspaltung anzusetzen sind.

In einer weltweit verbreiteten Energiewirtschaft mit Fusionsreaktoren würden für den Reaktorbau bei einigen Konzepten erhebliche Mengen z.T. ausgefallener Metalle benötigt. Einige von diesen sind in genügenden Mengen vorhanden, bei anderen könnten Engpässe auftreten. So werden pro Reaktor z.B. etwa 100 Tonnen Niob für supraleitende Spulen benötigt. Obwohl die Weltreserven als ausreichend angesehen werden, sind derartige Materialien in einigen Ländern knapp. Gesichtspunkte der Verfügbarkeit, die mit ökonomischen Gesichtspunkten immer eng verkoppelt sind, könnten also durchaus Einfluß auf die Reaktorkonstruktion nehmen. Insbesondere bilden sie einen zusätzlichen Anreiz, Materialien zu wählen oder zu entwikkeln, die hinsichtlich Ausmaß und Dauer der Radioaktivität so günstig liegen, daß sie nach kurzer Zeit wiederverwendet werden können.

Die Stromkosten werden bei einem Fusionsreaktor aus den angeführten Gründen und wegen der geringen Brennstoffkosten von den Erstellungskosten dominiert. Außerdem spielen auch noch die Kosten für den Ersatz von Komponenten wie dem Limiter, der ersten Wand und dem Brutmantel eine wichtige Rolle. Daß sich der große Unterschied in den Erstellungskosten gegenüber Kernspaltungsreaktoren aber nicht im gleichen Maße auf die Stromkosten niederschlagen wird, ist nicht nur auf einen beträchtlichen Kostenanteil gleichartiger Kraftwerkskomponenten zurückzuführen, sondern auch auf die großen Unterschiede in den Brennstoffkosten. Der Preis des Urans und dessen Anreicherung in Isotopentrennungsanlagen schlagen beim Spaltungsreaktor erheblich zu Buche, während die Kosten

443

der Fusionsbrennstoffe praktisch zu vernachlässigen sind. Wenn man die Stromkosten eines Reaktors realistisch berechnen will, muß man alle Kosten mit einbeziehen, die bei seinem Bau und während seines Betriebs entstehen, außerdem aber auch die Kosten, die nach seiner Stillegung zur Entsorgung anfallen. Sehr detaillierte Abschätzungen, die auf dem gegenwärtigen Stand der Physik und den heutigen technischen Möglichkeiten basieren, haben für den Prototyp eines kommerziellen Fusionskraftwerks zwei- bis dreimal so hohe Stromkosten wie für Kernspaltungskraftwerke vorausgesagt. Man erwartet, daß sie sich durch Serienfertigung sowie physikalische und technische Weiterentwicklungen noch senken lassen werden. Die Hoffnung, daß sich dabei noch ein Faktor 2 bis 3 gewinnen läßt, ist nicht aus der Luft gegriffen – sie entspricht der Erfahrung bei anderen technischen Entwicklungen, die nach einer Einführungsphase erheblich kostengünstiger gestaltet werden konnten. Nicht verschwiegen werden soll allerdings, daß es auch wesentlich ungünstigere Prognosen etwa zehnfacher Stromkosten gibt.[40] Derartige Diskrepanzen sollten aber einige Jahrzehnte vor dem ins Auge gefaßten Einsatz eines Fusionskraftwerks nicht überbewertet werden – eine moderate Auseinandersetzung darüber kann die Wissenschaft nur beleben. Dem stehen außerdem noch sehr viel optimistischere Prognosen gegenüber, die mit sehr mutigen Annahmen besonders hinsichtlich der Spulenkosten auf einen Strompreis kommen, der mit dem heutiger Kraftwerke konkurrieren kann.

34. Ausblick

Wegen des raschen Wachstums der Weltbevölkerung wird der Weltenergiebedarf in den nächsten Jahrzehnten vor-

---

[40] Diese pessimistischen Abschätzungen legen als Plasmabeta 4 Prozent zugrunde, die optimistischeren 7. Der im Experiment mittlerweile erreichte Maximalwert beträgt 11 Prozent, ist aber in einem Reaktor wohl kaum realisierbar. Beim letzteren rechnet man derzeit mit etwa 5 bis 6 Prozent.

444

aussichtlich noch erheblich zunehmen, obwohl in den technisch hochentwickelten Ländern die Einsparung von Energie immer mehr an Bedeutung gewinnt. Dies ist besonders kritisch angesichts der großen Probleme, mit denen die gegenwärtigen Methoden der Energiegewinnung belastet sind: Treibhauseffekt, saurer Regen, Gefahren bei der Förderung und dem Transport sowie Vergeudung unwiederbringlicher Ressourcen bei den fossilen Brennstoffen; nicht akzeptierte »Restrisiken«, sehr langfristige Endlagerung radioaktiver Abfälle, Proliferation von Spaltungsmaterial für Atomwaffen und begrenzte Brennstoffvorräte bei den Spaltungsreaktoren; und schließlich starke Ortsgebundenheit, z.T. sehr hohe Kosten, nicht ausreichende Verfügbarkeit, große Energiespeicherungsprobleme sowie im Falle einer großtechnischen Nutzung auch nicht unerhebliche Umweltprobleme bei den erneuerbaren Energiequellen wie Sonnenenergie, Biomasse oder Wasser- und Windenergie. Eine wirtschaftliche und umweltverträgliche Energieversorgung gehört daher zu den Kernproblemen der Menschheit.

Der Fusionsreaktor könnte hier einen wesentlichen Beitrag liefern. Kernfusion war und ist der Hauptenergielieferant unendlich vieler Prozesse im Weltall und steckt indirekt auch hinter fast allen gegenwärtig von uns genutzten Energiequellen: Alle fossilen und nachwachsenden Brennstoffe verdanken ihre Entstehung dem Sonnenlicht, das auch als treibender Motor hinter der Wettermaschinerie steht, die Wasser- und Windenergie zur Verfügung stellt. Und schließlich geht sogar die Entstehung der schweren Elemente, die den Brennstoff der Kernspaltungsreaktoren bilden, auf die Verschmelzung leichter Kerne in kosmischer Vergangenheit zurück. Man könnte in Umkehrung einer früher in diesem Buch zitierten Hypothese Eddingtons sagen: Warum sollte auf der Erde nicht möglich sein, was so vielerorts im Weltall geht?

Am weitesten auf dem Weg zum Fusionsreaktor fortgeschritten ist zur Zeit der Tokamak. Von den drei Größen, die im Fusionsprodukt vereint bis zur Zündgrenze gelangen müssen, wurde bei jeder einzelnen für sich genommen schon der hierfür benötigte Wert erreicht oder sogar überschritten. Ihr Produkt wurde mittlerweile so weit gebracht, daß zum Zünden nur noch ein Faktor sieben fehlt. Damit liegt man schon so nahe an den Bedingungen eines Reaktors, daß empirische Skalierungsgesetze mit einiger Sicherheit voraussagen lassen, wie sich die Zündung des Plasmas erreichen läßt: Das Plasma muß noch größer als in bisherigen Tokamaks sein, ein Volumen zwischen 500 und 1000 Kubikmetern besitzen (in einem ökonomischen Reaktor etwa 1500 Kubikmeter), und bei einem Magnetfeld von etwa 5 Tesla Stärke wird ein Plasmastrom zwischen 20 und 30 Megampere fließen müssen. Diese Forderungen werden nicht einfach zu erfüllen sein: Zum Heizen dieses größeren Plasmas braucht man »eindringlichere«, wenn auch wegen der Unterstützung durch die Alphateilchenheizung nur wenig leistungsfähigere Heizungsquellen als bisher, der Stromtrieb wird mehr Energie verbrauchen, und auch die Nachfüllung von Plasma wird sich schwieriger gestalten. Ein zentrales Problem zukünftiger Forschung wird die unschädliche Auskopplung der mit der Annäherung an den Zündbereich immer größer werdenden Wärmeströme aus dem Plasmagefäß sein. Schließlich werden Abbruchinstabilitäten dramatische Kraft- und Hitzeeinwirkungen auf die Wand ausüben und müssen daher besser beherrscht und hierfür noch besser verstanden werden. Für ihr dennoch nicht völlig auszuschließendes Auftreten wird man aufwendige Vorkehrungen treffen müssen. Die für eine ausreichende Lebensdauer des Reaktors erforderliche Pulsdauer einer Entladung wurde – allerdings unter noch nicht reaktorrelevanten Bedingungen – ebenfalls schon beinahe erreicht. Hier ist beim Übergang zu Reaktorbedingungen sogar eine erhebliche Erleichterung durch den Bootstrapstrom zu erwarten, denn Rechnungen sagen für diesen einen mindestens fünfzigprozentigen Beitrag zum Gesamtstrom voraus. (Falls sich diese Voraussage als zutreffend erweisen sollte, käme es durch eine Reduktion der zirkulierenden Energie zu einer Steigerung der Wirtschaftlichkeit des Reaktors.) Bei länger dauernden Entladungen wird das Problem der Sauberkeit des Plasmas eine immer größere Rolle spielen. Viele neuartige Probleme werden mit dem Übergang zu D-T-Plasmen auftreten und zu lösen sein: Radioaktivität, Fernsteuerung oder z. B. auch die Frage, wie man einer möglicherweise ungünstigen Beeinflussung der Dichte- und Temperaturprofile durch die Alphateilchenheizung mit äußeren Maßnahmen entgegensteuern kann – lokalisierte Nachfüllung von Teilchen oder geeignete Magnetfeldstrukturierung wären hier Möglichkeiten, die es zu erforschen gilt.

In dem Gemeinschaftsprojekt ITER oder NET sollen alle diese Probleme angegangen werden. Aber es wird noch etwa bis zum Jahre 2005 dauern, bis man damit beginnen kann, hier erste Erfahrungen am laufenden Experiment zu sammeln. Es wurde schon verschiedentlich geäußert, dies sei eine zu lange Wartezeit, während der so mancher Beteiligte seinen Elan verlieren könnte. Daher wurden Vorschläge zu Zwischenschritten gemacht, die beispielsweise vorsehen, mit geringerem Kostenaufwand und unter Einsatz konventioneller Spulentechnik ein Plasma für nur etwa 10 Sekunden zu zünden. Derartige Experimente ließen sich jedoch nur unwesentlich früher realisieren, und die aus ihnen gewonnenen Erkenntnissen könnten auf ITER oder NET wohl kaum noch Einfluß nehmen. Andererseits wird natürlich intensiv darüber nachgedacht, wie man mit den schon laufenden Experimenten noch möglichst viele Fragen klären kann. Probleme dieser Art stehen derzeit zur Entscheidung an, Entscheidungen, die gewiß nicht leicht zu treffen sind.

Pessimisten neigen dazu, dem Fusionsreaktor wegen seiner großen Komplexität und seiner Nähe zu vielerlei Belastungsgrenzen sehr große Ausfallzeiten vorherzusagen, was sich natürlich verheerend auf seine Wirtschaftlichkeit auswirken würde. Hier darf daran erinnert werden, daß aus ähnlichen Gründen noch wenige Jahre vor dem Start des ersten Raumschiffs die bemannte Raumfahrt von vielen für unmöglich gehalten wurde. Es ist wohl richtig, daß sehr komplexe Systeme anfälliger sind, weil die Wahrscheinlichkeit für ihr Versagen größer als für das jeder ihrer Einzelkomponenten ist und auch mit deren Anzahl wächst. Durch die Verdoppelung wichtiger Elemente, durch ausgeklügelte Kontroll- und Regelungssysteme konnte die Raumfahrt dennoch zu einem zuverlässigen Instrument der Technik entwickelt werden, dessen Bedeutung heute unbestritten ist. Die technischen Probleme des Fusionsreaktors sind wohl größer als die der Raumfahrt, und die Hoffnung, daß sie alle gelöst werden können, setzt ein gewisses Maß an Optimismus voraus. Sofern das gesetzte Ziel erreicht wird, ist der Lohn allerdings groß, und ohne diese Aussicht wäre der gewaltige Aufwand zu seinem Erreichen auch nicht gerechtfertigt. Der bislang erzielte stetige Fortschritt und die Überwindung immenser Schwierigkeiten auf dem bisherigen Weg bieten für den erforderlichen Optimismus ohne Zweifel einen starken Rückhalt. Da aber auch ein Scheitern des Anlaufs einkalkuliert werden muß, was heute allerdings weniger wahrscheinlich als früher erscheint, wäre es falsch, allein auf dieses Ziel zu setzen. Methoden der Energieeinsparung und andere Energiegewinnungsmethoden wie z. B. die Solarenergietechnik sollten daher weiterhin mit Nachdruck verfolgt werden. Wirtschaftliche Überlegungen bilden jedoch nur einen Teilaspekt des Energieproblems. Es muß den nächsten Generationen überlassen bleiben, mit welchen Risiken sie leben und welchen Preis sie für deren Minderung zahlen wollen. Womöglich wird dann auch eine etwas teurere Energiegewinnungstechnik diskutabel, sofern sie mit geringeren Risiken behaftet ist.

Es ist bedauerlich, daß auch die Kernfusion mit dem Problem der Radioaktivität belastet ist – zumindest, was die gegenwärtig allein als erfolgversprechend angesehenen und intensiver verfolgten Entwicklungslinien anbelangt. Auch wenn die von der Radioaktivität eines Fusionsreaktors ausgehenden Gefahren als außerordentlich gering einzuschätzen sind und Entwicklungen möglich erscheinen, die dieses Problem auf ein Minimum reduzieren, wird es doch Menschen geben, die Kernfusion aus diesem Grund ablehnen. Hier muß ganz klar gesagt werden: Auch der Verzicht auf Kernenergie kann gefährlich werden, und wenn auch nicht für die jetzt lebenden Generationen, so doch für die, die kommen werden. Der ständig zunehmende Gehalt unserer Atmosphäre an Kohlendioxid und ihre dadurch hervorgerufene Erwärmung hat den Spiegel der Weltmeere in den letzten 50 Jahren um 10 cm steigen lassen. Nach den

Vorhersagen der Meteorologen wird er in den nächsten 50 Jahren mindestens um weitere 20 cm, möglicherweise aber sogar um 2 m steigen. In der Äquatorzone haben sich in den letzten 30 Jahren erhebliche Klimaveränderungen vollzogen, und es steht zu befürchten, daß in der ganzen, dicht besiedelten nördlichen Hemisphäre großräumige Klimaveränderungen bevorstehen. Wenig bekannt ist, daß auch die bei der Kohleverbrennung in Kohlekraftwerken anfallende Asche eine (durch Aktiniden hervorgerufene) nicht unerhebliche und langlebige Aktivität aufweist, die nach 100 Jahren sogar stärker als die der meisten Fusionsabfälle ist. Ein Hauptantrieb der Fusionsforschung ist, daß die Sicherheits- und Umweltperspektiven eines Fusionsreaktors bei geeigneter Konstruktion deutlich günstiger als die von Kohlekraftwerken und Spaltungsreaktoren sind. Vielleicht wäre die Umstellung unserer Energieversorgung auf Solarenergie die ideale Lösung. Aber gegenwärtig deutet nichts darauf hin, daß das eine realistische Option ist. Voraussichtlich wird das beste Konzept der Energieversorgung immer aus einer Kombination verschiedener Methoden bestehen, in der ein zukünftiger Fusionsreaktor sicher eine außerordentliche Bereicherung darstellen würde.

Die meisten, die ihr Lebenswerk der Fusionsforschung gewidmet haben, werden den Fusionsreaktor nicht mehr erleben. Es ist ihr Wunsch oder auch ihre Zuversicht, daß der mühsame Weg zu ihm ein Erfolgsweg ist. Hoffen wir, daß die Menschheit im Falle des Gelingens dazu fähig sein wird, diese neue Energiequelle zu aller Wohl zu nutzen.

VII. Anhang

35. Die neuesten Ergebnisse vom JET:
Erste Tritium-Experimente

Am Abend des 9. November 1991 wurden im JET zwei Entladungen mit einer Deuterium-Tritium-Mischung durchgeführt. Dies war zum allerersten Mal, daß in einem magnetischen Einschlußexperiment der eigentliche Brennstoff eines Fusionsreaktors eingesetzt wurde, wenn auch
nur in der verdünnten Mischung von 12 Teilen Tritium zu
88 Teilen Deuterium statt in der Reaktormischung 50 zu
50.

Dieser gegenüber den zuletzt verlautbarten Plänen recht
frühe Einsatz von Tritium kam selbst für die Fachwelt überraschend, hatte aber gute Gründe: Das JET-Gefäß soll im
Frühjahr 1992 für den in Kap. 19 besprochenen Einbau eines gepumpten Divertors geöffnet werden. Da sich die Umbauarbeiten über einen längeren Zeitraum hinziehen werden, in welchem sich Monteure täglich viele Stunden im
Gefäß aufhalten, muß die Aktivierung, die aus D-D-Kernverschmelzungsreaktionen stammende Fusionsneutronen
im Gefäß hervorgerufen haben, vorher weitgehend abgeklungen sein. Hier bot es sich an, zuvor noch einige Tritiumexperimente gezielt so durchzuführen, daß die durch
sie bewirkte Zusatzaktivierung die etwa dreimonatige Wartezeit zwischen den letzten Fusionsreaktionen im Gefäß
und dem Beginn der Montagearbeiten nicht wesentlich
verlängern würde. Die wichtige Bedingung, den Zeitplan
für den Umbau auf keinen Fall zu gefährden, war mit der
Einschränkung der Zusatzaktivierung auf ein Drittel der
bereits vorhandenen zu erreichen. Die Zahl der in den Tritiumexperimenten erzeugten Fusionsneutronen war dementsprechend auf maximal $1,5 \cdot 10^{18}$ zu begrenzen, die Fusionsreaktionen durften also nicht zu ergiebig werden. Daher entschied man sich für nur zwei Experimente mit stark

verdünntem Brennstoff, obwohl die von der zuständigen Sicherheitsbehörde genehmigte Tritiummenge von 0,2 g für drei Experimente des angegebenen Mischungsverhältnisses ausgereicht hätte. Die Tritiumbelastung des Plasmagefäßes versuchte man auch dadurch möglichst niedrig zu halten, daß man das Tritium als Neutralgas durch zwei von sechzehn Neutralgasinjektoren bei der Neutralteilchenheizung einschoß, was eine Deponierung weitgehend in der Plasmamitte möglich machte.

Die beiden Tritiumexperimente waren sehr sorgfältig vorbereitet worden, zuletzt, indem man einige Entladungen mit 1 Prozent Tritiumbeimischung in den zwei Neutralgasinjektoren durchführte und dabei alle den Tritiumbetrieb und die Neutronenproduktion betreffenden Messungen eichte. Im Laufe der Vorbereitungsexperimente wurde auch erstmals (in einer tritiumfreien Entladung) die Breakeven-Grenze knapp überschritten – in Abb. 5.1a) und Abb. 26.3 kann also für 1991 ein Punkt etwas oberhalb der Breakeven-Kurve eingetragen, die rechte Kurve in Abb. 5.1b) bis über den oberen Rand hinaus verlängert werden. Außerdem war man schon kurz vorher zu besonders langen Entladungen von bis zu einer Minute Dauer gelangt. Die Erfahrung mit Entladungen unterschiedlichen Typs (L- oder H-Regime, Monstersägezähne usw.) ist beim JET mittlerweile so groß, daß man einen gewünschten Typ mit großer Sicherheit herbeiführen kann. Trotzdem wollte man sich aber nicht nur auf eine einzige – stärker tritiierte – Entladung verlassen, sondern plante statt dessen zwei mit entsprechend reduzierter Tritiumbeimischung. Bei einer höheren als der gewählten Tritiumkonzentration wäre die angegebene Grenze für die Fusionsneutronenproduktion überschritten worden; dasselbe wäre aber auch bei der gewählten Konzentration passiert, wenn man eine Entladung in der Nähe der besten bisher im JET erzielten Parameter angestrebt hätte. Daher entschied man sich bewußt für zwei gut reproduzierbare und nahezu identische Entladungen im Heißionenbrennmodus, deren Fusionsprodukt nur etwa die Hälfte des zur Zeit im JET erreichbaren Maximalwerts betrug, die sich jedoch relativ einfach erzeugen ließen.

451

Während der beiden Tritiumentladungen schoß man in der dafür günstigsten Phase jeweils gut 3 Sekunden lang durch zwei der sechzehn Neutralgasinjektoren reines Tritium in das Entladungsgefäß. Dabei wurde während einer Dauer von 2 Sekunden eine mittlere Fusionsleistung von rund 1 Megawatt erzielt, was insgesamt eine Fusionsenergie von etwa 2 Megajoule erbrachte, etwa das 10000fache der maximalen bisherigen Energieausbeute in Laserfusionsexperimenten, die ja schon länger mit Deuterium-Tritium-Mischungen arbeiten. Man kann daher sagen, daß hier wirklich zum ersten Mal in größerem Maßstab kontrolliert Fusionsenergie freigesetzt wurde. Die maximale Leistung während der 2 Sekunden betrug sogar etwa 1,7 Megawatt und erreichte damit eine reale Energieverstärkung von 0,15, was dem Wert 0,45 in einer 50 zu 50 D-T-Mischung entsprechen würde. Als ein wesentlicher Erfolg der Experimente kann gewertet werden, daß die gemessene Fusionsleistung mit sehr hoher Genauigkeit den theoretischen Vorhersagen entsprach. Nach Abschluß der Entladungen wurde das unverbrannte Tritium zum größten Teil aus dem Entladungsgefäß herausgepumpt, und nur ein kleiner Rest verblieb als Adsorbat in den Gefäßwänden. Wichtige Nachuntersuchungen bestehen darin, festzustellen, wieviel Tritium in den Gefäßwänden zurückgehalten wurde und wie sich dieses am besten durch Reinigungsentladungen entfernen läßt.

Über die beiden Tritiumexperimente des JET wurde weltweit ausführlich in Rundfunk, Fernsehen und Zeitungen berichtet. Dabei wurden neben Richtigem und Wichtigem auch viele Irrtümer verbreitet, zu denen die offizielle Presseverlautbarung des JET auch nicht den geringsten Anlaß gab. Hier bietet sich die Gelegenheit, wenigstens einige dieser Irrtümer richtigzustellen. Natürlich handelte es sich bei den JET-Experimenten nicht, wie vielfach behauptet, um die ersten Kernverschmelzungsreaktionen im Labor – diese gelangen schon 1919 Rutherford (Verschmelzung von Helium und Stickstoff) – und auch nicht um die ersten Fusionsreaktionen zwischen Deuterium und Tritium, mit denen 1934 Harteck, Oliphant und Rutherford die ersten waren. Aber auch im Rahmen von Fusionsexperimenten waren es nicht die ersten Kernverschmelzungsreaktionen: Bei der Laserfusion benutzt man seit längerem D-T-Mischungen, die zu Fusionsreaktionen führen, und auch im JET kommt es schon lange in nicht unerheblichem Umfang zur Verschmelzung von Deuteriumkernen – neu war nur der erstmalige Einsatz von Tritium und die damit verbundene sehr hohe Ausbeute an Fusionsenergie. Wie hier geschildert, hat man dabei aber beim Plasmaeinschluß keineswegs Rekorde aufgestellt, sondern sich im Gegenteil sogar bewußt zurückgehalten. Vielfach wurde auch behauptet, daß es jetzt erstmalig gelungen sei, mit Hilfe der Kernfusion Strom zu erzeugen. Dies wäre, wenn auch vorerst noch in bescheidenem Umfang, sicher möglich – aber man will es gar nicht: JET hat zur Stromerzeugung keine Ausstattung (Brutmantel, Turbinen, Generatoren), und selbst beim ITER sind noch keine Turbinen und Generatoren vorgesehen, da es sich bei der Stromerzeugung aus Wärme um eine Standardtechnik handelt, die man nicht mehr erproben muß und daher erst in einer viel späteren Phase im ersten Demonstrationsreaktor (DEMO) einsetzen wird.

Die in den beiden Tritiumexperimenten erzielten Ergebnisse können als eine deutliche Demonstration dafür gewertet werden, wie nahe man dem Ziel des Fusionsreaktors mittlerweile gekommen ist. Wenn man die unter großer Zurückhaltung mit stark verdünntem Brennstoff erzielten 1,7 Megawatt Fusionsleistung auf ein »ungebremstes« Experiment mit unverdünntem Brennstoff umrechnet, findet man, daß der JET sogar schon zu einer Fusionsleistung von gut 10 Megawatt in der Lage wäre.

Danksagung

Bei den Arbeiten zu diesem Buch habe ich sehr viel Unterstützung von Kollegen erfahren, die mir für Diskussionen zur Verfügung standen, Passagen kritisch durchlasen und mich auch mit Bildmaterial versorgten. Es ist mir ein Bedürfnis, hier zu sagen, daß ich über so viel Hilfsbereitschaft begeistert war. Mit Kurt Boraß, Wolfgang Dänner, Herbert Kever, Daniel Leger, Helmut Niedermeyer, Ted Stringer und John Wesson konnte ich aufschlußreiche Diskussionen führen. Marco Brambilla, Diethelm Düchs, Werner Gulden, Martin Keilhacker, Walter Kies, Karl Lackner, Jürgen Meyer-ter-Vehn, Jürgen Nührenberg, Dieter Pfirsch, Hans Schlüter, Arnulf Schlüter, Uwe Schumacher, Kurt Suchy, Rolf Wilhelm, Horst Wobig und Gerhard Zankl lasen teils kleinere, teils größere Passagen des Buches durch, machten kritische Anmerkungen, gaben mir Anregungen und standen mir jederzeit auch gerne für Rückfragen zur Verfügung. In besonderem Maße gilt dies für Jürgen Raeder und Gerd Wolf, die viele Kapitel durchgesehen und viel Geduld für meine Fragen aufgebracht haben. Ein ganz besonderer Dank geht an meinen Freund Herbert Koch, der mir den Gefallen tat, die Verständlichkeit des Buches für Nicht-Physiker auszutesten, und mir wertvolle Hinweise gab. Gern nehme ich die Gelegenheit wahr, ihnen allen an dieser Stelle sehr herzlich zu danken.

Dies gilt auch für Theresia Bernstein und Cornelia Boretzki, die große Teile des Rohmanuskripts in den Computer eingefüttert haben. Mein Dank gilt auch Cord Kielhorn und besonders Eckhard Zügge, die viele der Abbildungen nach meinen Vorlagen oder Angaben unter Zuhilfenahme der angegebenen Quellen angefertigt haben. Für einen Teil der Abbildungen muß der Autor selbst die Verantwortung übernehmen. Roman Bättig (Schweiz) und Hans Roth (Schweiz) verdanke ich die schönen Polarlichtaufnahmen. Yoshi-hiko A. Ohtsuki (Japan) gab mir die Erlaubnis zum

Abdruck seiner »Feuerkugel«-Aufnahmen. Dem Max-Planck-Institut für Plasmaphysik in Garching und dem JET Joint Undertaking in Abingdon (England) danke ich für gewährte Gastfreundschaft, ihr freundliches Interesse an meinem Buchprojekt und für die Überlassung von Bildmaterial. Für Abbildungen und Fotos danke ich auch dem Institut für Plasmaphysik des Forschungszentrums Jülich, dem Max-Planck-Institut für extraterrestrische Physik in Garching, dem Lawrence Livermore National Laboratory in Livermore (USA) und dem Next European Torus (NET) in Garching. (In dem anschließenden »Abbildungsnachweis« sind die Quellen der mir zur Verfügung gestellten Abbildungen und Fotos im einzelnen angegeben.) Schließlich danke ich sehr herzlich Klaus Stadler für seine freundliche Betreuung von seiten des Piper-Verlags und Wolfgang Gartmann für das Lektorat des Buches.

Abbildungsnachweis

Literaturhinweise

Populärwissenschaftliche Bücher über die historische Entwicklung der Fusionsforschung:

T. A. Heppenheimer: *The Man-Made Sun*, Omni-Press Little, Brown & Co, Boston – Toronto (1984).

R. Herman: *Fusion*, Cambridge University Press, New York – Port Chester – Melbourne – Sydney (1990).

J. L. Bromberg: *Fusion: Science, Politics and the Invention of a new Energy Source*, The M. I. T. Press, Cambridge Mass. (1983)

Einführende Fachbücher, die allerdings z.T. nicht mehr dem neuesten Stand entsprechen:

L. A. Artsimowitsch: *Elementare Plasmaphysik*, Akademie-Verlag, Berlin (1972).

F. F. Chen: *Introduction to Plasmaphysics and Controlled Fusion*, Plenum Press, New York – London (1985).

S. Glasstone, R. H. Lovberg: *Kontrollierte Thermonukleare Reaktionen*, Karl Thiemig KG, München (1964).

R. A. Gross: *Fusion Energy*, John Wiley & Sons, New York – Chichester – Brisbane – Toronto – Singapore (1984).

J. Raeder et al.: *Kontrollierte Kernfusion*, B. G. Teubner, Stuttgart (1981).

D. J. Rose, M. C. Clark: *Plasmas and Controlled Fusion*, The M. I. T. Press, Cambridge Mass. (1961).

A. Rutscher, H. Deutsch: *Plasmatechnik – Grundlagen und Anwendungen*, Carl Hanser Verlag, München – Wien (1984).

J. Wesson: *Tokamaks*, Clarendon Press, Oxford (1987).

Tiefergehendes Fachbuch, das einen großen Überblick über den Stand der Fusionsforschung bis 1980 vermittelt, aber z.T. auch als Einführung dienen kann:

E. Teller (Editor): *Fusion* (2 Bde.), Academic Press New York – London – Toronto – Sydney – San Francisco (1981).

Eine Serie von Übersichtsartikeln über den Stand der Fusionsforschung im Jahre 1990 findet sich in der Zeitschrift

Nuclear Fusion, Sondernummer Vol. 30, Numb. 9 (Sept. 1990).

Namenregister

Sachregister

Harald Fritzsch

Eine Formel verändert die Welt
Newton, Einstein und die Relativitätstheorie
346 Seiten mit 82 Abbildungen.
Serie Piper 1325

Harald Fritzsch, der mit »Quarks – Urstoff unserer Welt« und »Vom Urknall
zum Zerfall« bereits ein großes Publikum erreichen konnte, bringt dem
Leser in seinem Buch Einsteins Relativitätstheorie auf besonders eingängige
Weise nahe: Newton, Einstein und der erfundene zeitgenössische Physiker
Haller erklären sich gegenseitig und damit auch dem Leser die Relativitäts-
theorie und ihren Folgen.

QUARKS
Vorwort von Herwig Schopper
320 Seiten mit 91 Abbildungen. Serie Piper 332

»Dem mit physikalischen Grundprinzipien vertrauten Leser wird dieses
Buch eine Fülle neuer Einsichten vermitteln.«   Süddeutsche Zeitung

Vom Urknall zum Zerfall
Die Welt zwischen Anfang und Ende
351 Seiten mit 55 Abbildungen. Serie Piper 518

»Aber das Besondere ist wohl, daß sich die Darstellung so spannend und
überzeugend liest und daß man das Gefühl hat, hervorragend informiert zu
werden.«   Heinz Maier-Leibnitz

»Gemessen an der Komplexität der Phänomene versteht es der Autor aber
gekonnt, auch komplizierteste Zusammenhänge klar und verständlich auf
ihren wesentlichen Kern zu reduzieren.«   Bernd Kröger, DIE ZEIT

Flucht aus Leipzig
153 Seiten mit drei Abbildungen im Text und vier Fotos auf Tafeln. Geb.

P̶IPER

Emilio Segrè

Die klassischen Physiker und ihre Entdeckungen
Von den fallenden Körpern zu den elektromagnetischen Wellen
Aus dem Amerik. von Hainer Kober. 464 Seiten mit 128 Abbildungen.
Serie Piper 1174

In seinem neuen Buch beschreibt der Autor gleichsam die historischen Voraussetzungen für die moderne Physik: die klassische Physik von Galileo Galilei bis Ludwig Boltzmann. Wieder stehen die großen Physiker im Zentrum der Darstellung, wieder gibt Segrè seine Sicht der Physikgeschichte. Neben Galilei und Boltzmann als den Eckpfeilern spielen folgende Physiker eine wichtige Rolle: Huygens, Newton, Lagrange, Hamilton, Fourier, Young, Fresnel, Fraunhofer, Bunsen, Kirchhoff, Galvani, Volta, Ørstedt, Ampère, Faraday, Lorentz, Carnot, Thomson, Joule, Helmholtz, Clausius, Maxwell, van der Waal und Gibbs.
Segrè hat sich für dieses Buch intensiv mit den Schriften seiner »Helden« befaßt, er läßt sie selbst ausführlich zu Wort kommen. Segrè: »Ich las viele der für die Physik grundlegenden Originaltexte und erkannte, welche Schwierigkeiten ihre Autoren zu überwinden hatten. Ihre Werke zeigen uns, wie sie ihre Probleme angingen, was wichtig schien und ist, was vernachlässigt werden kann und wie schließlich die Antworten lauten, während sie noch nichts von alledem wußten, sondern alles erst herausfinden mußten. Dieses Buch soll Zeugnis ablegen für die Verehrung, die ich für meine wissenschaftlichen Ahnen empfinde. Es entspringt dem Wunsch, die eigenen Wurzeln kennenzulernen.«

Die großen Physiker und ihre Entdeckungen
Von den Röntgenstrahlen zu den Quarks
Aus dem Amerik. von Siglinde Summerer und Gerda Kurz. Überarb.
Neuausgabe. 364 Seiten mit 128 Abbildungen. Serie Piper 1175

»Der durch persönliches Erleben und Mitwirken gefärbte lebendige Bericht über die großen Physiker und ihre Entdeckungen ist ein fast wunderbar zu nennendes Buch, das gleichsam ›nebenher‹ auch die ganze Vielfalt jener wesentlichen Erkenntnisse und Einsichten vermitteln kann, die man heute braucht, um die Physik und ihre Bedeutung für das moderne Weltbild richtig zu verstehen.« Stuttgarter Zeitung